동양환경행정

Orient environment administration

동양환경행정

한만봉

한국학술정보(주)

환경문제는 우리가 늘 대하는 것이고, 우리의 생명과 직결된 중요한 문제이다. 그럼에도 많은 사람들이 중요하다는 사실 자체를 인식하지 못하고 살아간다. 소크라테스가 '늦었다고 생각할 때가 이른 것이다.'라고 했듯이 지금이라도 환경문제를 함께 고민하고 세계 평화와 상생할 수 있는 환경, 생명지킴운동이 있어야 할 것이다. 이 책은 대학에서 환경행정을 강의하는 가운데 실질적인 도움을 주기 위해 알기 쉽게 만들어졌다. 주지하다시피 시중에는 수십 종의 책들이 즐비하게 출판되었다. 그러나 대부분의 책들은 원론적 수준을 뛰어넘거나, 내용이 방대하여 학생들은 읽는 순간부터 지루함과 부담을 느끼는 책들이 대부분이었다. 대학에서 한 학기에 가르치는 내용 중에서 기본적으로 가르치기에는 너무 방대하고, 이론적인 면들이 너무 많음을 인식하였다. 학생들에게 대화하듯이 가르치고, 재미있게 기억시키고자 이 책을 발간하게 되었다. 이 책은 환경정책학, 행정학, 교육학을 두루 넘나드는 포괄적인 강의 교재이다. 한마디로 희망의 환경행정학, 희망의 행정학, 희망의 교육이라고 할 수 있다. 젊은이들에게 비전과 꿈과 소망을 심어주며 학문으로서만의 대학 교재가 아니라 현장교육, 현실적용의 살아있는 대학교재인 것이다. 그리고 평범한 시민까지도 이해하기 쉽게 만들었다. 이 책을 읽으므로 더 넓은 이해의 폭이 되었으면 한다. 그리고 환경에 대해서 솔선수범하는 사람들이 많이 생겼으면 한다. 누군가 읽고 깨닫고, 감동받아 움직이는 환경지식인들이 되었으면 한다. 끝으로 이 책이 출판되기까지 물심양면으로 도움을 주신 분들께 감사를 표한다. 아무쪼록 본 대학교재를 통하여 교수님들과 학생들이 하나가 되어 보다 재미있고, 활기차며, 그리고 크게 배우는 효과적인 교육의 좋은 결실이 이루어졌으면 하는 바이다.

2007년 7월
저자 씀
고려대학교 중앙도서관에서 -

차 례

환경행정의 발달

1. 농업의 발달

  농업은 인류가 지구상에 태어나 가장 먼저 시작한 원시산업으로 여러 산업 중에서 가장 오랜 역사를 갖고 있다. 따라서 예로부터 인류의 발달과 직접·간접으로 밀접하게 결부되어 있다. 넓은 의미로는 경종 및 축산은 물론 임업이나 수산업까지 포함시키는 경우도 있으나, 좁은 의미에서는 농경을 중심으로 하여 양축과 농산가공 등을 농업으로 취급하고 있다. 따라서 농업이란 인간의 생존과 번영을 위하여 토지에 작용하는 작용력을 이용하여 이용 가치가 높은 유용식물이나 동물을 재배 또는 사육, 생산하는 유기적 산업으로서 결국 경종을 중심으로 하여 양축, 농산가공과 판매를 포함하는 산업이다.

  농업은 공업과는 달리 유기생명체의 자연생명력 전개에 의존하게 된다. 그러나 오늘날의 농업은 농축산물의 생산뿐만 아니라 그들의 가공, 판매, 그리고 농토의 정비, 비료 및 농약, 종묘, 농기구 등의 관련 산업 분야에까지 확대되기도 한다.

  농작물의 생산은 토지의 생산과 면적에 절대적으로 지배된다. 또한 축산이나 양잠도 그 먹이를 농작물에 의존하기 때문에 간접적으로 토지의 지배를 받는다. 토지생산성과 관련하는 요인으로는 지형·지세·지하수위·토질·토양비옥도 및 산도 등이나.

농업은 또한 작물과 가축을 광활한 토지 위에서 연중 생육과 생장을 지속하게 되므로 유기생명체인 농작물과 가축의 생명력 전개과정은 여러 가지 환경요소로서의 기온·강수량·일조량 및 일장 등의 지배를 크게 받는다.

그런데 이와 같은 환경요인은 인위적으로 조절하기 곤란하다. 따라서 계절적으로 변화하는 유기생명체의 전개와 자연환경의 변화에 알맞게 조화시켜 나가야 한다. 인류의 생존과 식생활의 향상은 농산물의 생산과 그의 질적 향상에 의존하게 되는데 이를 위하여 작물이나 가축을 개량해야 하고 개량된 작물이나 가축이 안전하게 자라서 높은 생산력을 발휘하려면 인간의 보호가 필요하게 된다. 발달된 농업에서는 인류와 생물 간에 상호의존의 공생관계가 성립하게 된다.

또한 농업은 하나의 생업으로 농산물의 생산은 합리적이고 경제적이어야 한다. 농업의 대상인 유기생명체의 전개나 자연환경에 적응하여 유기생명력이 합리적·경제적으로 전개되려면 인간의 목적적 영위성을 기본으로 하는 유기적 조직이 필요하게 된다. 즉 농업 생산의 창조적 발전의 원동력이 되는 품종개량·환경개선·생육조절 등 여러 면에서의 괄목할 만한 발전도 결국은 농업의 경제성 향상을 목적으로 한 인간의 영위적 의도의 소산이라 할 수 있다.

1) 농업의 발달과정

농업이 발상된 이후의 발달과정은 동·서양에 있어 현격한 차이가 있다. 즉 동양에서는 동식물의 단순채취 단계에서 경종농업의 형태로 발달하였는데 초기에는 인구가 적은 반면에 땅이 넓었으므로 화전(火田)을 일구어 작물을 재배하다가 지력이 다하면 다른 곳으로 옮겨 다시 화전을 일궈 농사를 짓는 유랑화전농업이 이루어지게 되었다.

그러나 점차 인구가 늘어나고 토지는 한정되어 있으며 집단 정착생활의 필요성이 생기면서 정착농업이 발달하게 되었는데, 일정 기간 작물을 재배하여 지력이 소모되면 일정 기간 동안 그 토지를 묵힘으로써 지력의 회복을 도모하는 휴한농업이 발달하였고, 다시 지력의 소모를 방지하기 위하여 콩과 같은 두과작물의 재배가 도입되었다.

한편 서양에서는 초기부터 양축농업을 위주로 하는 농업으로 발달하여 왔다. 즉 인구가 적었던 초기에는 가축을 먹이기 위하여 좋은 목초를 찾아다니면서 유목을 하는 유랑농업이 성행하였다. 유목민들은 일정한 토지에 농작물의 종자를 파종한 다음 유랑의 길을 떠났다가 파종하였던 농작물이 성숙할 무렵에 다시 돌아와 그 작물을 수확하였고 지력이 소모되면 경장소를 옮기는 방법이었다. 그러나 인구가 늘어나고 유랑농업을 위한 토지가 불충분하며 정착생활의 필요성이 생기게 되자 정착약탈농업이 불가피하게 되었고 그에 따라 지력의 회복을 도모하기 위하여 토지의 일부분을 돌려가며 놀리는 삼포식농법이 발달하였다.

이로부터 토지의 일부를 놀리는 대신 두과작물을 재배하는 개량삼포식이 발달하였다. 이상과 같이 농업발달에 있어서 계속적으로 가장 중요한 요인이 되었던 것은 지력소모에 대한 대응책이었다. 즉 휴한에서 두과작물의 도입으로 다시 곡초식, 그리고 과학적 순환농업 작부조직으로 발달해 온 한편 지력을 적극적으로 보완하는 방법으로 유기물의 시용, 인축의 분뇨시용, 무기질비료의 생산시용 등으로 점차 시비기술이 발달하여 왔다.

농기구 및 기계의 발달이다. 즉 초기의 나무, 짐승의 뼈, 돌 등으로 만든 불완전한 농구에서 철제의 농구를 사용하게 되었고 농작업의 원동력도 인력에서 축력으로 그리고 동력으로 발달하면서 농업의 근대화에 크게 공헌하게 되었다.

작물이나 가축의 개량이다. 즉 농경이 시작되어 식물이 재배됨에 따라 그중에서 보다 이용가치가 높은 종류를 선택하여 재배하게 되었고 또한 같은 작물이라 할지라도 좋은 것은 보관하였다가 종자로 이용하는 초보적인 작물개량이 이루어졌을 것이다. 그러나 점차로 유전적인 이론과 그에 따른 육종기술이 발달하면서 근대적인 품종개량으로 발달하였다.

작물의 생육을 저해하는 각종 생물로부터 보호하는 기술이다. 작물생육에 피해를 주는 병이나 해충 및 잡초 등으로부터 작물을 보호하는 방법으로서 인위적·기계적인 방법으로부터 생물적인 방제로 발달하는 동시에 농약의 합성이용에 이르는 근대적인 방법으로 발달하였다.

작물의 재배관리기술이다. 재배기술이란 작물의 생육을 인간이 원하는 방향으로 유도하는 것이며, 생장조절은 기상요인의 조절이나 화학물질의 처리에 의하여 이룩될 수 있다. 각종 생장조절물질이 차례로 밝혀지고 또한 합성생산하게 되었으며 근래에는 비닐이나 폴리에틸렌 등의 플라스틱 필름이 생산, 이용됨으로써 계절에 크게 구애받지 않고 작물의 재배생산이 가능하게 되는 등 재배기술의 비약적인 발달을 보게 되었다.

또한 농경지는 농기계의 발달로 심경(深耕)이 이루어지고 객토 및 토양 개량제의 시용으로 토양의 물리, 화학적인 특성을 개량하게 되었으며 알맞은 토양수분의 유지를 위하여 관배수시설이 이룩되었고, 토양 표면을 여러 가지 재료로 피복하는 멀칭(mulching)법이 개발,

이용되었으며, 경사지에서는 토양유실을 방지하기 위한 계단식 경작지 조성이나 초생재배 또는 피복작물의 도입과 같은 토양관리방법 등 재배기술의 발달을 보게 되었다. 또한 농산물의 가공 및 저장에 있어서도 자연조건을 유리하게 이용하거나 수공업적 가공이 각종 시설을 이용하고 기계를 이용하는 현대적 방법으로 발달하였다.

이상과 같은 각종 농업 발달요인이 차례로 발달하면서 전체적인 농업이 비약적으로 발달하고 전문화되어 현대적인 농업을 이룩하게 되었다. 한편 경종과 양축이 종합체계를 이루었던 농업으로부터 점차 축산이 전문적으로 분화됨으로써 축산도 농업 속에서 전문화를 이루게 되었고 가축의 개량과 더불어 가축의 종류·연령, 이용목적, 사료의 종류 등에 따른 사양관리기술의 발달과 질병의 방제기술이 발달함에 따라 축산도 비약적인 발달을 보게 되었다.

2) 환경문제발생

조선시대까지만 하더라도 우리의 선조들은 환경을 파괴하거나 오염시키는 행위를 천벌을 받을 죄악으로 알아 왔고 그런 행위에 대해서 지금 우리로서는 상상도 하기 힘들 정도로 큰 형벌로 다스려 왔었다. 지금도 시골에서 발견되는 돌판에 '棄灰者 杖三十, 棄糞者 杖五十', 즉 재를 버리는 자는 곤장 30대, 똥을 버리는 자는 곤장 50대라는 글귀가 발견되기도 한다. 곳에 따라서는 재를 버리는 데에 대한 형벌이 곤장 50대, 똥을 버리는 데 대해서는 80대와 같이 더 엄한 벌을 내리는 곳도 있었다. 똥과 재를 버린다는 것은 이들이 다 유용한 거름자원인데 이 자원을 낭비하고 강이나 길에 버려 환경을 오염시킨다는 뜻이다. 그리고 가축을 방목하여 산림을 훼손하는 행위도 곤장 100대에 해당할 만큼 엄한 벌로 다스려졌었다. 소나무 한 그루를 불법으로 베어내는 대가는 곤장이 100대, 두 그루면 곤장 100대를 친 후에 고복무를 시키고, 넬 그루면 곤장 100대를 친 후 오랑캐 지역으로 추방하기도 했었다. 모세의 율법에는 곤장을 40대 이상 때리면 사람이 영영 다친다 하여 이를 금하고 있는 것을 보면 우리의 형벌이 얼마나 가혹한 것이었는지 짐작할 수 있다.

환경범죄에 대한 사회의 인식이 냉엄하고 형벌이 무거웠기 때문에 환경범죄를 저지른다는 것은 보통사람들로서는 감히 생각하기 어려웠으리라고 짐작된다. 그래서 우리의 전통적인 생활문화는 자원을 철저히 아끼고 재활용하며 환경오염을 최소화하도록 생태학적으로 짜여져 있었다. 가정생활에서 버리는 쓰레기가 생기지 않도록 집집마다 마당을 두어 가축을 기르고 텃밭을 집 가까이에 두었다. 그래서 음식 찌꺼기는 가축에 먹이는 사료였고 재나 분뇨는 농지에 비료로 이용되었으며 그 밖의 거의 모든 자원이 재활용되었다. 쓰레기를 아무데나 함부로 버리는 행위는 윤리상 용납되지 않았었다. 쓰레기가 없었기 때문에 쓰레기를 치운 적도 없었다. 19세기 말에 우리나라에 와서 살았던 외국인들은 쓰레기를 치우기 위해서 외국인들끼리 한성위원회라는 것을 조직해야만 했었다.

우리나라는 전통적으로 해충의 피해를 막고 땅의 지력을 오래 간직하기 위하여 단일경작을 하지 않고 윤작과 혼작을 하여 왔었다. 그러나 이런 농경방식이 미개한 것으로 매도되고 쌀 생산을 위주로 단일경작을 하도록 새로운 농경법이 보급되었다. 그러나 그 의도가 쌀을 수탈하기 위한 것이었음은 명백하다. 이러한 단일경작을 시작하자 곧 생산성이 떨어지게 되어 김해평야 같은 곳에서 화학비료를 쓰기 시작하게 되었다. 화학비료를 쓰기 시작한 후에는 해충이 나타나게 되어 우리나라 역사상 처음으로 농약을 쓰게 되었다.

2. 동양적 자연관과 행정관

옛날부터 우리 조상들은 자연을 즐기고 더불어 살아가며 자연을 숭배해 오기도 했는데 여기서 동양적 자연관에 대해서 알아보고 동양적 행정관에 대해서 무엇이 있는지 알아보도록 하겠다.

1) 동양적 자연관

동양의 자연관은 우선 인간과 자연을 완전히 구분 짓고 인간이 자연의 지배자라는 입장보다는 자연과 인간이 조화되고 더불어 살아가는 존재이며 자연의 힘을 크게 보고 있다는 점이다.

① 풍수지리사상

풍수지리사상은 본래 우리 동양의 전통적인 자연관으로 자연환경

인 풍수와 산천의 분포에 의해 인간의 길흉화복이 결정된다는 동양
의 전통적인 자연관으로 신라 말기 풍수 도참설이 그 기초가 된다.

② 유교의 애물사상

애물사상이라는 것은 인간이 자연물을 사용한다거나 할 때 무조건
적으로 개발하고 사용하는 것이 아니라 인간이 필요한 만큼만 사용
해야 한다는 것으로서 최소한의 지속가능한 개발이라는 현대 환경윤
리에 시사점을 주고 있는 것이다.

즉 인간이 가축을 잡아먹고, 자연물을 이용하는 것을 잘못된 것으
로 보기보다는 인간의 삶을 유지하기 위해서 어쩔 수 없는 것으로서
인정하면서 하지만 이러한 것을 이용할 때 무조건적으로 해치거나
자신의 사사로운 욕심을 위해서 너무 과다하게 하는 것이 아니라 필
요한 만큼만 사용하고 개발해야 한다는 것이다.

③ 도가의 무위자연, 물아일체
– 자연은 스스로 그러한 것이다

도가는 사회의 혼란 원인자체를 인간의 인위적인 행동에서 찾고
있다. 그리고 인간도 자연의 일부로 보고 있다. 서양의 사상과 같이
인간이 자연의 지배자가 되는 것이 아니라 자연이란 스스로 그러한
것으로서 인간에 의해서 인위적으로 행해지는 행위자체를 잘못된 것
으로 보고 자연을 자연 그대로 보존해야 하며 인간이 인위적인 행동
을 하지 말아야 한다고 보고 있다. 도가의 가장 큰 특징은 인간의
인위적인 모든 것을 부정하고 자연의 자연스러운 흐름에 따라 살아
야 한다고 보는 것이다.

2) 동양적 행정관

① 중앙행정제도

중앙의 통치조직은 법흥왕 때부터 정비되기 시작하여 처음으로 병부가 설치되었으며, 귀족회의 의장으로서의 상대등제도가 채택되었다. 그 뒤 진흥왕 때 관리의 규찰을 맡은 사정부가 만들어졌고 진평왕 때 인사행정을 담당하는 위화부 선박과 항해를 담당하는 선부, 공부를 맡은 조부, 예부 등 10개의 관부가 새로이 설치되어 비로소 각 관청 간의 분업체제가 확립되고, 또한 소속 직원의 조직화경향이 뚜렷하게 보이고 있어서 일종의 질적인 변화가 이루어지고 있었다. 그 뒤 진덕여왕 때에는 김춘추 일파에 의해서 당나라의 정치제도를 모방하여 집사부를 설치하는 등 대규모정치개혁이 단행되었다. 이와 같은 개혁작업은 김춘추가 왕위에 즉위한 뒤에도 계속 추진되어 삼국통일 직후인 668년(신문왕6)에 토목을 담당하는 예작부를 설치를 끝으로 일단 완성되었다. 이러한 중앙정치제도는 신라가 멸망할 때까지 골격을 유지하게 된다.

② 지방행정제도

지방의 통치조직은 지증왕 때 점령 지역의 확보책으로서 설치되었다. 즉 505년에 신라는 지방제도로서 주군제도를 채택, 실시하였는데 이는 군사상의 필요에 따라서 때때로 중심을 이동할 수 있는 군정적(軍政的) 성격을 띠고 있었다. 큰 성에 설치한 주의 장관을 군주, 중간 정도 규모의 성에 설치한 군의 장관을 당주(幢主)라 하였는데, 뒤에 군주는 총관(摠管)·도독(都督)으로, 당주는 태수(太守)로 각각 그 명칭이 바뀌었다. 소경제도는 주군이 군정적 거점으로서의 성격이 강한 데 비하여 주로 정치적·문화적 중심지로서의 성격이 강했는데, 한편으로는 주군을 견세, 삼시하는 듯한 기능도 가지고 있었던 것으로 보인다. 그리고 장관은 사신이라 하여 중앙에서 파견되었다. 다만 삼국통일 이전의 소경제도는 전국적으로 체계 있게 정비되지는 못하였다.

동양의 자연은 위에서 말한 것과 같이 인간을 자연과 떨어져있는 독자적인 존재로 보지 않고 자연과 함께 조화를 이루고 살아가는 존재로서 인간도 자연의 일부로서 자연을 보존해야 한다는 사상이 기본이 되면서 현대 우리의 환경·윤리적 측면에 많은 시사점을 준다고 할 수 있다. 또한 중앙행정제도와 지방행정제도를 통해 나라를 통치하면서 체계적으로 나라를 지켜 나가는 모습을 알아볼 수 있었다. 동양환경은 한마디로 자연적 질서에 연합하여 상생하는 이치를 알려주는 것이라 할 수 있다.

다양한 이론 및 현장

1. 생태이론(생태학)

생태이론은 1869년 E.H.헤켈에 의하여 만들어진 말이다. '생물과 환경 및 함께 생활하는 생물과의 관계를 논하는 과학'이라고 정의되었다. 19세기 말까지는 개개의 적응현상을 목적론으로 해석하는 적응생태학이 번성하였다. 그 후 박물학적인 개체의 습성 기재 및 개체의 생리와 환경요인을 직접 관련시키려는 개생태학에 대등해서 생물군집 또는 생태계의 통일성을 강조하고, 생물 상호 간의 공동작용, 생활구조, 사회구조, 천이, 분포 등을 환경과 관련시켜 그 원리를 파악하려는 군생태학이 주류를 이루게 되었다.

근년에 와서는 이 경향이 응용 부분의 요구가 증대됨에 따라 군집 내의 에너지 흐름 또는 수량을 문제로 삼는 생산생태학이 농업, 임학, 수산관계를 중심으로 하고, 다른 한편 개체수를 문제로 하는 개체군 생태학이 인구문제, 해충부문을 중심으로 발달해 왔다. 또한 박물학 개생태학의 흐름에서 행동학, 동물사회학이 생겨나서 개체군 내의 개체 간의 관계, 사회구조의 연구가 이루어지게 되었다. 한편 생태학은 육지, 해양, 담수역의 생물군의 기능적인 문제, 특히 자연의 구조와 기능에 관한 학문으로 보다 현대적으로 정의되고 있으며, 인간도 끼연의 일부라는 생각이 바탕이 되어 인간생태학에 관한 연구가 활발하게 전개되고 있다. 또 ≪웹스터사전≫에서는 생태학을 '생물과 그 환경 사이의 관계의 전체성, 또는 그 유형을 연구하는 분야'라고 설명하고 있다.

근대 생태학의 범위는 '통일체의 수준'이라는 개념을 기초로 하여, 군집, 개체군, 개체, 기관, 세포, 유전자 등의 생물적 주요 수준에서 물리적 환경(에너지 및 물질)과의 상호관계가 고유한 기능적 계(系)를 이루고 있는 생물계를 인식하는 방향으로 진전되고 있다. 최근의 생태학의 성과는 응용부문에 직접 이용되고 있다. 어업자원의 유지나 해충의 발생 예방은 그 예이다. 또 자원관리나 자연보호에서도 큰 공헌을 하고 있다. 앞으로의 지구 전체의 인구 증가 및 식량 확보와 더불어 자연자원의 합리적인 이용관리, 인간 생존을 위협하는 대기오염, 수질오염, 해양오염, 열오염, 소음오염, 토양오염, 농약오염 등의 많은 문제가 본격적으로 생태학적인 면에서 다루어질 것이다.

과거에는 환경문제란 말 대신에 公害란 말이 많이 사용되어 왔다. 그런데 이는 주로 자연환경의 오염을 가리키는 말로 환경문제 전반을 다루는 데에는 적합하지 못한 용어이다.

따라서 최근에는 공해란 말 대신에 환경문제란 말이 일반화되고 있다. 이 밖에도 환경파괴, 환경위기, 환경스트레스 등의 용어도 사용되고 있다.

환경문제는 단지 기술적 혹은 자연과학적 차원의 문제인 것만 아니다. 오히려 환경문제는 사회적, 정책적 문제라 할 수 있다. 특히 보다 근본적인 차원에서 환경문제는 사회의 지배적인 가치관 및 세계관과 관련된 문제이다.

환경이란 개별 유기체 또는 유기체 집단을 둘러싸고 그에 영향을 미치는 모든 조건 및 주변여건을 가리키며 이는 유기체의 생존과 삶의 질에 영향을 미치게 된다. 따라서 우리가 생각하는 환경문제란 바로 인간의 생존과 삶의 질에 부정적인 방향으로 환경에 영향을 미치는 문제라 할 수 있다.

즉 오늘날 우리가 당면하고 있는 환경문제는 지구상의 전 인류가 공동으로 대처해야 할 당위론적 문제이다. 동시에 먹고살기 위해 물건을 만들고 소비하는 활동과 직접 관련된 경제적인 문제이며, 보다 나은 생산공정과 소비 및 처리의 기술과 관련되어 있기 때문에 과학과 싯룔공학적인 문제이기도 하다.

또한 복잡한 사회적 이해관계와 가치의 대립을 조정해야 한다는 의미에서 정치적인 문제이며, 아울러 문제해결방안의 우선순위를 선택해야 하는 정책결정과 집행의 문제이기도 하다.

한편 우리나라 환경정책기본법 제3조 4항에서는 환경오염을 "사업활동 기타 사람의 활동에 따라 발생되는 대기오염, 수질오염, 토양오염, 해양오염, 방사능오염, 소음, 진도, 악취 등으로 사람의 건강이나 환경에 피해를 주는 상태를 말한다."라고 규정하고 있다.

1) 환경오염의 현황

① 수질오염

물의 자연정화능력을 초과하는 어염물질이 천연의 자원수역에 인위적으로 배출되어 물이 이용목적에 적합하지 않게 된 상태를 의미한다. 원인은 생활하수, 산업폐수, 농축산폐수를 들 수 있다.

② 토양오염

산업과 생산활동에 따라 각종 유해질이 토양에 주입되어 이 토양을 기본 매체로 성장하는 각종 식물, 특히 농산물이 유해한 물질을 흡수함으로써 이를 섭취하는 인간이나 동물에게 해를 끼치거나 토양의 물리적, 화학적 성질을 변화시켜 성장을 저해하는 현상을 말한다.

③ 대기오염

인간의 생산활동과 관련하여 배출된 오염물질이 일정한 한도 이상으로 대기 중에 유입되어 대기의 질이 악화된 상태를 의미한다. 이는 인간에게 불쾌감을 주고 넓은 지역에 걸쳐 인간 및 동식물의 건강과 생명에 치명적인 위협을 가한다. 인구의 도시 집중, 산업화, 자동차의 증가에 따라 급격히 늘어난 석탄, 석유연료의 연소는 자연의 원상회복능력을 넘어서는 막대한 양의 오염물질은 배출함으로써 대기의 기본적인 구성물질에 변화를 초래하여 왔다.

④ 산성비

산성비는 보통 산도 5.6 이하의 비를 가리키는 말이다. 산성비가 되는 이유는 오염된 대기 속의 황산화물과 질소산화물이 공기 중에서 산화 반응하여 빗속에 녹아내리기 때문이다. 우리나라는 1983년 부산(pH5.4), 대구(pH5.4), 울산(pH5.2)에 산성비가 내렸으며 1986년에 이르면 서울(pH5.3), 부산(pH5.2), 대구(pH5.4), 인천(pH5.5), 울산(pH5.2)에 내리는 비는 모두 산성비임을 보여준다. 우리나라의 산성비는 중국으로부터 아황산가스 등 오염물질이 편서풍을 타고 날아와

서 더욱 심하다. 이를 위한 국제적 협력이 요구된다

⑤ 원자력발전과 핵폐기물

1970년대의 석유파동 이후 원자력발전은 석유 대체에너지원으로 각광을 받기 시작하였다. 그러나 원전이 초래할 수 있는 공개가능성은 다음의 몇 가지이다.

첫째, 방사능물질의 유출이다.
둘째, 원전에서 쓰고 남은 핵폐기물처리문제이다.
셋째, 원전 주변의 생태계의 파괴와 원전근로자의 안전문제이다.

2) 환경파괴의 대가

환경을 파괴적인 방법으로 사용하는 것은 인간의 신체적, 정서적, 사회적 건강을 위협하고 인간에게 엄청난 대가를 요구한다. 우리는 환경을 잘못 다루기 때문에 고통을 당하는 것이다. 수질의 오염은 우리의 생명과 건강을 위협하게 되고, 안전한 물을 얻기 위하여 더 많은 자원을 소비해야만 한다. 토양오염은 식품의 생산을 줄일 뿐만 아니라 동식물 및 인간의 생명과 건강에 치명적 영향을 미친다. 대기오염은 우리의 건강과 생명에 치명적인 영향을 미친다. 이러한 환경오염을 포함한 모든 환경파괴는 우리들뿐만 아니라 다음 세대에게도 대가를 요구한다. 아마 다음 세대는 더 큰 대가를 지불하게 될 것이다. 또한 살아있는 다른 생명체들도 인간이 환경파괴를 한 데 대한 대가를 지불하게 된다.

① 지구 온실효과

이산화탄소, 메탄, 질소산화물, 염화불화탄소 등의 화학물질이 대기 중에 많이 퍼지게 되면 지구의 기온이 상승하게 된다. 지구 온실효과에 의한 기온의 상승은 기후변화를 유발시켜 그 변화의 빈도를 예측하지 못하게 될 것이고 강우, 폭풍, 해수면의 높이 등에 큰 영향을 미칠 것으로 예견된다. 최근에 빈번했던 기상이변은 지구 온실효과와 어느 정도 관련이 있을 것이다. 이는 우리나라에만 국한되는 것이 아니라 환경문제가 지구 전체에 관련된 문제임을 보여주는 것이다.

② 성층권의 오존 고갈

염화불화탄소 등 오존을 고갈시킬 수 있는 화학물질의 방출은 성층권의 오존을 파괴하는 원인이 되고 있다. 그 결과 더 많은 자외선이 지구표면까지 도달하게 되고 피부암, 백내장의 발병 등 인류의 건강에 치명적이 손상을 주게 된다. 그 밖에 동식물의 성장에도 부정적 영향을 주게 된다.

3) 환경문제의 원인

(1) 기능주의: 인격, 사회, 문화체계가 유기체적 체계의 균형을 위협하는 데에서 비롯된다고 본다. 예를 들면 지나친 산업조직의 기능 확대로 대개오염, 한천과 바다오염, 소음공해, 농지오염 등이 날로 증가하여 생태계의 균형을 위협한다고 보고 있다. 환경오염의 구체

적인 원인은 공장이나 가정, 자동차 등에서 배출되는 매연, 폐수, 쓰레기 등이지만 보다 근원적인 원인은 인구의 증가와 도시화, 그리고 경제성장의 문제라고 할 수 있다.

(2) 갈등주의: 갈등주의는 모든 이슈에 있어 단일한 관점을 나타내기보다 서로 다른 강조와 해석을 나타내는 일련의 관점들로 구성되어 있다. 환경문제는 유용한 자원을 차지하기 위하여 많은 이익집단들이 갈등을 일으키게 되고 그러한 과정에서 환경문제도 발생할 수 있다고 본다. 환경에 영향을 주는 결정은 국가체계 또는 세계체계의 균형을 유지하려는 기반에서 이루어지는 것이 아니라, 어떤 이익집단이 다른 이익집단들에 자신의 의지를 심어주는 결과이다. 또한 유용한 자원을 어떻게 사용하느냐에 대하여서도 갈등이 일어나고 그 결과 사회문제가 발생할 수 있다

(3) 상호작용주의: 사회실체의 주관적 성격을 강조한다. 환경문제는 체계를 위협하는 객관적 조건이 아니라, 사람들이 주관적으로 문제로 파악한 상황이다. 사람들은 그들의 가치와 이익에 입각하여 어떠한 상황을 환경문제로 파악할 수도 있고 그렇지 않을 수도 있다. 따라서 환경문제는 사람들의 가치와 이익에 의하여 발생한다고 본다. 이러한 이유 때문에 어떤 환경조건이 사회문제인가에 대하여서는 때로 합의가 이루어지지 않는다.

(4) 사회주의: 사회주의 관점에서는 다른 사회문제와 마찬가지로 환경문제도 자본주의의 본질적 속성에서 발생한다고 한다. 자본주의는 자본의 축적과 이윤추구를 바탕으로 하는 체제이다. 더 큰 이윤를 추구하는 과정에서 환경문제가 발생한다. 뿐만 아니라 자본주의는 방편으로 사용하기도 한다. 자본주의가 환경을 파괴하는 메커니

즘은 다음과 같이 설명될 수 있다. 자본주의체제에서 살아남기 위하여 기업은 성장하고 확장하여야 한다. 확장하기 위하여 이윤을 낳는 자본을 필요로 한다. 높은 이윤추구에는 값싼 노동력이 핵심이다. 이는 노동자들을 대체할 노동절약기술을 구입함으로써 얻어질 수 있다. 이 기술은 에너지를 보다 많이 소비하고 오염물질을 더 많이 배출한다. 그러므로 공해를 유발하는 기술은 저절로 또는 인간의 니드를 충족시키기 위해서가 아니라 자본주의 경제의 니드를 충족시키기 위하여 개발되는 것이다.

우리가 살고 있는 지구는 환경파괴 및 자원의 고갈에 의해 서서히 죽어가고 있다고 해도 과언이 아닌 지경이다. 그런데 이러한 지구 위에서 아직까지 인간을 포함한 자연계의 당연한 생명체들이 현재와 같은 삶을 유지할 수 있었던 것은 이들을 둘러싼 환경에서 수백 가지의 과정들이 잘 통제되며 작동되어 왔기 때문이다.

그러나 환경파괴가 끊임없이 자행되는 한 앞으로도 계속 잘 통제가 될 것이라는 보장은 불가능하다. 환경오염문제는 가장 일반적인 문제인 동시에 우리가 당면하는 사회문제 모두를 포괄하는 문제이다. 그런데 우리는 이러한 환경문제에 대해 아직 충분한 인식을 하고 있지 못하고 있다. 환경보존에 관한 총론에는 찬성하고 각론에는 반대하는 이야기를 많이 하고 있는 것이다. 우리나라의 환경문제에서 가장 심각한 문제는 대기업과 정부가 밀어붙이기식으로 환경오염과 파괴를 일삼고 있다는 점이다. 따라서 민간차원에서의 환경운동이 보다 적극적으로 이루어져야 하겠다. 아울러 시민단체의 환경운동이 중상층 중심의 엘리트운동이 아니라 환경의 피해자가 적극적으로 동참하는 환경운동으로 나아가야 할 필요가 있다. 환경권은 복지권과 마찬가지로 사회권적 기본권의 하나이다. 즉 인간다운 생활을 영위하는 데에 필수적인 권리의 하나이다. 따라서 이러한 권리가 적극적으로 보장 될 수 있도록 하여야 할 것이다. 즉 오염방지보다 더 포괄적인 환경권 또는 쾌적권을 인정하는 새로운 환경입법 및 새로운 환경정책수립이 요구된다.

2. 사원고갈의 문제점과 대처방안

1) 자원고갈의 원인

① 인구 증가

과학과 의학기술의 발달로 옛날 같은 전염병의 발생이 적고, 1·2차 세계대전과 같은 큰 전쟁이 없어지면서 인구의 자연적 조절이 일어나지 않고 있다.

선진국은 출생률은 적지만 질병을 관리할 수 있어 수명이 길어지고 개발도상국이나 미개발국은 의학기술은 선진국에서 유입되고 출산율이 많기 때문에 인구가 증가한다.

인구가 증가하면 의식주에 필요한 자원의 요구가 늘어난다.

식량이 부족한 국가에서는 산림을 농지로 개발하여 산림자원이 고갈되고, 사막 주변국에서는 같은 이유로 사막화가 일어나 산림자원과 수자원의 고갈이 일어난다.

선진국에서는 발달한 과학기술과 선진농업기술로 생산된 농산물을 무기로 미개발국으로부터 필요한 자원을 수탈하기 때문에 미개발국의 자원고갈이 가속화된다.

2) 자원고갈의 종류

산림자원: 벌채에 의한 고갈(펄프재료, 건축재료), 농경기개발, 산림화 재, 기상재해, 병충해, 대기오염에 의한 산성비 피해 등.
수자원: 사막화의 진행, 수질오염 등으로 식수 부족.
에너지자원: 에너지수요 증가와 화석연료 자원의 고갈.

3) 대　책

① 에너지자원대책

자원고갈 중에 가장 심각한 것은 에너지자원으로 이용하는 화석연료 일 것이다.

인류가 불을 다스리기 시작한 이래 석탄과 석유, 원자력으로 이어지는 에너지개발과 이용의 역사는 곧 인류문명의 발달사와 직결된다. 산업혁명이라는 거대한 역사의 수레바퀴를 돌린 원동력이었던 화석연료는 앞으로 겨우 한 세대가 쓸 만한 양밖에 남지 않았고, 더욱 어렵게 만드는 것은 화석연료 사용으로 인한 지구온난화문제이다.

최근 10년간 우리나라의 에너지소비는 매년 10%라는 세계 최고의 증가율을 기록하고 있으며, 온실가스배출량 역시 세계 1위를 기록하고 있다.

현재 선진각국에서 훨씬히 기술개발이 진행되어 실용화 단계에 접어든 대체에너지로는 태양에너지, 풍력에너지가 주종을 이루며, 바이오매스, 지열, 파력, 해양온도 차 등을 이용한 대체에너지개발이 활발히 진행되고 있다.

앞으로 20년 후면 에너지 수급 불균형으로 50년 후에는 거의 고갈상태에 이를 것으로 예상된다. 앞으로 대체에너지개발이 시급하다.

에탄올, 수소 연료전지, 바이오 디젤 등이 가장 유망한 연료로 부각되고 있다.

② 수자원고갈대책

1) 수질오염을 예방하여 유용수자원을 확보하여야 한다.
2) 수질오염물질의 정화 기술개발과 활용.

③ 산림자원의 고갈대책

1) 산림개발의 억제.
2) 산림재해 예방; 병충해 예방, 산림화재 예방, 자연적 재해 예방.
3) 사막화 예방.
4) 산성비의 원인이 되는 대기오염 예방 및 배출가스의 정화.

4) 인구성장과 자원고갈, 그리고 환경파괴

인류는 현재 대단히 중대한 기로에 서 있다. 여러 가지 요인들이 매우 복잡하게 상호 관련되어 발생하는 심각한 문제들에 직면해 있는 것이다. 그 대표적인 문제 중의 하나가 바로 환경문제이다. 인류가 지금까지 살아오는 동안 현재와 같이 인류의 생존 자체를 위협할 정도로 환경이 파괴되고 오염된 적은 없었다. 과거에도 인간이 살았고 의식주를 해결하는 과정에서 당연히 각종 오염물질을 배출했을 텐데 왜 그 당시에는 문제가 심각하지 않다가 작금에 와서 지구 전체의 구성원들의 존재를 뒤흔들고 있는 것일까? 그것은 바로 인구의 급속한 성장과 공업화 및 생활수준의 향상에 따른 자원 사용의 증가 때문이다. 인구의 급증과 자원의 무분별한 사용으로 인한 자원의 고갈 문제와 환경오염 문제는 인류가 Environmentally sound and sustainable 하게 살아나갈 수 있는 지구 생태계를 위협하고 있다.

① 인구성장

인구는 지수 함수적인 즉 기하급수적인 J 커브를 그리며 성장해 왔다. 앞으로도 계속 이와 같은 추세로 인구가 증가하다가 어느 한계 상황에 이르러 인류 전체가 공멸의 길을 걸을 것인지, 아니면 인류 모두가 지혜를 짜 모아 한계 상황에 이르기 전에 인구 증가를 멈추고 질 높은 생활을 누릴 것인지 아직은 장담할 수 없다. 다만 지금까지 행해진 연구를 바탕으로 현재 우리가 알 수 있는 것은 벌써 지구가 수용할 수 있는 적정한 인구(물론 이 자체에 대한 논란도 많다)를 넘어선 것으로 보이며(설령 적정선을 넘지 않았다 할지라도 일부 지역에서는 인간다운 생활을 포기한 지 오래다. 삶의 질은 꿈도 꾸지 못하고 생존 그 자체에 매달려있는 인구가 전 세계적으로 약 20%나 된다.) 현 추세대로 인구가 증가하고 현재의 기술수준을 유지한다면 2050년 이전에 우리는 파멸하게 될 것이라는 점이다.

그렇다면 왜 최근에 이르러서 인구가 급증하는 것일까? 그것은 지금까지 인구의 자연증가율을 조절해 오던 여러 가지 요인 중 질병을 인간들이 어느 정도 조절할 수 있게 되면서부터이다. 물론 이들 질병을 극복하는 데는 단순히 의약의 발달뿐만 아니라 기본적으로 식량 증산을 통한 충분한 영양 섭취와 과학기술 문명의 발달로 생활수준의 향상이 중요하게 작용하였다.

하지만 지구 전체적으로 볼 때 인구의 증가는 인구의 부양능력을 시험하는 계기가 되었다. 아직은 절대적인 수준(즉 전체 인구 대비, 각종 자원 및 식량을 비교해 보았을 때)에서는 심각한 문제로 대두되지 않고 있으나 고도로 경제가 발전한 국가와 아직도 원시 경제를 바탕으로 살고 있는 국가 또는 지역을 비교해 보면 그 문제가 심각하다. 즉 상대적인 수준에서는 이미 일부 지역에서는 부양능력 이하의 생활을 하고 있는 것이다. 예를 들어 지구상의 인구 중 성인의 절반 이상이 문맹이며, 20%가 기아상태, 16%가 집이 없고, 25%가 비위생적인 물을 마시고, 30%가 보건의료시설의 혜택을 제대로 받지 못하고 있다. 이와 같은 문제는 아직까지 자원이 균등하게 분배되지 않기 때문에 발생하는 것으로 볼 수 있다. 하지만 앞으로 계속해서 인구가 증가한다면 우리의 미래는 어떻게 될 것인가?

인구 증가와 자원 소모의 관계는 인구수의 증가와 개인의 소비수준(생활수준)과 관계있다. 같은 소비수준을 지닌 사람이 한 명 더 늘었다면 1인당 평균소비량만큼 자원이 더 소모된다. 이렇게만 계산해도 인구수가 두 배로 증가하면 자원의 소모량이 두 배로 증가하는 셈이 된다. 최근 인구수가 두 배로 늘어나는 데 걸리는 시간은 약 40년 정도이다. 이 추세대로라면 100년인 자원의 경우 40년 이내에 바닥이 난다는 결론이 나온다. 물론 여기에서 한 가지 알아야 할 것은 후진국에서 인구가 두 배 늘어나는 것과 선진국에서 두 배 늘어나는 것을 동일하게 볼 수는 없다. 왜냐하면 선진국 사람들은 후진국 사람들에 비해 엄청나게 많은 에너지와 자원을 소모하고 있기 때문이다. 그 대표적인 나라가 미국이다. 하지만 최근 선진국의 인구 증가율은 많이 둔화되어 거의 정체상태에 있다. 현 시점에서의 인구 증가는 거의 개발도상국 및 저개발국의 몫인데 그렇다면 그렇게 크게 걱정하지 않아도 된다는 말인가? 아니다. 이들도 선진국을 따라잡기 위해서 공업화에 심혈을 기울이고 있고 일부 국가는 이미 선진국에 진입한 나라들도 있다. 이런 추세라면 지금의 저개발국 및 개발도상국가 국민들의 생활수준도 머지않아 선진국수준으로 향상될 것이기 때문에 인구 증가분과 생활수준향상을 곱한 만큼의 자원 소모량이 증가하게 되어 결국 자원 소모 속도를 가속시킬 것이 명약관화하다. 따라서 앞으로는 자원의 분배 문제뿐만 아니라 절대적인 자원 부족에 의한 어려움을 겪게 될 것이다.

② 자원의 사용과 환경의 질 저하

자원은 인간의 경제적, 문화적, 기술적인 수준에 의해 결정된다. 자원은 여러 가지 형태로, 여러 지역에 분포하는데 그 자원을 현재의 기술로 채굴(획득)하여 사용할 수 있느냐 없느냐에 따라서 자원으로서의 가치가 있느냐 없느냐가 결정된다. 예전에는 잘 깨지지 않고 갈 수가 없어 쓸모없는 돌멩이가 제철법의 발명으로 현대 사회에 없어서는 안 되는 중요 자원이 되었다. 하지만 기술적으로 개발이 가능하다고 모두 자원이 되는 것은 아니다. 그 자원을 채굴, 가공, 운반, 사용하는 데 있어서 지나치게 값이 비싸거나, 그 자원을 대체

할 수 있는 다른 자원에 비해 값이 비싸다면 역시 사용하지 않게 될 것이다. 또 문화적인 측면에서도 자원을 보는 관점이 다르기 때문에 어느 지역이 귀중한 식량자원이 어느 지역에서는 숭배의 대상으로 여겨 식량자원과는 무관하다.

자원은 또 인간의 시간 단위로는 고갈 여부를 예측할 수 없는 Perpetual Resources와 지구상의 제한된 지역에 유한한 양이 편재되어 있는 Nonrenewable, exhaustible Resources로 구분할 수 있다. 고갈 자원의 의미는 가용량이 0이 되는 것뿐만 아니라 채산성이 맞지 않아 더 이상 채굴이 이루어지지 않는 경제적 의미의 고갈까지도 포함한다. 자원의 재활용, 대체자원의 개발 등을 통해 고갈 속도를 늦출 수 있지만 완벽한 재활용 및 대체자원 개발을 위한 경제적인 비용의 증대는 경제적 의미에서의 자원고갈을 야기할 것이다. 또한 앞에서 살펴보았듯이 인구의 급격한 증가는 자원의 고갈 속도를 한층 더 앞당길 것이 확실하기 때문에 이와 같은 기술적 노력만으로는 자원의 고갈은 피할 수 없는 인류의 미래로 다가올 것이다. 뿐만 아니라 고갈되지 않고 순환하는 자원의 경우에도 우리 인류가 잘 관리하며 깨끗하게 사용하지 않는다면 풍요 속에 빈곤을 맞을 수 있다. 예를 들어 과거나 현재나 미래나 강수량이 거의 일정하여 우리들이 사용할 수 있는 물의 양이 거의 비슷하다 할지라도 하천 주변의 수많은 공장과 가정 등에서 폐수를 엄청나게 배출한다면 더러워서 더 이상 사용할 수 없을 것이다. 이처럼 물 자체는 순환될지 모르지만 우리는 그 물을 사용하지 못하는 경우가 발생할 수 있기 때문에 단순히 순환자원이라고 하여 고갈되지 않는다고 말하기는 곤란하다. 또한 가지 형태의 자원은 Potentially renewable Resources이다. 이는 단기적으로는 고갈되지만 자연적인 과정에 의해서 재생 혹은 보충되어지는 자원을 말한다. 이 가운데 일부분은 재생자원으로 분류되는 것도 있지만 많은 경우 산출과 사용에 있어서 Sustainable Yield에 제한을 받는다. 지속 가능한 생산량은 전체 생산과 소비가 자연적인 보충량과 균형을 이루는 상태를 말한다. 만일 이러한 임계치를 넘어서서 지나치게 많은 양이 사용되면 재생 가능 자원의 기본 공급량이 감소하기 시작하며 이를 환경의 질 저하라고 한다. 이러한 자원의 성격을 파악하고 대처하는 방식에는 여러 가지 입장이 있다. 지속 가능한 생산량을 유지하도록 자원을 사용하고 관리해야 한다는 (자원 보전의 입장을 지지하고 옹호하는 사람들) Conservationist, 기본적으로 물, 대기, 토양의 오염을 방지하려는 Environmentalist, 야생지, 간석지, 저습지와 같이 중요한 자원에 대한 인간의 사용을 금지해야 된다는 Preservationist, 자원 사용을 전적으로 금지할 것이 아니라 과학적인 기법을 통한 적절한 사용(무해하며)을 주장하는 Scientific Conservationist 으로 구분된다. 또한 기존의 서구적인 가치관을 부인하고 인류는 단지 지구상에 존재하는 수많은 종 가운데 하나에 불과하며 지구는 단지 하나의 종(種)일 뿐인 사람을 위하여 존재하지 않는다고 보는 Sustainable Earth Conservationist들도 있다.

③ 오 염

오염이란 인간(인간만을 기준으로 말해서는 안 된다고 본인은 생각함)의 생존, 건강, 활동 등에 영향을 미치는 물, 공기, 토양, 음식물류가 인간이 원치 않는 방식으로 변화되는 것을 말한다. 고도로 발전한 선진국에서는 인간의 산업 경제활동과 폐기물질이 주된 오염원이 되며 저개발국에서는 농업활동이 오염의 주된 원인이 된다. 이러한 오염물질이 물과 대기 등으로 유입되는 방식에는 point source 와 non-point source가 있다. 지금까지의 오염은 주로 고도 발전국에서 이루어져 왔으나 고도 발전국의 경우 환경에 대한 관심의 증대로 오염물질의 배출이 원천적으로 금지되고 있다. 저개발국가의 경우에는 최근 공업화에 박차를 기하면서 오염물질 배출이 급증하고 있다. 특히 오염물질을 많이 배출하는 공해산입의 경우 신진국의 환성규세를 피해 저개발국가로 대거 이동하여 생산되고 있으며, 공장이 선진국에 있는 경우 산업공정에서 배출되는 오염물질을 값싸게 후진국에 수출하는 경우도 있다. 또 자국에서는 환경규제로 더 이상 가동할 수 없는 공장 설비를 후진국에 판매하는 경우도 늘고 있다. 각 지역에서의 오염은 모두 모여 결국 지구 전체의 생태계를 위협하고 있다는 사실을 잘 알고 있으면서도 이와 같은 반환경적인 행동을 일삼고 있는 것이 작금의 현실이다.

환경의 질 저하와 오염의 단순한 관계모형은 인구의 절대 수, 개인당 자원 사용량, 자원의 이용방식과의 함수이다. 과잉인구가 한 원인이 되는데 이 인구압은 절대 인구수의 과잉과 인구에 비하여 과다하게 자원을 활용하기 때문에 발생한다. 여기에서 고려해야 할 것은 일인당 자원 사용량에서의 불균형이다. 저개발국의 경우 인구의 대부분이 생존에 필요한 최저수준의 자원 사용조차 못하는 데 비해 선진국에서는 필요 이상으로 자원이 낭비되고 있다.

또 하나의 모형은 multiple factor model이다. 이 모델에서는 단순모형에서 고려한 요소들과 함께 인구의 분포, 자원의 남용과 과소비 유형, 과학적 문제해결능력에 대한 자신감, 지구의 생존 지원 체계에 대한 몰이해, 정치·경제적인 통제의 실패, 시장 기구의 실패, 인간 중심주의와 이기주의 등을 환경의 질 저하와 오염의 원인으로 고려하고 있다.

④ 대처방안

이러한 위기 상황에 대처하기 위한 인간의 역할에 대한 관점에는 두 가지가 있다. Neo-Malthusian과 Cornucopian이 그것이다. 신맬더스주의자들은 인간이 직면한 문제가 심각하며 미래가 비관적이라고 본다. 인구는 지속적으로 증가할 것이며 인간의 기술로조차 해결할 수 없는 자원고갈과 환경오염 문제가 앞으로 더욱 심각해질 것이라고 주장한다. 이에 비하여 코뉴코피안들은 현재의 위기는 일시적이며 새로운 방식으로 미래가 새롭게 열릴 것이라고 낙관하고 있다. 기술의 발전과 과학 영역의 확대는 자원을 계속해서 개발할 것이며 환경오염 역시 잘 해결할 것이라고 전망한다. 이들의 경우 계속적인 경제성장과 기술의 활용을 추구하는 Throwaway 사회가 앞으로도 지속될 것이라고 주장하는 데 비하여 신맬더스주의자들은 지속 가능한 수준에서의 경제성장을 유지하고 자원을 아끼고, 환경보전을 위한 투자를 배가 해야만 희망찬 미래를 기대할 수 있다고 주장하고 있다.

인구와 환경의 질 저하 문제에 있어서 가장 중요한 요소로 생각되는 것은 불균등성과 시장 기구의 실패이다. 앞에서 지적한 바와 같이 생존에도 못 미치는 수준 이하의 자원 사용으로 인해 농업생산량 증대를 위한 노력이 이루어지고 있으며 이 때문에 환경문제가 발생하고 있다. 이에 비하여 선진국에서는 자원의 낭비가 큰 문제로 대두되고 있다. 따라서 저개발국으로의 자원 흐름이 원활해진다면 이러한 환경의 질 저하를 일부라도 막을 수 있을 것이다.

또한 세계적인 차원에서의 공동대처와 저개발국에 대한 공동지원이 요구된다. 시장기구의 실패에 대한 대책으로는 오염제거비용이 사회 전체에 전가되지 않고 방출 자에게 부과되도록 그래서 환경오염에 대한 대책을 수립하지 않으면 안 되도록 시장 기구의 정비가 요구된다.

⑤ 민자유치 사회간접자본시설(SOC)건설에 있어서 환경문제

최근 우리나라뿐만 아니라 세계 각국은 SOC시설 부족으로 물류비가 증가되면서 국가경쟁력이 악화되어 SOC시설 확충의 필요성을 절감하고 있다. SOC시설은 다른 생산활동에 간접적으로 기여하는 시설이므로 경기의 호·불황 여부와 관계없이 꾸준히 선행적으로 투자가 이루어져야 한다. 그러나 정부의 재정은 한계가 있어 모든 SOC를 정부가 건설하기는 힘들다.

그러므로 SOC시설건설에 민간을 참여시키고 있으나, 환경문제로 많은 사업이 중지 또는 부진을 면치 못하고 있다. 대규모 SOC시설 건설에 따른 환경문제가 발생하는 것은 어쩔 수 없으나 이에 따른 정부매몰비용 발생은 국가 경제적으로 큰 손실이다.

따라서 민자유치로 건설하는 SOC시설건설에 있어 환경문제로 건설이 증가되거나 부진한 사업에 대한 실태를 환경 정의적 측면에 분석하여 문제점을 도출하고, 그 대책을 강구하며 SOC시설을 확충, 국가경쟁력을 강화하는 데 도움이 되고자 한다.

3. 민자유치제도와 환경과의 상관관계

1) 민자유치의 개념

　민자유치란 정부 또는 지방자치단체가 민간자본을 유치하는 것 즉 민간의 자본을 유치하는 것을 말한다.

　최근에 정립되고 있는 일반적인 개념은 국가 또는 지방자치단체 등 공공부문이 공공시설의 건설과 운영을 위하여 부족한 재원의 일부 또는 전부를 민간부문으로부터 조달하고 대신 민간부문에게 일정 범위 내 공공시설의 운영 및 수익을 보장하는 제도라고 할 수 있다.[1]

　현재 우리나라에서는 민자유치가 무엇인가에 대하여 법적인 정의를 내려놓은 실정법 규정은 없으므로 민자유치는 현실적인 필요에 의하여 실무상 쓰이는 용어다. 그러나 우리나라에서 시행하고 있는 민자유치의 법적인 근거는 「사회 간접자본시설에 대한 민간투자법」

---

1) 모성은(2002)지방의 민자사업 활성화 전략, 지방자치, 현대사회연구소, 2002 12월호 p.67

에서는 제정목적을 사회간접자본시설에 대한 민간의 투자를 촉진하여 창의적이고 효율적으로 사회간접자본시설을 확충·운영하는 것이리고 밀하며 민간투사사업은 민간제안사업과 민간투자시설 사업기본계획에 의한 고시사업으로 정의하고 있다.

2) 민자유치제도의 필요성

① 공공시설건설 재원의 보충

경제발전과 함께 사회간접시설의 확충과 복지수준 향상을 위한 재정수요는 급격하게 증가하고 있다. 특히 우리나라의 경우 이러한 재정수요가 인구나 소득 증가 속도를 크게 상회하기 때문에 인프라시설의 공급에 필요한 재원부족 문제에 시달리고 있다. 이 재원 조달을 위해서는 조세 및 요금인상, 국공채 발행 및 차관도입 등의 방안을 강구할 수밖에 없다. 그러나 이러한 방안은 국민부담이 대폭 늘어나는 결과를 초래하게 되므로 정부의 재정정책에만 의존하는 것에 한계가 있다. 민자유치는 부족한 정부재정을 확대할 수 있는 하나의 대안이며 재정압박을 완화해주는 효과를 가지고 있다.

② 민간의 창의와 효율 도입

공공시설의 확충에 민간자원을 활용할 경우 민간의 능률성과 창의성을 도입할 수 있다. 따라서 공공시설의 수요 증가에 대응하고 이를 신속하게 공급하기 위해서는 공공부문보다는 시장적응력이 높은 민간기업이 효과적이다. 경제규모가 확대될수록 민간부문이 공공보다 높은 효율성을 갖는다. 민간부문은 혁신적 설계와 시공을 통해 사업비감축이 가능하고 시설의 유지, 보수 및 관리운영에 있어서도 효율성을 높일 수 있다. 특히 민간기업은 공공부문에 비해 시장수요에 탄력적인 방식을 도입할 수 있다.

③ 민간부문의 투자기회 확대

전통적으로 공공시설은 그 특성 때문에 건설과 운영을 정부가 독점하였다. 그러나 최근 공공시설의 공급기술이 발달하여 과거에 수익성이 없던 일부 시설도 비용절감을 통해 이윤을 확보할 수 있다. 공공시설에 대한 만성적인 초과수요로 인해 이용자에게 사용료로 부과할 수 있어 민간부문이 공공시설의 건설, 관리에서 채산성을 가질 수 있는 여건이 조성되고 있다. 공공시설이 입지함에 따라 주변 지가의 상승으로부터 발생하는 개발이익과 부대사업 등을 통한 편익을 확보하기 위해 민간자본이 공공시설의 건설에 참여하게 되는 것이다. 따라서 공공시설의 확충은 민간기업에 장기적으로 새로운 투자기회를 제공한다는 측면에서 그 필요성이 제기되고 있다.

④ 사업운영의 위험분산 효과

민자사업은 대부분 BOT 방식, 또는 BTO·BOO 방식으로 추진되고 이러한 방식은 소위 프로젝트 파이낸싱(project financing)으로 재원을 조달한다. 따라서 민자사업은 시공자에게 위험을 분산시키는 효과가 있다.

⑤ 세대 간 비용분담 및 사용자 부담원칙 적용가능

모든 사회산섭시설을 현세대의 부담만으로 건설하는 것은 경제적으로 바람직하다고 할 수 없다. 따라서 민자유치사업은 일정 부분은 현세대가 부담하고 나머지 일정 부분은 후세대가 부담(후세대의 사용료 지불)하는 구조를 만들 수 있고 사용자부담원칙을 적용할 수 있다.

⑥ 正(+)의 외부효과 발생

대부분 민간자본을 인프라사업에 유치할 경우(특히 자본시장구조가 취약한 지역이 타 지역 또는 외국자본을 도입하는 경우) 해당 지역의 자본시장과 금융기법이 발전, 강화되는 외부효과를 얻을 수 있다. 또한 프로젝트 추진을 저해하는 불합리한 각종 규제들과 문제점을 도출하여 개선하는 효과를 얻을 수 있고 반복적 사업계획 평가와 협상이 이루어지면서 공정한 게임의 룰을 정립하는 외부효과를 얻을 수 있다.

이와 같이 민자유치는 공공시설건설 재원의 보충, 민간의 창의와 효율 도입, 민간부문의 투자기회 확대, 사업운영의 위험분산 효과, 세대 간 비용부담 및 효과 발생 등의 필요성이 있으므로 이를 도입하는 것이 SOC시설설치를 위해서는 바람직하다. 그러나 ① 정부가 설치해야 할 사회 간접자본시설임에도 민자유치사업을 함으로써 각종 조세를 부담하는 국민의 입장에서는 조세 및 사용료의 이중의 부담이 될 수 있고, ② 일부 담합된 건설업체에 대한 특혜로 공정한 수주경쟁을 차단할 수 있는 개연성이 있고, ③ 민자유치사업이 잘 안될 경우 정부가 매수하므로 오히려 시간낭비 및 재정낭비를 가져올 수 있으며 ④ 재정여력이 없는 지방자치단체장의 정치적인 수단으로 악용될 수 있는 소지가 있다.

4. 환경정의와 환경행정

1) 환경정의 개념

정의라는 것은 사회의 인간과 인간 사이에 "무엇이 올바른 것인가?" 하는 문제이다. 따라서 환경정의는 이러한 정의의 시각을 '환경을 배경으로 설정되는 인간과 인간 사이뿐만 아니라 환경과 인간 사이에 작용하는 문제'로 확대 적용하는 것이다. 그러기에 환경정의에 관한 논의는 자연스럽게 사회정의의 관점에서 전개되면서 이야기되어 왔다. 환경은 삶의 기회와 질을 결정하는 가치를 함축하고 있는 희소자원인 만큼 이를 둘러싼 접근과 배분은 자연스럽게 그 관계가 '어느 정도로 정의로운가'에 의해 좌우되기 때문에 그 핵심적인 잣대는 바로 '정의'가 무엇인가에 관한 것이다.

정의론에서 말하는 정의(justice)는 '무엇이 옳고, 무엇이 그른가'에 관한 원칙에 관한 것으로 대체로 평등하고 공정한 상태를 지칭한다. (이정전, 1999: 38). 현대 사회의 정의론은 주로 분배적 정의, 즉 사

회구성원 각자가 자기 자신의 응분의 몫을 향유하며 살아가는 상태
를 뜻하며 그런 상태가 실현된 사회를 정의로운 사회로 간주한다.
(한면희 1999: 132) 그러므로 환경정의는 제한된 환경자원과 기회를
얼마나 공평히 배분된 사회적 상태를 만드느냐에 대한 문제라 할 수
있지만 사회를 어떠한 이념으로 바라보느냐에 따라 정의를 구현하는
방식과 내용에 대해서는 공리주의로부터 자유주의, 마르크스주의, 롤
즈의 계약주의 등에 이르는 상이한 해석적 입장이 있다. 간단히 말
해서 자유주의는 개인의 이익이 극대화되는 분배를, 공리주의는 최
대다수 최대행복이 되는 분배를, 마르크스주의는 필요(needs)의 원리
에 따른 분배를, 롤즈의 계약주의는 정당한 과정을 거쳐 협의된(계
약된) 분배를 강조하며 따라서 환경정의는 이러한 사회 정의론에 기
초하여 환경을 바라보는 입장에서 환경정의가 조명되었다

2) 환경정의의 실천

환경정의라는 것이 단지 환경정의가 무엇인가에 대한 논쟁으로서
만 끝나버린다면 그 담론은 아무 의미 없는 그저 담론으로서만 존재
가치가 있을 뿐이다. 따라서 우리가 실재적으로 환경정의를 실현하
기 위하여 어떠한 측면을 주목하여야 하는지가 문제이다. 따라서 아
래에서는 환경정의를 실천하기 위한 주안점들을 나누어 살펴보아야
한다.

① 환경부정의(environmental injustice) 측면

환경의 정의로운 상태보다 환경오염이나 그 비용이 부당하게 전가

되는 상태, 환경비용과 피해의 불공정한 배분이 야기되는 환경부정
의가 환경문제의 가장 중요한 존재양태로 인식되기 때문이다. 사회
정의가 이익의 공정한 배분에 초점을 맞추고 있는 것에 견주어 환경
정의를 불이익의 공정한 분배에 더 많은 관심을 갖는다는 뜻이다.

② 환경약자 측면

환경부정의를 환경문제로 바라다 볼 때 환경 정의론의 두 가지
측면을 각별히 인식시켜준다. 첫째는 사회적 측면에서와 마찬가지로
삶의 터전인 장소, 도시, 지역과 같은 환경도 희소자원으로서 환경이
지닌 가치가 사회 구성원들한테 골고루 배분되지 못한 결과 환경을
매개로 한 사회적 불평등이 사회적 약자들의 생존권과 삶의 권리를
제약하고 박탈하듯이 환경 불평등 또한 환경약자의 환경 향유권과
그에 대한 생존의 권리를 박탈하고 억압함으로써 삶의 상황을 소망
스럽지 못하게 한다는 점이다. 환경 정의론은 결국 환경약자들이 겪
는 삶의 소망스럽지 못한 문제를 핵심으로 다룬다.

③ 환경 불평등구조 측면

환경이 정의롭지 않다고 한다면 이는 사적소유관계를 바탕으로 한
환경자산의 소유나 사용이 불평등하고 불공정함으로써 발생하며 궁
극적으로 사회적 효용의 희생을 통해 특정 환경주체에게로 환경가치
가 독점되는 결과로 초래되는 것이다. 환경 불이익이 환경약자에게
역진적으로 집중되는 현상은 이의 다른 결과라 할 수 있다.

④ 생태적가치의 재배분 측면

생태정의란 인간과 인간, 인간과 자연의 관계에까지 정의로움, 공정함, 평등함이 구현되는 상태를 의미한다. 이러한 뜻의 생태정의가 구현되기 위해서는 일차적으로 인간계 내에서 불평등이 시정되고, 나아가 인간과 자연간의 호혜성·양립성 그리고 병존성이 최종적으로 실현되어야 한다. 생태성은 체제성과 순환성을 기본 속성으로 하는 만큼 인간-인간, 인간-자연의 전체적 조화와 교호체계를 전제해야 하며 아울러 이러한 교호체계가 과거로부터 현재와 미래에까지 지속하는 생태적 영속성을 전제해야 한다.

5. 민자유치 SOC시설건설에 있어서 환경문제

1) 우리나라 민자유치사업 추진현황[2]

① 사업현황

우리나라에서 추진하고 있는 민자유치사업은 국가관리 민자유치사업과 자체관리 민자유치사업이 있는바 이를 구분하는 기준은 사업비규모이다.

② 경인운하건설

가. 사업개요

－경인운하는 인천시 서구(서해안)에서 서울시 강서구 개화동(한강

---

[2] 박중권(2002) 민자유치활성화에 관한 연구, 서울시립대학교 도시과학대학원 석사학위논문

행주대교하구)까지 연장 약 18㎞, 수심 6m, 수도저속 100m의 운하로
서 갑문은 5기이다. 운하 대상화물은 컨테이너, 철강, 자동차, 해사
등이고 처리 물동량은 연간 4800만 톤이다. 사업기간은 4년 6개월이
고 1단계 건설 후 40년간 무상 사용하는 민자유치사업이다. 이 사업
은 1995. 3. 6 민자유치 대상사업으로 지정하고 1999. 9. 21 경인운
하(주)를 설립히고 현재 실시계획 승인 중에 있는 사업이다. 사업비
는 1조 8,429억 원으로 민간사업비가 1조 4,047억 원이고 정부지원
이 4,383억 원이다.

나. 운하건설의 타당성

－운하건설의 타당성은[3] ① 연례적인 홍수피해를 겪고 있는 인천,
부천 등 굴포천 유역(인구127만 명)의 근원적인 홍수피해를 방지하
고 ② 주로 도로를 이용하고 있는 컨테이너, 철강, 자동차, 해사 등의
중량화물을 연안해운과 연계하며 경인운하로 흡수함으로써 경부, 호
남, 경인 간 주요 도로 교통난을 완화하고 저렴한 수송수단의 확대
개발로 미국·일본 등 경쟁국에 비해 높은 물류비용을 감소하여 국
가 경쟁력을 강화한다.

③ 만성체선을 겪고 있는 인천항(체선율 16.7%, 198년) 기능을 분
담하고 수도권 지역 신규항만화물수요를 흡수한다. ④ 서해~한강의
연결로 인한 화물운송, 여객, 관광선 운항 등 다양한 한강수상 이용
을 활성화하고 ⑤ 급증하고 있는 대중국 및 대북교역 확대에 큰 기
여하고 ⑥ 국민레저, 문화공간을 확대한다.

⑦ 그리고 경인운하는 도로운송화물을 연안해송과 연계하여 운하
로 흡수함으로써 다양한 환경적 편익을 발생하고 ⑧ 경인운하 인천,
서울 터미널에 항만 물류단지가 건설됨에 따라 부천, 김포 등 인간

---

3) 김형렬(건교부 경인운하팀장, 2000) 경인운하건설의 타당성, 경인운하 타당성바로보기시
　민토론회(2000.5.30)

의 지역경제 활성화에 기여한다.

※ 경인운하 경제성 분석(1996 기본계획: 할인율 10% 분석 기간 50%)은 편익은 3조 5,374억 원이고 비용은 1조 6,006억 원은 B / C = 2.2이다. (1이상이면 타당성 있음)

다. 경인운하의 문제점

－경인운하에 대한 문제점을 열거하면 먼저 환경적 문제로 ① 담수를 적절한 자정작용 없이 해양으로 직접 흘려보내 해양수질오염으로 인한 해양 생태계 파괴가 우려되고 ② 운하 내에 물이 머무는 동안 주변의 비정 오염원의 유입과 굴포천 하수(담수화)의 유입 등은 주 운수로 내 부영양화와 산소고갈로 인한 심각한 수질 악화를 초래한다. ③ 수도권 매립지 지역에 운하가 만들어지므로 침출수 누출에 의한 수질오염, 운하 내 담수의 오염 및 갯벌준설 등의 문제점이 발생하고 ④ 해사부두건설로 인한 생태계 파괴와 수질악화가 예상되고 ⑤ 사토장건설로 인한 갯벌 매립으로 갯벌의 파괴가 예상되고 ⑥ 운하 제방도로 자동차 교통량 증가 및 선박운행 등으로 대기오염의 문제가 된다.

경제적 문제로는 ① 동 사업은 2000. 7월 착공 계획을 발표했지만 얼마 남지 않은 상황에서도 계속적으로 변하는 사업계획과 경제성 분석(경제성이 전혀 없는 0.843에서부터 경제성이 매우 높은 2.2까지의 분석치)은 일관성이 없고 ② 인천항 체선 완화와 내륙 교통난 완화로 대표되는 비용편익분석의 편익의 기초인 물동량 추정은 상당히 과장된 문제점을 가지고 있고 ③ 경인운하건설에 따르는 수송비 절감액의 추정은 수송비의 비교를 통한 단순한 운송비 차액을 수송비 절감 편익으로 추정하는데 신설되는 여러 교통체계를 감안해야 함에

도 이를 간과한 비현실적인 편익 추정으로 문제가 있다

라. 검 토

－양쪽의 주장은 모두 어떤 면에서는 일리가 있기 때문에 어느 것이 최선의 방법인지는 쉽게 결론을 내리기 힘들다. 그러나 경인운하의 길이가 18㎞밖에 되지 않고 인천항에서 화물을 하역해 서울로 옮겨 다시 이를 차량에 옮기는 점, 운하를 통해 큰 배가 들어올 수도 있는 것도 아니고 결국 소형 화물선이나 바지선으로 다시 옮겨 싣는 번거로움, 신속성이 요구되는 화물운송에는 운하가 취약하기도 하고 화물전용 철도 등이 오히려 돈이 덜 드는 대안이 될 수 있는 점, 환경적으로 많은 문제점을 감안할 때 결국 이를 추진하는 것은 문제가 있다고 볼 수 있다. 그러나 우선 굴포천 유역은 근원적인 치수대책이 절실히 필요하다.

경인운하사업은 치수기능을 최대한 확보하는 한편 수도권의 물류교통이 심각하게 정체되고 있는 상황을 고려하여 경제성을 감안한 운하 국운기능을 추가함으로써 경인 지역의 수송 및 물류 지역 문제를 경감할 수 있다.

따라서4) 만일 운하를 건설한다면 계획, 설계단계에서 충분한 검토를 거쳐 시행착오를 줄이고 운하건설에 따른 환경생태계의 변화는 피할 수 없는 상황이지만 새로운 수변생태환경을 조성하는 세심한 준비를 통해서 자연환경이 삶의 편리와 안정을 조화롭게 확보하도록 환경단체 등의 주장에 대해서도 충분히 검토하고 반영하여 사업에 따른 부작용을 최소화해야 할 것이다.

지구 환경이라는 측면에서 20세기보다 많은 변화가 일어난 때는

---

4) 조원철, 2002.3.23. 서울경제신문

없었다. 지난 100여 년간 세계인구는 40억 명 가량 증가해 세기 초에 비해 4배로 늘어났다. 동시에 사막화가 크게 진행됐으며 산림은 사라지고 대기는 산업혁명 이전까지는 들어 보지도 못한 수천종의 입자들로 가득 차게 됐다. 월드워치 연구소가 펴낸 밀레니엄 특별보고서에 따르면 자연계의 안정에 대한 전례 없는 위협 때문에 새로운 세기의 전망에 먹구름이 끼고 있다고 가리켰다. 1900년 지구 인구는 16억이었던 것이 현재는 60억으로 증가했다. 세기 초에 비해 6배나 넓은 면적이 개간됐으며 비료와 현대적 기술에 힘입어 중국과 미국, 인도와 같은 대규모 곡물생산 국가에서 토지당 식량 생산은 평균 3배로 늘었다. 그러나 생산된 곡물의 상당 부분이 동물사료로 쓰이고 있기 때문에 인류에 대한 영양학적 관점에서 볼 때 효과적으로 이용되지 못하고 있다. 한 예로 미국인 1인당 연간 평균 곡물소비량은 900kg으로 이 가운데는 유제품과 육류, 달걀 생산에 들어가는 가축 사료도 포함된다. 이에 비해 인도인의 평균 곡물소비량은 200kg에 그친다. 식수사용을 보자! 독일 지구과학 천연자원연구소의 아른트 뮐러는 "1950년 이후 전 세계적으로 식수를 뽑아 올리는 양은 인구 증가 속도보다 2배나 빨리 증가했다"고 지적한다. 월드 워치연구소에 따르면 현재 지구는 대량 멸종시대를 경험하고 있다. 지구 환경 악화로 다양한 생물체가 소멸되고 있기 때문이다. 대략 1천종의 동·식물이 매년 지구상에서 사라지고 있으며, 만약 자연적인 상태라면 이 같은 멸종 동·식물은 연간 1-10종에 그치게 될 것이다. 이같이 우리는 지금 심각한 사회문제에 대면하고 있다. 현재 몇몇의 동·식물들이 멸종하고 있지만 이런 식이라면 곧 인류의 멸종도 그다지 멀지 않을지도 모른다. 인구 증가와 식량문제 그리고 환경문제의 관계와 그 대책을 살펴보자.

2) 인구 증가

사실 인구문제는 지구상에 존재하는 모든 문제의 근원이라고 할 만하다. 세계인구는 지난 50년간 2배 이상 증가, 61억 명으로 늘었으며 앞으로 50년간 30억 명이 더 늘어날 것으로 예상된다고 최근 새로운 유엔 보고서는 발표한바 있다. 유엔 인구국이 2001년 2월 28일 공개한 이 보고서에 따르면, 오늘날 전 세계인구는 약 61억에 달하고 있지만, 이 수치는 오는 2050년에는 93억으로 늘어나며 이 중 개발도상국 인구가 거의 10분의 9를 차지할 전망이며, 특히 인도 한 나라가 그 6분의 1을 차지하게 된다고 한다. 실제 인구 증가에 따른 문제점은 사람 수 자체라기보다는 이에 따른 소비규모이다. 인구 증가가 문제시되는 것은 한 명이 증가한 만큼 자원이 더 소모되기 때문이다.

2003년 현재, 세계인구는 61억을 넘어섰다. 그러나 실제 61억이라는 숫자가 무엇을 의미하는지 체감하기란 그리 쉬운 일이 아니다. 따져보건대 지구 인구가 10억이 된 것은 1810년경이었다. 인간이 처음 지구에 모습을 나타낸 것이 5만 년 전이었으니 10억이 되기까지 약 5만 년이 걸린 셈이다. 다시 두 번째 10억이 더해지는 데에는 115년(20억, 1925년경)이 걸렸으며, 이어 세 번째는 불과 30년(30억, 1955년)밖에 걸리지 않았다. 그 뒤로 21년 뒤인 1987년에 40억을 돌파했고 바로 10년 뒤인 1997년에는 50억에 도달했다. 이어 50억에서 60억이 되기까지는 불과 4년(2000년 6월)이 걸렸을 뿐이다.

인구학자들은 "이 상태로 증가한다면 세계인구는 2050년 안에 1백억 명을 넘어서게 될 것"이라며, "그러나 지구가 최대한 수용할 수 있는 인구는 채 1백억 명이 안 된다" 고 전망한다. 이 같은 지구의 생물학적 수용능력의 한계에 대해 미국 코넬대학의 데이비드 피멘틸 교수는 보고서를 통해, "지난 83년 이후 1인당 곡물 경작지는 20%, 관계용수는 15% 감소했다"고 밝히고 "인구문제를 해결하지 못하면 자연이 우리를 대신해 자정작업을 벌이게 될 것이며 그 과정은 무자비하게 진행될 것"이라고 경고했다. 이러한 "인구 증가는 식량과 자원의 소비를 증가시키고 그에 따른 오염물질과 쓰레기의 발생을 늘리기 때문에 환경오염과 밀접하게 관련된다." 즉 학자들이 경고해온 인구 증가에 따른 식량난, 물 부족, 자원고갈, 환경오염의 심화로 인한 인류생존의 위협은 이제 우리에게 피할 수 없는 현실로 다가왔다.

3) 식량문제

World watch 연구소의 Lester R. Brown박사는 급증하는 식량수요, 심각한 농경지 및 농업용수의 부족, 지구환경 악화 등으로 2030년에는 5억 톤 이상의 세계 식량이 부족하게 되는 식량위기(식량대란)를 설득력 있게 전망하고 있다. 인구는 기하급수적으로 늘어나고 식량은 산술급수적으로 증가한다고 영국 맬더스의 인구론은 말한다. 그러나 인구가 증가함에 따라 필요한 식량은 증가하나 농토는 제한되어 있어 식량부족 현상이 나타난다고 한다. 현재 세계적으로 8억 명이 만성적인 기아상태를 벗어나지 못하고 있고, 선진국들은 일찍이 식량안보의 중요성을 인식하고 종자개량을 통한 식량증산에 힘써 왔다. 두 차례 세계전쟁의 참화를 겪으면서 식량문제를 뼈저리게 느껴본 유럽의 선진국들은 어느 나라 건 식량안보 문제를 제일 중요시하고 있고, 일례로 스위스는 칼로리 기준으로 64%의 식량안보를 지키기 위해 혼신의 노력을 다하고 있다.

이처럼 인구의 급격한 증가에 비례하는 식량의 생산이 어려운 상황에서 미래에 식량이 국가안보의 가장 큰 화두로 떠오를 가능성이 그머 디디옥 WTO체제의 자유주의적 시장경세시스템에 있어서 기초식량의 자급자족 문제는 더더욱 큰 의미를 지닌다. 그러나 우리의 현실은 아직 식량증산을 위한 종자개량 등의 근본적인 대응책의 미비는 물론 정부의 정책부재와 안일한 대응으로 이농현상이 디욱 심화되고 식량수입액은 해마다 늘어가고 있는 실정이다.

4) 환경오염

세계인구의 증가와 경제적 발전과는 많은 상관관계를 내포하고 있으며, 다시 경제적 발전은 필연적으로 환경문제와 연계되어 있기 때문이다. 인구 증가와 경제성장의 결과는 공업화의 진전, 각종 재화와 용역의 생산을 위해 많은 자연자원을 개발하여 이용해 왔다. 또 무분별한 자원의 개발과 이용은 자원고갈과 환경파괴를 일으켰다. 환경문제는 오늘날 한 국가만의 문제가 아니라 지구촌 전체의 문제이다. 유엔환경개발회의(UNCED)에서 1992년에 환경문제해결을 위한 국제협약이 만들어졌다.

환경문제의 해결을 위한 국가 간의 협력은 1972년에 유엔이 "인간환경선언"을 채택하고 유엔환경계획(UNCEP)을 수립하는 것을 계기로 시작되었다. 그러나 냉전체제에서 동서 양 진영 사이의 이데올로기의 대립으로 인하여 국제협력은 진전되지 않았다. 그러다가 1980년대 중반 이후에 환경문제해결을 위한 국제적 협력이 본격적으로 이루어지기 시작했다. 최근에 체결된 주요 환경문제와 관련된 국제협약은 다음과 같다.

* 환경문제의 해결을 위한 국제협약

구 분	오존층보호협약	몬트리올의정서	바젤협약	기후 협약	생물 다양성 협약
협약 체결	1985. 3.	1987. 9.	1989. 3.	1992. 6.	1992. 6.
주요 내용	오존층 파괴물질의 사용규제 (탄소물질, 질소물질, 수소물질)	프레온가스의 생산 및 사용 규제	유해폐기물의 국가 간 교역 규제	지구온난화 방지 (화석연료의 배출가스규제)	삼림의 관리 보전 / 유전공학과 생명공학기술의 협약
파급 효과	프레온가스 사용 업체의 손해 증가	프레온가스 대체물질 개발노력	고철, 폐지 수입 위축	저에너지소비 구조로 산업구조 개선 노력	생명공학기술의 도입비용 증대
한국 가입	1992. 2.	1992. 5.	1994. 2.	1993. 12.	1994. 10.

지금까지 물품 생산에만 몰두하고, 사용 후의 환경오염 문제를 소홀히 다루었다. 따라서 대기오염, 토양 황폐화, 수질오염, 각종 폐기물의 축적 등으로 자연의 자정능력이 상실되어 오늘날 쓰레기 문제의 해결이 시급해졌다.

6. 인구문제와 환경문제

1) 과잉인구에 대한 대책

  인구 부양력은 인구의 절대 수 문제가 아니라 인구수에 대한 경제력의 크기로 판단한다. 이러한 인구문제를 해결하기 위한 대책으로는 인구 증가를 억제하는 소극적인 대책과 인구 부양력을 증대하는 적극적 대책이 있다.

  우리나라는 그동안 추진된 가족계획을 통해 인구 증가율은 0.93%로 떨어졌다. 그러나 인구밀도가 매우 높기 때문에 과잉인구문제의 근본적인 대책이 필요하다. 따라서 대체자원을 개발하고 경제발전을 통해 과잉인구의 부양능력을 증대하는 적극적인 대책을 추진하여 인구의 양적인 면보다는 인구의 질적인 면에서 인구문제를 해결하는 자세가 필요하다.

2) 인구의 지역적 편재에 대한 대책

토지의 균형 발전을 통한 인구 분산과 재배치가 추진되어야 한다. 국제적으로는 불균형적으로 발전된 각 나라 간의 차이를 줄이고 인류의 복지를 위한 제도적인 보완이 시급하다고 본다. 경제적으로 격차가 벌어질수록 세계 지역 간의 편차도 심각해지고 있는 것은 삶의 수준차이와 그로 인한 여러 가지 문제가 복합적으로 작용하는 결과이다. 서구와 아프리카, 남미, 아시아 등의 저개발 지역을 중심으로 인류의 거시적이고 공동적 노력을 통한 실천이 필요한 것이다.

국내의 경우는 그동안 성장 위주의 국토개발을 실시한 결과 지역 격차가 심화되어 인구 분포가 매우 불균등하다. 인구의 지역적 과밀·과소 문제를 해결하기 위해서는 낙후 지역을 우선적으로 개발하여 지역 간의 소득 격차를 줄이고 문화, 교육 및 각종 편의시설 등 생활 여건을 향상시킴으로써 국토의 균형 발전을 도모해야 할 것이다.

3) 성비의 불균형에 대한 대책

유교 문화권에 있는 우리나라의 가족법은 아직도 남성 우위로 되어 있을 뿐 아니라 예로부터 내려오는 남아 선호사상이 뿌리박혀 있다. 이러한 사회 관습을 개선하고 남아 선호사상을 불식시키기 위해서는 여성의 지위 향상과 사회 진출에 있어 차별을 받지 않는 제도적 장치가 마련되어야 한다. 또한 여성의 지위 향상을 실현하기 위해서는 교육과 사회활동·경제활동 등에 참여할 수 있는 기회 부여의 정책적 조처가 필요하다.

4) 과학기술을 통한 해결방안과 문제점에 대한 고찰

인구 승가에 따른 경고, 즉 식수와 식량부족, 에너지 고갈 등에 대한 우려에도 불구하고 많은 사람들은 인간의 수명을 연장시켰던 과학기술이 이를 그대로 방치하고 있지는 않을 것이라는 낙관론을 펼치고 있다. 이들은 아직도 발견되지 않은 석유나 천연가스가 있을 가능성이 높으며 또한 머지않아 핵융합에너지가 상용화되어 에너지 고갈 문제를 해결할 것으로 전망한다. 또한 유전자 조작 동식물들로 인해 슈퍼밀과 슈퍼옥수수, 슈퍼돼지 등이 등장해 무한정의 식량과 자원을 공급할 것이라고 설명한다. 그러나 스스로의 생명을 연장시키며 자기증식을 꾀하고 있는 인류를 대신해, 현재 멸종의 위기에 처한 지구의 수많은 동식물들에 대해서까지 과학기술의 배려가 미치고 있는 것 같지는 않다. 유엔환경계획(UNEP)은 "현재 지구상의 총 생물종은 약 3천만 종으로 추정되고 있다. 그러나 인구 증가에 따른 각종 개발과 환경오염 등으로 인해 자연 서식지가 파괴되고 있으며, 매년 2만 5천~5만여 종의 생물이 멸종되고 있다"고 보고했다. 또한 80년대 이후 열대림을 보유하고 있는 개발도상국들의 경제개발로 인해 다량의 산림을 훼손하기 시작하면서 생물종의 멸종 속도는 더욱 가속화되고 있다고 덧붙였다. 세계자연기금(WFN) 역시 최근 통계를 통해 환경회의가 열리는 단 12일 동안에 전 세계적으로 6백에서 9백여 종에 이르는 동식물이 멸종됐으며, 세계인구는 3천3백만 명이나 증가했다고 발표했다. 생물의 다양성이 깨지고 있다는 이 같은 발표들은 대기와 물을 정화시키고 토양의 비옥도와 기후조건을 안정적으로 유지하도록 하는 생태계의 균형이 사라지고 있다는 뜻이다.

5) 식량문제의 과학적 노력과 마음자세

한국과 미국과학자들이 벼의 유전자를 개량해 날씨가 춥거나 비가 많이 오지 않는 악조건에서도 잘 자라는 '슈퍼벼'를 개발하는 데 성공했다.

영국BBC 방송의 인터넷뉴스는 지난달 25일 "코넬대의 레이 우 교수가 이끄는 한국과 미국의 공동연구팀이 박테리아에서 추출한 당 유전자를 보탠 개량 벼를 개발하는 데 성공했다"고 보도했다. 이 벼는 추위나 가뭄, 고염도(물속에 염분이 많이 포함된 상태) 상황에서도 수확을 유지하는 특징을 가지고 있다. 또한 이 벼는 극한 환경에서도 정상적인 재배가 가능해 수확량을 20%가량 높일 수 있다. 전문가들은 인구 증가로 다수확 품종개발에 대한 요구가 높아지고 있는 상황에서 개발된 이 신품종이 인류의 식량문제해결에 큰 도움을 줄 것으로 예상하고 있다. 이와 같은 보도처럼 희망적인 소식이 들리기 시작하고 있다. 식량수요, 심각한 농경지 및 농업용수의 부족, 지구환경 악화 등으로 2030년에는 5억 톤 이상의 세계 식량이 부족한 식량위기에 처한 가운데 새로운 종자법 개발과 식량안보의 가치관의 정립이 동시에 필요하겠다.

6) 환경문제와 우리가 할 일

우리는 지금까지 환경오염으로 인한 자연생태계의 파괴 그리고 그것이 결국 온 인류에게 미칠 영향에 대해 알아보았다. 이 '하나뿐인 지구' 생명체에게 작은 것이 부담을 덜 주며, 지구는 부담을 덜 받을수록 아름다움을 지속할 수 있다. 우리가 살고 있는 지구는 우리

세대가 마음대로 쓰고 버릴 수 있는 소유물이 아니다. 지구의 주인인 미래세대로부터 잠시 빌려 쓰고 있다. 따라서 우리에게 필요한 것은, 이제는 지구생태계에 부담을 덜 주는 '작은 것이 아름답다'는 의식, 생활양식의 변화이다. 이런 의식의 전환을 기초로, 우리는 보다 적극적인 정책감시자로 나서야 한다. 시민은 소비자로서 원하는 것을 살 권리가 있고, 또 사지 않을 권리가 있다. 이 힘을 무기로 환경을 오염시키는 기업을 상대로 압력을 행사해야 한다. 에너지가 많이 들어갔다거나 사용 후에 쓰레기가 많이 발생되는 상품은 구매하지 않는 압력을 행사해야 한다. 개인은 정부정책에 대해 관심과 감시의 활동을 강화해야 한다. 정부의 잘못된 정책이나 일선 공무원의 잘못된 행위에 대한 견제의 힘이 되어야 한다. 이런 성숙한 참여, 시민참여운동들이 환경오염을 줄이고, 지구생태계를 건강하게 만드는 일을 이룰 수 있다.

7) 물처럼 자연스럽게 인간과 자연의 공존

태초의 인간은 다른 생물들에 비해 크기도 작고 힘도 약해서 그들의 삶의 목표는 아마 수명이 다하기 전에 다른 동물에 잡아먹히거나 굶어 죽지 않기 위한 생존이었을 것이다. 하지만 인간은 다른 생물들이 가지지 못한 지능을 이용해 점점 큰 힘을 가지게 되고 결국엔 지구를 지배하는 종이 되었다. 그리고 그 지능은 주위 것들은 이용할 수 있게 해줬는데 언제부터인가 욕심이 커져 더 풍요롭고 편리하게 살기 위해 인간 외의 모든 것을 마구잡이로 이용하기 시작했다. 처음에는 인간이 발휘하는 힘이 미약해서 자연이 그 변화를 받아들일 수 있는 수준이었지만 이제는 그 힘이 너무 커서 환경이 그 변화를 받아들이지 못해 인간이 의도하지 않았고 생각하지 못한 역효과를 가져오기도 한다. 인간이기 때문에, 즉 완벽하지 않기 때문에 발생하는 수많은 역효과들은 심각할 경우에는 인간의 생존자체를 위협하는 원인이 되기도 한다. 그 역효과들이 현재 개발과 보존이라는 사회 갈등을 발생시킨 원인중 하나일 것이다. 더군다나 사람들 의식수준의 향상에 따른 각각의 가치관들은 이런 갈등들을 더욱 복잡하고 해결하기 어렵게 만들고 있다. 다양한 가치가 공존하는 현대 사회에서 개발과 보존 그리고 그 외의 가치들에 기인한 갈등문제들의 해결방법을 찾는 것은 현대 사회가 풀어야 할 과제 중 하나가 되었다.

이 글을 통해 이런 갈등의 해결방법을 네덜란드 간척사업의 과정을 중심으로 알아보고 그와 동시에 간척사업에 대한 가치관을 정립하고자 한다. 네덜란드의 간척사업을 알아보기 전에 기초적으로 간척이 무엇인지와 세계의 간척사업에 대해 알아보면 다음과 같다.

8) 간척사업을 통한 환경문제해결

간척(reclamation)이란 연안역의 간석지나 얕은 곳 또는 호소의 얕은 곳에 외부로부터 물의 유입을 차단하는 제방, 배수갑문 등을 건설하여 일정 수역을 설정하고 간만의 차를 이용해서 내부의 물을 배제한 후 농경지, 염전 등 필요한 용도로 사용하기 위한 토지를 새롭게 조성하는 것이다. 간척사업을 통하여 이루어놓은 땅을 간척지(reclaimed land)라 하는데, 대부분 외부수위보다 낮은 곳에 위치하므로 수위를 조절할 수 있어야 하며, 태풍, 고조 등에 대해서도 안전해야 한다. 간척은 개발 대상지에 따라 해면간척, 호소간척과 하구간척으로, 개발 방식에 따라 단식간척과 복식간척으로 구분된다. 해면간척은 만조 때

에는 잠기고 간조 때에는 노출되는 간석지를 방조제로 둘러싸 바닷
물을 차단하고 내부의 물을 배수갑문이나 배수펌프로 배제시켜 내부
토지를 이용하는 깃으로, 우리나라의 경우 대부분 이에 속한다. 호소
간척은 내륙의 호소 또는 습지 등에 제방과 배수로를 설치하거나 배
수장을 설치하여 물을 배수 또는 건조시켜 토지를 조성하는 것을 말
한다. 하구간척은 하구에 발달한 삼각주 등 하천수나 소수의 영향을
받는 지역을 제방이나 방조제를 축조하여 내부를 육지화하는 것을
의미한다. 단식 간척은 간조 때 간석지로 노출되는 부분을 방조제로
둘러싸 토지로 개발하는 방식을 말하며, 복식간척은 간조 때 노출되
지 않는 부분을 포함하여 하구나 만구를 방조제로 막아 담수호로 조
성한 다음, 그 주변에 내방수제를 축조하여 자연배수 또는 강제 배수
시켜 간척지를 조성하는 방식으로, 우리나라의 대규모 간척사업의 대
부분이 여기에 해당된다. 대부분의 경우 담수가 부족하기 때문에 호
수보다는 바닷가를 그리고 해수의 깊이가 급격히 증가하는 지역보다
는 해수면 차가 적은 갯벌을 이용하는 경우가 많아 '간척사업' 하면
갯벌의 이용을 의미한다고 봐도 무리가 없을 것이다. 그렇다면 갯벌
이란 무엇일까? 두산백과사전에 나온 갯벌의 정의는 "일반적으로 조
류로 운반되는 모래나 점토의 미립입자가 파도가 잔잔한 해역에 오
랫동안 쌓여 생기는 평탄한 지역을 말한다. 이러한 지역은 만조 때에
는 물속에 잠기나 간조 때에는 공기 중에 노출되는 것이 특징이며 퇴
적물질이 운반되어 점점 쌓이게 된다."이다.

결국 간척사업은 간척지와 갯벌 중 어느 것에 더 많은 가치를 주
느냐의 문제라고 할 수 있다. 우리나라의 경우 간척사업은 이미 고려
시대부터 이뤄지고 있었으며 다른 나라의 경우도 토지의 확보를 위
해 예전부터 간척사업이 이뤄지고 있다. 그러나 문제는 현재의 간척
사업은 예전과는 달리 그 규모가 매우 커서 이익도 크지만 그와 동시
에 악영향도 크다는 동전의 양면과 같은 특징을 가진다는 것이다.

9) 세계의 대표적 간척사업 사례

인류 역사상 세계에서 간척이 가장 활발하였던 곳은 네덜란드 북해안과 일본, 북한을 포함하는 우리나라 서해안이었다. 세 나라의 간척의 역사와 현재의 실적을 보면 아래와 같다.

① 한국, 일본, 네덜란드의 간척 역사

가. 한 국
13C (전기)강화 연안 제방축조, (후기)평남위도 간척사업
17~18C 강화도 연안 간척
일제시대(1910~1945) 소규모 매립간척사업
1956~1960 소규모간척사업 계속
1970 금강, 평택 지구 대단위농업종합개발사업 착수
1976~삽교, 영산, 대호, 화옹, 김포, 시화, 서산 간척사업
1991~새만금 간척사업

나. 일 본
11C 사가 현, 오카이마 현 지역 간척 시작
12C 사가 현, 가고사마 현 지역 간척
14C 전국적 소규모 간척
17C 아리아케 해 연안 간척
19C 지방토족에 의한 간척
1957~1976 하치로가타, 1963 나카우미 카사오카 등의 대규모 간척사업
1988~칸사이 국제공항, 이사하야 간척 등 다목적 간척사업

다. 네덜란드

9C 염습지 간척시작

12C 일부서지대 제방축조

13C 근대적 제방축조

14C 아이젤미어 주변 지역 간척시작

16C 호소간척 시작, 세폐 간척(6500㏊)

17~19C 도랄드 간척

1928~주다지 간척사업(16만 5천㏊)

1958~1985 델타사업

1993~마스플래트 간척사업 진행 중(1,750㏊)

1997~훅웬홀랜드 매립사업(인공섬, 연안정비)

② 현재의 간척실적

구 분	한 국	일 본	네덜란드
국토면적(㎢)	99,400	377,800	40,800
인구밀도 (명 / ㎢)	449	331	377
1인당 GNP($)	8,581	25,293	36,575
간척가능면적(㎢)	4,000	3,000	7,400
간척개발면적(㎢)	1,350	2,670	6,960
간척개발실적(%)	33.7	89	94

※ 간척개발 실적은 새만금 사업지구가 포함된 면적임

시간적 차이는 있지만 세 나라 모두 간척사업에 의한 사회적 갈등을 겪고 있는데 그중에서도 가장 성공적으로 문제를 해결해 왔고 해결하고 있는 네덜란드를 중심으로 간척사업을 재평가해 보고 갈등의 해결방법을 모색해 보고자 한다.

③ 갯벌과 간척지의 비교

갯벌과 갯벌을 매립한 간척지는 각 갯벌의 특성, 해당 공동체의 여건, 기술수준, 간척지의 사용방법 등이 매우 다양하기 때문에 절대적인 비교는 불가능하다. 그렇기 때문에 각각의 기능을 살펴보는 게 좋은 방법일 것이다.

가. 갯벌의 기능

－미국학술원이 발표한 갯벌의 기능은 다음과 같다.

"해일이나 침식으로부터의 보호(＝바다와 육지의 완충지), 부유물의 퇴적지, 어류의 서식지, 바닷새와 기타 야생동물의 서식지, 희귀종·멸종위기종의 서식지, 낚시·사냥·자연관찰지로서의 장소, 양식장·기타 생물자원의 생산지, 고고학적 가치가 있는 장소를 보유, 자연학습장·연구지로서 사용, 광활한 공간의 제공, 경관을 볼 수 있는 장소, 수질의 개선 장소, 생물다양성의 보고, 짝짓기·휴식·피식 도피처, 인간활동으로부터 격리된 장소, 다양한 식물의 보전 가능성, 외래종의 침입이 불가능, 인근 생태계에 대한 영양염 공급처"등이다.

모든 기능이 다 중요하지만 다른 지역과 비교하여 중요한 특징은 물질순환이 빠르기 때문에 자원생물의 생산지로서의 기능과 육상기원 오염물질의 정화지로서의 기능을 할 수 있다는 것이다.

나. 간척지의 이용

－간척으로 만들어낸 토지는 어떻게 이용하느냐에 따라 그 기능 및 가치가 달라진다. 간척지는 주로 농업부지, 상업용지, 주거 지역으로 이용되고 간척과 함께 만든 담수호도 수자원으로 이용된다. 대표적인 예로 주다지 간척지의 경우를 살펴보자. 주다지 간척은 간척

으로 16만 8,000㏊의 농지를 확보하는 한편 조성된 12만 5,000㏊의 담수호는 인근 농지에 대한 농업용수 공급과 암스테르담을 비롯한 북해수로 인근 1,200만 명의 주민에게 식수를 공급하는 수자원 역할을 하고 있다. 주다지 간척지가 땅이 비좁은 네덜란드 농업인에게는 경작면적 확보로 식량안보에 대응하고, 간척지 토양이 꽃 재배에 적합해 네덜란드가 세계 최대의 꽃 재배와 수출국으로 자리 잡는 데 일조를 하고 있다고 말할 수 있다.

또한 역사를 생생하게 꾸며놓은 박물관이 들어서 있고 박물관에는 관광객이 줄을 잇는다. 박물관을 찾는 관광객은 세계 각국에서 찾아온 외국인 2만여 명, 내국인 2만여 명 등 연 평균 4만여 명에 달한다. 박물관 입장료는 개인당 5,000원 정도로 입장료 수입만도 연간 2억여 원에 달한다. 순전히 박물관만을 찾는 사람은 연간 4만 명 정도이고 인근의 바토비아 항구 등과 연계해 방조제를 찾는 관광객은 연 25만여 명에 달한다.

그러나 여기서 잊지 말아야 할 사실은 간척으로 인해 오는 피해이다. 갯벌에서 얻을 수 있는 수산자원을 상당 부분 포기해야 하며 일부는 해당 지역에서 자취를 감추기도 한다. 단적인 예로 군산대학교의 조사에 따르면 새만금 간척사업으로 전북 지역의 바다는 공사 이전(1990~1995년)의 1차 조사에서 파악된 어류 158종에서 공사 진행 이후(1997~1999년) 2차 조사에서 107종으로 32% 감소, 패류 생산 역시 1989년 새만금 공사 이전 5,899톤에서 96년 978.4톤으로 무려 84.5% 감소하였다. 또한 담수화호는 대부분 수질이 나빠 이용하기 위해서는 막대한 돈을 들여 정화해야 한다. 우리나라의 경우 시화호의 수질개선을 포기하였으며 네덜란드의 경우 국민 GDP의 3%를 담수화호수의 수질 개선에 이용하고 있다.

④ 과거 네덜란드의 간척사업

(물이 우리에게 지독한 재앙을 몰고 왔지만 우리는 그 물을 축복의 선물로 만들어 가고 있다.)

가. 네덜란드의 지리·지형학적 특징

－네덜란드는 지대가 낮고, 작은 나라이다. 4만 1526㎢의 전 국토 가운데 27%가 바다보다 낮다. 특히 남서부의 폴더(polder간척사업에 의해 태어난 토지는 폴더라고 부른다) 중에는 암스테르담 평균 수심보다 6.7m나 낮은 곳도 있다. 또한 네덜란드는 평평한 지형이어서 산이라고는 찾아볼 수 없고, 남동부 국경 지대에 가서야 200m 이상 되는 산들이 있다. 제일 높은 산은 파슬러 산으로 322m에 지나지 않는다. 그리고 라인 강, 스켈트, 뮤즈 강 등의 하구에 위치하고 있고 서쪽에 북해를 끼고 있다. 이런 지대가 낮고 평평한 지형적 특징과 큰 강의 하구에 위치하고 있기 때문에 네덜란드를 말할 때 빼놓을 수 없는 얘기가 바로 '물'이다. 둑에 난 구멍을 밤새 막아 마을을 구했다는 한스 브링커라는 소년의 이야기는 너무 유명하다. (사실 그 이야기는 실제 있었던 일이 아니고 꾸며낸 허구임) 그러나 네덜란드 사람들은 한 어린아이의 주먹으로 막을 수 있는 재앙의 수준을 훨씬 뛰어넘는 무시무시한 물의 위협을 받으며 살아왔다. 역사 자체가 '물과의 전쟁사'라고 할 만큼 물과 악연 아닌 악연을 가지고 있는 것이다. 나라 이름 자체가 '바다보다 낮은 땅'이라는 의미이며, 암스테르담, 로테르담 등 댐(dam)으로 끝나는 지명도 많다. 그만큼 바다로부터의 수해가 끊이지 않고 수질오염 등에 노출돼 있다.

◎ 간척이 끝난 현재의 네덜란드

1421년 11월 18일과 19일 사이 들이닥친 성 엘리자베스 홍수로 인해 열 개가 넘는 도시가 물에 잠긴 적이 있었다. 이때부터 제방은 네덜란드 해안 도시의 필수 요소가 되었다. 네덜란드의 간척은 기원전부터 비롯됐지만 방조제를 막는 근대적 의미의 간척은 1500년경부터 시작됐다. 1900년을 전후해 해안에 자연적으로 형성된 모래언덕(dune)을 중심으로 바닷물과 접하는 부분은 모두 방조제를 쌓아 오늘날의 국토형태를 이룬 게 네덜란드이다. 19세기 들어 간척기술의 발달에 힘입어 대규모 간척사업이 이뤄졌는데 1852년에 완성돼 호소간척사업은 1만 8,000㏊에 달하는 영토를 확장하는 엄청난 공사였다. 1830년께부터 1911년까지 이뤄진 간척 건수는 20여건에 총 면적이 35만㏊에 달할 정도다. 이 시기에 쌓은 간척기술의 노하우는 20세기 최대의 토목사업인 주다지 간척사업의 기술적 기초가 되었다.

나. 주다지산업(물과의 전쟁)

–1916년 네덜란드의 대홍수와 제1차 세계대전 동안에 경험했던 비상식량(식량안보)의 필요성은 1919년 시작된 주다지 간척사업이 전 국민의 지지를 받는 근원이 됐다. 1998년. 당시 주다지 지구는 서유럽의 큰 강인 라인 강과 스켈트, 뮤즈 강 등의 하구로 해마다 해일과 강물의 범람으로 인한 홍수에 맞서 힘겨운 싸움을 벌여야만 하는 고행의 땅이었다. 홍수를 막고 식량안보를 확보하기 위해 의회에서 통과된 법이 주다지법(Act)이다. 주다지 간척사업은 네덜란드 국토면적의 4분의 1에 달하는 100만㏊의 지형과 환경을 변화시키는 20세기 최대의 간척 및 물관리사업으로 꼽힌다. 주다지 방조제는 1927년부터 32년까지 5년 동안 서남쪽 렐리스타트 시에서 알미어 시를 거쳐 동북쪽 해안까지 바다를 가로질러 32㎞에 달하는 세계 최장의 방조제를 쌓아 300㎞에 달하는 해안선을 10분의1로 단축한 세기적인 공사·간척으로 빈번했던 홍수를 막아주고 16만 8,000㏊의 농지를 확보고 12만 5,000㏊의 담수호를 조성하였다.

다. 델타 프로젝트(북해로부터의 재앙을 막아라!)

–바다와 맞서 싸우던 네덜란드인들에게 또 다시 바다는 엄청난 재앙으로 다가왔다. 1953년 2월 1일, 북해의 범람 및 엄청난 해일로 폭풍과 함께 몰아닥친 집채만 한 파도는 제이란드(Zeeland) 주를 중심으로 한 남서부 해안 지역을 휩쓸었다. 제방은 무너졌고 마을은 물에 잠겨 잠에서 미쳐 깨어날 틈도 없이 1835명의 주민과 가축 20만 마리가 희생됐다. 7만 2000여 명의 이재민이 생겼으며 가옥 4만 7000채와 16만㏊의 농지가 흔적도 없이 사라졌다. 이를 계기로 네덜란드 정부가 라인 강과 뮤즈 강 하류의 로테르담과 제이란드 등 델

타 지역에 10여개의 댐과 방조제를 건설한 것이 바로 '델타 프로젝트'다. 거대한 댐에는 수십 개의 갑문이 설치되었으며 이것은 폭풍과 헤일로 인한 범람을 막고 수량을 조절하는 데 절대적인 역할을 하게 되었다.

라. 주다지 지역

-이미 말했지만 주다지개발이 처음 시작될 때는 2차세계대전을 통해 혹독하게 겪은 식량안보의 중요성과 홍수로부터 국가를 보호해야 한다는 명분에 전 국민의 전폭적인 지지아래 진행됐는데, 1970년대에 들어서는 일부 친환경적 개발요구가 일어났다. 이에 따라 5단계공사는 환경단체들과 협의를 통해 공사를 보다 더 친환경적으로 진행시켜 왔다. 예를 들어 주다지 지구가 라인 강의 하구에 위치한 점을 감안해 강 하구와 담수호가 맞닿는 부분에 직경 1km, 깊이 50cm에 달하는 커다란 인공 웅덩이를 만들어 라인 강을 통해 들어오는 산업 침전물 등을 거를 수 있는 장치를 설치하는 것이다. 또 4곳의 폴더마다 각 폴더 사이에 넓이 40m에 달하는 둑을 쌓고 500cm~2km에 달하는 수로를 만들어 각 폴더 간 물의 성질을 달리하고 범람 등을 미연에 방지하고 있다.

주다지 간척지를 형성하고 있는 3곳의 호소도 바다에 인접한 에이절미어는 민물과 바닷물이 교차하도록 해 어족자원을 보호토록 했다. 내륙 쪽에 위치한 마르꺼르미어, 에이미어 등 2곳의 호소는 완전한 민물로 농업용수와 식수 등으로 사용토록 하는 등 호소 간 서로 조화를 이루도록 했다.

마. 델타 지역

-1958~1972년까지 남서부 제이란드의 델타 지역에 7개의 댐과 방조제가 건설되었다. 이 프로젝트의 마지막 관문은 오스터 스헬더

(Ooster-Schelde) 강의 만 어귀를 댐으로 막는 일이었다. 워낙 폭이 넓고 수심이 깊어 어려움이 많았지만 기술적으로는 그리 불가능한 것은 아니었다. 그러나 이 지역의 자연 생태계를 보호하기 위해서는 둑을 막아선 안 된다는 환경주의자들과 북해로 진출할 수 없어 생계가 막히게 된 지역주민들의 반대는 점점 거세졌다. 환경단체 사람들과 어업에 종사하는 사람들이 모여 회의를 하고 반대시위를 했다. 댐을 세워 담수호를 만든다면 새로운 상수원과 수상 스포츠 센터 등의 가능성이 이 지역 산업화에 도움을 줄 것이지만, 홍합, 굴, 갯가재 등의 양식이 불가능해져 실질적으로 손실이 클 것이라는 계산이 나왔다. 그들은 생존권의 문제뿐만 아니라 북극과 아프리카를 이동하는 철새들의 중간경유지로서 델타 지역의 간척사업이 50만 마리 철새의 떼죽음 가능성도 제시하며 '황금의 델타를 잃게 된다.'는 구호 아래 시위를 한 것이다. 이들의 시위는 정치권에도 영향을 미쳐 정치인들도 대화와 토론을 하기 시작했다. 사업담당 부서는 사업추진을 주장, 방조제를 완공하려 했지만 당시의 야당은 생태학자들과 어업에 종사하는 사람들의 말을 들어주었다. 결국 선거에서 야당이 승리하게 되었고 그들은 약속을 지키게 된다. 정부는 수년에 걸친 연구 조사 끝에 방조제를 건설하되 만 입구에 수문을 달아 평소에는 바닷물이 드나들 수 있게 하고 홍수가 예상되면 이를 닫는다는 계획을 수립했다. '개방형 댐'이라는 대안을 이끌어낸 것이다. 원래의 계획대로라면 1978년에 완성되어야 했지만 1977년 착공된 이 마지막 공사는 결국 1986년에 완공되었다. 절반이 열린 댐을 만들기 위해 그동안 닥칠지 모르는 홍수에 대비하여 추가비용을 위한 예산도 마련해야만 했고, 주변의 모든 댐을 전면 보수했기 때문에 결국 댐 하나를 만드는 데 8년이 넘게 걸린 것이다. 이렇게 해서 델타 프로젝트의 마지막 댐이 완공된 것이다.

굳이 세세한 기술적 설명을 덧붙이지 않더라도 이 방조제 공사는 세계의 여덟 번째 불가사의라고 불릴 만큼 불가능에 가까운 것을 현실로 이룬 네덜란드인의 지혜와 끈기의 산물이었다. 방조제 옆에는 첨단 공법을 사세히 소개한 '델타 엑스포'가 있어 관람객들에게 자연을 극복하되 파괴하지 않는 법을 알려 주고 있다.

⑤ 현재의 네덜란드 간척

가. 주다지 지역

-현재 주다지 간척농지는 1934년 첫 농사가 시작된 이래 인구 15만 명에 달하는 알미어 시와 6만 5,000명인 렐리스타트 시, 인구 1~2만 명인 2곳의 시를 포함 모두 25만여 명의 인구가 이주해 살고 있다. 이 중 전업농가는 1만 5,000가구 정도인데 평균 20㏊정도의 농토를 분양받아 주로 화훼재배로 연간 5,000~6,000만원 정도의 순소득을 올리고 있다.

주목할 일은 개발이 취소된 마커호수 지역이다. 주다지 간척지는 총 4개의 간척지를 조성하였고 마지막으로 암스테르담 위쪽의 마커호수 지역이 간척후보지로 떠올랐었다. 당시 정부는 간척을 통해 얻은 땅을 농업, 화훼재배, 레크리에이션을 위한 땅으로 판매하면 약 20%의 이윤이 날거라고 예상했다. 하지만 70~80년대를 거치며 자연의 중요성이 높아짐에 따라 마커 지역의 간척도 거듭되어 수정, 결국 2002년 의회에서 간척포기 결정을 하게 된다. 간척의 나라 네덜란드가 간척을 포기하는 결정을 한 것이다.

나. 델타 지역

-우선 개방형 댐인 오스터 스헬더의 현재 상황을 살펴보면 3㎞의 수문을 통해 밀물과 썰물은 물론 동·식물, 어선, 요트 등도 자유롭

게 통과가 가능하고 댐 외부의 바다는 물론 댐 안쪽도 건강한 생태
계를 유지하고 있다. 이 지역의 어민들은 댐 내·외부의 풍부한 어족
을 기반으로 아직도 자신들이 하고 싶은 어업을 하며 살아가고 있
다. 당초의 목표 중 더 많을 땅을 얻으려던 것은 포기했지만 홍수의
피해를 막을 수 있게 되었고 어미들의 생존권도 계속 보장해 주고
있는 것이다.

그렇다면 델타 프로젝트 이후 담수호로 바뀐 지역의 사정은 어떨
까? 담수호로 바뀐 지역 중 한곳인 페로스 호수의 경우를 보면 심각
한 수질오염 문제로 고생하는 모습을 볼 수 있다. 막대한 돈과 기술
등의 노력을 들였음에도 불구하고 수질이 계속 나빠지고 있는 것이
다. 녹조의 번성, 부영양화, 악취, 접촉 시의 피부병, 실수로 마실 경
우 복통 등의 문제를 가지고 있어 수자원으로서의 이용가치가 매우
떨어지는 것이다. 페로스 호수뿐만 아니라 다른 담수화 호수들도 비
슷한 문제를 가지고 있는데 이 문제들을 해결하기 위해 네덜란드에
서 이용하고 있는 방법은 방조제에 물길(터널)을 뚫어서 해수를 호
수로 유통시키는 것이다. 단순히 물만 유통시키는 게 아니고 그 규
모를 크게 해서 바다 동식물이 오갈 수 있는 큰 규모(시간당 약 40
만 리터)로 터널을 뚫는 공사가 네덜란드 담수화호소의 여러 곳에서
시행되고 있다. 바닷물을 끌어들이기 시작하여 담수화호소를 정화시
키는 효과를 보기 위해서는 약 2년여의 시간이 필요할 것으로 예상
하고 있다.

⑥ 미래 네덜란드의 간척
   (그들의 지도는 계속 변할 것인가.)

간척을 실행하는 네덜란드 정부는 간척계획은 앞에서 언급한 마커

지역의 간척 포기를 선언할 때 의회를 통해 2020년까지의 '네덜란드 5차 국토계획'에 따라 더 이상의 간척은 없는 것으로 천명했다. 그 동안의 간척계획사업을 선년 수정한 것이다. 계획되거나 진행 중이었던 간척을 중지했을 뿐만 아니라 이제는 기존의 간척지를 다시 자연으로 환원시키는 역간척사업을 하고 있다. 간척의 대명사 네덜란드가 간척지를 다시 자연으로 복원하는 것이다. 92년부터 둑을 허물어 간척 농경지를 습지로 뒤바꾸는 '자연회귀 종합계획 (마스터플랜)'을 진행하고 있는데 2005년까지 국토면적의 1.76%가 되는 2억2천만 평을 간척 이전 모습으로 되돌려 다시 지도를 바꾸는 장기 종합계획이다. 공사에 들어가는 비용과 토지활용 이익만 생각해 경제적이라고 판단했던 간척공사는 완공 뒤에 제방 보수유지비와 물을 퍼내는 비용만도 해마다 1억 9천만 길더(1천억 원)씩 들어갔다. 물을 퍼내는 바람에 토사가 유실되면서 지반이 내려앉는 현상까지 나타났다. 더욱 심각한 것은 담수호로 쏟아져 들어오는 농약과 유독성 화학물질로 귀중한 생물종들은 씨가 말라갔다. 이에 따라 네덜란드는 그렇게 1천년 넘게 쌓아온 나라의 '자존심'을 돈을 들여 무너뜨리고 있는 것이다 그 대표적인 지역으로는 제이란드 주 습지복원계획 시행 지역이다. 네덜란드정부는 주민들을 이주시키고 둑을 트고 바닷물을 끌어들이는 등의 노력을 통해 자연환경의 모습으로 복원하는 데 성공하였다. 과학기술이 아니라 단지 소금기 있는 물을 끌어들이는 것만으로 자연의 모습으로 복원시키는 것이다. 네덜란드의 지도는 계속 바뀌는 것이다.

⑦ 네덜란드 간척사업의 교훈

가. 간척에 대한 교훈

－자연의 재앙에 대항하기 위해 시작된 네덜란드의 간척정책은 주다지 사업 이후 약 한 세기가 지난 지금에 와서는 전혀 다른 정책을 가지고 있다. 다시 자연으로 돌아가자는 것이다. 처음에는 좁은 국토와 바다의 범람으로 지친 사람들은 간척을 해서라도 농지를 확보하려 했지만 시간이 지남에 따라 바닷물의 가치를 알게 된 것이다. 철저한 연구 끝에 바닷물의 가치를 알게 되어 해수의 가치가 간척지의 가치보다 훨씬 높다는 결론에 도달한 것이다. 그리고 처음에는 예상치 못했던 일들이 발생하여 그것이 또 다른 재앙으로 다가오기도 했다. 담수화호의 수질오염과 서식 생물들의 죽음, 철새의 죽음 등이 이에 해당한다. 역간척은 간척의 나라 네덜란드가 수많은 시행착오 끝에 얻은 값진 교훈이다. 자연의 흐름을 바꾸기 전에 반드시 한 번 더 생각해야 한다. 자연을 바꾸면 모든 것을 이룰 수 있다고 생각하지만 결코 그렇지 않다. 우리는 모든 것을 안다고 생각하지만 우리의 지식에는 제한이 있는 것이다.

나. 갈등의 해결방법에서의 교훈

－간척사업에 대한 네덜란드 사람들의 업적 중에서도 가장 큰 업적은 '아름다운 합의'이다. 오스터 스헬더댐의 경우는 이를 잘 나타내 준다. 생존권을 유지하고 싶어 했던, 즉 계속 고기를 잡고 싶어 했던 어민들은 많은 보상금에도 불구하고 자신들의 삶의 터전을 포기하지 않았고 갯벌의 가치를 알고 자연환경의 가치를 알았던 환경보호론자들은 갯벌과 바다를 지켰다. 정치권에서도 댐을 이용해 바다 범람의 피해를 막을 수 있었다. 자신의 입장만을 고집하지 않고

다른 사람들의 소리에도 귀를 기울였으며 서로 양보하여 합의점을 찾은 것이다. 환경갈등을 합리적 논쟁에 의한 합리적 합의에 의해 해결한 것이다.

⑧ 환경갈등 사례의 특징과 해결방법

네덜란드의 간척정책을 중심으로 현대 환경갈등을 고찰해 본 결과 다음과 같은 특징들을 가짐을 알 수 있었다.

가. 불예측성(=시차성)

-대부분의 경우 개발에 뒤따르는 환경문제는 그 개발이 끝난 다음에, 그리고 끝나고 나서도 많은 시간이 지난 후에 발견된다. 물론 유사사례를 찾아 예측할 수도 있지만 각각의 경우에 따라 변수가 다르기 때문에 서로 다른 결과를 초래하고 예상치 못한 문제를 가져온다. 현재의 과학기술은 개발에만 치중되어 있기 때문에 과학기술을 이용한 예측은 아직 신뢰하기 어려울 뿐만 아니라 오히려 고도로 발전된 기술을 이용한 개발은 과학기술로의 해결할 수 없는 문제들을 수반한다. 시차성은 현재의 사람들이 벌려놓은 일에 의한 피해와 책임을 후대에 물려주는 세대 간 불평등을 초래한다.

나. 대립과 갈등

-개발에 따른 환경문제는 일부 사람들에게는 개발에 따른 이익을 다른 일부 사람들에게는 환경파괴에 따른 피해를 준다. 간척의 경우를 보면 간척지에서 농업을 하거나 공업을 하는 사람들에게는 이익을 주지만 어민들에게는 삶의 터전 자체를 빼앗아가는 피해를 준다. 일부를 위해 또 다른 일부는 피해를 감수해야 하는 것이다. 개발을

하기 전에 대립되는 양측의 입장을 모두 고려하고 갈등하는 가치를 완충시켜서 모두에게 만족할 수 있는 결론을 이끌어내야 한다.

다. 대규모화와 고도화

－현대 사회의 개발은 그 규모가 예전과는 비교 될 수 없는 대규모사업이며 원자력발전 등의 특수한 경우에는 매우 위험하며 고도의 기술이 필요하다. 대량생산, 대량소비의 사회구조에 따라 개발도 이익을 창출하기 위해서는 대규모화되어야 하고 집적된 고도기술을 이용한다. 그렇지만 이런 대규모화되고 고도화된 만큼 사고나 예상치 못한 상황의 발생에 따른 피해도 매우 크다. 이는 개발을 행하기 전에 철저한 실험과 검증을 행해야 하는 등 정책의 결정에 매우 신중해져야 함을 의미한다.

그 외에 각 상황에 따른 개별성, 정치경제와의 연관성 등이 있을 수 있을 것이다. 이러한 특징들을 모두 종합해보면 결론은 너무 복잡하고 어려워서 단순한 방법으로는 해결할 수가 없다는 것이다.

－그렇다면 이와 같은 특징들을 가지는 환경갈등 사례들의 해결방법은 무엇일까? 유일한 답은 아름다운 합의뿐이라고 생각한다. 현대 사회와 같이 가치가 갈등하는 환경문제는 예전처럼 강제적 방법으로 풀 수 없다. 결국에는 사회적 의사를 폭넓게 수렴하여 합리적인 합의를 모아가는 것이 유일한 답인 것이다. 정책결정에 합리성을 강조하는 것은 현대행정의 흐름이며 합리적이면서 민주적인 의사결정은 행정의 효율성과 효과성을 높여줄 뿐만 아니라 정책에 정당성까지 부여해준다. 그리고 아름다운 합의를 얻기 위해서는 합의의 주체인 국민의 의식이 깨어 있어야 하며 합의를 이끌어 문제를 해결해가는 행정능력이 필요하며 행위자들의 가치관 정립에 바탕이 되는 객관적이고 정확한 정보를 제공할 수 있는 과학기술이 필요하다. 즉 국민

의식, 행정능력, 과학기술의 3요소가 서로 상호보완적 관계를 유지할 때 합의를 통해 환경갈등을 해결할 수 있는 것이다.

⑨ 물처럼 자연스럽게

현재 우리나라도 다른 나라들과 마찬가지로 환경갈등 사례가 빈번히 발생하고 있다. 그렇지만 우리나라는 아직 그런 갈등을 해결하기에 부적한 점이 많다는 생각이 든다. 그 이유는 아직 합리적인 합의를 이끌어내는 능력이 부족하기 때문일 것이다. 행정능력, 과학기술이 부족한 것도 사실이지만 가장 큰 문제이면서 중요한 점은 아직 미흡한 국민의 의식이라 생각한다. 국민의 의식은 행정의 미흡한 점을 보완해줄 수 있으며 행정 결정의 잣대가 될 수 있다. 또한 과학기술개발의 촉진제역할을 한다. 그 예로 네덜란드의 경우를 보면 국민들이 간척지 개발보다는 갯벌의 보호를 공약으로 내세운 야당의 편을 들어줬고 그렇게 당선된 야당은 그 약속을 지켰다. 그 일은 네덜란드의 간척정책에 전환점이 되어 갯벌을 보존하려는 정책이 지금까지도 이어지고 있다. 그리고 네덜란드 국민의 갯벌에 대한 인식이 각 대학과 연구자들의 갯벌의 연구의 기폭제가 되어 그 분야에서 세계에서 가장 발달된 기술과 연구 성과를 가지게 했다. 그렇기에 지금 우리에게 가장 필요한 것은 국민 한 명, 한 명이 환경문제에 대해 많은 관심을 가지고 적극 참여하는 자세라고 생각한다. 그래서 언젠가는 개방형 댐과 같은 아름다운 합의에 의한 결과물들을 통해, 물처럼 자연스럽게 인간과 자연이 공존할 수 있기를 희망해 본다.

7. 구리자원회수시설의 환경갈등 사례

1) 서 론

① 연구배경 및 목적

계속적인 사회의 발전과 도시화의 영향으로 불가결하게 발생되는 쓰레기를 처리하는 시설, 즉 소각장이나 매립장등 혐오시설로 인지되는 환경기초시설의 설치가 주민과 자치단체 간의 분쟁을 일으키고 있다. 필수 기초시설임에도 불구하고 이와 같은 환경기초시설에 대한 끊이지 않는 분쟁은 단순히 지역이기주의의 문제가 아니라 자치단체의 밀실행정과 정보의 비공개가 행정에 대한 불신으로 이어지는데 있다. 대개의 경우 주민들은 입지선정의 마지막 단계에서야 자신들의 지역이 후보지로 결정된 사실을 알게 된다. 결국 이러한 분쟁은 그 속에 내재되어 있는 갈등의 상황을 조명하여 그에 따른 해결책을 강구하여야 한다. 이에 본 연구에서는 「구리자원회수시설」의 입지사례를 통해 환경갈등을 저감하면서 사회에서 필요한 환경기초 시설을 확보할 수 있는 적절한 정책결정과 집행의 과정에 대해 알아 보고사 한다.

② 연구방법 및 주요 내용

「구리자원회수시설」 관련 자료의 문헌조사 및 담당공무원과의 면접을 통해 현 시설의 입지과정과 현황에 대한 개괄적인 내용을 파악하고, 소각시설입지에 관한 선행연구를 이용하여 「구리자원회수시설」의 입지성공요인을 분석한다. 또한 감리실무 자료 및 폐기물관리실태 감사결과 자료 및 구리시청 홈페이지를 이용하여 현재의 환경영향과 운영현황에 대하여 알아보고 그 시사점을 도출해 보도록 한다.

2) 구리자원회수시설 개요

「구리자원회수시설」이라는 명칭은 소각장건립에 따른 지역갈등해소에 대한 사항으로 소각장에 대한 패러다임을 바꾸는 의미에서 만들어졌다. 「구리자원회수시설」은 쓰레기를 소각하면서 발생되는 폐열을 이용하여 증기를 발생하고 발생된 증기는 증기터빈을 돌려 전기를 만들어낸다. 이 전기는 소각장 내의 필요한 전력을 공급하고 잉여 전기는 주민편익시설로 제공하고 있다. 또 남는 증기는 시설 옆에 위치한 환경사업소의 하수 슬러지를 건조시키거나 겨울철에 하수처리를 위한 미생물의 보온을 위한 열로 사용되고 있다. 즉 쓰레기를 활용하여 자원화 시킨다는 의미에서 단순히 '쓰레기소각장'이 아닌 '자원회수시설'이라는 명칭을 얻게 된 것이다.

「구리자원회수시설」은 1995년 12월 15일 쓰레기소각시설 부지선정 후 1997년 8월 28일 환경영향평가협의를 통해 1998년 9월 17일 공사에 착공하여 2001년 12월 20일 준공되었다. 2000년 12월 20일에는 구리-남양주 간 소각장-매립장 광역화 협약을 체결하였으며 2002년에는 실내수영장, 축구장 등의 주민편익시설을 준공하여 개장하였다. 구리시는 사업의 진행과 함께 시설의 중요성을 주민에게 지속적으로 홍보하면서 주민들의 저항을 약화시키기 위해 노력하였으나 관련 주민들과의 갈등은 피할 수 없는 상황이었다. 이러한 갈등 상황을 극복하기 위해 구리시 측에서는 정확한 다이옥신농도 측정과 현장공개 등의 타협안을 제시하여 주민의 신뢰를 이끌어내었다. 또한 주민들의 요구조건을 수용하여 적극적인 주민참여를 도모할 수 있었고 광역화 협약체결 및 환경친화적인 시설관리를 통해 합리적으로 갈등을 해소해 나갔다. 이러한 갈등해결의 구체적 방안에 대해서는 다음 장에서 논의하기로 한다.

3) 구리자원회수시설의 갈등해결

① 입지갈등요인

혐오시설의 입지갈등 요인은 경제적 요인, 위험 관련(기술적) 요인, 절차적(정치적) 요인으로 유형화할 수 있다.(전주상, 2000)

첫째, 경제적 요인은 시설이 인근 지역에 입지함에 따라 재산상의 피해가 발생한다는 것이다. 이것은 구체적으로 부동산 가격이나 생산물가치의 하락과 같은 경제적 손실 자체에서부터 비용과 편익의 불공평성을 강조하는 입장까지 고려된다고 본다. 이러한 경제적요인의 완화제로서 경제적 보상제도의 구비가 필요하다.

둘째, 환경오염 등 부정적 효과 자체에 대한 입지갈등 요인은 위험 관련(기술적) 요인으로 분류할 수 있다. 이것은 건강에 대한 위험과 시설과 주거지의 인접성, 기술의 적합성 등을 포함한다. 이러한 위험 관련(기술적) 요인을 완화하기 위해서는 안전규제가 뒤따라야 한다.

셋째, 이해당사자와 주민참여의 부족, 의사결정의 민주성과 투명성의 결여 등 절차적(정치적) 요인이 입지갈등의 요인으로 작용하기도 한다. 이 경우 해당사안 자체의 결함이나 문제점 이외에도 정치적 절차를 거치지 않은 것 자체가 분쟁을 유발하게 되며, 주민참여의 미흡, 위험에 관한 정보부족, 비공개적인 협상과정 등이 제시되고 있다. 이러한 절차적(정치적) 요인에 대해서는 정보공개, 의사결정에의 권한보장, 시설통제감시, 주민투표 등의 주민참여가 전제되어야 한다.

이러한 유형화에 비추어 「구리자원회수시설」에서 드러난 입지갈등요인과 그 구체적 해결방안에 대해 알아보자.

② 갈등의 해결

「구리자원회수시설」에서 우선적으로 해결한 갈등은 절차적(정치적) 요인이었다고 할 수 있다. 구리의 소각장 부지는 1995년에 입지가 선정되었고, 선정 당시 폐촉법의 기준에 의하면 1일 소각용량 300톤 미만의 소각시설에 대하여는 입지선정절차를 밟지 않아도 되는 200톤의 소각시설이 입지였다. 하지만 구리시측에서는 소각장 입지와 관련, 입지 주변시민들의 저항이 상당하여 시의회 의원 2명과 주민

대표 3명, 환경전문가 2명, 관계공무원 2명 등 11명으로 입지선정위원회를 구성하였고, 이 중 시의원 2명과 주민 3명은 소각장 건립 예정 후보지의 의원 및 시민대표로 시행 초부터 적극적으로 관련 시민들을 제도권내로 포함시켜 제반절차를 이행하였다. 4차에 걸친 폭넓은 의견수렴과 일본의 사례 등을 확인한 후 최적의 입지로 현재의 위치에 선정하였고, 소각방식에 대한 결정과 소각처리에 대한 시설 규모까지 논의하였으며 주민편익시설의 설치를 추진하는 것으로 결정하였다. 이러한 시민대표와 시의원들의 활동은 궁극적으로 소각시설이 혐오시설이 아닌 장래에 꼭 필요한 시설임을 인식하게 하여 시행초기에 발생하는 주변주민들의 저항은 물론 집단 민원을 해소하는 데 기여하였다.

이러한 입지선정과정의 투명성 확보 및 적극적인 주민참여에도 불구하고 2001년 시운전을 실시하면서 또 다른 갈등이 발생하게 된다. 여기서 발생된 갈등 요인은 표면에 드러난 것은 위험 관련(기술적)요인이었지만 경제적 요인의 요소도 포함하고 있었다. 「구리자원회수시설」에서 직선거리로 인접한 아파트는 구리토평택지지구의 개발로 인해 시설의 시운전 시기 이후인 2001년에 주민이 입주하였다. 입주 시민은 기존 구리시 주민이 아니라 상당수 구리시로 전입한 경우로, 기존의 자원회수시설설치와 관련한 제반절차 이행에 대한 사항을 무시한 채 시운전에 대하여 가동정지를 제기하였다. 민원의 주 내용은 '소각장에서 발생하는 다이옥신으로 주변시민이 죽는다.'는 극단적인 논리로 '소각장 시운전을 즉각 중지하라.'는 것이었다. 하지만 이 내적 반대이유는 아파트 주변에 환경사업소와 자원회수시설 등이 위치하여 아파트 가격이 하락한다는 것이었다. 그 아파트 분양 가격은 이러한 위치를 감안하여 다른 아파트와의 차이가 있었음에도 이러한 주장을 내세우게 된다. 이에 구리시 측은 입주 초기인 8월부터의 집단행동을 우려, 시운전 초기인 7월 다이옥신 측정과 아울러

2001년 9월 14일 아파트 시민을 대상으로 현장공개를 실시하였다. 다이옥신 측정은 공인기관인 한국산업시험연구원에서 실시하였고, 폐기물관리법상 기준인 0.1ng / Nm³보다 약 8배 이하인 0.013ng / Nm³으로 극히 안전하다는 결과를 얻었다. 또한 이러한 측정결과를 현장공개 하였고, 현재에도 다이옥신발생량은 시설 외부에 전광판을 통해 볼 수 있다.

덧붙여 이렇게 표면적으로 드러난 유형화된 갈등뿐 아니라, 잠재된 갈등까지 해결하는 방안을 마련해 더욱 성공적인 사례라 볼 수 있다. 통상적으로 쓰레기처리시설은 입지선정과 설치, 운영이 원만하게 되었다 하더라도 혐오시설이라 불리는 이유와 일맥상통하여 경관을 해치거나 불쾌감을 유발하는 요소로 인식되어 왔다. 「구리자원회수시설」은 종래의 소각장 굴뚝이 100미터 이상의 굴뚝으로만 기능화되어 인식되어 온 반면 「구리타워」라는 환경친화적인 시설로 굴뚝을 형상화하였다. 지상 80미터 이상의 1층에는 전망대를 설치, 사방 8개의 망원경을 통해 서울의 북한산과 한강 등의 경치를 관람하고 그 2층에는 주변경관을 관망하면서 식사를 할 수 있도록 하였다. 이로 인해 전망대와 주민편익시설을 이용하는 시민들로부터 긍정적인 반응을 얻고 있으며, 또한 2층을 민간인에게 사용을 허가하면서 시 재정수입도 꾀하게 되었다. 게다가 「구리타워」라는 명칭은 전 시민의 공모로 이루어진 것으로 구리시의 상징물로 애향심을 높여주며 새로운 구리시의 관광명소로서 자리잡아가고 있다. 「구리타워」뿐 아니라 소각장 단지 내에 사우나시설 및 수영장, 축구장, 롤러스케이트장 및 노인전용 지압보도, 녹지공간과 산책로 등 시민 휴식공간을 제공함으로써 민원이 제기될 요소를 최소로 줄이고 있다. 더불어 장자호수와 주변환경 정비를 통해 「구리타워」 주변을 '환경테마파크'로 조성하려는 계획도 가지고 있어, 환경교육의 장으로의 활용도 기대하고 있다. 또 국토의 효율적인 이용과 자치단체의 재정부담의 경감 및 효율성을 높일 수 있는 광역폐기물처리시설 건설사업계획의 추진으로 생활권이 동일한 남양주시와 광역화를 추진하게 된다. 이른바 '쓰레기 빅딜'을 통해 매립장은 남양주시에, 소각장은 구리시에 두어 효과적으로 폐기물을 처리할 수 있는 정책을 마련하게 된다. 이 또한 광역화를 추진하면서 주민의견을 적극 수렴하는 절차와 시의회 의결을 거치면서 집단 민원을 예방하게 되었다. 이러한 광역화는 매립 폐기물뿐 아니라 음식물처리시설도 이용할 수 있는 결과를 낳아 구리시의 폐기물처리비용을 절감하는 효과를 얻게 하였다.

4) 구리자원회수시설 운영현황

① 시설 가동에 따른 환경영향

「구리자원회수시설」은 구리–남양주의 쓰레기를 회수하여 소각하고 있으며 채취된 시료의 성상은 종이류, 비닐류, 음식물류의 순으로 그 구성 중 종이류가 가장 많고, 가연분이 51.1%로 고위발열량은 5,334 kcal / kg, 저위발열량이 2,566kcal / kg이다. 소각설비는 역송식 화격자로, 이송된 쓰레기는 건조, 착화, 연소 및 후연소의 과정을 거쳐 연소되며 소각재는 재처리설비로 낙하되고, 연소가스는 폐열보일러로 이송된다. 따라서 소각로는 연소효율을 높여 열작감량 및 다이옥신 등의 유해물질 발생을 최소화한다. 연소가스 중 염화수소, 황산화물 등이 제거된 후 질산화물과 다이옥신이 함유된 연소가스는 냉각되어 여과집진기로 이송되는데, 여과집진기는 99.8%의 효율로 운전되고 있다. 또한 여열은 고압증기를 이용한 증기에너지를 이용하여 주민편익시설에 공급하고 있으며 저압증기는 냉난방 공조, 급탕 온수생산시설에 소요하여 LNG 가스 사용량과 비용을 절감하고 있다. (최창희외, 2002) 이러한 결과로 2003년 상반기 다이옥신 농도는 0.0045ng / N㎥료 시설 설계기준이었딘 0.1ng / N㎥모다 20배나 낮은 농도이다. 또한 시의원 4명과 환경 전문 교수 2명으로 구성된 주민지원협의체에서 추천한 4명의 주민감시원들은 젖은 음식쓰레기, 플라스틱, 건축 폐기물 등 다이옥신 배출 위험성이 높은 쓰레기들이 청소차에 실려 들어오는지 여부를 반입 단계부터 체크하고 소각이 끝난 소각재 외부 반출 등을 2교대로 감시하고 있다. 아울러 자원회수시설 굴뚝 상단부와 소각로 등을 관찰할 수 있는 5대의 CCTV를 설치 연소 과정을 실시간으로 점검하고 있으며 굴뚝 하단부 가스측정기로 질소산화물·일산화탄소 등 5종류의 인체 유해배기가스 수치를 측정하여 소각장 정문과 홍보실에 설치된 전광판을 통해 일반인에게 공개하고 있다.(구리시청홈페이지, 2003. 7. 18) 그리고 소각시설 전망대는 일평균 40~50여 명, 주말에는 380여 명이 방문하고 있고 1일 1,500여 명이 수영장을 이용하게 되었으며 다른 지방자치단체 등 1,169 단체에서 47,000명이 견학을 실시하였다.(감사원, 2003) 구리시는 이에 보다 확대하여 구리시 일대를 환경타운으로 조성하는 계획을 추진 중이다. 구리시 일대의 아차산, 장자못, 한강, 자원회수시설, 하수처리시설, 왕숙교, 동구릉의 코스로 환경견학코스를 만들어 구리시의 이미지를 환경이미지로 제고하려 하고 있다. 이러한 노력은 기존 주민의 호응뿐 아니라 학생들의 환경교육을 통해 기존의 혐오시설로 인지되던 시설이 꼭 필요한 기초시설이며 위험성에 대한 철저한 대응과 보다 안전한 환경친화시설의 운영을 통해 지방자치단체에의 신뢰도를 높여주는 방안이라 하겠다.

② 운영상의 갈등

성공적으로 입지, 운영하고 있는 「구리자원회수시설」에게 또 다른 갈등의 요소가 생겼다. 그것은 바로 무분별한 쓰레기의 소각로 반입이다. 「구리자원회수시설」은 실제 운영에 들어가 본 결과 설계 당시에 기준으로 삼았던 쓰레기 성상과 현재의 쓰레기 성상이 변해 음식물쓰레기 등 젖은 쓰레기의 비율이 줄어들어 소각 열량이 설계온도보다 높아지는 문제가 있다는 점이 지적되었다.(정용식, 2002) 한 민원에 의하면 '구리시 소각장에 태워서는 안 되는 쓰레기가 반입되고 있다. 분리수거를 해도 한꺼번에 소각하면 무슨 소용, 주민 감시원과 공무원의 안일한 태도의 시정을 바란다. 주변영향 조사가 이루어지지 않아 문제, 본인이 봉사활동을 하겠다. 무급 환경감시원으로 위촉 바람.'이라는 내용으로 적극적으로 참여하려는 의사를 표현하기도 하였다. 이에 구리시 측은 시의원 검토를 거친 후 남양주시와 협의하여 반입규정 초안을 완성 중에 있다. 운영 중에 생기는 소소한 갈등에도 이미 주민참여의 의식은 높아져 있는 상태이고, 주민은 주민스스로 자신의 알 권리를 찾고 '소각장주민대책위원회' 등을 통해 운영 개선에 대한 건의서(내용: 피해 지역의 적정한 확정, 폐기물 수거방법의 개선요구, 주민참여하의 제도 개선, 명예·무보수 주민 감시요원의 위촉 등)를 제출하고 있는 실정이다. 이러한 구리시와 주민 간의 갈등은 계속해서 발생할 것이고, 이는 과거에도 그랬듯이 합리적인 합의점을 도출할 때까지 폭넓은 의견 수렴과 설득, 이해안에서 해결해 나가야 할 것이다.

5) 결 론

「구리자원회수시설」의 환경갈등 사례는 자치단체의 폭넓은 의견수렴과 적극적인 주민참여, 그리고 혐오시설의 환경친화시설로의 탈바꿈을 통한 주민호응으로 요약할 수 있다. 이 사례를 통해 첫째, 혐오시설에 대한 긍정적인 선입견을 가질 수 있도록 최대한 주민의 의견을 수렴할 것, 둘째, 입지선정 시부터 해당 지역의 의회의원과 지역주민을 다수 참여시켜 혐오시설설치에 대한 공감대를 형성할 것, 셋째, 행정정보를 투명하게 공개할 것, 넷째, 위험성에 대한 철저한 대응을 통해 안전성을 확보하여 자치단체의 신뢰도를 높일 것, 다섯째, 시설설치 후 운영 시에도 공개행정처리와 지속적인 주민참여를 확대할 것 등의 결론을 도출해낼 수 있겠다.

수도권쓰레기연대회의 의장 이대수 목사는 "혹 소각장 건설을 반대하는 측에 대해 지역이기주의(NIMBY)가 아니냐고 반문할지 모르겠다. 핵발전소, 매립장 등을 둘러싸고 사용되기 시작된 지역이기주의는 사실상 환경에 대한 그동안의 사회적인 무관심, 관료적인 행정, 지방자치를 비롯한 민주주의의 미성숙으로 말미암아 필연적으로 올 수밖에 없었던 일이었다. 현재 진짜 책임을 져야 할 사람들은 모두 빠져 버리고 그 모든 책임을 지역주민에게 돌려버린 것이 바로 지역이기주의의 실체다."라고 했다. 「구리자원회수시설」은 운영상의 갈등 사례에서도 보이듯이 자치단체와의 끊임없는 대화가 주민을 재사회화시키는 결과를 낳았다. 알 권리를 보장받은 주민의 참여는 증대하였고, 긍정적으로 자치단체에 협조하였다. 그것은 NIMBY냐, PIMPY냐를 떠나서 자치단체와 주민, 이 둘이 개발과 편익을 둘러싼 이해관계가 아니라 공존하는 바람직한 방향을 제시한 것이 아닌가 한다.

참고문헌

◎ 송홍재, 2003, 「구리자원회수시설 성공 사례」, 구리시청.

◎ 삼성경제연구소, 2003, 「지역경제 새싹이 돋는다 "시민들의 휴양시설이 된 쓰레기 소각장: 구리시"」, 지역경제, pp.210~215.

◎ 이무성, 2003, 「쓰레기 소각장의 화려한 변신」, 계간 감사 통권 제79호, pp.98~101.

◎ 대한지방행정공제회, 2003, 「구리자원회수시설 건설·운영 현황」, 도시문제 제38권 414호, pp.102~111.

◎ 감사원, 2003, 「폐기물관리실태 감사결과」, 감사결과간행물 제7집, pp.214~215.

◎ 정용식, 2003, 「구리소각장 반입규정 초안 완성」, 제일뉴스

◎ 최창희외, 2002, 「구리자원회수시설 건설사업 책임감리사례」, 한국건설감리협회 회보 2002년 11월호.

◎ 마태운, 2002, 「쓰레기소각장 '아름다운 변신'」, 문화일보

◎ 전주상, 2000, 「비선호시설 입지갈등 요인에 관한 연구: 노원·목동·강남 쓰레기소각장건설사례의 비교분석」, 한국사회와 행정연구 제11권 제2호, pp.278~279.

◎ 구리시청 홈페이지, http://www.guricity.org

　　오늘날의 환경문제는 산업활동에 의해 생산된 것으로 이러한 산업활동은 공업적 생산력에 기초한 것이다. 그럼 과연 이러한 산업활동에 의해 실현된 유토피아란 정당한 것인가? 답은 "아니다"이다. 간단히 말해 생산력의 발달과정은 바로 파괴력의 발달과정이기도 했던 것이다. 이 같은 현상은 지역개발에서도 잘 드러난다. 지역개발은 무엇인가? 오늘날 지역개발은 지역산업화를 의미한다. 하지만 개발=산업화라는 것은 이제는 모순으로 파악되어야 한다. 과거, 한국의 공업

화는 일본의 공해수출과 밀접하게 결합되어 있다. 따라서 애초부터 한국의 공업화는 반생태적인 속성을 강하게 지니고 있었다. 지금도 논의되고 있고 싶으토노 너욱 숭요시될 것으로 보이는 것은 바로 개발과 보전의 조화를 중시하는 생태적 개발이다. 또한 현재 개발과 보전이 심각한 불균형상태에 있다는 것을 염두에 두면, 맹목적인 조화론이 아니라 보전우위론에 섰을 때에만 비로소 생태석 개발의 가능성이 성립하는 것이다. 그럼 현대 민주주의 사회에서 중시되고 있는 지방자치와 자연파괴를 연계시켜 생각해보자. 각 자차단체별로 재정상태가 판이하게 다를 뿐만 아니라, 누적부채액만도 14조여 원에 이른다. 이 같은 재정악화를 타개하게 위해 위락단지 조성을 추진하고는 있지만 이것이 지역주민들의 실질적 삶에 얼마만큼 이익을 가져다줄지는 아직 미지수다. 또한 지방재정의 열악한 사정은 그린벨트의 유지에도 큰 영향을 미친다. 건설교통부의 국정감사 자료에서는 그린벨트 내 불법건축이나 토지형질변경을 뒤늦게 허가해준 사례가 총 3만 건을 넘어서 그린벨트 훼손이 심각한 것으로 밝혀졌다. 물론 단순히 지자체뿐만 아니라 환경파괴에 일조하는 것으로는 정치적 교환관계·사회적 인식 등 여러 가지 요인이 내재되어 있다. 가장 최근의 문제가 된 새만금 간척사업의 경우도 개발만을 앞세워 큰 사회적 손실을 감내해야 했을 뻔한 대표적 사례이다. 환경론자들의 주장에 따르면 새만금 간척사업으로 인하여 전라북도 지역의 갯벌이 90% 이상 사라지게 되고 그로 인한 조류의 피해까지 합하면 피해액 산정은 눈 덩이처럼 불어난다는 것이다. 결론적으로 현대 환경문제는 현대 산업화의 산물이라는 점을 직시할 필요가 있을 것이다. 문명의 발달과 환경문제의 악화는 산업화가 낳은 쌍둥이이다. 양자의 관계는 결코 적자와 서자의 관계도 아니고, 하나가 본질이고 다른 하나가 부수물인 것도 아니다. 이러한 현대의 문명하에서 자연의 생태적 차이를 조정할 수 있으리라고 믿었던 인간 이성의 한계가 오늘날의 생태위기로 폭발하고 있음을 볼 때, 생태적 차이를 인정하고 그에 따른 불균등발전을 추구하는 것은 분명히 합리적인 것이다. 모든 사람이 똑같을 수는 없고, 모든 지역 또한 획일적으로 똑같아서도 안 된다. 고로, 모든 지역이 생태적으로 똑같이 균등해지도록 해서도 안 된다.

6) 2차 오염물질과 환경

① 2차 오염물질이란?

탄화수소, 질소산화물, 오존 등 그 이외의 유기물은 최근에 도시에서 대기오염문제로 대두되었다. 유기물에는 탄화수소 이외에 알데히드, 케톤, 유기산, 유기할로겐화합물, 과산화물 등 여러 가지 종류가 있어 이의 발생은 천연가스나 석유류의 불완전연소 또는 위의 것들을 취급 할 때 새어 나오거나 휘발하는 것이 원인이 된다. 일단 대기 중에 배출되어서는 이러한 가스의 증기가 대기 중에서 복잡한 화학반응을 일으켜 2차 또는 3차적으로 반응을 일으키는 물질들이 있다. 이런 물질들을 우리가 2차 오염물질이라고 부른다. 이러한 물질에는 대표적인 것으로 오존, PeroxyAcetyl Nitrate(PAN), PeroxyBenzoyl Nitrate(PBN), 그 외 많은 유기물도 이와 같은 반응에 의하여 형성되기도 한다. 이러한 현상의 대표적인 것이 Los Angeles형 스모그이다.

오염원에서 배출된 1차 오염물질은 여러 가지 요인에 의하여 또다른 오염물질을 생성한다. 일단 대기 중으로 배출된 모든 오염물질들은 물리, 화학적으로 매우 불안정한 상태에 있으므로, 화학반응에 영향을 주는 반응물질의 농도, 광활성도, 기상학적인 확산력, 지역형세의 영향 및 습도 등의 각종 요인에 의해서 반응의 과정과 속도를 좌우하고 중간생성물을 형성한다.

② 2차 오염물에 대한 Mechanism(반응기구)

광화학반응은 원자, 분자, 자유기(Free Radical) 혹은 이온들에 대한 빛의 흡수로부터 시작된다. 이때 빛의 흡수 정도는 빛에너지, 즉 파장에 의하여 결정된다. 광화학반응이 시작되기 위해서는 가시광선 및 자외선이 요구된다. 원자나 분자들이 빛을 흡수하면 여기하거나 해리하여 부분적으로 재배치되거나 형광선이 형성될 수도 있다. 빛 흡수와 해리의 최초 효과를 1차 광화학반응이라고 하고 1차반응결과 생긴 생성물에 의한 반응을 2차 광화학반응이라고 한다. 이들 두 개의 반응이 스모그현상에 결정적인 역할을 하게 된다. Los Angeles Smog 기전에 대한 최근의 학설에 의하면 다음과 같은 두 단계로 나누어 생각할 수 있다.

1. NO2
2. 유기물 366nm빛 → O3 → 연무질(유기질)
3. 탄화수소 −1단계 −2단계 −

제 1단계는 1차 오염물질(NOX와 유기물)이 태양광선의 에너지에 의하여 O3을 생성하는 과정(광화학반응), 다음은 이 O3과 대기성분(유기물) 간의 화학반응에 의한 유기연무질 형성이다. 여기서 O3 발생기전은 다음과 같은 반응식이 가장 유력시되고 있다.

$$NO_2 + h\upsilon \rightarrow NO + O$$
$$O + O_2 + (M) \rightarrow O_3 + (M)$$
$$NO + O_2 \rightarrow NO_3$$
$$NO_3 + O_2 \rightarrow NO_2 + O_3$$

NO2는 366㎚ 이하의 파장에서 양자수율은 거의 1에서 해리한다. 그리고 hυ 는 복사선의 에너지상태를 뜻한다. 위 반응식에서 최후 생성물인 NO2는 광파의 작용을 받아 처음 반응에서부터 되돌아가 반복되어 이 반응은 계속 순환한다는 것이다. 스모그현상 시 생성되는 산화물의 농도는 빛의 강도, 빛의 지속시간, 반응물질의 양, 대기의 안정도에 따라 다르다.

③ 자동차공해와 관리

자동차는 대기오염의 주범이다. 이번 보고서의 중심 주제가 2차 오염물에 관한 것인데 자동차는 2차 오염물 발생의 주범이라고 봐도 과언이 아니다. 우선 반응할 수 있는 높은 온도와 화학물질을 제공한다는 데서 그렇다. 그러면 자동차공해에 대해서 알아보도록 한다.

가. 자동차공해

－자동차공해에서 가장 중요한 것은 차량에서 배출되는 탄화수소와 질소산화물이 광화학반응을 일으켜 많은 2차 오염물을 생성하고 시정거리 감소 및 눈과 코에 자극의 원인이 되는 것인데, 배기가스의 유해성이 규명됨에 따라서 점차적으로 배출가스규제를 시작하는 분위기다. 자동차가 내뿜는 배기가스가 전체 대기오염물질 중 차지하는 양은 가히 상상을 초월할 정도이다. 우리나라의 경우 일산화탄

소가 전체 배출량의 약 60%에 해당하고 질소산화물의 경우는 약 50%, 탄화수소의 경우는 약 65% 정도이다. 특히 대도시 지역의 오염이 심하다.

가) 자동차 오염물질

휘발유, 액화석유가스(Liqified Petroleum Gas) 및 경유등과 같은 화석연료를 사용하는 자동차에 있어서는 연소 시 다음 반응과 같이 탄화수소가 발생하여 물과 탄산가스가 되며 이때 많은 열을 발생한다.

$$CH + (\frac{m+n}{4}) \rightarrow mCO_2 + \frac{n}{2(H_2O)}$$

즉 자동차 기관 내에서 순수한 탄화수소와 공기가 이론적으로 반응할 때는 무해한 탄산가스와 물이 발생하지만 실제로 기관 내에서의 연소반응에서는 불완전연소가 일어나 일산화탄소, 탄화수소 및 탄소입자의 집합체인 매연이 생성되며 연소 반응 시 발생하는 고온에 의하여 흡입공기 중의 질소와 산소가 반응하여 질소산화물이 생성된다. 자동차에서 배출되는 오염물은 사용되는 자동차연료에 따라서 비교적 차이가 있는데, 유연휘발유에는 옥탄가를 높이기 위하여 유기납성분을 첨가하고 있어 이들이 연소될 때에 납(Pb)을 생성시켜 대기 중에 방출한다.

㉮ 탄화수소(HC)

탄화수소의 배출형태는 연료의 일부가 미연소된 형태와 캬브레타와 연료탱크에서 자연증발하는 연료, 그리고 엔진에서 새어나오는 Bloe-by-gas 등의 형태로 배출된다. 주요 생성원인으로는 연소실벽에 의한 실화, 혼합기부족과 공연비 부족에 의한 실화, 또는 밸브오버랩

(overlap) 때에 방출된다.

㉠ 실 화

연소실 내에서 비교적 냉각된 금속표면에 접근한 불꽃은 금속 표면의 가연성물질을 연소 시키지 못하고 불이 꺼짐으로써 소량의 미연소 탄화수소를 발생시킨다. 이 현상은 연소실 내의 실린더헤드와 블록 사이의 개스킷 부분, 피스톤과 첫 번째 압축링 사이의 좁은 공간과 같은 곳에서 일어난다.

㉡ 블로바이가스

기관의 압축 및 폭발행정 중에 연소실과 실린더링 사이의 틈새로 혼합기가 새어 나와 크랭크케이스 내로 누출된 가스를 말하며, 이는 미대책 휘발유자동차에서는 전 탄화수소배출량의 약 20% 정도이나 블로바이가스를 다시 엔진내로 돌려보내는 장치를 부착하면 큰 문제는 되지 않는다.

㉢ 캬브레타

지금은 카뷰레터차량 대신에 MPI형식의 엔진이 유행하고 있는 추세이긴 하지만 아직도 카뷰레터 차량은 일정 비율을 차지하고 있다. 카뷰레터에서 혼합기가 너무 묽거나 농후하게 되면 미연탄화수소의 배출이 많아진다. 즉 너무 묽으면 실화가 일어나고 너무 진하면 산소가 부족하여 불완전연소가 된다.

㉣ 증발가스

휘발유자동차의 연료탱크, 기화기의 연료용기 등에서 휘발성이 강한 휘발유가 증가하여 대기 중으로 방출하는 것으로 전체 탄화수소의 약 20%가 이 증발가스로부터 배출된다.

㉑ 일산화탄소(CO)

일산화탄소는 연료인 탄화수소의 탄소가 연소하여 탄산가스로 될
때 산소가 부족하여 생성되는 물질이다. 공기 / 연료비는 공기와 연료
의 무게 비를 말하며 공연비(Air Fuel Ratio)가 높으면 공기가 충분
하기 때문에 연소가 잘 일어나 일산화탄소의 농도가 감소하고 공연
비가 낮으면 공기 / 연료 혼합기가 진하므로 산소가 불충분하므로 불
완전연소가 일어나서 일산화탄소를 발생시킨다.

㉒ 질소산화물(NOX)

공기는 78% 질소와 21% 산소 및 기타 공기로 구성되어 있다. 이들
공기가 기관에 도입되어 연료와 함께 혼합되어 연소될 때에는 섭씨
2,500도에 가까운 온도에 도달하게 되며 섭씨 1,400도 이상에서는 공기
중의 질소와 산소로부터 쉽게 산화질소가 생성된다. 산화질소의 생성은
연소실내의 온도 및 압력에 의존한다. 즉 NOX는 연소 최고온도와 잉여
산소량 및 지속시간에 좌우되며 특히 최고 연소온도에 주로 관계된다.

㉓ 황산화물(SOX)

황산화물은 연료 중에 함유되어 있는 황이 연소하여 발생하는 아
황산가스와 아황산가스가 다시 대기 중에서 산화되어 생성되는 무수
황산을 총칭한다. 황산화물은 주로 경유자동차에서 문제시된다.

나) 자동차 배출가스의 피해영향

대기오염물질은 대부분 미세한 기체 상태나 미세한 입자상 물질로
대기 중에 배출되기 때문에 쉽게 확산되어 피해 영역을 광역화하는
특징이 있다. 물이 흘러간 폐수가 흘러가는 수로와 유역에 영향을
미치는 것과 대조적이다. 대기오염물질은 사람에게는 호흡기계통을
통하여 흡입되기 때문에 폐나 기관지 등 호흡기계통에 질병을 유발

시킨다. 자동차 배출가스는 도로 위 30-70㎝에서 방출되기 때문에 사람에게 보다 많은 영향을 끼치고 피해를 주는 특성이 있다.

④ 2차 오염물과 기타 공해물질에 따른 피해

대기오염물질에 대한 피해는 아직은 확실하지 않다. 우선 그 피해가 단시일 내에 규명되어질 수 있는 문제가 아니며, 인체 실험을 할 수 없는 것도 이러한 이유 중 하나일 것이다. 더군다나 현대의 대기오염은 한 가지 물질로 이루어진 것이 아니기 때문에 더욱 그렇다. 많은 오염물질은 그 영향이 일과성이며, 지엽적인 경우가 많다. 이에 속하는 것으로 시정거리의 악화, 눈, 코, 및 상기도점막에 대한 감각적인 영향이 있다. 또한 이러한 반응을 받아 잇달아 생리적으로 가역적인 반응이 일어난다. 그리고 계속해서 노출되면 그 증상은 악화되어 급성질환이 일어난다. 특히 호흡기질환이나 심장질환이 일어날 가능성이 크며 오염물의 종류, 농도, 지형, 기상, 개인차, 인구밀도, 생활환경 등이 변수로 작용할 수 있다. 그리고 물질의 부식과 같은 현상처럼 장기관측을 통해 발견할 수 있는 것도 있다.

가. 주요 2차 오염물과 기타 공해물질의 농도 비교.

	깨끗한 공기	오염된 공기	차 이(배)
$NO_2(NO_X)$	0.001	0.2	200
CO_2	320	400	1.3
CH_4	1.5	2.5	1.3
N_2O	0.25	(?)	-
CO	0.1	40-70	400-700
SO_2	0.0002	0.2	1,000
NH_2	0.01	0.02	2

나. 각 오염물질에 대한 피해

㉮ 인간에 대한 피해
㉯ 물질에 대한 분류

가) 황산화물

아황산가스가 인체에 미치는 피해는 그 농도와 노출 시간이 문제가 되며 그 관계는 아래 표에 기술하고 있다.

황산화물은 고농도일수록 비공 또는 인후에서 많이 흡수되며 저농도일 경우에는 극히 저율로 흡수된다. SO2가스는 안개가 많이 끼고 습도가 높을 때 호흡기질환 발병률이 높으며 또한 사망률도 높다고 보고되어 있다. 호흡기질환으로는 폐기종 기관지말초염, 기관지염, 폐렴 등이 있으며, 사망률도 매우 높다.

농 도(ppm)	증 상
0.3-1	민감한 사람 냄새 느낌
1-2	대부분 냄새 느낌
3-5	취기로 가스의 존재를 알 수 있다.
8-12	목이 자극된다.
10	장시간 견딜 수 있는 한도(자극)
20	눈에 자극을 느끼고 기침이 나온다.
50-100	단시간 견딜 수 있는 한도(30-60분)
400-500	단시간으로 심한 중독(30-60분: 위험)
2,000	질식사

나) 질소산화물

질소산화물은 눈에 대한 자극이 없다는 것이 황산화물과 다른 특징이라고 할 수 있겠으나, 피해증상을 분석해 보면 황산화물과 거의 흡사하다. 호흡기질환에 대해서는 오히려 황산화물보다 더욱 심한 결과를 초래할 수 있다.

농 도(ppm)	증 상
0.1	취기를 갖는다.
5	20분간 있으면 신경반사작용의 변화를 일으킴
30	8시간 있으면 시각, 정신기능 장해
200	2-4시간 있으면 두통
500	시력장애, 허탈, 두통
2,000	1-2시간 이내에 사망

다) 일산화탄소

역시 다른 오염물질과 마찬가지로 노출 시간이 중요한 변수로 작용하며, 산소결핍증을 일으켜 사람을 죽게 만든다. 원래 일산화탄소 자체는 독성이 없다고 알려져 있으나 독성물질로 포함하는 이유는 우리 몸의 산소를 차단하기 때문이 아닌가 생각된다.

㉮ 인체에 미치는 작용별 오염물질
질식성 $-CO$, H_2S
발열$-Zn$, Mn
발암$-$석면, Ni, Cr, As
폐자극성$-NOx$, SOx, Cl_2, NH_3

다. 동, 식물을 비롯한 기타 피해

가) 동물피해

대기오염에 있어서 동물은 거의 사람과 비슷한 피해를 받는다. 양과 소는 특히 불소화합물에 매우 민감한데, 불소가 배출되는 지역에서는 불소가 풀에 축적되어 이러한 목초를 뜯어먹는 동물이 이(齒)가 손상되어 동물은 먹을 수가 없게 된다. 또한 불화수소가 뽕나무 잎에 부착되면 반점이 생기며, 누에 사료로서 부적당하고 오염된 잎을 먹으면 누에는 소화기 장애를 일으켜 발육이 늦어지며 수량이 줄어든다.

나) 식물피해

식물은 보통 동물보다 더욱 민감하게 공해에 반응한다는 데에서 특히 주목된다. 특히 농작물이나 유실수에서 많은 피해를 볼 수 있다. 식물에게는 유해가스 중 CO_2를 제외한 모든 오염물질이 영향을 미친다. 특히 2차 오염물에 대한 피해는 급격하며 상당한 수준에 이른다.

㉮ SOX(주로 이산화황)

식물 피해의 대부분은 이산화황에 의한 것이라고 생각되고 있다. 이산화황에 대한 피해는 주로 식물의 호흡생리에 관계된다. 잎의 기공과 배수공으로 침입한 이산화황은 엽록소를 환원적으로 탈색시켜 광합성작용을 저해시켜 α-Oxysulfonic Acid가 형성되어 이 물질이 세포의 파괴 작용을 한다. 피해를 입은 부위는 수분을 잃고 건조되어 얇고 열매에 따라서 황갈색 내지 회백색으로 탈색한다.

㉯ 플루오르 및 그 화합물

불화수소, 4불화수소가 그 대부분이다. 기공을 통하여 잎의 내부로 들어가지만 SOX와는 달리 잎의 끝이나 주변으로 운반되어 축적 되고 일정량 이상이 되면 탈수작용이 일어나 세포가 파괴된다.

ⓐ 오존 및 옥시던트, 광화학스모그

오존의 피해는 일반적으로 상표면에 한정되어 특히 착상세포와 표 피 상면이 침해를 당하여 회색 또는 갈색의 반점이 균일하게 확대되 어 주름이 불규칙하게 분포한다. 특히 포도, 토마토 등에서 볼 수 있 다. 오존에 의한 피해는 그 강력한 산화작용에 다른 것이라고 할 수 있으며, 엽록소의 파괴나 효소작용의 저하 같은 문제가 생긴다.

라. 재산상의 피해

가) 재산상의 피해
㉠ 이온화경향이 강한 금속(Fe, Zn, Mg, Al)을 부식시킨다.
㉡ 가죽제품은 이산화황을 흡수하여 황산이 되는데 이것이 가죽제품 을 부식시킨다.
㉢ 건축물에는 매연, 타르, 검댕이 등의 부착에 따른 불결 등 세척 탄 산염을 함유한 재료를 부식한다.
㉣ 의류 및 종이류는 이산화황에 피해를 받고 책 등에도 피해를 준다.

나) 경제적인 피해
㉠ 직접적으로는 생산비와 유통비의 상승, 생산기반의 손상, 생활비의 상승, 생활환경의 손상 등이 있다.
㉡ 간접적으로는 방지시설을 위한 투자 및 운전비용 방지를 위한 행 정기구의 비대화와 연구비 증대 및 악화된 자연환경을 회복하기 위한 투자 등에 문제된다.

마. 오존과 그것의 증가이유

오존은 시상 15㎞ 이상의 오존층에서는 지구생명체에게 매우 위험한 자외선을 거의 모두 흡수해주는 역할을 한다. 하지만 지상에서는 그 강력한 산화력 때문에 공해물질로 취급되고 있다.

최근에 정부에서 오존에 대한 내책(자동차 운행 제한조치)을 내놓아 떠들썩한 적이 있었다. 그만큼 오존은 자동차에 의해서 주도적으로 나타나는 광화학스모그의 한 종류이다. 가솔린의 연소 시에 질소산화물이 형성되는데, 이것은 대기에 방출되어 햇빛을 받아 오존을 생성한다. 또한 이때 분리된 산소원자는 공기 중의 산소분자와 결합하여 오존을 형성한다. 오존은 오후 2시경이 가장 높은 농도를 유지하는데, 그 이유는 빛 때문이라고 생각된다.

오존과 관련된 물질로 여러 가지 과산화물이 있는데, 이 물질은 일반적으로 자극성이 있고, 동·식물에 손상을 초래하며, 자연의 분해 작용을 가지고 있다. 이들 물질 역시 공기 중의 질소산화물, 탄화수소 및 유기증기(Organic Vapors)가 햇빛을 받아 광화학반응을 일으킨 결과 대기 중에서 생성된다. 또한 그 농도가 높아 시정을 악화시키므로 이를 광화학스모그라고 칭한다. 광화학스모그 물질은 오존과 Peroxyacetyl Nirates 류이다. 일반적인 탄화수소 자체는 큰 영향이 없지만 이것이 광화학스모그로 변하면 환경에 미치는 영향이 광범위하다.

식물명	오존농도(ppm)	노출시간	영 향
무(Radish)	0.05	20일(8시간/일)	수확량 50% 감소
카네이션	0.07	60일	개화 60% 감소
담 배	0.1	5.5시간	꽃가루 생산 50% 감소

실내오염물질의 인체위해성

■ **PM-10 (호흡성 분진)**

분 류	내	용
구 분	미세(Fine)입자	거대(Course)입자
형성원	Gases	큰 고체입자 / 물방울
형성기전	화학반응, 핵형성, 응축 / 응결, 응집, 안개 / 구름의 증발, 기체가 용해되거나 반응한 물방울	기계적 과정(충돌, 마쇄, 분쇄) Spray의 증발, 먼지의 비산
구성성분	SO_4^{2-}, NO_3, NH_{4+}, $H+$, 유기화합물 (PAHs, PNAs), 중금속(Pb, Cd, V, Ni, Cu, Zn, Mn, Fe 등) 입자와 결합된 물분자 등	재비산 먼지(토양입자 등) 석탄이나 유류 연소 시의 비산재 광물(Si, Al, Ti, Fe)의 산화물, $CaCo_3$, NaCl, 해수염, 꽃가루, 곰팡이, 포자, 식물이나 동물의 사체조각 등
용해도	용해성이큼. 흡습성, 조해성	비용해성
발생원	석탄, 가솔린, 디젤, 나무의 연소 시, 유기화합물, SO_2, NOx의 대기 중 생성물, 제련, 제철, 고온처리과정	산업공정이나 지면의 토양과 결합된 입자의 재비산, 비포장도로, 농지, 광산활동에서의 비산, 생물학적 과정의 형성이나 분해, 석탄, 유의 연소 해양의 물보라
이동거리	100 ~ 1000㎞	1 이하 ~ 10㎞
노출경로	호흡을 통한 인체침입	
작용기전	- 공기 중 미세입자와 거대입자의 인체 제거기전은 호흡기관에의 침적과 연관 됨 - 15㎛ 이상의 입자는 비강, 목, 후두에서 큰 비율로 제거 - 입자의 크기가 아주 작은 것들은 확산에 의해 다시 제거효율이 증가	

■ Sulfur dioxide (이산화황)

분 류	내 용			
CAS No.	07446-09-5			
물리·화학적 성 질	분자식	SO_2	분자량	64.07
	비 중	1.434(액체) (20℃, 물=1)	녹는점	-75.5℃
	끓는점	-10℃ (760mmHg)	증기압	1기압 이상(20℃)
	증기밀도	2.26	응축점	-10℃
	성 상	- 무색의 기체 - 용해성, 산화성 물질 - 불안정 조건 시 고온에서 용기가 터짐 - 금속분말 및 나트륨 같은 염기성 금속과 접촉하면 불이 나고 폭발한다.		
오염원	- 황산 제조 - 석탄 연소, 중유연소 폐기물처리 - 비철금속 주조 등 - 식품가공, 황화나트륨 제조 및 펄프 생산			
실내외 분포 및 농도	- 일일 최고치 평균농도가 250~500 μg/㎥ 정도인데 나날이 감소하는 추세 - 건물 벽이나 가구 옷 그리고 환기시설 등에 의해서 아황산가스는 흡수되기 때문에 실외가 실내보다 낮음 - 황산화물은 질산화물의 상승을 수반			
노출경로	- 흡입, 눈 또는 피부 접촉			
작용기전	- 흡입한 SO_2의 약 90%는 상기도에서 흡수 - 흡수된 아황산가스는 혈액 속으로 침투 - 아황산가스의 제거는 주로 요를 통해서 이루어짐			
인체에 미치는 영향	- 눈, 점막 및 피부 자극 - 자극증상 및 호흡마비와 폐수종 - 기관지 협착증 - 만성호흡기질환 및 만성기관지염			

■ Carbon monoxide (일산화탄소)

분 류	내 용			
CAS No.	00630-08-0			
물리·화학적 성 질	분자식	CO	분자량	28.01
	비 중	0.79 (20℃, 물=1)	녹는점	-205℃
	끓는점	-191.5℃ (760㎜Hg)	증기압	1㎜Hg (20℃)
	증기밀도	0.968	응축점	-190℃
	성 상	- 무색, 무미, 무취 - 헤모글로빈과 반응하여 COHb를 생성하며, 친화력은 산소보다 270-300배 강함. - 가연성 유독 가스 - 강한 산화제와 접촉하면 불이 나거나 폭발함. - 자연발화온도 609℃		
오염원	- 산업활동과 생물학적 변화과정 - 유기연료의 불완전연소 - 자동차 배기가스 및 난방 (가스, 석유, 석탄 등) - 인위적 배출량 350-600만 톤/년			
실내외 분포 및 농도	- 자연환경 중 농도범위 0.01-0.23㎎/㎥(10-200ppb) - 도시의 경우, 가솔린 자동차의 수요에 민감함. - 환기가 불완전한 실내에서 난방 및 연소기구를 사용함으로써 오염 가중. - 흡연 시 일산화탄소의 실내농도는 정상상태보다 5배 높음.			
노출경로	- 호흡을 통해 인체 내 유입			
작용기전	- 80-90%가 적혈구 내의 혈색소와 결합함. - 혈액 내 이동산소의 감소에 의한 저산소증을 초래. - 폐를 통해 호출됨.			
인체에 미치는 영향	- 혈액의 산소운반능력을 방해하여 조직의 산소결핍을 초래. - 중추신경장애 - 허혈증 - 저산소증은 민감한 기관들 즉 두뇌, 심장, 혈관내벽과 같은 조직에 산소공급 부족을 초래.			

■ Carbon dioxide (이산화탄소)

분 류	내 용			
CAS No.	00124-38-9			
물리·화학적 성 질	분자식	CO_2	분자량	44.01
	비 중	1.02 (20℃, 물=1)	비등점	-78℃
	WHO기준	920ppm (8시간)	융 점	-56.5℃
	증기밀도	1.527	대기조성	약 0.03%
	성 상	-무색, 무취의 가스이나 액체나 고체도 존재 -나트륨, 칼륨, 티타늄과 반응 시 발화 -플라스틱, 고무류 및 피복제를 손상시킴		
오염원	-인간이나 동물의 호흡기로 배출 -연료의 연소과정에서 생성 -드라이아이스, 탄산수 제조 시 -암모니아 생산, 석회 소결작업 및 발효 -소화 및 방화제			
실내외 분포 및 농도	-현재 대기 중 이산화탄소 농도 353ppm -식물체의 동화작용에 의한 고정오염원의 배출이 인위적 배출량보다 높다. -이산화탄소 농도는 여름에 감소하고 겨울에 증가			
노출경로	-호흡을 통해 인체에 유입			
작용기전	-중추신경계를 억제 및 흥분 -호흡중추 자극			
인체에 미치는 영향	-흡입 시 호흡과 맥박이 빨라지고 혈압 및 맥압이 상승 -환경기준 0.5% 이하 -두통, 권태, 현기증, 구토, 불쾌감 등의 증상을 초래 -두통, 발한, 이화감, 우울증, 시력장애 발생 -1.5% 가벼운 정도의 대사장해 -7~10%에서는 수분 내 혼절			

■ Nitrogen dioxide (이산화질소)

분 류	내	용		
CAS No.	10102-44-0			
물리·화학적 성 질	분자식	NO₂	분자량	46.01
	비 중 (20℃, 물=1)	1.448(액체)	녹는점	-9.3℃
	끓는점	21.15℃ (760㎜Hg)	증기압	720㎜Hg (20℃)
	증기밀도	1.58	증발률	1이상(부틸초산=1)
	성 상	- 적갈색의 발연성 액체 또는 기체 - 독한 냄새가 남 - 연소되지 않으나 강한 산화제임 - 가연성물질, 암모니아 및 이황화탄소와 접촉 시 불이 나고 폭발함		
오염원	- 질산 및 황산 제조의 중간제품 - 자동차 배기가스 및 화석연료의 연소 - 실내 건축자재 - 질산의 제조와 폭발물 사용 및 용접과정과 같은 특정산업공정			
실내외 분포 및 농도	- 연간 도시 지역의 이산화질소농도: 20~90㎍ / ㎥(0.1~0.05ppm) - 교통 체증 시간대의 농도가 평균 수준보다 한 배 또는 두 배 더 높음 - 가스 조리기구 또는 담배연기 등은 실내오염에서 개인노출에 영향을 주는 주 매개체임 - 매년 이산화질소의 농도는 꾸준히 증가함. - 환기가 안 되는 가정이나 실내에서 연소 기구를 사용하면 이산화질소농도는 실외보다 훨씬 높음			
노출경로	- 호흡을 통한 유입 - 눈 또는 피부접촉			
작용기전	- 호흡 시 체내로 80~90%의 이산화질소가 흡수			
인체에 미치는 영향	- 호흡기 자극제 - 폐수종을 일으킴 - 폐색성 소기관지염을 일으킴 - 발열과 오한, 호흡곤란, 청색증을 일으킴.			

■ Formaldehyde(포름알데히드)

분 류	내		용	
CAS No	00050 00 0			
물리·화학적 성 질	분자식	HCHO	분자량	30.03
	비 중	0.815 (-20℃, 물=1)	녹는점	-92℃
	끓는점	-19.5℃	증기압	1.3kPa(10㎜Hg)
	증기밀도	1.067	발화온도	300℃
	성 상	-자극성 냄새, 무색의 기체 -연소 시 일산화탄소 같은 유독가스와 증기가 발생 -강한 산화제 및 알칼리 물질과 접촉하면 불이 나고 폭발		
오염원	-난방 연료의 연소 과정 및 흡연 -가죽, 플라스틱류, 고무, 금속, 목재, 필름, 화장품 제조 -포르말린, 합판, 화학제품 등의 제조 공장			
실내외 분포 및 농도	-지하시설물 전체에서 측정된 실내의 포름알데히드농도는 39.7~168.2ppb 에 널리 분포되어 있음에 반하여 실외에서 측정치는 28.6~118.7ppb 의 분포를 나타내고 있다.			
노출경로	-흡입, 눈 또는 경피흡수			
작용기전	-흡수된 개미산알데히드는 개미산염으로 대사되거나 다른 분자와 결합 -호흡기를 통해서 호출되거나 소변으로 배설			
인체에 미치는 영향	-눈과 호흡기를 자극하고 급작성 피부염을 일으킨다. -발암성이 의심 -폐수종 및 폐간질염			

■ Asbestos (석면)

분 류	내		용	
CAS No.	01332-21-4			
물리·화학적 성 질	분자식	Mg·SIO$_4$	분자량	277.13, 185.04
	비 중	2.5~3.0	녹는점	-
	끓는점	-	증기압	-
	증기밀도	-	응축점	-
	성 상	-길이, 색깔 및 감촉이 각각 다른 불연성 섬유		
오염원	-단열재, 자동차 브레이크 및 페인트			

분 류	내 용
CAS No.	01332-21-4
실내외 분포 및 농도	−석면의 미세한 섬유가 공중에 부유하며, 노동자는 작업 중 의복과 머리에 눈처럼 쌓였던 석면은 노동자의 귀가와 함께 그 가족을 오염시킴.
노출경로	−흡입 및 섭취
작용기전	−직경 3㎛ 이하의 섬유는 기도를 거쳐 폐에 침착 −장기간에 걸쳐 석면을 들이 마시게 되면 폐 내에 섬유증식이 발생하여 폐가 축소되는 동시에 폐의 기능이 저하됨.
인체에 미치는 영향	−석면폐증, 폐암 및 소화기암과 중피종 −폐기능장해 −지단거대증, 호흡곤란 및 청색증

■ Radon (라돈)

분 류	내 용			
CAS No.	−			
물리·화학적 성 질	분자식	^{222}Rn	원자량	222
	빙 점	160∼202K	기체/액체의 체적비	452
	끓는점	-62℃	직 경	0.37㎛
	증기밀도	9.73g/ℓ(0℃,1atm)	용해도	510 (0℃)
	성 상	−불활성기체로서 무색, 무취		
오염원	−지각중의 토양, 모래, 암석, 광물질 및 이들을 재료로 하는 건축자재 등에 미량으로 함유			
실내외 분포 및 농도	−밀폐형의 검물구조의 선호 건축자재의 다양화에 따른 라돈방출의 증가, 지하생활공간의 활용 등으로 인하여 증가되는 추세			
노출경로	−일반대기 중에서 피폭			
작용기전	−생성된 라돈 그 자체는 화학적으로 안정하여 반응성이 없는 가스 상태지만 50%가 나흘 만에 최종 Pb까지 4회의 α붕괴와 2회의 β붕괴를 하게 되며, 90%가 13일 내에 붕괴 됨.			
인체에 미치는 영향	−4pCi/l일생 동안 폭로될 경우 폐암으로 사망할 위험률이 1-2% 정도로 추산 −5pCi/l이 농도에서 1년간 생활한 경우 1백만 명 중 400명 정도의 폐암 발생 추정 −200pCi/l약 44%의 폐암 발생 위험률에 달할 수 있는 농도			

■ Cd (카드뮴)

분 류	내 용			
CAS No.	07400-42-9			
물리 · 화학적 성 질	분자식	Cd	분자량	112.4
	비 중	8.642(20℃, 물=1)	녹는점	320.9℃
	끓는점	765℃(760mmHg)	증기압	0.095mmHg(320.9℃)
	인화전	250℃	용해도	불용성
	성 상	−무취, 가단성 −은백색의 유연한 금속 −냄새가 없음.		
오염원	−아연 제련 시 부산물로 생성 −쓰레기소각 시 방출			
실내외 분포 및 농도	−일반적으로 대기 중 연평균 카드뮴농도는 농촌 지역은 $1\sim5ng/㎥$ 이하, 도시 지역은 $5\sim15ng/㎥$, 산업지역은 $15\sim50ng/㎥$, 금속물 질을 사용하는 산업장 근처는 일주평균농도는 $300ng/㎥$이고 단기 간 평균농도는 $5\sim11\mu g/㎥$으로 나타났다.			
노출경로	−흡입(7~50%), 호흡을 통한 매일 평균 섭취량은 $1\mu g$ 이하 (이 중 50% 이하는 폐에 흡착)로 추정. −섭취(주로 비직업성: 3~7%, 영양 결핍상태: 20%까지 흡수)			
작용기전	−세포 및 적혈구 내에서 metallothionein과 결합, 체내에 있는 카드뮴 양의 40~80%는 간과 신에 축적			
인체에 미치는 영향	−장기간 저농도 노출시 신장기능 장해 −간질염 및 기침과 호흡곤란 −두통, 오한, 근육통, 구역, 구토, 설사 −폐수종이 진행되면서 폐활량이 감소			

■ Cr (크롬)

분 류	내 용			
CAS No.	7440-47-3			
물리 · 화학적 성 질	분자식	Cr	분자량	51.996
	유사명	chrome, chromium metal	녹는점	1900℃
	끓는점	2642℃	증기압	1mmHg at 1616℃
	증기밀도	7.14	용해도	HCL과 반응
	성 상	−회색의 광택이 있는 금속		

분 류	내 용		
CAS No.	7440-47-3		
오염원	– 혈암, 점토, 다른 종류의 진흙 등이 바람에 의해 침식되면서 생성		
실내외 분포 및 농도	– 대기 중의 농도 범위는 도시 외곽 $0 \sim 3 \mu g$ / ㎥, 도시 $4 \sim 10 \mu g$ / ㎥, 산 업지역 $5 \sim 20 \mu g$ / ㎥으로 나타남.		
노출경로	– 대기 중 에어로졸의 호흡을 통해서 일어나며 도시의 경우 호흡률 20 ㎥ / day를 기중으로 함 – 음식으로 인한 섭취(일반적으로 $50 \sim 200 \mu g$ / day)		
작용기전	– 흡입된 양의 대부분이 폐를 통해 흡수되며 혈액을 통해 체내에서 이동되며 비장, 간, 골수 등에서 존재 – 80%는 비뇨기를 통해 소변과 배설물로 배출		
인체에 미치는 영향	– 총 크롬농도의 범위는 $5 \sim 100 mg$ / ㎥ – 대기 중 6가크롬이 $1 \mu g$ / ㎥의 농도에 대한 평생 위해도는 4×10^{-2} – DNA복제 감소 – 비강 격막에 크롬 궤양, 부식반응, 급성 자극성 피부염, 알레르기성 습잔 피부염 등 – 기도, 심장혈관계, 신장, 간에서 전신독성 – 발암성과 강력한 돌연변이원성이 없음.		

■ Arsenic (비소)

분 류	내 용		
CAS No.	7440-38-2		
물리 · 화학적 성 질	분자식	As	분자량	74.9216
	임계압력	22.3MPa	녹는점	817℃(28atm)
	끓는점	61.3℃	증기압	1mmHg(372℃)
	증기밀도	5.727(14℃)	임계온도	1673
	성 상	– 은회색의 고체(실온) – 금속과 비금속성		
오염원	– 화산활동 시 배출되고, 금속물질 제련소, 연료연소 시 배출 – 농작물 살충제에 의해 배출 – 세계적인 자연적 배출농도는 7900톤 / 년		

분 류	내 용
CAS No.	7440-38-2
실내외 분포 및 농도	−자연적 발생원으로 인한 대기 중 농도는 농촌 지역은 1~10ng / ㎥, 도시 지역은 수백ng / ㎥ 그리고 금속 제련소 등의 공장은 1000ng / ㎥ 이상이 되는 것으로 조사된 바 있다. −대기 중에서 비소는 분진형태로 존재하며 주로 무기비소가 대부분을 차지한다.
노출경로	−호흡기를 통해 기도에 침착되어 혈액에 흡수 −하루에 20㎥ / day 정도의 공기를 들이마시고 흡입한 양의 30% 정도가 흡수될 때 흡수농도는 도시 지역 (10~200ng / ㎥) =0.06~1㎍ / day 농촌 지역 (1~10ng / ㎥) =0.006~0.06㎍ / day
작용기전	−위장관계 기관 및 호흡기를 통하여 흡수되며 화학물질의 형태, 분진 크기, 용해도에 따라 폐의 흡수에 영향 −흡입한 양의 30%가 전체적으로 흡수되고 약 40%가 폐에 흡착 −근육, 뼈, 간, 폐, 신장에서 고농도로 분포하고 피부와 배설 저장기관에서는 가장 높은 농도를 나타낸다. −비소는 담즙을 통해서 장으로 재흡수되며 대변으로도 소량 배설
인체에 미치는 영향	−만성독성으로 피부와 점막의 변화, 신경계혈관과 혈관계 장해, 위장계를 포함하여 타액분비 증가, 불규칙한 소화불량, 복부경련 −알레르기성 접촉 피부염으로는 습진, 소낭, 홍반, 궤양피부병 −고농도 폭로 시 심장 혈관 질환, 빈혈, 혈소판감소 등 −발암성으로서 폐암을 일으킨다.

■ Copper (구리)

분 류	내 용		
CAS No.	7440-50-8		
물리 · 화학적 성 질	분자식	Cu	분자량	83.546
	비 중	8.96	녹는점	1083℃
	끓는점	2595℃	증기압	1mmHg(1620℃)
	증기밀도	8.94	용해도	물에 불용성
	성 상	−붉은색의 금속분말로 습기에 닿으면 녹색으로 변함.		
오염원	−자연적으로 65%가 풍화작용에 의해 발생하고 구리광산, 제련과정, 공장에서 분진 및 산화물로 방출 −인위적으로 발생하는 구리는 자연적으로 배출되는 양의 3배 이상의 농도		

분 류	내 용		
CAS No.	7440-50-8		
실내외 분포 및 농도	− 대기 중의 구리농도는 3〜4ng / ㎥에서 5000ng / ㎥까지 다양함		
노출경로	− 호흡에 의해 인체침입 − 경피접촉으로 인체침투		
작용기전	− 구강을 통해 위장기관에 30% 흡수된 호흡에 의해 기도에 흡수 − 단백질과 결합하여 알부민, 셀룰로플라즈민, 적혈구에 분포 − 간에 저장되어 셀룰로플라즈민 합성 − 4%가 소변으로 배설되고 담즙과 대변을 통해 약 80% 배설		
인체에 미치는 영향	− 고농도 섭취 시 우연증, 구토, 위염, 뇌출혈, 설사 등 위에 자극을 일으킴		

■ Copper (구리)

분 류	내 용		
CAS No.	7439-49-1		
물리 · 화학적 성 질	분자식	Pb	분자량	207.19
	비 중	11.35 (20℃, 물=1)	녹는점	327.5℃
	끓는점	1740℃	증기압	1.77mmHg at 1000℃
	밀 도	11.34 (20℃)	용해도	산성용액에 용해성
	성 상	− 푸른빛 또는 은회색의 금속		
오염원	− 유연휘발유 연소, 납 광산, 제련소, 자동차, 용광로, 화산폭발		
실내외 분포 및 농도	− 대기 기준농도 $5×10^{-5} μg$ / ㎥ − 대기 중의 납의 형태는 직경 1㎛ 이하의 미세분진으로 유기물은 총 대기함유율 중 10% 미만을 차지 − 보통 환기시설이 없는 집에서 실내 / 실외의 비율 0.6〜0.8로 겨울철에 더 낮은 비율을 보임 − 납은 대기에서 젖은 상태나 건조한 상태로 침전되어 제거되며 납을 포함한 분진이 대기 중에서 잔존하는 시간은 분진크기, 풍향, 강우량에 따라 변함. − 제련소와 같은 산업배출원에 의한 오염은 주로 그 주변 지역에 집중적으로 분포		
노출경로	− 흡입(10〜30%), 섭취(5〜10%), 경피흡수(유기연 화합물)		

분 류	내 용
CAS No.	7439-49-1
작용기전	- 혈액에 의해 이동하여 혈액, 연주직, 뼈, 이 등에 분포 - 뼈에 함유되어 있는 납은 독성영향을 끼치지는 않음. - 납은 주로 적혈구와 결합 - 말초 임파구의 수축을 야기하고 혈액과 뼈에 영향을 미침 - 섭취한 납 중 90%는 흡수되지 않은 채 위장기관을 통하여 배설물로 배출 - 흡수된 납 중 50~60%는 신장을 통해 배출
인체에 미치는 영향	- 임파구에서 SCEs를 감소시키고 세포전이를 감소시키며, DNA 복제 과정 중 RNA에 영향 - 전립선기능을 감소시킴. - 생체에서 필수 금속이온이 결합하는 기능을 방해하여 효소활성을 막 고 이온경로를 바꿈. - 헴합성을 방해하여 글로빈생합성을 방해하여 빈혈을 야기 - 혈중농도 40~60μg. dl에서 주신경과 말초신경장애가 발생

■ Mercury (수은)

분 류	내 용		
CAS No.	07439-97-6		
물리·화학적 성질	분자식	C₂H₅HgCl	분자량	265.13
	비 중	3.48 (20℃, 물=1)	녹는점	192℃(승화)
	끓는점	40℃이상	증기압	1mmHg (20℃)
	증기밀도	9.2	용해도	0.0014g / 100 ml(18℃)
	성 상	- 무색의 고체이며 무취		
오염원-용도	- 종자 소독용 진균 살균제 - 목재, 방직물, 피혁 및 제지용 펄프의 방부제		
노출경로	- 흡입, 눈 또는 경피 흡수, 섭취		
작용기전	- 메틸수은에 의해 일단 중독량이 흡수되면 체내에 오래 동안 체류되 어 기능장해와 조직 손상을 초래.		
인체에 미치는 영향	- 대뇌피질 특히 후두부피질의 시각부위의 신경섬유의 변성과 신경교 식중이 특징 - 증상은 입술, 손, 발의 지각이 없어지고 저리며 운동실조, 구음장해, 시야협착, 청력장해, 정서장해를 초래 - 중증 중독증에서는 경련성 운동이 주기적으로 일어나고 간대성 경 련발작, 현기증, 낙루, 구역, 구토, 변비, 설사 등이 생김		

위 표의 분자식 수정: C₂H₅HgCl

7) 대기오염과 환경행정

① 대기오염의 변화추세

우리나라의 대기오염은 그동안 저황유 및 LNG 등 청정연료의 지속적인 공급으로 그동안 가장 문제가 되어 왔던 아황산가스와 먼지의 오염도는 개선되고 있으나 자동차의 증가로 이산화질소, 오존의 오염도는 점차 증가하여 주요 대기오염물질이 개발도상국형에서 선진국형으로 변화하고 있는 추세이다.

특히 서울 등 대도시의 경우 여름철 태양광선중 자외선과 자동차 배출가스가 광화학반응하여 발생되는 오존은 1시간 환경기준(0.1ppm)을 초과하는 경우가 빈발하고 있으며, 자동차에서 배출되는 매연 및 대기 중의 수분에 의한 영향으로 시정장애현상이 자주 발생하여 국민이 감각적으로 느끼는 체감오염도가 증가하고 있다.

② 대기오염의 여건 및 전망

대기오염의 발생 증가 요인으로는 도시 지역에서는 자동차의 지속적인 증가에 따른 자동차배출가스의 증가 및 소득수준 향상에 따른 에너지 사용량의 증가 등이 있으며, 또한 기류의 이동경로에 따라 중국, 일본 등으로부터 오염물질이 장거리 이동되어 우리나라에 유입됨으로써 산성비에 영향을 미칠 수 있다. 반면에 청정 연료 사용 대상시설 및 사용 지역의 확대, 배출허용기준의 강화, 저공해자동차의 보급, 지역난방 및 공업단지 열병합 발전시설의 확대로 대기오염이 감소될 요인도 상존하고 있다.

우리나라의 에너지소비량은 선진국에 비하여 높은 증가추세를 보이며 이와 같은 현상은 경제성장에 따라 계속 늘어날 전망이며, 특히 국민생활의 편익 추구로 전력수요가 급증하고 있으나 발전연료로서 식유의 사용량은 삼소하고 석탄의 사용비율은 2000년까지 현재의 16%에서 30% 정도까지 증가될 것이며, 자동차는 2000년에는 '93년 말 대비 2.4배 증가한 총 1,315만 대로 증가하고 특히 경유차는 2.2배 증가한 470만 대가 운행될 것으로 전망된다.

또한 석유화학공장 및 유류저장·판매시설 등에서 휘발성 유기화합물질(VOC)이 배출됨으로써 발생되는 광화학스모그에 대한 발생억제대책 및 중국으로부터 장거리 이동되는 오염물질에 대한 국제협력문제가 중요한 대기보전대책으로 대두되고 있다.

③ 아황산가스 저감대책

대기 중의 아황산가스는 연료의 연소와 산업공정에서 주로 발생되는데, 우리나라의 경우 대부분이 산업, 난방, 수송 및 발전시설의 연료 연소과정에서 발생되며, 울산·여천 등에서는 황산 제조 및 비료 제조시설의 산업공정에서 일부가 발생되고 있다.

가. 저황 연료유 공급확대

－서울시 등 수도권 및 주요도시의 아황산가스농도를 줄이기 위하여 1981년에 연료용 유류의 황함유기준을 강화(B-C유: 4.0% → 1.6% 이하, 경유: 1.0% → 0.4% 이하)하여 공급하기 시작하였다. 정유사의 탈황 및 분해시설설치가 일부 완료되면서 1993년부터 황함유기준이 한 단계 더 강화(B-C유: 1.6% → 1.0% 이하, 경유: 0.4% → 0.2% 이하)된 유류의 사용을 의무화하여 1995년 말 현재 B-C유의 경우 서울·부산·대구 및 수도권 21개 시·군에, 경유는 전국 주요 도시 38

개 시·군에 공급하고 있다. 1996년에는 저황유의 황함유기준을 더욱 강화(B-C유: 1.0%), 1997년부터 0.5%, 2001년부터 0.3%, 경유: 0.2% →0.1%)하고, 공급 지역도 단계적으로 확대하도록 연료사용규제고시를 개정할 계획이다.

나. 청정연료(LNG) 사용의무화

－환경부에서는 환경기준을 초과하거나 초과할 우려가 있는 지역에 대하여 청정연료 사용을 의무화하고 있는바, 1988년부터 서울시내의 보일러용량 2톤 이상 빌딩(업무, 영업, 공공용)에 청정연료 사용을 의무화하였고, 1991년에는 서울시내의 보일러용량 0.5톤 이상 빌딩 및 평균 전용면적 30평 이상, 수도권 지역(14개 시)의 보일러용량 2톤 및 전용면적 35평 이상의 중앙난방식 아파트에 대하여 청정연료로 연료를 대체하였다.

1992년에는 서울시내의 전용면적 25평 이상, 수도권 지역의 보일러용량 0.5톤 이상 빌딩 및 평균 전용면적 30평 이상의 중앙난방식 아파트의 연료를 청정연료로 대체하였으며, 1993년 9월부터는 수도권 지역의 평균 전용면적 25평 이상의 중앙집중난방식 아파트와 부산, 대구 지역 보일러용량 0.5톤 이상의 빌딩에 대해서는 청정연료로 대체하도록 하였다. 또한 1994년 9월부터는 서울시내의 0.2톤 이상의 보일러, 1996년 9월부터는 부산·대구시내의 0.2톤 이상의 보일러에 대해서도 청정연료사용을 의무화하였다.

연도별 청정연료 공급실적을 보면 1995년도에는 1994년도에 비해 21% 증가한 6,971천 톤 / 년을 공급하였다. 이와 같이 청정연료의 사용을 확대하는 것은 청정연료의 경우 연소 시 대기오염물질이 거의 배출되지 않아 세계적으로 널리 사용되고 있고 대도시의 환경보전에 큰 기여를 할 수 있는 최적의 에너지원이기 때문이다.

다. 고체연료사용규제

－고체연료를 사용하여야 하는 주물공장, 제철공장 등의 용해로와 연소과정에서 발생하는 오염불질이 제품 제조공정 중에 흡수·흡착 등의 방법으로 제거되어 오염물질이 현저하게 감소되는 시멘트, 석회석 등의 소성로시설과 폐기물관리법 관련 규정에 따라 설치된 소각시설에 대해서는 예외규정을 두어 고체연료 사용금지 지역에서도 사용할 수 있게 하였다. 또한 오염물질의 배출을 최소화할 수 있는 시설설치 및 운용에 관한 입증서류를 제출하여 환경부 장관의 승인을 받은 경우에 한하여 그 연료를 사용할 수 있도록 하였다.

④ 배연탈황 기술

가. 습식배연탈황공정

가) WELLMAN-LOAD 법

WELLMAN-LOAD 탈황법은 가성소다를 흡수제로 하는 알칼리 흡수법으로 부산물로는 망초 (Na_2SO_4) 또는 단체유황이나 황산으로도 회수하는 배연탈황의 공정이다.

망초로의 회수는 흡수폐액을 재생하지 않고 산화 처리함으로써 얻어지는 비재생처리에 의한 것이고, 유황 또는 황산으로의 회수는 흡수폐액을 재생하는 과정에서 생기는 아황산(SO_2)가스를 환원촉매에 의하여 단체유황으로 회수하거나, 황산공장으로 보내 농황산으로 회수할 수 있다.

WELLMAN-LOAD법은 다른 흡수탈황법과 마찬가지로 다음과 같은 배출원으로부터 배출되는 가스처리에 적용가능하다.

㉮ 비교적 먼지가 없는 배가스

　황산공장 배가스

　CLAUS공정 배가스

㉯ 비교적 먼지가 많은 배가스

　증유 또는 석탄연소 보일러

　발전소 배연가스

　용해로 또는 배소로의 배가스

　기타 SO2 함유 배가스

㉰ 처리공정의 특징

　① 배가스 중의 황산화물(SO2, SO3)을 안정적으로 처리할 수 있고, 처리효율이 높다 (95% 이상)

　② 고순도의 SO2가스를 회수할 수 있다. 결과적으로는 시장성이 있는 98% 이상의 농황산이나 99.9%의 액체유황으로 회수가능하다.

　③ 흡수부와 재생공정을 원거리에 별도로 설치할 수 있어서 부지 제약을 덜 받는다.

　④ 냉각결석공정에서 폐액중의 유효나트륨염을 회수하기 때문에 가성소다의 소모량을 줄일 수 있다.

　⑤ 공정 내에 스케일이 발생되지 않는다.

나) 마그네시아법(MAGNESIUM-GYPSUMPROCESS)

마그네시아법은 수산화마그네슘(Mg(OH)2)을 흡수제로 하는 재생법으로 석고를 부산물로 회수하는 배연탈황법이다.

따라서 마그네시아법은 2중알칼리법의 일종으로 분류할 수 있겠으나, 전편에서 소개한 아황산소다-석고 법의 2중 알칼리 처리법보다

장치구성이 간단하다.

㉯ 처리공성의 설명

공정의 구성은 배연가스의 냉각 / 제진공정, 흡수공정, 산화 / 석고 회수공정 빛 산화마그네슘 재생공정으로 구분할 수 있다. 이 처리법은 근본적으로 식회－석고법에 기초를 두고 있으며 흡수제를 재생하는 것이 다른 점이다. 각 공정에 대한 설명은 다음과 같다.

㉰ 전처리공정(배가스 냉각 및 제진공정)

양질의 석고를 회수하기 위해서 먼지제거는 필수이며, 배기가스를 흡수공정으로 도입하기 전에 제습냉각을 위해서 일반적으로 집진기 대신 분무형 수냉탑을 많이 사용한다. 이때 배기가스 온도는 50～60℃로 냉각된다.

㉱ 흡수공정

흡수공정에는 수산화칼슘($Ca(OH)_2$), 수산화마그네슘($Mg(OH)_2$), 복분해 반응에서 생성된 석고 등 혼합 슬러리액이 흡수제로 공급되며, 배기가스 중의 아황산가스는 다음 반응식과 같이 흡수, 제거된다.

$$Ca(OH)_2(s) + SO_2(g) \rightarrow CaSO_3 \cdot 1/2\ H_2O(s) + 1/2\ H_2O \quad (22)$$
$$CaSO_3 \cdot 1/2\ H_2O(s) + SO_2(g) + 1/2\ H_2O \rightarrow Ca(HSO_3)_2 \quad (23)$$
$$Mg(OH)_2(s) + SO_2(g) + 5H_2O \rightarrow MgSO_3 \cdot 6H_2O(s) \quad (24)$$
$$MgSO_3 \cdot 6H_2O(s) + SO_2 \rightarrow Mg(HSO_3)_2 + 5H_2O \quad (25)$$

㉲ 산화 및 석고회수공정

흡수탑의 순환용액으로부터 배출되는 흡수폐액은 산화탑에서 다음 반응식과 같이 공기에 의해서 산화된다.

CaSO3 +1 / 2O2 +2H2O → CaSO4 · 2H2O (26)

Ca(HSO3)2 +1 / 2O2 +2H2O → CaSO4 · 2H2O +H2SO4 (27)

CaSO3 +H2SO3 → Ca(HSO3)2 (28)

MgSO3 +1 / 2O2 → MgSO4 (29)

Mg(HSO3)2 +1 / 2O2 → MgSO4 +SO2 +H2O (30)

일반적으로 아황산칼슘의 산화반응은 (26) 반응식으로 표시되지만, 실제로는 아황산칼슘의 용해도가 너무 낮기 때문에 (26) 식으로 표시된 것처럼 거의 일어나지 않고, (27)식처럼 용해도가 있는 수소아황산칼슘의 산화반응이 일어나는 것으로 생각할 수 있다. 수소아황산칼슘은 산성염이기 때문에 산화탑 내의 pH를 6.0 이하의 산성으로 유지시키기 위해서 황산첨가에 의해서 산화반응을 진행시킨다.

2CaSO3 +H2SO4 → CaSO4 +Ca(HSO3)2 (31)

Ca(OH)2 +H2SO4 → CaSO4 · 2H2O (32)

CaCO3 +H2SO4 +H2O → CaSO4 · 2H2O +CO2 (33)

㉲ 마그네슘 재생공정

산화반응에서 생성된 황산마그네슘은 용해도가 30g / 100g-H2O로 상당히 높다. 침전조, 상징수 및 탈수여액에는 상당량의 황산마그네슘을 포함하고 있으며, 다음 반응식에 의해서 비교적 짧은 시간에 거의 100% 수산화마그네슘으로 재생된다.

MgSO4(ℓ) +Ca(OH)2 +H2O → Mg(OH)2(s) +CaSO4 · 2H2O(s) (34)

Mg(HSO3)2 +Mg(OH)2 → 2MgSO3 +2H2O (35)

Ca(HSO3)2 +Ca(OH)2 → 2CaSO3 +2H2O (36)

Mg(HSO3)2 +Ca(OH)2 → MgSO3 +CaSO3 +H2O (37)

다) 습식배연탈황의 기타 방법

습식배연탈황법으로 지금까지 언급한 처리방법 이외에도 현재 개
빌 궁이서나 파이놋트 규모의 처리법도 상당수 있다.

① 인산나트륨－석고법
② pH 완충용액으로 Citrate ion 첨가법
③ 황산알루미늄법
④ 해수세정법 등이 있다.

나. 건식배연탈황공정

－습식공정에 비하여 건식공정(Drysorption) 또는 반건식(Semi_Dry
Absorption) 공정은 비교적 장치규모가 작고 투자비용이 적게 드는
대신에 아황산가스제거율이 습식법에 비해서 상대적으로 낮고 운전
비가 많이 드는 특징이 있다.

건식탈황공정은 고온건식탈황 및 저온건식탈황공정으로 분류할 수 있
으며, 고온건식탈황은 FSI(Fur-nace Sorbent lnjection), LIFAC(Limestone
lnjec-cion in to the Furnace and Reactivation of Calcr-um), LIMB(Limestone
Multistage Burner) 등과 같이 흡수제를 소각로 또는 연소보일러의 고온
영역에 직접 투입하는 방법이다. 저온건식탈황은 흡수제를 연소 또는 소
각 배가스의 온도가 비교적 저온영역인 폐열보일러 및 공기예열기 후단
의 연도상이나 반응기에 주입하는 처리방법이다.

최근에는 SOx / NOx 동시처리를 위한 NOXSO Process, SNOX 등
건식공정이 개발되고 있으며 각 공정별 개략적인 특징 및 처리공정
을 살펴보면 다음과 같다.

가) 반건식(Semi-Dry Slurry Injection)공정

반건식처리공정은 석회나 석회슬러리 또는 Na2CO3의 현탁용액을

l20~200℃의 배연에 분사하면 슬러리입자가 SOx와 반응하여 건조상
태의 분말로 회수되므로 반건식(Semi-Dry)공정으로 불린다. 일반적으
로 슬러리농도는 20wt% 범위이다.

　반건식공정은 습식석회공정에 비하여 장치가 간단하고 폐수발생이
없고 투자비가 크게 저렴하다는 장점이 있으나, 탈황효율이 습식에
비해서 낮다. 설치현황은 미국, 독일에서 주로 중소규모의 저유황 연
소보일러의 배연탈황에 적용되고 있으며 유황함량이 3% 이상인 고
유황 석탄의 연소시설물에는 비경제적인 것으로 평가되고 있다.

나) 건식(DSI = Dry Sorbent Injection)공정

　건식탈황공정은 별도의 SO2 흡수탑이 없이 알칼리성 흡수제를 건
조한 분말형태로 직접 보일러 또는 연도 배가스에 분사하므로 공정
이 아주 간단한데, 흡수제의 투입 위치에 따라 여러 가지 공정이 개
발 중이거나 상업적인 운전단계에 이르고 있다.

㉮ FSI(Furnace Dry Sorbent Injection)공정

　석탄보일러에 직접 분말형태의 흡수제를 투입하는 방식으로, 최근
에는 유동층보일러시스템에서 활발하게 연구가 진행되고 있다. 미국
에서는 FSI공정과 관련하여 개발연구를 계속하고 있다. 특히 유동층
연소로의 경우는 직접 석회석입자의 투입으로 SOX를 제거할 수가
있으며, 기존의 미분탄 연소보일러보다 훨씬 낮은 800~900℃의 온
도에서 조업하므로 NOx 생성량이 적은 장점이 있다.

㉯ DSI(Duct Sorbent Injection)공정

　대부분 공기예열기와 전기집진기 사이에 슬러리상태의 알칼리성
흡수제를 분사시켜 SOx를 제거하는데, 시스템이 아주 단순하고 시
설투자비도 다른 공정에 비해서 저렴하며 설치면적도 적게 소요되어

기존 배출시설물에 설치하기가 쉽다.

그러나 반응시간이 1~3초로 상당히 짧아 SO2 제거효율을 높이기 위해서는 Ca / S 비율을 크게 높이거나 물리화학적으로 흡수제의 활성화 또는 반건식 공정과 같이 반응시간을 연장시킬 수 있는 장치가 필요하고, 집진기에서 반응생성물의 효율적인 제거를 위해서는 배연가스의 습윤 또는 화학약품을 첨가할 필요가 있으므로 경제성에 대한 문제가 제기되고 있다.

⑭ 산화구리(Copper Oxide)공정

산화구리(Copper Oxide)공정은 아황산가스 및 질소산화물을 동시에 제거할 수 있는 유망한 기술로 흡수제(Sorbent Media, CaO / Al2O3)를 이용, 흡수탑에서 아황산가스 및 질소산화물을 동시에 제거하는데 이때 흡수제는 흡수탑에서 중력으로 이동되며 흡수탑 하부로 배출가스가 유입된다. 흡수제는 SO2와 반응하여 황산구리가 형성되며 반응이 끝난 흡수제는 메탄을 이용 재생한다.

본 처리공정은 아황산가스 및 질소산화물의 제거가 단일반응기에서 일어나며, 흡수제를 재생하고 부산물로서 황을 회수할 수 있는 장점을 갖고 있다. 공정에서 최적 Cu : S 비는 2 : 1이며 흡수탑 설계에서는 Sorbent의 양과 공급방법, 흡수탑의 높이, 최적 구리량, 재생효율 등이 중요한 설계인자가 된다.

⑮ 활성탄(Activated Carbon)공정

활성탄을 이용한 탈황 및 탈질공정은 아황산가스의 경우 95%, 질소산화물의 경우 75% 정도로 알려져 있다. 활성탄공정인 RTI-WATERLOO PROCESS(The Researth Triangle institute Unr-versity of Waterloo Process)의 경우 촉매 반응기는 2~3개로 구성되며 SO2를 황산으로 전환한다. 이 공정은 반응기의 단수, 촉매활성, 촉매수명 및 비용 등이 주요한 설계변수가 된다.

㉮ NOXSO공정

NOXSO공정은 90% 이상 SOx 및 NOX를 동시에 제거하는 건식 / 재생법 탈황공정으로 최근에 개발된 공법이다. 부산물로는 유황이나 황산 또는 액체 아황산으로 회수가 가능하고, 폐수 또는 고형폐기물의 발생이 없는 것을 장점으로 하고 있다.

다) 흡착에 의한 SOx / NOx 동시제거 처리법 (NOXSO Process)

NOXSO Process는 건식연소 배기가스 처리기술로 석탄보일러 배기가스 중의 SO2와 NOx를 재생용제를 사용하여 동시에 흡착, 제거하는 방법이다.

NOXSO공정에서 SO2는 부산물로서 단체황, 황산 또는 액화 SO2로 전환되고 NOx는 N2와 O2로 환원된다.

Pilot Plant 결과에 의하면 이 공정은 연소설비 배기가스 중의 산성비의 원인이 되고 있는 SOx, NOx 등 가스의 90% 이상 제거 가능한 것으로 보고되고 있다.

㉮ 공정설명

발전설비 배기가스는 집진장치를 거쳐 나온 분진을 제거시킨 뒤, 황부산물공정배기가스와 혼합하여 송풍기를 통해 흡착공정(Adsorber)으로 유입된다. 연소배기가스는 2단의 유동층흡착탑을 지나며 이곳에서 SO2와 NOx는 알칼리 물질에 함침시킨 고표면적의 r-AIumina Solvent에 의해 동시에 제거된다.

흡착탑 내 온도는 물을 유동층에 분무하여 증발냉각에 의해 120℃를 유지시킨다. 청정가스는 집진기를 거쳐 굴뚝을 통해 대기로 배출된다. 흡착공정에서 배출된 흡착제는 압축공기에 의해 흡착제 가열기(Sorbent

Heater)로 이송된다. 흡착제의 보충은 흡수부 하향류(Downstream)에서 행한다.

흡칙제 가열기(Sorbent Heater)는 가변적인 면적을 가진 5단계 유동층으로 되어 있으며 열풍을 이용하여 흡착제 온도를 620℃까지 상승시킨다. 가열하는 동안 흡착제에 흡착된 NOX와 느슨하게 결합된 SO2는 탈착되어 기열가스(NOx Recycle Stream)에 의해 배출된다.

NOx 재순환가스는 약 260℃로 보일러 연소용 공기와 함께 연소용 공기가열기 (Combustion Air Heater)를 거치며 보일러 연소배기가스와 열교환되어 보일러 연소용 공기로 사용된다. 이때 NOx 재순환 가스는 필요연소용 공기의 30%에 해당된다. NOx는 보일러에 유입되어 연소실의 환원 분위기하에서 자유라디칼 반응(Free Radical)에 의해 N2와 CO2 또는 H2O로 전환된다.

흡착제는 약 620℃의 재생온도에 도달하면 J밸브에 의해 이동상 재생장치 (Moving Bed Regenera-tor)에 보내진다. 재생장치에서 흡착제는 천연가스(Natural Gas)와 향류접촉된다. 천연가스는 흡착된 황성분(주로 Sodium Sulfate)을 SO2와 H2S로 환원시킨다.

일부의 Na2SO4는 Na2S로 환원되며. Na2S는 재생장치 다음에 있는 Moving Bed Steam Treatment Reactor(이동상 증기처리 반응기: Steam Treater)내에서 가수분해된다. Na2S와 증기와의 반응에 의해 고농도의 H2S가스가 발생된다.

재생장치와 Steam Treater의 배기가스는 혼합되어 황부산물 회수공정으로 보내지며, 여기서 단체황, 황산 또는 액화 SO2 등이 생산된다. 황부산물 회수공정에서 배출된 가스는 송풍기 전단으로 보내져 다시 흡착공정으로 순환된다.

Steam Treater에서 흡착제는 J밸브를 통해 흡착제 냉각기(Sorbent Cooler)로 보내진다. 냉각기는 5단의 가변적인 면적을 가진 유동상으로 공기를 이용하여 흡착제를 냉각시킨다. 냉각기에서 배출되는 뜨거운 공기는 천연가스에 의해 가열되어 유동상 흡착제 가열기(Fluidized Bed Sorbent Heater) 내에서 흡착제의 가열에 사용된다. 흡착제온도는 흡착제 냉각기 내에서 흡착부온도 120℃까지 냉각된다.

흡착제는 Sorbent Cooler에서 J밸브를 통해 흡착탑 상부에 위치한 Surge Tank로 보내진다. 흡착제는 Surge Tank에서 흡착탑으로 유입되며, 이것은 L밸브로 조절된다.

8. 대기오염과 환경

　인위적으로 배출되어 대기 중에 있는 오염물의 양, 농도 및 지속시간의 과잉으로 어느 지역의 다수인에게 불쾌감을 주고 혹은 공중위생상 인간, 동물, 식물 및 재산에 유해하고 쾌적한 생활을 방해하는 상태라 할 수 있다.

　공기 중에 정상적으로 존재하지 않는 물질을 대기 중으로 방출시킬 때 대기는 오염되며 인간의 활동은 대부분의 경우 정도의 차이는 있겠으나 대기오염을 일으킨다. 즉 이것을 요약하면 다음과 같다.

(1) 인간의 활동으로 인하여 생긴 대기오염물질이 공중보건학적인 면에서 건강에 피해를 줄 정도로 단위 용적당 다량으로 존재할 경우를 말한다.
(2) 사람, 동식물의 생명과 우리의 재산에 해가 될 만큼 한 가지 또는 그 이상의 오염물이 외기에 존재할 경우를 말한다.
(3) 인위적인 발생으로 인하여 외기에 통상 존재하지 않는 물질이 생

성되었을 경우를 말한다.

(4) 정상적인 대기 조성 이상의 농도로 존재하는 물질이 있을 경우를 말한다.

1) 각국의 대기오염 정의

① 한 국

우리나라는 대기오염의 정의는 없으나 환경보전법 제2조에 용어의 정의에서 가스상, 입자상 물질, 분진, 매연, 검댕, 악취 등에 대한 각각의 정의를 규정하고 있다.

② 미 국

미국의 기술자 총연합회에서 대기오염은 "사람, 식물 그리고 동물의 생명과 우리의 재산에 해가 될 만큼 또는 인간이 생활과 재산을 안락하게 향유하지 못할 정도의 양만큼 특성을 가지고, 충분한 기간 동안 먼지, 훈연, 가스, 연무, 악취, 매연, 증기와 같은 오염물이 한 종류 또는 그 이상이 외기에 존재하는 것"이라고 정의하고 있다. 이 정의는 광범위한 정의이므로 미국 Arizona주 대기오염통제규정에서는 "대기오염이란 사람, 식물 및 동물의 생명 혹은 재산에 해가 되거나 될 정도로 충분한 양만큼 그리고 충분한 기간 동안 한 가지 혹은 그 이상의 오염물이 외기에 존재하는 것을 뜻한다."라고 정의하고 있다.

③ 세계보건기구(WHO)

대기 중에 인공적으로 배출된 오염물질이 존재하여 오염물의 양과 그 농도 및 지속시간이 어떤 지역주민의 불특정 다수인에게 불쾌감을 일으키거나 해당 지역에 공중보건상 위해를 미치고 인간이나 식물, 동물의 생활에 해를 수어 도시민의 생활과 재산을 향유할 정당한 권리를 방해받는 상태를 말한다.

④ 일 본

일본의 공해 방지법은 매연, 먼지, 악취 및 가스로 인한 대기오염이라 하여 대기오염의 요인을 정하고, "공해라 함은 다음 각호로 인하여 보건위생에 미치는 위해와 생활환경에 관련된 피해가 발생하는 것을 말한다."라고 규정하고 있다. (다음 각호란 매연, 먼지, 악취 및 가스로 인한 대기오염을 말함)

이상의 모든 정의나 규정은 외기에 관해서 언급하고 있는 것으로 실내작업장에 관한 오염상황이 아니라는 점에 유의할 필요가 있다.

2) 대기오염원과 오염물질

① 오염원과 오염물질

대기오염의 발생은 연료의 연소에 의한 것과 산업체에서 제품의 제조, 가공 등 산업공정에서 발생되는 것이 주류를 이루고 있다.

연료의 연소에 의해서 발생하는 오염물질에는 황산화물, 질소산화물, 일산화탄소, 분진 등이 있으며 산업공정에서 발생하는 오염물질은 산업의 종류, 제조, 방법, 원료, 제품 등에 따라 다양하다.

② 자동차 배출가스

일반적으로 자동차에서 배출되는 오염물질은 배출가스규제대상이 되는 일산화탄소, 탄화수소, 질소산화물 및 매연(경유차의 경우)과 그 밖에 아황산가스, 오존 및 가솔린의 옥탄가 향상제로 첨가되는 4ethyl 납 [Pb(C2H5)4]에 의한 연화합물 등이 있다. 이러한 배출가스의 생성원인을 살펴보면 배출가스 중 탄화수소는 연료의 일부가 미연소된 그대로, 또는 일부 산화, 분해되어 배출되는 것이다.

일산화탄소는 산소의 공급이 부족하여 불완전연소로 발생하며, 질소산화물은 연소 시의 고온에 의해 공기 중에 질소와 산소가 반응하여 생성되는 것이다.

질소산화물의 95% 이상은 일산화질소인데 생성과정은 연소온도가 높은 고부하에서 많이 배출되며 매연은 연소실의 탄소누적으로 연료가 미연소되어 배출된다.

또한 오염물질은 그 배출경로에 따라 크게 다음의 세 가지로 나눈다.

(1) 연료가 엔진에서 연소한 후 배기관을 통해 배출되는 가스
(2) 피스톤과 실린더의 틈 사이에서 크랭크케이스를 통하여 누출되는 Blowby Gas
(3) 자동차의 연료장치, 즉 연료탱크나 연료펌프 또는 기화기에서 발생되는 증발가스를 말한다.

3) 대기오염물질이 인체에 미치는 영향

대기오염현상으로 인한 일상생활에 미치는 영향에 대해서는 아직까지 확실히 알고 있지 못하다. 그 이유로는 단시일 내에 우리의 눈으로 식별할 수 있는 것이 아니고, 인체 실험이 불가능하고, 저농도의 2개 이상의 오염물질의 복합작용, 상가작용 및 상승작용으로 장기간에 걸쳐 노출되었을 때 피해가 나타나기 때문에 그 식별이 곤란하다는 점을 들 수 있다.

일반적으로 오염된 대기에서 생활하면 우선 눈, 코 및 상기도점막에 대하여 먼저 감각적인 영향을 받아 잇따라 생리적으로 가역적인 반응이 일어나며, 계속해서 노출되면 그 증상은 악화되어 급성질환이 일어난다. 이 질환이 여러 번 반복해서 일어날 때 만성적 결과로 나타난다. 대기오염의 피해는 심장질환, 순환기계 질환 등을 갖고 있는 노약자와 어린이가 쉽게 피해를 받을 수 있는 원인을 갖고 있기 때문에 우선적으로 그 피해를 받기가 쉽다. 대기오염의 정도에 따라 받는 피해 여부는 국민의 건강에 대한 지식수준과 건강에 대한 요구도, 정치수준 등에 의해서 결정된다. 급성적인 중독을 거쳐 만성적인 질환에 도달하면 이미 재해적인 사건을 일으키게 된다. 대기오염물질로 인한 건강에 미치는 영향의 인자로는 오염물의 종류, 농도, 지형 및 기상조건, 개인차 인구밀도, 생활환경과 생활조건 등 여러 가지 요인이 관계되기 때문에 원인과 결과의 인과관계를 밝히기는 어렵다.

급성피해라 하는 것은 이미 세계 각국에서 발생되었던 대기오염사건으로 현저한 오염현상이 나타났을 때 어린이와 노인, 심장기능 또는 폐기능의 현저한 저하와 관련되어 대기오염으로 인한 피해가 될 수 있는 질병이 발생된 때를 이른다. 한편 만성피해는 환경에서 오랫동안 생활함으로써 질병을 얻게 되는 피해이다. 급성피해는 노년층, 유아, 허약자 및 기왕증환자 등에 단시일 내에 피해를 주어 사망에까지 이르게 하는 반면, 만성적 피해는 서서히 건강에 피해를 끼친다. 급성인 경우는 그 피해양상을 쉽게 발견할 수 있는 데 반하여 만성피해를 쉽게 발견할 수 없다는 점이 문제이다. 급성적인 영향으로는 시야감축, 정신적 영향(생활의 불쾌감, 불쾌취기, 정신적, 육체적 피로촉진), 생리적 영향, 중독피해, 심폐성 환자의 병세악화, 이차 세균감염촉진 등으로 요약할 수 있으나, 만성적 영향은 성장장애, 만성 호흡기질환 발생(폐렴, 기관지염, 기관지말초염, 기관지확장염, 발작성 천식, 폐기종), 심장이상비대 등으로 요약할 수 있다.

그러나 엄밀한 의미에서 급성과 만성의 피해구분은 극히 어렵다.

① 피해의 특징

1) 대기오염에 대한 피해도＝오염물질의 농도×폭로시간
2) 단일오염물질보다 혼합오염물에 노출되면 상가작용 및 상승작용으로 피해를 준다.
3) 노년층과 유아의 피해가 증가된다.
4) 피해지는 주택 지역보다 공장 지역 주변에서 많이 발생하고 풍속이 낮고, 기온역전이 많은 날에 피해가 증가한다.

② 인체장애

1) 호흡기장애; 기관지염, 천식, 기도폐쇄장애, 인후염, 점막자극 및 점막세포 파괴
2) 눈의 장애; 각막 및 결막의 자극, 눈 점막의 자극

3) 정신적 장애; 정신 및 신경의 증상, 알레르기성 장애

4) 대사장애; 혈액학적, 세포학적, 효소학적 변화

5) 간접적 피해; 시정의 감소로 인한 자연환경 악화, 태양광선의 차단
으로 자외선양의 부족

③ 인체에 미치는 작용별 오염물질

1) 폐자극성 물질; SO_2, NO_2, O_3, HCl, Cl_2, HN_3, Br_2

2) 눈을 자극하는 물질; PAN, O_3, HCHO, SO_2, HF, NH_3, NO_2

3) 질식성 오염물질; CO, H_2S, SO_2, Cl_2

4) 폐섬유성 물질; Ba, 석면, 코발트, 규산

5) 발암물질; 3-4 벤조피렌, 석면, 니켈, 크롬, 비소

6) 신경장애; CS_2, Pb_3b, Hg, Ni, 페놀, 시안, Br_2, CO

7) 신장장애; Cd, 페놀

8) 발암물질; 망간, 아연과 아연화합물

9) 육아종을 일으키는 물질; 베릴륨

10) 전신성 독물; 은, 수은, 불화물, 카드뮴, 이산화셀렌

11) 알레르기성; 특히 봄에는 화분증으로 인체에 면역학적으로 항원,
항체 간에 이상증상 초래

④ 입자상 물질

환경대기 중의 입자상 물질은 대기 중 혹은 가스유체 중에서 고
체나 액체상태로 존재하는 물질을 말하며 크기는 일반적으로 0.001
~500㎛ (대부분 0.1~10㎛)이다.
또한 입자상 물질은 그 크기로 분류하면 부유입자상 물질과 강하

분진으로 나눌 수 있고, 생성 mechanism으로 보면 1차입자와 2차입자로 나뉜다.

부유입자상 물질은 대기 중에 부유하는 입자상 물질 중에서 $10\mu m$ 이하의 것을 말하며 비교적 장기간에 걸쳐 대기 중에 부유하며, 강하분진이란 입자상 물질 중에서 중력 또는 강우에 의하여 쉽게 강하하는 분진을 말한다.

그리고 1차입자는 발생원으로부터 대기 중에 직접 방출되는 입자이며, 2차입자는 발생원에서 대기 중에 방출된 가스상의 물질의 광화학 또는 열화학반응으로 생성된 황산염, 질산염 및 유기물질을 말한다.

환경보전법상 입자상 물질의 종류는 분진, 매연, 검댕 및 유적(mist)을 말하며 그 외에도 연무질(aerosol), 먼지, 안개, fly ash, 훈연(fume), 연하(smaze), aeroalergen 등이 있다.

가. 입자상 물질의 분류

가) 분 진
대기 중에 부유하거나 비산 강하하는 미세한 고체상의 입자상 물질을 말한다.

나) 매 연
연소 시 발생하는 유리탄소를 주로 하는 미세한 입자상 물질을 말한다.

다) 검 댕
연소 시 발생하는 유리탄소가 응결하여 입자의 지름이 $1\mu m$ 이상이 되는 입자상 물질.

라) 유적(mist)

gas나 증기의 응축으로 액상이 된 것이나 비교적 작은 물방울이 낮은 농도로 기상 중에 분산된 것이며, 시정거리 1km 이상을 말한다.

마) 연무질(aerosol)

매연, 안개, 연무와 같이 가스 내에 미세한 고체 혹은 액체 입자가 분산된 것을 말한다.

바) 먼 지

주로 colloid보다 큰 고체입자로서 공기나 가스 내에 부유할 수 있는 것.

사) 안 개

분산질이 액체인 눈에 보이는 연무질을 말하며, 시정거리는 1km 이하이며, 습도는 70% 이상이다.

아) Fly ash

연료 연소 시 생기는 굴뚝 연기 내의 미세한 재 입자로서 불완전 연소한 연료를 함유할 수도 있다.

자) 훈연(Fume)

용융된 물질이 휘발해서 생긴 기체가 응축할 때 생기는 고체입자로서 상호응결하며, 때로는 충돌 결합한다.

차) 박무(Haze)

광화학반응으로 생성된 물질로서 아주 작은 다수의 건조입자가 부유하고 있는 상태를 말하며, 습도는 70% 이하이다.

카) 연하(Smaze)

연기와 박무의 혼합된 상태를 말한다.

타) 공중 알레르기 물질(Aero alergen)

공기 중의 화분, 균류의 포자, 기타 효모, 곰팡이, 동물의 털 등이 인간에게 알레르기반응을 일으키기도 한다.

나. 분진의 특성

가) 입자의 형태

입자의 크기를 보통 입경이라 하며 입자가 구형인 것은 거의 없고 현미경을 통해서 보면 각양각색의 형태를 하고 있다.

분진은 구형이나 불규칙한 모양을 가지며 최초에 구형이었던 것도 응집에 의해서 비구형이 될 수도 있다.

분진의 형상과 크기 분포는 매우 중요한 매개변수인데, 이는 분진의 제거방법이 분진의 크기에 의해서 결정되기 때문이다.

나) 계면에너지

입자가 공기와 접하고 있는 경계가 계면으로, 계면에서는 기체의 인력이 거의 작용하지 않으므로 내부보다 안정도가 작아 안정을 위한 여분의 표면에너지를 갖게 되며, 입자가 작을수록 비표면적이 커서 표면에너지도 많이 갖게 된다. 때문에 분진은 비표면적이 클수록 액체에 쉽게 용해되고 폭발 등의 화학반응도 쉽게 일어난다. 그래서 응집 또는 부착되는 성질도 표면에너지가 클수록 큰 값을 갖는다.

다) 흡 착

흡착이란 물체가 달라붙는 것을 말하며 흡착에는 부착된 입자가

온도 상승으로 다시 떨어져 나가는 물리적 흡착과 일단 부착된 후에
는 떨어져 나가지 않는 화학적 흡착이 있다.

라) 산 화

미세한 금속분일수록 상온에서 타기 쉽다. 즉 쉽게 산화반응을 일
으킨다. 이러한 현상이 급속하고도 연쇄적으로 큰 규모로 발생하면
폭발이 일어난다.

Fe나 Ni 등은 열분해성에 의해 100 Å 정도의 미립자로 되면 공기
와 접촉하는 동시에 발화한다. 입자표면의 형태와 입자 주위의 조건
그리고 비표면적 등은 발화를 일으키는 큰 요인이 된다.

마) 비표면적

단위 중량의 분진 입자가 갖는 표면적의 총화로서 입자의 모양이
일정하다면 입자의 직경이 작을수록 비표면적은 커진다.

바) 응 집

부유상태에 있는 미세한 분진입자는 열, 입자의 전하, Brown 운동
이나 음향, 진동 등의 영향에 따라 서로 충돌하며, 퇴적 시의 압력에
의해서도 엉켜서 입자의 크기는 커진다. 이것은 除塵時에는 크게 영
향을 미친다.

입자가 응집될 때의 결합력은 입자의 표면에너지도 관계되어 입자
가 미세한 것일수록 응집되기 쉽고 응집상태에서도 결합력이 크다.

사) 음파와 분진

분진층에 음파가 작용하면 그 균일한 조직 때문에 복잡한 산란과
흡수에 따라 차차 음파는 감소한다.

아) 광선과 입자

하늘의 색이 푸른 것은 대기 중에 떠다니는 미세한 입자에 햇빛이 반사되어 일어나는 현상이다. 즉 지표면 가까운 대기 중에 부유하는 먼지입자에 의해 태양광선중의 단파장인 청색광이 산란되어 그 산란광을 보고 있기 때문이며 석양이 붉은 것은 대기의 층을 경계로 먼 거리를 통과하여 지표면에 도달하는 장파장, 즉 붉은 광선 때문이다.

분진입자의 입경분포와 광선 파장과의 관계로 이와 같은 빛의 흡수, 산란, 투과 등의 정도가 변하며 소정, 돌소금, 푸른 황산 등의 결정도 미세하게 분쇄하면 하얀 가루가 되는 것은 투과광에 대하여 반사광의 양이 증가되기 때문이다.

자) 입자의 대전

폭발, 미립자화 같이 수많은 입자를 생성하는 과정이라든가 입자 상호 간의 마찰, 다른 물질과의 마찰 또는 인위적인 전장에 있어서의 이온과의 충돌 등에 의하여 분진 입자는 대전하게 되는데, disk라든가 합성수지제품 표면에 많은 먼지가 붙는 것도 입자와의 전기적 특성에 의한 것이다.

차) 열과 분진

옛날 화로를 사용할 때 먼저 재를 넣기도 하는데 이것은 분진 充塡層이 열의 전달을 억제하는 보온, 방열의 작용을 하기 때문이다. 또한 기체 중에서 생성된 입자나 부유하는 입자는 열을 싫어한다. 따라서 온도가 높은 곳에서 낮은 곳으로 이동하려는 경향이 있으며 이를 미립자의 열강성이라고 한다. 침강성에 따라 부착된 미립자는 그 위에 침착되는 입자와 응집하여 분진층은 더욱 두껍게 된다.

다. 분진의 배출원

－분진의 발생은 생성 mechanism에 따라 자연적인 것과 인공적인 것으로 분류한다.

가) 자연적 배출원

① 사막에서와 같이 지면의 먼지가 바람에 날리는 경우 입경은 통상 0.3㎛ 이상이다.

② 자연적으로 생기는 오존과 탄화수소 간의 광화학적 반응에 의하여 입경이 0.2㎛ 이하인 입자가 생긴다.

③ 화산의 폭발에 의해 발생한다.

④ 물보라에 의하여 공기 중에 뜬 바닷물 방울이 증발하면서 입경 0.3㎛ 이상의 입자가 생성된다.

⑤ 산림의 화재에 의하여 발생한다.

⑥ 식물의 꽃가루에 의해 생성된다.

나) 인공적 배출원

① 수송수단, 공장, 화력발전소, 난방, 쓰레기의 소각 등 연소과정에서 생기는 연기 내에 분진이 함유되어 있다.

② NOx와 H·C 간의 광화학적 반응에 의하여 0.2㎛ 이하의 입자가 생긴다.

③ 기타 원자력 이용시설, 폐기물 또는 핵실험에서 분진이 발생된다.

라. 입자상 물질의 소멸

－대기 중에 배출된 입자상 물질은 체류시간이 길면 서서히 축적되거나 변질되고 또한 장거리수송에 의하여 광역오염을 일으킨다.

크기가 1㎛보다 크나 20㎛ 이하인 입자는 그들이 위치하는 가스의 활동에 따라 운동하며, 20㎛ 이상의 크기를 가진 입자는 침전 속도가 빨라 대기 중 체류시간이 짧다.

전형적인 체류시간은 대류권 하부에서 수일에서 몇 주 되지 않으나 대류권 상부에서는 1개월 정도에 달하고 있으며, 성층권에서는 수개월에서 수년이나 소요되어 상층부로 갈수록 체류시간이 길어지는 것을 알 수 있다.

또한 체류시간은 입자상 물질의 특성에 의해 지배받기도 한다.

전형적인 도시대기에 있어서 입자상 물질의 구성은 대다수가 입경 0.1㎛보다 작은 입자들이 분포하고 있다.

마. 인체에 미치는 영향

－입자상 물질은 자극성 가스를 흡수하거나 또는 흡착하여 aerosol 상태로서의 폐의 깊은 곳까지 침입하는 입자는 침착한 곳에서 자극성 가스의 독성을 나타낸다. 따라서 입자상 물질에 의한 호흡기장애와 자극성 가스의 유독성과 함께 입자크기에 따라 호흡기계에 침착되는 정도가 다르다. 폐포까지 도달하는 입자물질의 직경은 0.5~5.0㎛ 정도의 크기가 침착률이 가장 높다고 한다. 0.5㎛ 이하의 것은 폐포에 들어갔다가도 호흡운동에 의해 다시 밖으로 나오며 5.0㎛ 이상의 입자는 거의 전부가 인후 또는 기관지 점막에 침착하여 객담과 함께 밖으로 배출되거나 식도를 통하여 위속으로 넘어가 버린다. 그러나 먼저 말한 0.5~5.0㎛ 정도의 입자들은 폐포를 통해 흡입되어 혈관 또는 임파관으로 침입한다. 물론 이 경우 특히 입자의 성분도 문제가 되어 광산업에 종사할 경우에는 규산으로 인한 규폐증을 유발하기 때문에 문제가 되지만, 대기오염인 경우에 있어서는 석면류가 문제된다. 석면은 폐에 침입하여 섬유화를 일으켜 호흡기능을 저하시킬 뿐만 아니라 폐질환을 발생시킨다. 이 현상을 석면폐증(asbestosis)이라 하며, 석면이 혈청 속에 존재할 때는 강한 용혈작용을 하여 적혈구를 증가시킨다. 이때 용혈작용은 석면 중에 존재하는 마그네슘이 원인이라고 밝혀진 바 있

으며, 그 예방 또는 치료제로는 화학물질인 EDTA와 같은 물질이 효과가 있다고 한다.

가) 입자의 크기에 따른 영향

1) 일반적으로 대기 중 분진은 0.001~500μm의 범위를 갖지만, 그 대부분은 0.1~10μm의 크기를 갖는다.

2) 0.1μm 이하의 입자는 브라운운동을 하므로 쉽게 가라앉지 않는다.

3) 인체에 가장 유해한 입경은 0.5~5.0μm 범위이며, 특히 2~4 μm 범위에서 침착률이 가장 크다. 따라서 천천히 흡입할 때 그 침착률은 증가한다.

4) 1~10μm 정도의 입자는 침전, 빛의 분산현상 및 시야를 방해하는 역할이 커지는데 0.1~1μm의 범위는 특히 시야에 방해를 준다.

5) 매연 등의 입자상 물질은 타 오염물질(NOx, SOx 등)을 운반하는 작용을 하므로 피해의 양상은 더욱 가중된다.

나) 각종 호흡기질환

연무질상태의 자극성 먼지가 폐포에 도달하여 유독성을 나타내는데, 이것을 진폐증이라 하며, 각종 폐질환을 들 수 있다.

진폐증이란 광물성 분진을 흡입함으로 폐에 생기는 섬유증식성 변화를 주 증상으로 하는 질병을 말한다. 진폐증은 병을 일으키는 먼지의 성분에 따라 탄폐, 규폐, 석면폐, 베르륨폐, 활석폐, 알루미늄폐, 면폐, 용접공폐 등으로 구분할 수 있다.

우리나라에서도 주로 직업병으로 많이 알려져 있고, 재해근로자의 대부분을 차지하고 있는 석탄광부폐증이 심각한 사회문제로까지 대두되고 있다. 석탄광부폐증은 주성분에 따라 탄폐증과 규폐증으로 대별할 수 있다. 진폐증은 작업환경 악화로 발병되는 직업병 중 1위를 차지하고 있다.

0.5~5.0㎛ 크기의 광불성 분진이 폐에 침착하므로 발병한다.

1) 석면폐증; 석면(석면 내 Mg에 의해)에 의한 용혈 작용으로 적 혈구의 증가

2) 면폐증; 방적공장 등에서 원면 등으로 인한 알레르기성 질환

3) 규폐증; 광산에서 유기 규산으로 인한 질환

⑤ 가스상 물질

가. 황산화물 (SOx; Sulfur Oxides)

－자연에 존재하는 석탄과 oil류는 모두 0.1~0.5% 이상의 유황을 함유하며 이들 연료가 연소할 때 SO_2의 SO_3발생률은 40~80:1로 생성되며 따라서 SOx로 표시되는 황산화물에는 아황산가스(SO_2), 3산화황(SO_3), 아황산(H_2SO_3), 황산(H_2SO_4), 그리고 황산동($CuSO_4$), 황산칼슘($CaSO_4$), 황산마그네슘($MgSO_4$) 등의 황산염 등이 포함되나 배기가스 내에서는 주로 아황산가스, 삼산화황 형태가 주를 이루며 그중 아황산가스가 대부분이므로 배기가스 실측에 있어서는 아황산가스를 주로 하고 있다.

대기오염 측면에서는 광화학반응이나 촉매반응에 의하여 다른 오염물질과 반응하여 삼산화황, 황산, 기타 황산염 등의 2차 오염물질을 형성하며 대기의 습도가 높을 때는 물과 반응하여 아황산이나 황산방울 등의 aerosol을 생성시켜 시야의 감소와 빛의 분산, 금속 및 재료의 부식, 식물 및 인간과 동물 등에까지 영향을 미치게 된다.

대기 중의 SO_2는 시간당 약 0.1~0.2%씩 태양광선에 의해서 산화되어 매우 작은 입자를 형성하게 된다.

그러나 공기 중에 H·C나 NOx가 존재할 경우 이 산화율은 약 10

배 정도가 증가하게 되며 다시 물과 반응하여 황산 mist를 빠른 속도로 생성하게 되므로 빛의 분산을 크게 하고 시야감소의 영향을 미치게 된다.

SO2의 성상과 용도 및 배출원은 다음과 같다.

가) 성 상

무수아황산, 이산화황이라고도 불리며, 분자식은 SO2이고, 분자량이 64.06인 불쾌한 자극취가 있는 무색의 불연성 기체로서 물에 잘 녹고, 초산, 에탄올, 클로로포름, 에테르에도 녹으며, 기체밀도는 2.9이고, 액체비중은 1.43이다.

이 물질은 수분이 존재할 때는 환원작용을 나타내며, 금속에 대하여 부식성이 강하다.

나) 용도 및 배출원

농업용 훈증제, 살균, 살충제, 과일 및 야채의 부패를 방지하기 위한 보존제, 표백제, 펄프공업, 광유의 정제 (방향족 성분의 용제추출), 각종 아황산염과 화학약품의 제조 등에 사용된다.

다) 인체에 미치는 영향

아황산가스가 인체에 미치는 영향은 그 농도와 노출시간이 문제된다. (표 1)

아황산가스는 고농도일수록 비강 또는 인후에서 많이 흡수되며, 저농도인 경우에는 극히 저율로 흡수된다고 한다. 고농도일수록 기관까지 도달하는 양은 많고 비강과 인후에 미치는 피해는 크다. 또한 호흡을 빨리하면 할수록 많이 도달한다. 비강과 인후에 흡착된 아황산가스는 점막액과 함께 황산을 형성하여 결국 염증을 일으킨다. 이와 같은 기전으로 눈에 자극을 주어 안질환을 일으킨다는 보고도 있다. 아황산가스는 안개가 많이 끼고 습도가 높을 때 호흡기

질병 이환율이 높으며 사망률도 높다고 보고 되고 있다. 호흡기질환으로는 폐기종, 기관지염 및 폐렴인 것은 잘 알려져 있다. SO3은 호흡기 통에서 분비되는 점막에 흡착되어 작용하여 궤양을 일으켜서 세균에 의한 2차적 감염을 쉽게 일으킨다.

급성 피해로는 불쾌취기, 시야감축, 생리적 장애, 압박감, 기도저항 증가현상이 나타나고, 만성피해는 폐렴, 기관지염, 천식, 폐기종, 폐쇄성 질환 등을 유발한다.

표 1. 아황산가스 농도와 증상과의 관계

농 도(ppm)	증 상
0.3~1	민감한 사람만 냄새 느낌
1~2	대부분 냄새 느낌
3~5	취기로 가스의 존재를 알 수 있다.
8~12	목이 자극된다.
10	장시간 견딜 수 있는 한도(자극)
20	눈에 자극을 느끼고 기침이 나온다.
50~100	단시간 견딜 수 있는 한도(30~60분)
400~500	단시간으로 심한 중독(30~60분, 위험)
2000	질식사

나. 질소산화물 (NOx; Nitrogen Oxides)

-질소산화물은 연소공기 중에 포함된 질소 및 연료 중에 함유된 질소분이 연소온도에 영향을 받아 산소와 결합하여 여러 가지 질소산화물(NO_2, NO, N_2O, N_2O_3, N_2O_4, N_2O_5)이 생성되는 것이므로 총칭하여 NOx로 표시한다. 연소온도가 높을수록 많이 생성되며, 이 중에서 대기오염에 영향이 제일 많은 이산화질소(NO_2)는 적갈색의 자극성 냄새가 있는 유독한 기체이며, 연소과정에서 배출된 일산화질소(NO)가 증기 중에서 산화하여 생성되기도 한다.

이산화질소는 온도에 따라 변화가 심하여 온도가 20℃ 이하가 되면 무색기체인 4산화2질소(N_2O_4)가 되고 또 온도가 20℃ 이상이 되면 무색기체인 일산화실소로 분해되기도 한다.

질소산화물의 영향은 인간과 동식물 및 재산상에 피해를 주며 산성비 생성과 Oxidant 생성에 주요 원인 물질이 되기도 한다.

NO_2의 성상과 용도 및 배출원은 다음과 같다.

1) 성 상

NO는 무색, 무취의 기체로서 물에 0.07 / 1 정도의 비율로 녹으며 비등점은 -151.8℃이고 비중은 1.27이다.

NO_2는 적갈색의 자극성 기체로서 물과 반응하여 HNO_2와 HNO_3을 만든다.

비등점은 21.3℃이고 비중은 1.59이다.

2) 용도 및 배출원

자동차의 가속과 고온 연소 시 다량 발생하며 폭약, 비료, 필름의 제조, 금속의 부식, 사진건판 등이 있다.

3) 인체에 미치는 영향

이산화질소로 인한 급성 피해증상을 살펴보면 그 자체가 직접적으로 눈에 대한 자극이 없다는 것을 제외하고는 아황산가스의 피해와 거의 비슷한 호흡기질환, 즉 기관지염, 폐기종 및 폐렴 등은 같지만 아황산가스는 천식까지 진전된다는 점과 이산화질소에서 섬유성 패쇄기관지성염, 폐암을 일으킨다는 점에서 같다. 이산화질소는 혈색소와는 친화력이 강하며 용혈을 일으키는 것이 특이하다.

이산화질소는 적갈색으로 무색의 NO보다 독성이 5~7배 강하며, NO_2, NO 다같이 대기 중 고농도로 존재할 경우 단독으로 독성을 가진다.(NO2의 독성은 O3보다 약한 편이다.)

질소화합물은 식물보다도 사람이 피해를 받기 쉽다.

NOx는 대기 중 HC(주로 olefins), 자외선(또는 가시광선)의 영향으로 O3, HCHO, PAN 등의 각종 산화제를 생성하므로 코, 눈, 점막 등을 자극하여 광화학스모그를 발생시킨다.

표 2. 이산화질소의 농도와 인체에 미치는 영향

농 도(ppm)	증 상
0.1	취 기
1~3	취각감지
5	신경반사작용 변화(20min)
13	눈, 코의 자극, 중추신경계 영향
30	시각, 전신기능 장해(8시간)
10~40	만성폐섬유, 폐수종
200	두통(2~4시간)
500	급성폐부종, 사망(2~10일)
2000	사망(1~2시간)

다. 산화물 (Oxidant)

－Oxidant는 2차 오염물질로서 대기 중에서 질소산화물과 탄화수소가 자외선에 의한 촉매반응으로 광화학스모그가 생성되어 축적되며, 생성된 광산화물질은 O3, Formaldehyde, Acrolein, PAN(Peroxy Acetyl Nitrate; C2H3NO5)등이 있다.

가) 오 존

무색, 무미, 해초냄새의 기체로 강한 산화력이 있어 KI녹말종이를 푸른색으로 변화시킨다. 분자량 48, 비등점 -112℃, 비중 1.67로 고무제품을 손상시킨다.

나) 포름알데히드

Methanal이라고도 불리며, 분자식은 HCHO이고 분자량이 30.03인 자극취가 있는 투명한 액체로서 물에 잘 녹고(55% 이상), 에테르, 알코올에도 녹고, 지붕은 0.815(20℃), 증기밀도는 1.075이며, 융점은 -92℃이고, 비등점은 -19.5℃, 인화점은 300℃이다.

다) 아크로레인

분자식은 CH2=CHCHO, 휘발성이며 폭발성이 있다. 비등점은 52.5℃이고 인화점은 -18℃이다.

라) 옥시탄트 및 스모그에 의한 인체의 영향

㉮ 오 존

산화력이 강하므로 눈을 자극하고 물에 난용성이므로 쉽게 심부까지 도달하여 폐수종, 폐출혈 등을 유발시킬 수 있다. 화학적으로 활발한 가스이므로 방사선과 비슷한 DNA, RNA에 작용하여 유전인자에 변화를 일으킬 수 있다.

농도와 그 영향은 다음과 같다.

0.1ppm; 취기를 느낄 수 있다.
0.3ppm; 폐, 인후자극, 코, 기도에 통증
0.8~1.7ppm; 눈, 코를 자극, 구강, 비가의 건조병 유발
9ppm 이상; 폐수종, 폐출혈, 폐부종, 급성기관지염

㉯ PAN, 아크로레인

2차 오염물질로 강산화제로 작용하여 눈을 자극한다.

라. 탄화수소 (Hydrocarbons)

－탄화수소는 탄소와 수소의 화합물로서 정유시설, 자동차 및 페인트 도장시설 등에서 발생되며 유기물질의 부패 시 메탄가스상태로 발생되기도 한다. 그리고 화산작용, 산림의 화재 및 천연가스의 배출 등에서도 생성되어 대기 중에서 발견되는 각종 탄화수소의 종류는 약 60여 가지에 이른다고 알려져 있으나 이러한 탄화수소의 종류는 수없이 많이 존재하며 실험방법에 따라 많은 차이를 보이고 있다.

탄화수소의 주성분은 알켄(Alkane)인데 이 중에서도 메탄(CH4)이 거의 대부분을 차지하며 총탄화수소의 거의 반을 점유하고 그 이외의 주요 물질로는 아세틸렌 방향족 등이 있다.

특히 탄화수소 중에서 메탄은 매우 낮은 광화학작용력을 가지고 있기 때문에 탄화수소의 농도 측정 시에 흔히 메탄계와 비메탄계의 탄화수소로 구별하여 측정한다.

탄화수소는 그 자체로서도 유해한 성분들이 있으나 광화학작용에 의하여 알데히드를 포함한 각종 산화성 물질을 생성하게 될 때 피해가 나타난다.

가) 인체에 미치는 영향(포름알데히드 및 아세트알데히드)
  1) 포름알데히드(HCHO)는 흡입하였을 때 또는 피부점막에 접촉하였을 때 유해한 작용을 나타낸다. 다만 적절한 작업조건과 합리적인 주의로 이행할 때는 건강장애는 일어나지 않는다. 기본적으로 중요한 것은 될 수 있는 한 접촉을 않도록 하는 것이다.
  2) 아세트알데히드(CH3CHO)는 특히 기상에 있어서 인체에 대하여 국소적 자극작용이 있어 그 증기는 눈, 코, 목구멍 및 호흡기관을 자극한다.
     높은 농도의 증기를 다량으로 흡입하면 사망에 이르는 경우도 있다.

마. 불소화합물 (Fluoride)

－불소(Fluorine)는 결코 자연 상태에서 존재하지 않으나 불소화합물의 형태로 은히 식물이나 각종 광물에서 발견된다.

대기 중에 존재하는 각종 불소화합물은 대부분 인산비료, 알루미늄, fluorinated hydrocarbon, fluorinated plastics, 우라늄 및 그 밖의 각종 중금속의 제조공정에서 발생한다. 특히 인산비료의 주원료인 인산염은 약 3.5~4.0%의 불소화합물을 포함하고 있으며, Silicon tetrafluoride의 형태로 직접 비료 제조공정에서 사용되는 불소화합물 중 약 1/3~1/2 정도는 불화수소로 가수분해되어 대기 중에 가스나 mist의 형태로 존재한다. 아울러 보크사이트(Al2O3)로 알루미늄을 제조하는 과정에서도 상당량의 Cryolite(Na3AlF6)가 생성되어 주로 불화수소나 tetrafluoride를 발생케 한다.

가) 성 상

불소는 원자량이 19이고 비등점이 -188℃이기 때문에 통상 기체로 존재하며, 비활성기체보다 전자를 한 개 적게 가지므로 대단히 활성이 강한 화합물을 형성하는데, 기체상태의 불소화합물로서는 F2, HF, SiF4, H2SiF6 등이 있는 것으로 알려져 있다.

나) 용도 및 배출원

할로겐화 불소원료, 로켓 연료, 금속용접, 유리가공에 이용되며, 불소수지, 방부제, 살충제의 제조 등 매우 넓은 용도로 쓰이고 있다.

또한 주요 배출원으로서는 인산 및 인산비료 제조공정, 1차 알루미늄 제조공정, Fluorinated Hydrocarbon 제조공정, Fluorinated Plastic 제조공정, Uranium 광 제련공정, 석탄의 연소 등이 있다.

다) 인체에 미치는 영향(HF의 경우)

1) 불화수소(HF)의 경우는 농도가 진하여 지면 생체에 심하게 작용한다. 낮은 농도의 경우에도 그 자리에는 외견상 아무런 감각적 이상을 인식하지 아니하였으나 수시간 후에 통증을 느끼고 특히 손끝에 닿게 될 경우 국부의 발열, 통증을 일으켜 며칠 후 화농의 결과로 손톱이 빠지고 참을 수 없는 증상을 나타내기도 한다.

2) 사람이 견딜 수 있는 HF의 농도는 32~110ppm으로 알려져 있지만 HF가 공기 중에 50ppm 존재할 때 3시간 정도 후면 증상이 나타난다. 600ppm에서는 30~60분간의 흡입으로 치명적 손상을 입기도 한다.

3) HF를 취급하는 작업원이 장시간 가스를 들이마신 경우 만성 장애로 뼈의 과잉증식(Fluorasis), 간장, 신장 장애 등이 나타난다.

바. 일산화탄소 (CO; Carbon Monoxide)

－불의 사용, 산림의 화재, 화산의 폭발 등으로 대기를 오염시킨 역사가 긴 일산화탄소는 주로 연료의 불완전 연소 시에 많이 발생하는데, 특히 자동차 배기가스에서 많이 배출되어, 차량의 급증과 함께 주요 대기오염물질의 하나로 부각되고 있다.

가) 성 상

일산화탄소는 분자량이 28.01인 냄새가 없는 맹독성의 무색의 기체로서 비중은 0.968이고, 융점은 -205.0℃, 비등점은 -191.5℃이며, 인화점은 608.9℃이고, 폭발한계는 12.5~75%(공기 중)이다. 이 물질은 유황, 염소, 철, 니켈 등과 반응하고, 각종의 유해 또는 위험한 화합물을 만들며, 공기와의 혼합가스는 불꽃이 있으면 쉽게 폭발한다.

나) 용도 및 배출원

메탄올 합성, 포스겐, 철, 니켈 등의 탄화물 제조 등에 사용되고,

주요 발생장소로는 코크스여놋로, 제련, 석유화학, 야금공업 등 화염을 취급하는 작업, 유기합성, 주물공업, 초산 제조, 암모니아 제조, 맥주발효, 수산 제조, 터널작업, 수성가스 등을 들 수 있다.

다) 인체에 미치는 영향

급성피해는 역시 농도와 노출시간이 문제되며, 실제로는 혈색소와 결합된 CO의 정도, 즉 혈중 일산화탄소의 포화도(% COHb)에 의해서 증상이 달라진다. 혈색소가 산소와 결합하는 힘에 비해 CO의 친화력이 210배나 산소보다 강하기 때문에 산소결핍증을 유발하게 되어 증상이 일어나게 된다. 즉 혈색소의 고유기능인 산소운반에 장애를 초래하여 각 조직에 산소를 공급하지 못하여 저산소증을 초래하고 산소해리를 처리하는 이중 작용을 한다.

CO의 급성중독은 뇌조직과 신경계통에 가장 많은 피해를 준다. 청력과 시력이 극히 악화되며, 뇌혈관이 확장되고, 삼투력이 증가되고, 뇌에 압박을 가하여 뇌 척추액압을 상승시킨다. 이 결과 뇌기능이 감퇴되어 사고가 둔해진다. 특히 사고능력의 저하보다 운동신경과 근육마비가 먼저 나타난다. 심한 중독의 경우 뇌 조직이 분열되어 조직학적인 변화를 일으키며, 또한 의식이 회복되지 않은 채 사망하는 예도 많다. 이외에도 식욕감퇴와 장운동의 저하, 위점막의 침식으로 인한 출혈과 부종이 일어난다. 갑상선과 부신피질활성이 항진되며 혈중 당분 상승, 탄산가스배출의 억제로 체온이 떨어진다.

신진대사과정에서 생성의 원인으로 정상인에 있어서도 약 0.5%의 COHb가 나타난다. COHb가 0.5% 이상이라면 호흡에 의한 원인이다.

표 3. CO농도와 인체에 미치는 영향

CO% (ppm)	증 상	시 간(hr)
0.02 (200)	경한 두통	2~3
0.04 (400)	전두통, 오심	1~2
0.08 (800)	두통, 현기, 오심	0.75
	허탈, 의식불명	12
0.16 (1600)	두통, 현기, 오심	0.3
0.32 (3200)	두 통	0.08~0.17
	의식불명, 사망	2
0.64 (6400)	두 통	0.017~0.03
	의식불명, 사망	0.16~0.25
1.28 (12800)	즉각의식불명, 사망	0.017~0.5

사. 이산화탄소 (CO2; Carbon dioxide)

－화석연료의 연소로 인해 배출되는 이산화탄소는 정상대기 중에 약 0.03% 정도 존재하며 동식물 성장에 필수불가결한 물질이다. 그러나 이산화탄소가 재료에 손상을 입히며, 기온의 변화를 가져온다는 대기의 온실효과학설이 발표되면서 이에 대한 연구가 활발히 진행되고 있다. 또한 이산화탄소농도는 실내공기 오염의 지표로 활용되기도 한다.

가) 성 상

분자량은 44, 비등점 -78℃, 비중 1.53, 융점 -56.5℃의 무색, 무미의 기체이다.

나) 용도 및 배출원

물에 녹인 것은 청량음료로 사용되며 고체는 dry ice라고 불린다.

배출원은 석탄, 석유 또는 천연가스 등의 화석연료의 연소, 산림
의 화재, 기타 인간의 호흡 등이 있는데 그 일부는 바다에 용해되어
순환하거나 식물에 의해 흡수된다.

다) 인체에 미치는 영향

흡입 공기 중 이신화탄소농도가 20~30%이면 인체의 조직은 적당
량의 산소 공급을 받지 못하게 되어 저산소증을 나타내게 된다. 혈
중 이산화탄소의 농도가 달라지면 연수와 동맥에 있는 화학수용기를
자극하여 뇌의 호흡조절 부위와 자율신경계에 자극을 전달함으로 호
흡과 혈류를 조절한다.

농도에 따른 증상은 아래와 같다.

표 4. 이산화탄소농도 증가의 영향

농 도(%)	증 상
3	심호흡
4	눈과 후두, 점막 자극증상, 두통, 이명, 서맥, 혈압상승
8	호흡 곤란
10	의식 상실
20	중추신경마비

아. 암모니아 (NH3)

-암모니아는 대기 중에 0.006~0.02ppm 정도의 background 농도
로 존재하며, 5ppm 이하의 농도에서도 냄새로 감지할 수 있으며,
100ppm의 농도에서 강한 냄새, 즉 코에 자극을 일으키며, 피해를 일
으키는 한계농도는 약 20ppm 정도이다. 특히 식물에 있어서 피해를
입은 부분은 노란색을 띠며, 비교적 높은 농도하에서는 엽록소가 완
전히 파괴되지 않은 상태하에서도 세포를 죽일 수 있다.

가) 성 상

분자식은 NH3이고, 분자량이 17.03인 코를 찌르는 자극취가 있는 무색의 기체로서 증기밀도는 0.6이고 융점은 -77.7℃이며, 비등점은 -33.35℃이고, 발화점은 651℃이다. 이 물질은 물에 잘 녹아 수산화 암모늄이 된다.

나) 용도 및 배출원

용도는 질소비료, 질산, 냉매, 무기약품, 염료의 산성중화제, 고무 산화제, 의약, 금속표면의 질화, 폭약, 나일론 및 아크릴로니트릴 제조에 사용된다.

다) 인체에 미치는 영향

암모니아용액이 눈과 피부에 닿으면 심한 손상과 함께 실명과 부식성 피부화상을 입게 되며 밀폐된 장소에서 폭로될 경우 성문 및 기관지 경련과 폐부종이 갑자기 유발되어 호흡정지로 사망을 초래하기도 한다. 그러나 대부분의 암모니아 폭로는 비교적 저농도 혹은 중등도 농도의 경우로 점막 자극증상이 현저하며 때로 두통, 흉통, 오심 및 구토 등이 동반되기도 한다. 만성 폭로 시에는 취기에 대한 내성이 생겨 무후각증을 초래할 수도 있다.

자. 염화수소 (HCI)

－염화수소는 유독성 기체로서 물에 잘 녹는다. HCl의 농도가 대기 중에 50~100ppm일 경우 사람이 작업을 할 수 없으며 10~50ppm 정도에서는 작업은 가능하나 어려움이 뒤따르며 또한 저농도에서 장시간 노출될 경우 이가 부식되는 원인이 된다고 한다.

대기 중에 염화수소가 1~5ppm인 경우 대부분의 사람은 맛으로 감지할 수 있다.

가) 성 상

염산가스라고도 불리며 물에 녹아서 염산이 된다. 분자식은 HCl이고, 분자량은 36.4/이며, 강한 자극취가 있는 무색의 기체로서 기체밀도는 1.639(0℃)이고, 융점은 -114.3℃이며 비등점은 -84.8이고, 증기압은 4.0atm(17.8℃)이다.

이 물질은 공기 중에서 물에 녹기 쉬운 성질 때문에 염산의 mist로 존재한다.

나) 용도 및 배출원

전지, 의약품, 염료, 비료, 금속세정, 유기합성, 도자기 제조, 식품처리, 염화비닐의 제조 등에 사용된다.

차. 염소 (Cl2)

가) 성 상

황록색 기체로서 자극성 냄새를 가지며 점막을 자극하는 유독한 기체이다.

비중은 2.49, 비등점은 -34.7℃, 용융점은 -103℃이다. 물에 녹기 쉬우며 그 수용액은 염소수라 한다.

나) 용도 및 배출원

강한 산화력을 이용, 살균제, 표백제로 쓰이며, 요오드화칼륨 녹말종이를 푸르게 하는 성질을 이용하여 염소의 검출에 이용된다.

다) 인체에 미치는 영향

염소의 건강장애는 독성이 강하고 고농도의 가스를 흡입하면 호흡기계를 자극하여 사망하기도 한다. 피부에 접촉 시 염증을 초래하고 액화염소의 경우는 동상을 초래하기도 한다.

급성중독증상은 눈 및 호흡기계의 점막에 나타난다. 증상은 가스 농도와 개인차 및 취급경험 등에 따라 그 차이가 있다.

표 5. 염소농도와 급성중독증상

염소농도		흡입에 따른 급성중독증상
mg / l	ppm	
0.001	0.35	자극취에 의해 존재를 감지한다.
0.003	1.0	장시간 견디는 데 한계 있음
0.01	3.5	강한 자극취를 감지하고 30분~1시간은 참을 수 있으나 눈, 코, 인후에 자극
0.04~0.08	14~28	인후에 심한 자극, 기침이 나고 30분~1시간에서 생명위험
0.1~0.15	35~10	30분~1시간에서 사망
2.5 이상	900 이상	즉시 사망

카. 황화수소 (H2S; Hydrogen sulfide)

가) 성 상

유화수소라고도 불리며 분자량이 34.08인 무색 가연성의 달걀 썩는 냄새가 나는 기체로, 물에 녹고, 에탄올, 이황화탄소, 사염화탄소 등에 녹으며, 비중은 1.54(0℃)이고, 증기밀도는 1.19이며, 융점은 -85.5℃이고, 비등점은 -60.4℃이며, 인화점은 260℃이다.

나) 용도 및 배출원

분석시약, 금속의 정제, 각종 공업약품, 용제, 농약, 의약품의 제조 등에 사용되고 또한 유기합성에서 중요한 환원제로도 사용되며, 주요 배출원은 코크스 제조, 타르 증류, 석유 및 가스 정제, 펄프공장, 각종의 화학공업 등이다.

다) 인체에 미치는 영향

황화수소는 독성이 강하며 고농도 가스를 많이 흡입하면 즉사한다. 눈이니 호흡기계를 사극하여 심한 통승이 일어나는데 이는 황화수소가 점막에 작용하여 자극성의 산이 생기기 때문이며 수일 이상 작업불능상태가 되는 경우도 있다.

중요 증상은 다음과 같다.

1) 중독증상은 일반적으로 급성이나 특정작용이 없다. 100ppm 정도의 농도 가스에 단시간 접촉하면 눈, 코, 목구멍에 만성 자극증상이 일어난다.

2) 중추신경을 마비시키므로 실신하거나 호흡정지(질식증상)를 일으킨다. 또한 실신할 때 넘어지거나 떨어져서 외상을 입는 경우가 있으므로 주의할 필요가 있다.

표 6. 황화수소의 농도와 중독증상

황화수소		중독증상
ppm	mg /㎥	
1~2	1.4~2.8	약간의 냄새가 감지된다.
2.4	3.4	냄새는 뚜렷하나 익숙해지면 괴롭지 않다.
3	4.2	냄새는 심하다
5~8	7~11	황화수소 냄새에 익숙한 사람은 매우 불쾌감을 느낀다.
80~120	110~170	심한 증상 없이 약 6시간 동안 견딜 수 있다.
200~300	280~420	냄새가 오히려 얕은 농도 때와 같이 감지 안 된다. 그러나 5~8분 후에 눈, 코, 목에 심한 통증을 느끼며, 30분~1시간 견딘다.
500~700	700~980	약 30분 흡입하면 급성에 준하는 중독을 일으키며 생명이 위험하다.
1000~1500	1400~2100	흡입 후 곧 실신, 호흡마비를 일으켜 즉사한다.

타. 이황화탄소 (CS2; Carbon disulfide)

가) 성 상

유화탄소라고도 하며, 무색 내지는 엷은 노랑색이며, 강한 불쾌한 냄새가 난다. 비등점이 46℃인 휘발성 액체이며, 물에는 녹지 않으나, 유지, 황, 고무, 요오드, 노란인 등을 잘 녹인다.

나) 용도 및 배출원

농약 제조, 농작물 훈증제, 염료, 의약품, 고무제조, 유기용제, 수지 제조, 성냥 제조, 로켓연료 제조, 석탄가스제조 시 발생한다.

다) 인체에 미치는 영향

이황화탄소는 그 증기를 흡입한다든지, 액체상태의 이황화탄소가 피부나 점막에 장시간 접촉한다든지 또는 이것을 마신다든지 하면 유해하며, 주로 신경계통의 장애를 일으킨다.

허용농도는 1일 8시간 노동할 경우 10ppm으로 규정되어 있다.

표 7. 이황화탄소 중독을 일으키는 조건

중독형태	발생원인	폭로회수	대개의 폭로농도	발병후의 병상경과
급성중독	재해성	1회	$\times 10^3$ppm	시간단위
아급성중독	직업성장애	지속적 또는 반복성	$\times 10^2$ppm	일~주 단위
만성중독	직업성장애	지속적 또는 반복성	$\times 10$ppm	월~년 단위

1) 급성중독; 파이프의 파열이나 탱크의 파손 등에 의해 우발적으로 또는 탱크 내 작업 중 부주의로 1000ppm 이상의 고농도의 이황화탄소에 접촉 또는 가스를 흡입한 경우 급성중독을 일으

킨다. 중독증상은 알코올, 클로로포름 등의 마취현상과 비슷하고 보통 흥분상태를 거쳐 마비상태로 되며, 의식이 몽롱하게 되는데, 심하면 호흡곤란을 일으켜 사망한다. 회복기에는 맹렬한 두통, 토기, 어지러움, 불면, 망각증상 등이 나타나는데 후유증은 거의 없다.

2) 아급성중독; 수백 ppm의 이황화탄소 증기 분위기에서 매일 작업을 계속할 때는 수 주로부터 수개월 후에 두통, 신경과민, 야간에는 불면, 주간에는 졸리는 형태, 각종 자율신경장애, 성욕감퇴, 소화불량 등의 증상이 나타난다. 이러한 환경상태가 더욱 지속되면 돌연 정신장애를 가져오는 경우가 있다. 그러나 이러한 정신장애는 이황화탄소 환경으로부터 벗어나면 수 주간 회복되는 것이 보통이다.

3) 만성중독; 수십 ppm에 가까운 이황화탄소 분위기에는 만성중독에 걸리는 때가 있다. 이러한 증상은 본인도 모르는 사이에 발생한다. 전신 권태, 두통(후두부), 어지러움, 망각, 가슴이 답답한 상태, 주의집중이 안되고 우울한 상태, 불면, 다몽 또는 다리가 피로한 상태 등으로 나타난다. 신경질(소위 노이로제), 다리가 말을 안 듣고, 마치 각기병과 같은 상태가 된다.

그 외 가벼운 빈혈을 초래하는 예가 있고 최근에는 이황화탄소중독에 의한 동맥경화증의 존재가 문제시되고 있다.

표 8. 공기 중의 이황화탄소의 중독증상

이황화탄소 농도(ppm)	증 상
5000	즉사 또는 1/2~1시간 내 사망
1000이상	1/2~1시간 후에 심한 증세를 나타냄
300이상	수 시간 만에 두통 및 어지러운 상태가 된다.

파. 악취 (Offensive odor)

-악취는 대기오염물질 중에서 가장 복잡한 결합물질 중의 하나이다. 악취는 가장 정확하다고 생각되는 측정기구인 사람의 취각에 의존하며 사람이 감지할 수 있는 최저농도를 최저감지취(MIO; Minimim Identificable Odor)라 한다. 또한 악취는 사람에 따라 감지 정도가 다르고 심리적인 작용, 냄새에 대한 익숙 정도가 크게 좌우된다.

우리나라 환경보전법상 악취의 정의는 '황화수소 메르캅탄, 아민류, 기타 자극성 있는 기체성 물질이 사람의 후각을 자극하여 불쾌감과 혐오감을 주는 냄새'로 규정하고 있다.

가) 특 성

화학구조로 볼 때 유황 혹은 질소를 포함하는 유기화합물로 구성되어 있다.

나) 배출원

악취의 발생은 인간의 다양한 활동에 의해 생성된다.

인간의 산업활동에 의해서 생기는 악취는 석유화학공업, 식품 제조 및 가공, 펄프제지공업, 비누공업 등 광범위하다.

또한 산업시설이 아닌 것에는 쓰레기야적장, 분뇨정화조, 하수처리시설, 채소 쓰레기 더미, 경작 등이 있다.

⑥ 주요 중금속 물질

가. 수은 (Hg; Mercury)

-수은은 증기 또는 분진의 형태로 대기 중에 배출되며 미량이기는 하지만 폐수 중에 함유된 수은도 미생물의 작용에 의하여 전환되

어 유리수은 혹은 유기수은으로 수중에서 증기의 형태로 대기 중으로 증발하게 된다. 이러한 수은은 피부와 접촉하면 국소적으로 피부염을 유발하고, 호흡기 및 소화기 성모로 인체에 침입하면 80% 정도가 신장 및 간 등에 축적되어 소뇌의 기능을 마비시킨다. 수은은 지각표토에 0.5ppm, 해수에 0.03ppm 정도 분포하고 있다.

수은은 인체에 필수원소는 아니지만 대부분의 성인은 13mg 정도의 수은을 체내에 축적하고 있는데 70% 정도가 지방질과 근육층에, 소량은 손톱과 머리카락에 함유하고 있다.

가) 성 상

원자량이 200.6, 비중 13.6(15℃), 융점 -38.87℃, 비등점 356.58℃이며, 질산에 용해되지만 물, 약염산, 불화수소, 요오드화수소에는 용해되지 않는다.

상온에서는 은백색의 액체상태로 존재한다.

나) 용도 및 배출원

방부제, 살균제 및 살충제, 수은화합물 제조 및 취급과정, 온도계 및 기압계, 도금, 수은광산 등이 있다.

다) 인체에 미치는 영향

치아의 이완, 치은염, 천공성 궤양, 미나마타병, 신경손상

나. 카드뮴 (Cd; Cadmium)

-카드뮴은 대기 중에 순수 카드뮴 금속 형태로는 잘 존재하지 않고 주로 산화카드뮴, 황산카드뮴의 분진형태로 존재한다. 지구의 표토 중에는 0.1~0.2ppm 정도, 해수 중에는 0.001ppm, 천연수에는 10 $\mu g / l$ 이하, 오염이 되지 않은 시골대기 중에는 0.004~0.28$\mu g / m^3$ 정

도의 카드뮴이 존재하고 있다.

카드뮴 독성 실험에 의하면 2.5μg / ㎥의 카드뮴을 함유한 공기 중에 사람이 25~30년 동안 노출된 경우 미미한 카드뮴중독증세를 야기했으며 WHO보고에 의하면 카드뮴 인체 축적 허용량은 20~30mg이라고 보고된 바 있다.

가) 성 상

원자량 112.40, 비중 8.64, 융점 320.9℃, 비등점 767℃, 청백색의 광택이 있으며 물에는 용해되지 않으나 산성용액에는 용해된다.

나) 용도 및 배출원

아연정련, 카드뮴 축전지, 전기도금, 카드뮴합금, 페인트 및 플라스틱의 안료, 형광등 제조, 살균 및 살충제 제조

다) 인체에 미치는 영향

이타이이타이병과 같은 중독병을 유발한다. 뼈의 관절부의 이상을 초래, 신경, 간장 호흡기, 순환기계통 질환을 일으킨다.

다. 납 (Pb; Lead)

−대기 중에 납은 주로 직경 0.1~5μm 크기의 입자형태로 존재하며 주로 호흡기관을 통하여 인체에 흡수된다. 흔히 공단 주변 및 대도시 교통이 심한 곳에서는 납에 의한 대기오염이 날로 심화되고 있는데, 그 원인은 휘발유에 knocking방지제로 첨가된 tetraethyl-lead와 tetramethyl-lead가 휘발유 연소 시 대기로 배출된 것으로 직경이 2μm 이하가 50~80%를 차지한다.

가) 성 상

1) 무기연; 원자량 207.19, 비중 11.34(16℃), 융점 327.4℃, 비등점 1750℃로 실산 빛 뜨거운 진한 황산에 용해된다.

2) 4ethyl연; 분자량 323.44, 비중 1.66(18℃), 융점 -136℃, 비등점 82℃(11mmHg), 무색의 油狀, 물에는 불용이며, 에탄올에는 微溶, 에테르에는 용해됨

3) 4methyl연; 분자량 267.35, 비중 1.995(20℃), 융점(-27.5℃), 비등점 110℃인 무색의 액체, 물에는 용해되지 않고 에탄올, 에테르에는 용해됨

나) 용도 및 배출원

연의 정련, 건전지 및 축전지 제조, 인쇄공업, 크레용 및 페인트 안료, 농약, 자동차 배기가스

다) 인체에 미치는 영향

소화기, 호흡기, 음식물, 피부로 흡수되어 체내에 축적된다. 반드시 빈혈을 수반하고 조혈기관 및 소화기, 중추신경계 장애를 일으킨다.

0.3ppm 이상이면 만성중독, 0.7ppm 이상이면 급성중독증상이 나타난다.

뇌손상, 손이 늘어지는 것이 특징이고 행동장애를 보인다.

라. 크롬 (Cr; Chromium)

-모든 크롬화합물은 유독성이고 오랜 기간 노출되면 3가크롬과 6가크롬은 거의 같은 정도의 유독성을 보이며 일반적으로 3가크롬보다 6가크롬이 더욱 유해하다. 대기 중에 부유하는 크롬은 공장에서 작업하는 근로자의 인후조직에 심한 영향을 준다.

가) 성 상

원자량 52.01, 비중 7.19, 융점 1905℃, 비등점 2200℃, 회색의 결정체, 염산 및 황산에 용해되나 진한 질산이나 왕수에는 불용해

나) 용도 및 배출원

크롬광산, 크롬산염 제조공정, 도금 및 합금, 시멘트 제조, 잉크, 페인트 및 플라스틱 안료

다) 인체에 미치는 영향

인체에 유해한 것은 6가크롬을 포함하고 있는 크롬산이나 중크롬산이다.

호흡기, 피부를 통해 유입되어 간장, 신장, 골수에 축적되며, 신장, 대변을 통해 배출된다.

장시간 흡입 시 비중격 연골부에 원형의 천공이 생기는 것이 특이점이고 발암물질 중 하나이다.

만성피해로는 만성 카타르성 비염, 폐기종, 폐부종, 만성기관지암이 있고, 급성피해는 폐충혈, 기관지염, 폐암 등이 있다

마. 구리 (Cu; Copper)

-증기상태의 구리화합물은 호흡기질환을 유발하고 눈 및 피부에 심한 자극을 준다. 미국 비도심 지역에는 대기 중에 존재하는 구리 화합물의 농도가 약 $0.01 \sim 0.41 \mu g / ㎥$ 정도이며, 특히 채취된 부유 분진 등에는 부유하는 카드뮴 및 망간은 때때로 구리의 유독성에 상당한 영향을 준다고 한다.

가) 성 상

원자량은 63.5, 비중 8.92, 열, 전기의 전도성이 크며, 습한 공기

중에서 이산화탄소와 반응하여 녹청이 생긴다.

산화력이 있는 산(질산, 가열된 진한 황산)에 녹는다.

나) 용도 및 배출원

전기기구, 전선, 합금, 가정 일용기구에 쓰이며, 구리광산, 제련소, 도금공장 등에서 배출된다.

다) 인체에 미치는 영향

침을 흘리며 위장 카타르성 혈변, 혈뇨 등이 생긴다.

바. 비소 (As; Arsenic)

가) 성 상

원자량은 74.9, 은백색의 금속광택이 있는 고체로서 매우 유독하다. 일반적으로 화합물의 형태로 산출되는 것이 보통이다. 요즈음 문제가 되고 있는 것은 비소를 공기 중에 태울 경우 생성되는 삼산화비소이다.

나) 용도 및 배출원

인쇄용 잉크, 착색제, 농약(살충제, 살초제 등), 축전지, 방부제 제조

다) 인체에 미치는 영향

피부와 입, 기도의 점막을 통해 체내에 유입된다. 위궤양, 손, 발바닥의 각화, 비중격천공, 빈혈, 용혈성 작용, 중추신경계 자극증상이 있으며, 뇌 증상으로 두통, 권태감, 정신증상이 있다.

⑦ 기　타

가. 니켈 (Ni ; Nickel)

－니켈을 배출하는 업종은 니켈정련과정, 니켈도금 및 합금작업, 니켈, 카드뮴 건전지 제조, 석면 제조업종 등이 있는데, 특히 석탄가스화작업과 석유정제시 니켈촉매제를 사용하기 때문에 석탄, 석유를 연료로 사용하는 모든 공정이 배출원이 된다. 또한 카르보닐니켈(Nickel Carbonyl)은 인체에 전신독성을 일으키는 것으로 알려져 있으며, 니켈정련업 종사자에게서 비강, 폐에 암이 발생된 사례가 있다.

가). 인체에 미치는 영향

인체에 있어서 니켈중독은

1) 폐나 비강의 발암작용
2) 독성이 강한 니켈카르보닐의 증기 흡입으로 인한 호흡기장애와 전신중독
3) 수용성 니켈 연무질에 의한 만성비염, 부비동염, 비중격천공
4) 접촉성 피부염
5) 정신과민 반응 등의 감작성
6) 태독성 및 최기성이 있다.

나. 바나듐 (V ; Vanadium)

－바나듐을 배출하는 업소는 오산화바나듐제조공정, 촉매제, 합금강 제조(철과 바나듐합금), 사진현상액, 잉크, 도자기의 유약 제조 등이 있다.

실험동물에서 5산화바나듐이 금속바나듐, 3염화바나듐 및 탄화바나듐보다 독성이 강하며, 바나듐의 흄(Fume)은 분진보다 5배 정도

독성이 강한 것으로 알려져 있다.

인후자극, 격심한 기침, 체중감소 등을 유발한다.

가) 인체에 미치는 영향

바나듐의 흄이나 분진은 자극성이 있으며 눈과 피부를 자극하여 결막염, 접촉성 피부염 등을 일으킨다. 바나듐을 흡입하면 비염, 후두통, 흉통, 해소, 천식성 기관지염 등을 일으키며, 중증의 경우 폐렴이나 폐수종이 발생한다.

다. 벤젠 (C6H6; Benzene)

-벤졸이라고도 불리며 분자량이 78.11인 상온, 상압에서 독특한 방향을 가진 무색투명한 액체로서 물에는 거의 불용이고 유기용제 및 기름에는 녹으며, 비중은 0.8787(15℃)이다. 이 물질은 산화제와 격렬하게 반응하고 휘발성이 강하여 매우 기화하기 쉽다.

용도 및 배출원은 합성세제, 페인트, 안료, 농약, 인쇄소, 고무공장 등이 있으며, 인체에의 영향은 반복폭로에 따른 장애로 그 주된 작용은 골수의 조혈기능장애로 요약된다.

가) 인체에 미치는 영향

벤젠, 톨루엔, 크실렌의 증기를 들이마시면, 증기의 농도와 증기에 접촉하는 시간에 따라서 급성 혹은 만성중독을 일으킨다.

급성중독은 보통 고농도의 증기를 단시간에 들이마심으로 일어난다. 예를 들면 공기 중에 2%(20000ppm)의 벤젠, 톨루엔, 크실렌이 섞여있으면 5~10분에 사망할 정도의 중독을 일으키며, 7500ppm에서도 30~60분에 사망하는 위험이 있다. 그러므로 20000ppm 이상의 경우에는 급성중독의 염려가 있다고 생각해야 한다. 처음에 단시간의 흥분기를 거쳐, 깊은 마취상태에 빠지고 이때 오염 환경으로부터

신선한 장소로 옮기지 않으면 사망할 우려가 있다. 회복한 뒤에도 1~2일 계속 숙취가 남게 된다.

만성중독은 보다 농도가 낮은 벤젠, 톨루엔, 크실렌의 증기를 계속 흡입하고 있으면 일어난다. 간혹 피로하고, 빈혈에 빠지며, 백혈구가 감소한다. 또 식욕이 없어지며, 위장을 다치게 하는 등 소화기의 이상을 나타내는 수가 있다. 신경쇠약, 건망증 등을 호소하는 자도 있다. 이들 물질의 인체 내의 흡수는 증기의 흡입뿐 아니라, 액체상태라도 탈지작용에 의해 피부에서 흡수되므로, 직접 맨손 등으로 접촉하는 일은 피하지 않으면 안 된다.

라. 페놀 (C6H5OH; Phenol)

－석탄산, Phenylic acid라고도 불리며, 분자량이 94.11인 백색 또는 담홍색의 결정괴상으로 공기 중에서 수분을 흡수하여 액상이 되고, 자극성이 있는 특이한 냄새를 가진 부식성 유독물질이다.

용도는 의약품, 염료, 향료, 도료, 화약, 제초제, 방부제, 소독살균제 등으로 쓰이며, 페놀중독으로 인한 주증상은 구토, 허탈, 혼수상태를 들 수 있다.

마. 취소 (Br2; Bromine)

－상온에서 적갈색인 휘발성 액체이며 자극성이 강하고 부식성이 있다.

용도는 살충제, 산화제, 의약품, 사진재료로 쓰이며, 인체에의 영향은 눈과 상기도점막에 자극을 준다.

가) 인체에 미치는 영향

주로 상기도에 대하여 급성 흡입 효과를 지니고 고농도하에서는 얼마 기간 지나서 폐부종을 유발하기도 한다. 만성폭로 시 구강과 혀가 갈색으로 변색되며, 호흡 시 독특한 냄새가 나고 피부반점이 생긴다. 또 두통, 현훈, 비출혈, 기침, 위장장애, 정서불안을 동반한 신경장애 등의 취소증이 유발되며 여드름이 생기기도 한다.

바. 베릴륨 (Be; Beryllium)

베릴륨의 분자량은 9.0, 비중 1.85, 융점 1280℃, 비등점 2970℃의 회백색 결정체이다.

용도 및 배출원에는 금속베릴륨의 기계가공의 공정, 전기제품 제조, 베릴륨 원광석의 채굴과정, 형광등 제조, 도자기 제조 등이 있으며, 인체에 미치는 주요 증상을 살펴보면 피부, 폐, 간장, 췌장, 신장, 심근층에 육아종의 변화가 생기며 베릴륨에 폭로된 지 5~10년 후에는 베릴륨 폐증(Beryllosis)이 생기며 폐 또는 심기능장애로 사망한다.

베릴륨폐증은 neighborgood case라고 불리는데 이는 베릴륨을 취급하는 공장의 인근주민에게서나 혹은 베릴륨 취급자의 옷을 세탁하는 자에게 간접적으로 폭로되어 일어났기 때문이다.

가) 인체에 미치는 영향

국소증상으로는 결막염, 각막궤양, 피부염, 피하 육아종, 코와 후두의 자극증상 등이 있고 급성중독증상으로는 폐렴이나 폐수종이 있다. 만성중독증상으로는 폭로된 지 1~2년 후에 가벼운 기침이 있으며, 주요 증상이 출현할 때까지 잠복 기간은 5~10년, 때로는 20년 이상이 걸린다. 해소, 체중감소, 호흡곤란 및 흉부 X−선상 육아종 같은 특징적 소견을 나타낸다.

사. 포스겐 (COCl2; Phosgen)

이염화탄소라고도 불리며, 분자량이 98.92인 독특한 풀냄새가 나는 무색(시판용품은 담황녹색)의 기체(액화가스)로서 비중은 3.4이고 융점은 -118℃이며, 비등점은 8.2℃이다.

이 물질은 건조상태에 있을 때는 부식성이 없으나 수분이 존재하면 포스겐이 가수분해되어 염산을 생성하기 때문에 금속을 부식시킨다.

용도는 이소시아네이트(Iso cyanate)의 제조, 염료, 의약품, 방초제 등으로 널리 사용된다.

가) 인체에 미치는 영향

1) 상당히 유독한 가스로 흡입하면 급성중독을 일으키고 양이 많으면 죽는다.

2) 다른 자극성 가스와 달리 상기도점막의 수축과 같은 보호적 반사작용을 일으키지 않기 때문에 처음부터 폐 속 깊이 흡수 된다. 포스겐을 일정량 이상 흡입하면, 흡입 때 및 그 후 수 시간은 거의 증상이 나타나지 않고 2~6시간 후에 호흡이 거 칠어지는 등의 증상이 나타난다. 기관지, 폐렴이 되지 않으면 서서히 회복되지만 폐장애를 일으키면 위험하다.

포스겐의 중독작용은 폐포 내의 혈장이 누출되므로 장애를 일으킨다.

표 9. 인체에 대한 포스겐의 유해성

농 도(ppm)	포스겐의 인체에 대한 영향
0.1	TLV (15min 이하의 단시간 폭로한도의 농도)
0.5	허용한계
1	취기를 느낌, 장시간에 폐상해를 일으킴
2.5	장시간에 생명위험
3	눈, 목을 자극하여 기침이 나옴, 목을 자극
4	눈, 목을 자극하여 기침이 나옴, 목을 자극
5	1분간에 위험상태를 나타냄, 기침이 나옴
5.6	취기를 느끼는 최소치
10	눈, 코, 목을 자극

농 도(ppm)	포스겐의 인체에 대한 영향
12.5	0.5~1시간에 생명위험
20	위험, 급성 사 심한 폐장애를 일으킴
5~25	0.5~1시간에 즉사 또는 중증사
25	5.5시간에 사망. 0.5~1시간에 위험상태
50	단시간에 사망
50<	즉시 생명위험
90	0.5시간에 치사

아. 석면 (Asbestos)

석면이란 섬유모양을 갖는 광물성규산염을 통틀어 일컫는 용어이며, 산업보건학적으로 가장 문제시되는 석면은 백석면(chrysotile), 청석면(crocidolite) 및 황석면(amosite) 등 3종류이며 이들 석면 중 가장 많이 사용되는 것은 전체 사용량의 90% 이상을 점유하고 있는 백석면이다.

석면이 상업적으로 생산된 것은 19세기 이후였고 영국이 산업혁명 이후 증기기관에 단열제로 사용되었으며 대량으로 생산된 것은 1950년대 이후였다.

석면의 사용량이 증가함에 따라 석면에 의한 질병이 차차 알려지게 되었고 1930년대 석면폐증(asbestosis), 1950년대에 폐암 및 1960년대에는 중피종(mesothelioma) 등이 석면에 의해 발생되었다.

참고문헌

1. 강복수 외: 예방의학과 공중보건, 서울, 계축문화사, 1992
2. 우완기: 대기오염개론, 서울, 도서출판 동화기술, 1992
3. 윤오섭, 홍성길: 대기오염과 미기상학, 서울, 도서출판 동화기술, 1991

4) 공기오염과 환경

① 먼 지

(가) 정의: 먼지란 대기 중에 떠다니거나 흩날려 내려오는 입자상 물질의 하나로 일명 분진이라 함. 보통 0.1~500㎛의 입경범 위를 가지며, 입자의 크기에 따라 무거워서 침강하기 쉬운 것을 강하분진이라 하고, 입자가 미세하고 가벼워서 좀처럼 침강하기 어려워 장기간 대기 중에 떠다니는 것을 부유분진 이라 한다.

(나) 성상: 먼지는 주로 고체상 물질이지만, 액체상 물질로 이루어 질 수도 있으며 그 안에 납, 구리, 크롬, 아연, 카드뮴 등과 같은 중금속물질이 들어 있기도 하고, 황산염, 질산염 등과 같은 산성 유해물질이 함유되어 있기도 하다. 이러한 조성은 먼지가 어느 발생원으로부터 나왔는가에 따라 달라지므로 먼 지의 성상을 한마디로 정의하는 것은 매우 어렵다.

② 미세먼지

(가) 우리나라는 대기 중에 부유하고 있는 총 부유분진(TSP)과 별 도로 인체에 흡입되어 폐포에 침착될 가능성이 큰 입자영역 을 가진 미세한 먼지를 관리하기 위해 직경이 10㎛ 이하인 먼지(PM10)를 대기환경기준항목으로 설정하여 관리하고 있 음.(1995.1)

지 점	황산염	질산염	염소화합물	암모니아
한남동	12.5	5.29	1.72	4.41
방이동	8.54	5.41	3.16	2.97
심곡동	8.82	6.02	5.33	5.30
불광동	10.1	6.03	1.50	2.71
전농동	8.12	5.40	2.23	2.80
평 균	9.70	5.63	2.79	3.64

(나) 외국에서는 인체영향 측면을 고려하여 PM10에서 직경이 2.5
㎛ 이하인 입자(PM2.5)를 새로운 관리대상 먼지로 설정하기
위한 연구를 시행 중이며, 이들 PM2.5는 2차 생성 먼지들이
중요구성성분으로 알려져 있다.

5) 주요 발생원

① 먼 지

(가) 화석연료를 사용하는 각종 연소시설(0.5~30㎛) 및 소각시설
(1~50㎛)

(나) 유리, 도자기 및 금속의 용융·용해·열처리시설(0.3~10㎛)

(다) 화학비료, 석유정체 및 석유화학제품 제조시설 중 소성, 건조,
가열, 탈황시설(3~50μ m)

(라) 시멘트, 코크스, 석탄, 연탄 제조시설 등(3~50㎛)

(마) 각종 토목, 건축공사장, 채석장, 비포장도로 및 나대지 등에서
도 발생.

(바) 자동차도 또한 먼지의 주요 발생원인데 직접적인 것은 자동

차에서 배출되는 매연이고, 간접적으로는 자동차의 운행에
따라 타이어 및 도로의 마모에 의해서도 발생한다.

② 미세먼지

표 1. PM2.5(2.5㎛ 이하 미세먼지) 의 성분별 농도(단위: ㎛ / ㎥)
(출처: 최덕일, 1994)

(가) 일반적으로 대기 중에 부유하고 있는 입자 중 조대입자들은 주로
지면에서 비산된 토양입자나 화산재 등과 같은 자연적으로 발생
한 입자들이다.

(나) 반면에 미세입자들은 주로 산업, 운송, 주거활동 등에 의한 연소
나 기타 공정으로부터 직접 배출되거나, 1차 배출된 가스상 오염
물질이 변환되어 생성된다. 따라서 PM2.5는 황산염, 질산염, 암
모니아 등의 이온성분과 금속화합물, 탄소화합물, 그리고 수분 등
으로 이루어져있다.

(다) 서울의 몇 개 지역에서 측정한 미세입자의 성분별 농도를 표
2.1.1에 나타내었다.

6) 독성 및 영향

① 오염경로

발생된 먼지는 공기 중에 부유상태로 존재하면서 식물의 잎에 부
착되어 잎의 기공을 막고 햇빛을 차단하여 동화작용, 호흡작용, 증산

작용 등을 저해하여 식물생육에 악영향을 미치며 또 호흡에 의하여 인체에 침입하여 기관지 및 폐에 부착된다. 이들 입자 중 일부는 기침, 재채기, 심모운동 등에 의하여 세서되나 일부는 폐포늘에 침착·축적되어 인체에 유해한 영향을 나타낸다.

② 인체영향

(가) 입자상 물질들은 가스상 물질에 비해 인체의 폐에 침착되기 쉽기 때문에 다른 대기오염물질보다 인체건강에 더 큰 악영향을 초래할 가능성이 있는 것으로 알려져 있다.

특히 사람이 호흡할 때 직경이 $10\,\mu m$ 이하인 미세입자들은 호흡기를 통하여 폐까지 도달하여 침착될 수 있다고 한다. 미국에서는 이를 근거로 대기환경기준 항목에 PM10을 추가하였다.

(나) 먼지는 단독으로 있을 때보다도 아황산가스와 함께 있을 때 인체에 대한 피해를 가중시키는 것으로 알려져 있다. 그 입자조성과 크기에 따라 영향을 미치는 범위와 정도가 다르다.

먼지중의 규소는 규폐증을 일으키기 쉬우나 철분은 비교적 양성이다. 납이나 카드뮴 같은 중금속을 함유하는 먼지는 다른 영향을 줄 수도 있다. 먼지가 아황산가스와 복합적으로 작용할 경우에 인체에 미치는 영향을 표 2.에 나타내었다.

분 진	아황산가스(SO_2)		영 향
(μg / ㎥)	(μg / ㎥)	(ppm)	
250	250	0.095	가래의 양이 늘어남
240	130	0.05	호흡기계질환 증가
180	120	0.046	호흡기계질환이 늘고, 폐기능이 약해짐
230	120	0.046	하부기도질환 증가
93	90	0.037	FVC, $FEV_{0.75}$치의 감소
110	23	0.009	$FEV_{0.75}$치의 감소
195-85	425-50	0.162-0.019	하부기도질환의 이환율 증가
180	55	0.021	호흡기계의 모든 증상이 증가, 폐기능 저하
131	37	0.014	영향 없음
80	66	0.025	영향 없음

(다) 폐의 각 부위에 어느 정도까지 도달한 수 있는가는 입자의 크기에 좌우되는데 작은 미세입자일수록 폐 깊숙이 유입될 수 있다. 1㎛ 이상의 큰 먼지는 대부분 코나 기도의 점막과 섬모에 걸려 객담으로써 배출된다. 이때 기관지를 통과할 수 있는 0.1~1㎛ 크기의 먼지가 폐포 내 침착률이 가장 높다. 이러한 경로로 폐표 내에 먼지가 많이 침착되면 진폐증이나 규폐증이 발생될 수 있다. 우리나라에서도 탄광 지역의 일부 근로자에 진폐증이 발생된 것으로 언론에 보도되어 사회문제를 야기한 바 있다. 또한 최근 연구결과에 의하면 미세입자농도의 증가가 주민들의 사망률 증가와 밀접한 관계가 있다고 하며, 이 밖에도 폐질환으로 인한 통원 치료의 증가, 병가로 인한 학생들의 결석률 증가, 성인들의 활동 제한, 순환기 질환 등을 초래한다고 한다. (Canada MOE, 1995).

(라) 특히 기존의 폐나 심장에 질환을 갖고 있는 성인이나 어린이들의 경우 PM10에 의해 쉽게 영향을 받는 것으로 보고되고 있다. 아직 어떤 성분의 입자가 건강에 해로운 병을 초래하는지 과학적인 검증은 되지 않았지만, 바람에 의해 비산된 자연발생원의 입자들보

다는 화석연료와 같은 인위적인 배출원에서 발생한 입자들이 더 해로운 것으로 알려져 있다.

표 3. 먼지가 인체 및 환경에 미치는 영향

(단위: μg / ㎥)

농 도	폭로시간	영 향	비 고
10	-	시정감소 120㎞ 이하	
30	-	시정감소 40㎞ 이하	
80-100	년	사망률 증가	
100	년	만성기관지염 발병률 증가	
100	장기간	시정감소 12㎞ 이하	직경 0.2-1.0 μm
100-135	-	만성호흡기질환자 사망률 증가	
130 이상	-	어린이(15세 미만) 기도질환의 발생 빈도 및 중증도 증가	SO_X130 μg / ㎥ 이상
150-350	-	노출집단 폐기능 손상, 객담량 증가	SO_X123-300 μg / ㎥ 이상 시
150	24시간	병약자, 노인의 사망 증가	
75-300	-	시정감소 8㎞ 이하	
300	-	시정감소 4㎞ 이하	
300	1시간	병약자, 노인의 사망 수 증가	SO_x630 μg / ㎥ 이상 및 고온 시
300 이상	-	기관지염 환자증상의 급성악화	
300-1,200	-	시정감소 2㎞ 이하, 불쾌, 교통사고 증가	
1000	-	시정감소 1.2㎞ 이하	

③ 시정악화에 대한 영향

(가) 미세한 입자상 물질이 대기 중에 부유할 때에는 빛을 흡수,

산란시키기 때문에 시정을 악화시킨다(Si Duk Lee, 1995).

(나) '수도권 지역 시정장애현상 규명을 위한 조사연구('94-'96)' 결과 빛의 흡수, 산란 기여율이 입자상 물질 95%, 가스상 물질 5%로 나타났으며, 시정이 나쁠 때 미세입자(2.5㎛ 이하의 미세입자: PM2.5)의 농도가 증가함을 보였다(최덕일, 1994)

표 5. 주요 국가별 먼지의 배출허용기준

( )안은 표준 산소농도임

구 분＼국가별	한국[1] ('96)	일본 ('90)	미국 ('90)	네덜란드 ('86)	독일 ('86)	대만 ('75)	WHO ('87)
연평균	80	–	50	–	24	240	–
1달 평균	–	–	–	–	–	210	–
24시간 평균	150	100	150	150	–	–	–
1시간 평균	–	200	–	–	–	–	–
30분 평균	–	200	–	–	300	–	–

7) 규제 법규 및 각종 기준

① 환경기준

환경정책기본법 시행령 제3조에 의거하여 미세먼지(PM-10)에 대해서 환경기준항목으로 설정되어 있다. 한국 및 각국의 먼지에 대한 환경기준을 비교하여 보면 표 4와 같다. 외국의 경우 대기환경기준 이외에도 대기오염 정도에 따라 비상대책을 강구하기 위하여 대기오염에 대한 경로기준을 정하여 만약의 사태에 대비하고 있다.

한경기준을 달성·유지시키기 위하여 배출허용기준을 두게 되는데,

우리나라는 대기환경보전법 제9조와 관련하여 시설을 구분하여 단계별로 배출허용기준을 설정하고 있으며, 먼지의 경우 배출부과금 대상오염물질로 정해서 있어 배출가스 중 먼지의 농도가 허용기준을 상회할 때에는 1차적으로 개선명령을 받게 되고 이 개선 기간 중 배출되는 먼지에 대해서는 엄격한 배출부과금을 지불하게 되어 있다. 일부 배출시설에 대한 주요 국가의 배출허용기준은 표 5에서 보는 바와 같다.

8) 오염현황

① 우리나라

'94년의 경우 대구와 안양에서 미세먼지(PM10)가 환경기준(80μg/㎥/년)을 초과하였으나, 서울, 인천, 부산 등 대부분의 도시에서 환경기준에 근접하고 있다. '94년 11월에 서울 지역에서 국립환경연구원이 측정한 PM10과 TSP의 구성비를 분석한 결과, PM10이 TSP의 60-70% 정도를 차지하고 있는 것으로 나타났다.

② 외 국

'94년 미국 LA의 연평균 농도는 31.4-45.3μg/㎥이었고, 다른 지역은 21.8-65.7μg/㎥으로 보고되었다. 영국의 '96년 3월 최근의 측정자료에 의하면 에든버러(Edinburgh) 등 각 도시별로 5.9-31.6μg/㎥의 수준을 보였다.

9) 방지대책

① 비산먼지

공사장 출입차량의 세륜, 석탄 등과 같은 야적장에 주기적 물 분사 및 비산방지망설치, 도로의 주기적 청소, 비포장도로의 포장 등.

② 배출먼지

전기집진기, 여과집진기, 세정기, 중력식 집진기 등과 같은 방지시설을 배출되는 입자의 특성에 따라 설치, 운영.

③ 미세먼지

PM10은 바람에 의해 비산된 통양 먼지 등 자연적인 입자들이 많이 포함되어 있고, 이러한 입자들은 PM2.5보다 건강학적인 측면에서 덜 중요하므로 앞으로 이상 오염물질의 효율적 관리를 위해서는 PM2.5를 환경기준에 포함시켜 측정하고 감시하는 것이 요구된다.

9. 농업발달과 환경문제

1) 농 업

　농업은 인류가 지구상에 태어나 가장 먼저 시작한 원시산업으로 여러 산업 중에서 가장 오랜 역사를 갖고 있다. 따라서 예로부터 인류의 발달과 직접·간접으로 밀접하게 결부되어 있다. 넓은 의미로는 경종 및 축산은 물론 임업이나 수산업까지 포함시키는 경우도 있으나, 좁은 의미에서는 농경을 중심으로 하여 양축과 농산가공 등을 농업으로 취급하고 있다. 따라서 농업이란 인간의 생존과 번영을 위하여 토지에 작용하는 작용력을 이용하여 이용가치가 높은 유용식물이나 동물을 재배 또는 사육, 생산하는 유기적 산업으로서 결국 경종을 중심으로 하여 양축, 농산가공과 판매를 포함하는 산업이다.

　농업은 공업과는 달리 유기생명체의 자연생명력 전개에 의존하게 된다. 그러나 오늘날의 농업은 농축산물의 생산뿐만 아니라 그들의 가공, 판매, 그리고 농토의 정비, 비료 및 농약, 종묘, 농기구 등의 관련 산업분야에까지 확대되기도 한다.

농작물의 생산은 토지의 생산과 면적에 절대적으로 지배된다. 또한 축산이나 양잠도 그 먹이를 농작물에 의존하기 때문에 간접적으로 토지의 지배를 받는다. 토지생산성과 관련하는 요인으로는 지형·지세·지하수위·토질·토양비옥도 및 산도 등이다.

농업은 또한 작물과 가축을 광활한 토지 위에서 연중 생육과 생장을 지속하게 되므로 유기생명체인 농작물과 가축의 생명력 전개과정은 여러 가지 환경요소로서의 기온·강수량·일조량 및 일장 등의 지배를 크게 받는다.

그런데 이와 같은 환경요인은 인위적으로 조절하기 곤란하다. 따라서 계절적으로 변화하는 유기생명체의 전개와 자연환경의 변화에 알맞게 조화시켜 나가야 한다. 인류의 생존과 식생활의 향상은 농산물의 생산과 그의 질적 향상에 의존하게 되는데 이를 위해서는 작물이나 가축을 개량해야 하고 개량된 작물이나 가축이 안전하게 자라서 높은 생산력을 발휘하려면 인간의 보호가 필요하게 된다. 따라서 발달된 농업에서는 인류와 생물 간에 상호의존의 공생관계가 성립하게 된다.

또한 농업은 하나의 생업으로 농산물의 생산은 합리적이고 경제적이어야 한다. 농업의 대상인 유기생명체의 전개나 자연환경에 적응하여 유기생명력이 합리적·경제적으로 전개되려면 인간의 목적적 영위성을 기본으로 하는 유기적 조직이 필요하게 된다. 즉 농업 생산의 창조적 발전의 원동력이 되는 품종개량·환경개선·생육조절 등 여러 면에서의 괄목할 만한 발전도 결국은 농업의 경제성 향상을 목적으로 한 인간의 영위적 의도의 소산이라 할 수 있다.

2) 농업의 발달과정

농업이 발상된 이후의 발달과정은 동·서양에 있어 현격한 차이가
있다. 즉 동양에서는 동식물의 단순채취 단계에서 경종농업의 형태
로 발달하였는데 초기에는 인구가 적은 반면에 땅이 넓었으므로 화
전(火田)을 일구어 작물을 재배하다가 지력이 다하면 다른 곳으로
옮겨 다시 화전을 일궈 농사를 짓는 유랑화전농업이 이루어지게 되
었다.

그러나 점차 인구가 늘어나고 토지는 한정되어 있으며 집단 정착
생활의 필요성이 생기면서 정착농업이 발달하게 되었는데, 일정 기
간 작물을 재배하여 지력이 소모되면 일정 기간 동안 그 토지를 묵
힘으로써 지력의 회복을 도모하는 휴한농업이 발달하였고, 다시 지
력의 소모를 방지하기 위하여 콩과 같은 두과작물의 재배가 도입되
었다.

한편 서양에서는 초기부터 양축농업을 위주로 하는 농업으로 발달
하여 왔다. 즉 인구가 적었던 초기에는 가축을 먹이기 위하여 좋은
목초를 찾아다니면서 유목을 하는 유랑농업이 성행하였다. 유목민들
은 일정한 토지에 농작물의 종자를 파종한 다음 유랑의 길을 떠났다
가 파종하였던 농작물이 성숙할 무렵에 다시 돌아와 그 작물을 수확
하였고 지력이 소모되면 경장소를 옮기는 방법이었다. 그러나 인구
가 늘어나고 유랑농업을 위한 토지가 불충분하며 정착생활의 필요성
이 생기게 되자 정착약탈농업이 불가피하게 되었고 그에 따라 지력
의 회복을 도모하기 위하여 토지의 일부분을 돌려가며 놀리는 삼포
식농법이 발달하였다.

이로부터 토지의 일부를 놀리는 대신 두과작물을 재배하는 개량삼
포식이 발달하였다. 이상과 같이 농업발달에 있어서 계속적으로 가

장 중요한 요인이 되었던 것은 지력소모에 대한 대응책이었다. 즉 휴한에서 두과작물의 도입으로 다시 곡초식, 그리고 과학적 순환농업 작부조직으로 발달해 온 한편 지력을 적극적으로 보완하는 방법으로 유기물의 시용, 인축의 분뇨시용, 무기질비료의 생산시용 등으로 점차 시비기술이 발달하여 왔다.

농기구 및 기계의 발달이다. 즉 초기의 나무, 짐승의 뼈, 돌 등으로 만든 불완전한 농구에서 철제의 농구를 사용하게 되었고 농작업의 원동력도 인력에서 축력으로 그리고 동력으로 발달하면서 농업의 근대화에 크게 공헌하게 되었다.

작물이나 가축의 개량이다. 즉 농경이 시작되어 식물이 재배됨에 따라 그중에서 보다 이용가치가 높은 종류를 선택하여 재배하게 되었고 또한 같은 작물이라 할지라도 좋은 것은 보관하였다가 종자로 이용하는 초보적인 작물개량이 이루어졌을 것이다. 그러나 점차로 유전적인 이론과 그에 따른 육종기술이 발달하면서 근대적인 품종개량으로 발달하였다.

작물의 생육을 저해하는 각종 생물로부터 보호하는 기술이다. 작물생육에 피해를 주는 병이나 해충 및 잡초 등으로부터 작물을 보호하는 방법으로서 인위적·기계적인 방법으로부터 생물적인 방제로 발달하는 동시에 농약의 합성이용에 이르는 근대적인 방법으로 발달하였다.

작물의 재배관리기술이다. 재배기술이란 작물의 생육을 인간이 원하는 방향으로 유도하는 것이며, 생장조절은 기상요인의 조절이나 화학물질의 처리에 의하여 이룩될 수 있다. 각종 생장조절물질이 차례로 밝혀지고 또한 합성생산하게 되었으며 근래에는 비닐이나 폴리에틸렌 등의 플라스틱 필름이 생산, 이용됨으로써 계절에 크게 구애받지 않고 작물의 재배생산이 가능하게 되는 등 재배기술의 비약적인 발달을 보게 되었다.

또한 농경지는 농기계의 발달로 심경(深耕)이 이루어지고 객토 및 토양 개량제의 시용으로 토양의 물리, 화학적인 특성을 개량하게 되었으며 알맞은 토양수분의 유시를 위하여 관배수시설이 이룩되었고, 토양 표면을 여러 가지 재료로 피복하는 멀칭(mulching)법이 개발, 이용되었으며, 경사지에서는 토양유실을 방지하기 위한 계단식 경작지 조성이나 초생재배 또는 피복작물의 도입과 같은 토양관리방법 등 재배기술의 발달을 보게 되었다. 또한 농산물의 가공 및 저장에 있어서도 자연조건을 유리하게 이용하거나 수공업적 가공이 각종 시설을 이용하고 기계를 이용하는 현대적 방법으로 발달하였다.

이상과 같은 각종 농업 발달요인이 차례로 발달하면서 전체적인 농업이 비약적으로 발달하고 전문화되어 현대적인 농업을 이룩하게 되었다. 한편 경종과 양축이 종합체계를 이루었던 농업으로부터 점차 축산이 전문적으로 분화됨으로써 축산도 농업 속에서 전문화를 이루게 되었고 가축의 개량과 더불어 가축의 종류·연령, 이용목적, 사료의 종류 등에 따른 사양관리기술의 발달과 질병의 방제기술이 발달함에 따라 축산도 비약적인 발달을 보게 되었다.

10. 우리 조상의 환경인식

조선시대까지만 하더라도 우리의 선조들은 환경을 파괴하거나 오염시키는 행위를 천벌을 받을 죄악으로 알아 왔고 그런 행위에 대해서 지금 우리로서는 상상도 하기 힘들 정도로 큰 형벌로 다스려 왔었다. 지금도 시골에서 발견되는 돌판에 '棄灰者 杖三十, 棄糞者 杖五十', 즉 '재를 버리는 자는 곤장 30대, 똥을 버리는 자는 곤장 50대'라는 글귀가 발견되기도 한다. 곳에 따라서는 재를 버리는 데에 대한 형벌이 곤장 50대, 똥을 버리는 데 대해서는 80대와 같이 더 엄한 벌을 내리는 곳도 있었다. 똥과 재를 버린다는 것은 이들이 다 유용한 거름자원인데 이 자원을 낭비하고 강이나 길에 버려 환경을 오염시킨다는 뜻이다. 그리고 가축을 방목하여 산림을 훼손하는 행위도 곤장 100대에 해당할 만큼 엄한 벌로 다스려졌었다. 소나무 한 그루를 불법으로 베어내는 대가는 곤장이 100대, 두 그루면 곤장 100대를 친 후에 군복무를 시키고, 열 그루면 곤장 100대를 친 후 오랑캐 지역으로 추방하기도 했었다. 모세의 율법에는 곤장을 40대

이상 때리면 사람이 영영 다친다하여 이를 금하고 있는 것을 보면 우리의 형벌이 얼마나 가혹한 것이었는지 짐작할 수 있다.

환경범죄에 대한 사회의 인식이 냉엄하고 형벌이 무거웠기 때문에 환경범죄를 저지른다는 것은 보통사람들로서는 감히 생각하기 어려웠으리라고 짐작된다. 그래서 우리의 전통적인 생활문화는 자원을 철저히 이끼고 재활용하며 환경오염을 최소화하도록 생태학적으로 짜여져 있었다. 가정생활에서 버리는 쓰레기가 생기지 않도록 집집마다 마당을 두어 가축을 기르고 텃밭을 집 가까이에 두었다. 그래서 음식 찌꺼기는 가축에 먹이는 사료였고 재나 분뇨는 농지에 비료로 이용되었으며 그 밖의 거의 모든 자원이 재활용되었다. 쓰레기를 아무 데나 함부로 버리는 행위는 윤리상 용납되지 않았었다. 쓰레기가 없었기 때문에 쓰레기를 치운 적도 없었다. 19세기 말에 우리나라에 와서 살았던 외국인들은 쓰레기를 치우기 위해서 외국인들끼리 한성위원회라는 것을 조직해야만 했었다.

우리나라는 전통적으로 해충의 피해를 막고 땅의 지력을 오래 간직하기 위하여 단일경작을 하지 않고 윤작과 혼작을 하여 왔었다. 그러나 이런 농경방식이 미개한 것으로 매도되고 쌀 생산을 위주로 단일경작을 하도록 새로운 농경법이 보급되었다. 그러나 그 의도가 쌀을 수탈하기 위한 것이었음은 명백하다. 이러한 단일경작을 시작하자 곧 생산성이 떨어지게 되어 김해평야 같은 곳에서 화학비료를 쓰기 시작하게 되었다. 화학비료를 쓰기 시작한 후에는 해충이 나타나게 되어 우리나라 역사상 처음으로 농약을 쓰게 되었다.

11. 친환경정책

1) 환경정책의 추진방향

기존의 우리나라 환경정책은 규제위주로 되어 있어서 발생한 오염물질의 사후처리와 관리에 치중하여 왔으며, 따라서 환경오염의 사전예방(pollution prevention)이나 근원적 해결에 주력하지 못하였다. 또한 환경문제를 충분히 배려하지 못한 채 개발사업에 착수하여 심각한 환경오염을 초래한 경우가 많았고(예: 시화호), 자연환경보전이나 물 관리와 같은 주요한 환경행정이 여러 정부부처에 분산 수행됨으로써 관련 업무를 종합적, 체계적으로 추진하지 못한 경우가 많았다. 국내의 환경기술개발 및 환경기초시설에 대한 투자가 선진국에 비해 크게 부족하고, 국내산업에 영향을 미칠 수 있는 국제환경협약에 대한 대응책이나 지역적 환경분쟁과 새로운 화학물질에 대한 대처방안 등도 미흡하였다.

이와 같은 기존의 환경정책상의 문제점을 극복하고 21세기에 대비한 새로운 환경정책을 추진하기 위해 환경부는 환경오염의 사전예방에 중점을 두고, 성세와 환경의 상호공존을 모색하며, 정책추진방식을 정부주도에서 국민적 참여를 확대하고, 환경정책의 절차를 개선하는 등 새로운 추진전략을 제시하고 있다.

이러한 추진전략을 바탕으로 한 우리나라 환성정책의 추진방향은 다음과 같다.

가. 환경관리의 선진화: 과거의 경제성장 후 환경을 보전하는 정책에서 벗어나 경제성장과 환경보전을 동시에 추구하는 지속가능한 발전방향으로 정책을 전환시킴으로써 환경관리의 선진화를 꾀한다.

구체적으로 사후처리 위주의 환경정책에서 사전예방 중심으로 전환하고, 시장경제와 민주주의에 입각한 환경정책을 발전시키며, 환경정책과 경제정책의 통합적인 운영체계를 확립시키는 한편 지구환경문제에 주도적으로 참여한다.

이를 위해 단속을 앞세운 과중한 환경규제에서 벗어나 유연한 환경규제방식을 정착시키며, 지자체가 앞장서는 환경관리와 주민참여를 통해 민주적이고 책임 있는 환경정책의 기반을 마련한다.

나. 하천·호소의 수질개선과 맑은 물 공급: 빈번한 수질오염사고와 날로 악화되어가는 수질개선을 위해 4대강 수질개선 특별대책을 마련하고 있다. 이 특별대책은 단편적인 물 관리에서 벗어나 오염총량관리제 실시, 하천유지용수 확보대책, 상·하류 공영원칙에 입각한 주민지원대책 등 종합적인 관리 내용으로 되어 있다.

다. 깨끗하고 쾌적한 대도시 대기환경 조성: 자동차 급증으로 인한 질소산화물, 휘발성유기화합물질의 증가로 오존오염이 심화되는 현상을 막기 위해 자동차공해 저감대책을 추진한다. 수도권과 월드컵 개최도시에 천연가스버스 보급, 제작차량의 연도별 배출허용기준 사전예고, 지게차 등 중기계의 배출허용 기준설정 등을 추진한다.

라. 자연친화적인 국토환경관리 및 생태계보전: 자연생태계의 훼손을 막기 위해 자연환경과 생태계에 영향을 미치는 각종 개발계획 등 국토이용행위에 대한 사전환경성검토를 강화한다. 생태계보전 지역을 확대하고, 無人島嶼 관리, 국립공원 자연휴식년제 도입, 야생동물 이동통로 설치사업 등을 추진한다.

마. 폐기물의 감량, 자원화 및 안전처리: 폐기물의 발생을 원천적으로 봉쇄하고 발생된 쓰레기를 생산자 책임으로 회수, 재활용하는 생산자 책임 재활용제도를 도입하고, 자원의 절약과 재활용 촉진에 관한 법률을 개정하여 이를 법제화하며, 음식쓰레기 줄이기 캠페인 등을 벌인다. 폐기물로 인한 환경오염을 막기 위해 매립지, 소각시설 등 폐기물처리시설 확충을 추진한다.

바. 지구환경보호를 위한 국제사회 파트너십 구축: 전 지구적 환경문제를 해결하기 위한 각종 국제적 환경규제에 대처하기 위해 보다 적극적인 자세로 환경친화성과 국제경쟁력 향상, 국제적인 환경협력 강화에 앞장선다.

2) 우리나라의 환경법체제

① 우리나라 헌법상 환경권

우리나라는 1972년 헌법에서, 국토와 자원이 국가의 보호를 받으

며 국가가 그에 대한 균형 있는 개발과 이용을 위한 계획을 수립할
것을 규정하고 있다. 또한 국가는 농지, 산지 기타 국토의 효율적인
이용개발과 보선을 위해 빌요한 제한과 의무를 가할 수 있도록 규정
하고 있다. 이들 규정은 국내의 자연환경과 천연자원에 대한 국가의
보호와 보전을 명문화하고 국가가 이에 따르는 일정한 제한과 의무
를 부과하는 것을 주 내용으로 하고 있다.

우리나라의 헌법에서 환경권에 관한 규정을 명시하기 시작한 것은
1980년 헌법 이후의 일이다. 70년대의 헌법에서는 환경권이 생존권
의 범주에 포함되는 것으로 보아 별도의 규정을 두지 않았으나,
1980년 헌법에 이르러 환경권을 명문으로 인정하고 국가와 국민이
자연보전의 의무를 부담하도록 규정하였다. 이어서 1987년 개정된
헌법은 환경권 규정을 더욱 보완하고 있다. 이로써 우리나라 헌법에
서 환경권은 명문규정으로 확고하게 보장되고 있다.

② 헌법상 규정

환경권을 명시하고 있는 1987년 헌법 제35조의 규정은 다음과 같다.

1. 모든 국민은 건강하고 쾌적한 환경에서 생활할 권리를 가지며,
   국가와 국민은 환경보전을 위하여 노력하여야 한다.
2. 환경권의 내용과 행사에 관하여는 법률로 정한다.
3. 국가는 주택개발정책 등을 통하여 모든 국민이 쾌적한 주거생
   활을 할 수 있도록 노력하여야 한다.

③ 우리나라 환경법의 발전단계

우리나라 환경법의 시초는 1961년 12월 30일에 제정된 오물청소법이라고 볼 수 있다. 오물청소법은 일제시대 이래 폐기물처리 법령으로 적용되어 오던 오물소제령을 대체하는 법률로, 쓰레기나 분뇨의 수거 내지 처리를 행정관청에서 관리하도록 규정하고 있다. 그러나 이 법은 그 적용범위가 폐기물처리에 한정된 것이어서 최초의 환경법으로 인정받고 있지는 못하고 있다.

우리나라 최초의 환경법으로 평가되고 있는 것은 1963년 11월 5일에 제정된 공해방지법이다. 그 후 1977년 12월 31일에 공해방지법을 폐지하고 환경보전법이 제정되었고, 1990년 8월 환경보전법을 폐지하고 환경정책기본법과 기타 개별입법이 제정되었다.

따라서 우리나라 환경법의 발전단계는 크게 3단계로 나누어 공해방지법시대-환경보전법시대-환경정책기본법시대로 구분하고 있다.

가. 공해방지법시대

-공해방지법은 국민의 건강과 생활환경을 해치는 공해의 요인으로 1)배출시설에서 나오는 매연, 먼지, 악취, 가스 등으로 인한 대기오염, 2)배출시설에서 나오는 화학적, 물리학적, 생물학적 요인에 의한 수질오염, 3) 소음, 진동을 들고 있다(제2조). 공해방지법의 의의는 최초의 환경법이라는 것 이외에도 이 조항에 명시된 바와 같이 배출시설의 개념을 도입했다는 데에서 찾아볼 수 있다. 또한 공해로 인한 피해발생을 막기 위해 배출허용기준과 배출시설 허가제도 등을 규정하고 있다.

공해방지법의 제정과 더불어 보사부 내에 공해담당계가 설치되어 공해방지업무를 관장하였다.

그러나 공해방지법은 환경의 범주를 생활환경에 국한시키고 있다. 즉 생활환경이란 국민생활에 밀접한 관계가 있는 재산과 동식물 및 그 생육환경을 말한다고 규정(제2소 2항)할 뿐 자연환경에 대해서는 아무런 언급도 하지 않고 있다.

1961년에 제정된 오물청소법과 1963년 제정된 독물 및 극물에 관한 법률도 공해방지법시대의 법률에 포함된다.

나. 환경보전법시대

－1977년에 공해방지법을 폐지하고 환경보전법이 제정되었다. 환경보전법은 자연환경과 생활환경을 모두 환경의 범주에 포함시키고 있으며, 자연환경과 생활환경의 적정한 관리를 통한 환경보전을 목적으로 제정되었다.

환경보전법은 환경영향평가제도를 도입하여 도시개발, 공업단지 조성, 에너지개발 등 환경보전에 영향을 미치는 사업이 환경에 미치는 영향을 평가하도록 규정하고 있다. 또한 배출시설 및 방지시설, 대기보전, 소음진동, 수질 및 토양 보전 등의 분야별로 환경오염을 규제하고, 시행규칙에서 55개의 오염물질을 열거하고 있다.

1980년에는 환경업무를 전담하는 중앙부서로서 환경청이 설치되었다.

1977년 해양오염방지법, 1979년 합성수지 폐기물처리사업법, 1983년 환경오염방지사업법 등도 환경보전법시대에 속하는 법률이다.

다. 환경정책기본법시대

－1990년 8월에 환경보전법이 폐지되고 환경정책기본법이 제정되었다. 환경보전법은 대기오염, 소음진동, 수질과 토양 염을 모두 포괄하여 다루고 있으나, 이 법만으로는 점차 증가되는 다양한 환경오염문제에 대처하기가 어려웠기 때문에 환경보전의 기본법으로서 환

경정책기본법을 제정하고, 동시에 대기, 소음진동, 수질, 폐기물, 유해화학물질 등 각 분야별로 개별입법을 채택하였다.

환경정책기본법은 환경보전에 관한 국민의 권리, 의무와 환경보전 정책의 기본을 명시하여, 환경오염을 예방하고 환경을 적정하게 관리하는 것을 목적으로 하고 있다. 이 법 역시 환경을 자연환경과 생활환경으로 나누고, 각각에 대해 정의를 내리고 있다.

개별입법으로서는 자연환경보전법, 환경영향평가법, 혼경오염피해 분쟁조정법 외에 대기환경보전법, 소음진동규제법, 수질환경보전법, 오수 분뇨 및 축산폐수의 처리에 관한 법률, 하수도법, 해양오염방지법, 토양환경보전법, 폐기물관리법, 수도법, 유해화학물질 관리법 등이 있다.

3) 환경정책수단

① 직접규제

직접규제는 일정한 법규칙을 제정한 뒤 이를 위반한 사례에 대해 행정상의 강제조치나 형법상의 제재를 가하는 방법을 말한다. 직접규제는 사전적 예방과 사후적 규제의 성격을 모두 포함하고 있으며 환경정책의 기본적 수단으로 널리 이용되고 있다.

구체적인 직접규제의 방식으로는 배출시설의 인·허가 및 지도·점검과 각종 환경기준이 있다. 배출시설의 인·허가는 배출시설의 설치·변경시에 미리 허가를 받거나 신고를 하도록 함으로써 오염물질 배출을 사전에 예방하기 위한 제도이며, 지도·점검은 배출시설 및 방지시설의 운영·관리상태, 행정명령 이행 여부, 배출허용기준 준수 여부 등을 사후적으로 관리하는 제도이다.

각종 환경기준으로는 수질환경기준, 대기환경기준, 소음환경기준, 토양오염우려기준 등이 있다. 이늘 환경기준은 환경정책기본법, 수질환경보전법, 대기환경보전법, 소음진동규제법 등에 근거하고 있으며, 위반 시 일정한 처벌을 받도록 되어 있다.

② 환경개선부담금

가. 제도의 목적과 근거

-환경개선부담금제도는 오염물질을 배출하는 자가 그에 상응하는 오염물질처리비용을 부담토록 하여 오염도를 낮추고 하수처리시설 등을 건설하기 위한 재원을 확충하는 데 목적이 있으며, 환경개선비용부담법을 그 근거로 하고 있다.

나. 부과대상

-환경개선부담금의 부과대상은 유통·소비과정에서 오염물질의 다량배출로 인하여 환경오염의 직접적 요인이 되는 시설물과 자동차이다. 시설물의 경우 각층 바닥면적의 합계가 160㎡ 이상인 시설물을 부과대상으로 하며, 자동차는 자동차관리법에 의해 등록된 전국의 경유 사용 자동차로 하고 있다.

다. 사용용도

-징수된 환경개선부담금은 대기 및 수질환경개선사업비 지원, 저공해기술개발 등 환경 관련 연구개발비 지원, 자연환경보전사업, 자동차배출가스 저감기술 등 저오염 무공해공정기술개발 등의 지원에 사용된다.

라. 부담금 산정방법

－환경개선부담금은 오염자부담원칙에 근거하여 당해 시설물에서 배출되는 수질 및 대기오염물질의 배출총량을 감안하여 산정되고, 자동차에 대한 환경개선부담금은 경유자동차의 소유주에게 부과되고 있다(경유자동차에 대한 부담금을 1995년부터 1.5배, 1997년 이후 2.5배로 단계적으로 인상).

③ 배출부과금

배출부과금은 배출허용기준을 초과하여 배출되는 오염물질에 대해 부과금을 납부하도록 하는 제도로서, 기본부과금과 초과부과금으로 구성되어 있다. 기본부과금은 배출허용기준 이내로 배출하는 오염물질량에 부과되며, 초과부과금은 배출되는 오염물질의 처리비용에 상당하는 금액을 부과하는 처리부과금과 사업장 규모별로 부과하는 종별부과금을 포함한다.

예컨대 수질에 BOD, COD, SS, 대기에 황산화물과 먼지가 허용기준 이내로 배출되는 경우에는 기본부과금을 부과하고, 수질에 BOD, COD, SS, 카드뮴 및 화합물 등과 대기에 황산화물, 암모니아, 황화수소 등이 초과 배출되는 경우 초과부담금을 부과하게 된다.

④ 폐기물예치금

폐기물예치금제도는 사용 후 회수, 재활용이 가능한 제품과 용기의 제조·수입업자에게 폐기물 회수, 처리비용을 예치하게 하고, 적정하게 회수, 처리한 경우에는 회수, 실적에 따라 예치비용을 반환해 줌으로써 폐기물의 재활용을 촉진하는 제도이다. 이 제도의 목표는

재활용을 활성화하는 데 있기 때문에 회수 재활용 정도에 따라 예치
요율을 차등화하고 있다.

현재 6개 품목 12종에 내해 단위당 예치비용을 부과하고 있으며,
예컨대 텔레비전, 세탁기, 에어컨, 냉장고 등의 가전제품은 kg당 38
원, 수은전지는 개당 120원, 산화은전지는 개당 75원, 윤활유는 리터
당 25원, 뚜껑 부착형 금속 캔은 개당 2원, 뚜껑 분리형 금속 캔에
는 개당 5월이 부과된다.

폐기물예치금제도는 상당한 성과를 거두고 있으며 1988년 현재
전체 예치금 중 43.3%의 회수율을 보이고 있다.

⑤ 폐기물부담금

폐기물부담금제도는 제품에 유해물질을 함유하고 있거나 회수, 재
활용이 곤란한 제품, 재료·용기에 대해 해당 폐기물의 처리비용을
부과하는 제도이다. 이 제도는 제품 가격 내에 환경비용을 포함시킴
으로써 환경비용을 합리적으로 배분하고 제품의 환경친화성을 제고
하기 위해 도입되었다.

폐기물부과금이 부과되는 대상은 살충제, 유독물 용기, 화장품 용
기 등 10개 품목 29종이다. 살충제 용기에는 개당 7~16원, 유독물
용기에는 6~11원, 화장품 용기에는 0.7~8원이 부과되고, 껌과 합성
수지에는 판매가의 0.27%와 0.35%~0.7%의 부과금이 부과된다.

⑥ 수질개선부담금

수질개선부담금은 샘물을 개발하여 판매하는 자와 먹는 샘물 수입
판매업자에게 부담금을 부과하는 제도이다. 이 제도는 공공의 지하

수자원을 보호하고 먹는 물의 수질을 개선하며, 수돗물을 마시는 계층과 먹는 샘물을 마시는 계층 간의 위화감을 완화하기 위해 먹는 샘물의 소비를 억제하는 한편 공공식수 수질개선에 필요한 재원을 확보한다는 목적을 가지고 있다.

수질개선부담금은 먹는 물의 수질개선시책사업비의 지원, 수질검사비용, 지하수개발·이용·보전·관리에 필요한 재원으로 사용된다.

4) 사전예방적 환경정책수단

① 환경영향평가제도

가. 환경영향평가의 의의·배경·발전

－환경은 일단 한번 파괴되면 그 원상회복이 거의 불가능하고, 또한 복구에 막대한 비용이 소요되어 궁극적으로는 경제활동을 제약하게 되므로 환경문제에 효율적으로 대처하기 위해서는 환경오염에 대한 사전예방의 노력이 매우 중요하다.

환경영향평가제도는 이러한 환경오염사전예방제도로 각종 사업계획을 수립·시행함에 있어서 당해사업의 경제성, 기술성뿐만 아니라 환경적 요인도 종합적으로 비교·검토하여 최적의 사업계획안을 모색하는 과정으로서 환경적으로 건전하고 지속가능한 개발이 되도록 함으로써 쾌적한 환경을 유지·조성함을 그 목적으로 한다.

환경영향평가는 1969년 미국이 국가환경정책법(National Environmental Policy Act, NEPA)에서 처음 도입한 이래, 캐나다(1973년), 호주와 독일(1974년) 등이 도입하였고 오늘날 대부분의 선진국을 포함하여 세계 100여 개국에서 시행중에 있다.

나. 환경영향평가 대상사업

-개발사업은 크든 작든 일단 시행되게 되면 환경에 악영향을 미치게 되므로 설내석 환경보전을 위한다면 모든 개발사업이 평가대상이 되어야 할 것이다. 그러나 평가에 소요되는 시간 및 비용 등을 고려할 때 타 법령에 의하여 환경성이 검토되는 등 그 실익이 크지 않은 경우에는 평가대상에서 제외하는 것이 바람직하다.

일반적인 평가대상사업의 선정기준은 다음과 같다.

첫째, 골프장건설 등 사업특성상 자연환경·생태계를 훼손할 우려 가 큰 사업

둘째, 자연공원 집단시설지구 등 환경적으로 민감한 지역에서 시행되는 사업

셋째, 매립사업·댐건설 등 환경영향이 장기적·복합적으로 발생하여 쉽게 예측이 곤란한 사업

넷째, 택지·공단조성 등 대기·수질오염 등 복합적 환경오염이 발생될 것으로 우려되는 사업현행 환경영향평가법에 의한 평가대상사업은 국가, 자치단체 등 공공기관 및 민간사업자가 시행하는 다음의 17개 분야, 63개 세부사업으로 구성된다.

사업분야
세부사업명 및 규모

  1) 도시개발

    택지개발(30만㎡ 이상) 등 12개 사업

  2) 산업입지

    국가·지방·농공단지(15만㎡ 이상) 등 7개 사업

  3) 에너지개발

    에너지개발을 위한 해저광업 등 6개 사업

 4) 항만건설

   항만(외곽시설) 등 4개 사업

 5) 도로건설

   도로신설(4㎞ 이상)·도로확장(2차선 이상인 10㎞ 이상)

 6) 수자원개발

   댐(면적 200만㎡나 용량2000만㎥ 이상) 등 2개 사업

 7) 철도(도시철도)

   철도(1㎞ 이상), 삭도·궤도(2㎞ 이상) 등 4개 사업

 8) 공항건설

   비행장활주로(500m 이상), 기타 시설(20만㎡ 이상)

 9) 하천개발

   하천공사(10㎞ 이상)

10) 매립·개간

   매립(30만㎡ 이상)·개간(100만㎡ 이상)

11) 관광단지

   온천개발(20만㎡ 이상) 등 6개 사업

12) 체육시설

   스키장(25만㎡ 이상) 등 5개 사업

13) 산지개발

   초지조성(30만㎡ 이상) 등 3개 사업

14) 특정 지역 개발

   지역균형개발 및 지방중소기업육성에 관한 법률에 의하여 시행
   되는 1)분야 내지 13)분야의 사업들

15) 환경기초시설

   분뇨처리시설(100㎘ / 일 이상) 등 2개 사업

16) 국방군사시설

   국방군사시설(33만㎡ 이상) 등 3개 사업

17) 토석 등 채취

산림 내 토석 등 채취(10만㎡ 이상) 등 4개 사업

다. 평가항목 및 분야

－현행 환경영향평가항목은 3개 평가분야에 걸쳐 23개로 구성되며, 환경정책기본법에 규정된 환경기준을 고려하여 각 항목별 환경영향을 평가한다. 다만 도시교통정비촉진법에 의한 교통영향평가대상에 관한 환경영향평가의 경우 교통항목은 동법이 정하는 바에 따르도록 한다.

평가분야

평가항목
1) 자연환경

   기상, 지형·지질, 동·식물, 해양환경, 수리·수문(5개)
2) 생활환경

   토지이용, 대기질, 수질, 토양, 폐기물, 소음·진동, 악취, 전파장애, 일조장애, 위락·경관, 위생·공중보건(11개)
3) 사회·경제환경

   인구, 주거, 산업, 공공시설, 교육, 교통, 문화재(7개)

한편 23개 평가항목에 대하여 환경영향을 일률적으로 평가하다 보면 평가서 분량만 많고 실질적 내용은 부실하게 될 우려가 있는 바, 환경영향평가법 제5조제2항 및 환경영향평가서작성등에관한규정(환경부고시 제1997-95호) 제5조의 규정에 의하여 대상사업의 특성, 입지여건 등을 고려하여 환경적으로 중요한 일부 항목을 집중 평가토록 하는 중점평가제도를 시행하고 있다.

즉 중점평가제도를 통하여 사업특성, 입지여건 등을 고려하여 일부 항목에 대하여는 환경영향을 중점적으로 평가하고 기타의 항목에 대하여는 제외 또는 현황조사에 그치도록 함으로써 평가의 내실화 및 간소화를 도모하고자 하는 것이다.

라. 환경영향평가의 절차

가) 평가서작성

현행 환경영향평가서는 사업계획을 수립·시행하는 사업자가 작성하는데, 사업자는 우선 환경영향평가 대상 지역 주민의 의견을 수렴하기 위하여 평가서 초안을 작성하여 이를 공고(1개 이상의 중앙일간신문 및 지방일간신문) 및 공람(50일 이내 30일 이상)하고, 설명회 또는 공청회를 개최하고, 수렴된 주민의견을 평가서작성 시 반영(미반영 시는 사유 기재)하도록 하고 있다.

한편 평가서작성은 23개 평가항목에 대한 다종다양한 전문성을 필요로 하므로 사업자는 평가서 또는 평가서초안을 작성함에 있어 환경영향평가의 실시를 일정한 기술능력과 장비 등을 갖추어 환경부장관에게 등록한 평가대행자(1999년 4월 말 기준 120개 업체 등록)로 하여금 대행하게 할 수 있다.

나) 평가서협의

사업자가 작성한 평가서는 사업승인기관에 제출되고 다시 사업승인기관에 의하여 환경부(또는 지방환경관서)에 협의 요청되는데, 환경부는 평가서를 협의함에 있어서 한국환경정책·평가연구원 등의 검토의견을 들어 필요 시 수정·보완 등의 조치를 한 결과(협의내용)를 사업승인기관에 통보한다.

다) 협의내용 관리

환경영향평가의 실효성 확보를 위하여서는 협의내용의 충실한 이행이 이루어서야 하브로 사업자는 협의내용을 성실히 이행하여야 하며, 이를 위한 협의내용관리대장 비치, 협의내용 관리책임자 지정, 사후환경영향조사 등의 의무를 질 뿐만 아니라, 환경영향평가협의내용으로 확정된 오염물질의 배출농도에 관한 협의기준을 위반하는 때에는 협의기준초과부담금이 부과된다.

한편 협의내용의 충실한 이행을 확보하기 위하여 사업승인기관은 사업장 현지조사 등을 통하여 공사중지 명령 등 필요한 조치를 강구하여야 하며, 지방환경관서는 사업자나 사업승인기관에 공사중지명령 등 필요한 조치를 요청할 수 있다.

마. 통합영향평가법 제정

-우리나라에서는 현재 환경영향평가, 교통영향평가, 재해영향평가 및 인구영향평가 등이 실시되고 있다.

환경영향평가는 환경에 미치는 영향이 큰 개발사업의 시행으로 인한 환경훼손을 최소화하기 위하여 1977년 환경보전법에 처음 도입되었고 교통영향평가는 교통수요를 크게 유발하는 사업 및 시설을 대상으로 미리 원활한 교통소통대책을 강구하기 위하여 1987년 도시교통정비촉진법에 도입되었다.

재해영향평가는 대규모개발사업의 시행으로 인한 홍수피해 등 재해를 방지하기 위하여 1996년 자연재해대책법에 도입되었고, 인구영향평가는 수도권으로의 인구집중을 방지하기 위하여 수도권에서 실시되는 일정규모 이상의 사업을 대상으로 수도권정비계획법에 도입되어 1984년부터 실시되어 왔다.(표1분야별 영향평가시행 현황 참조)

그동안 환경·교통·재해·인구 등 영향평가가 각각 다른 법률에 근거를 두고 별도로 시행됨으로써 동일한 사업이 2가지 이상의 영향평가의 대상이 될 경우 절차의 중복과 비용의 과다 등으로 사업자에게 시간적·경제적으로 불필요한 부담이 가중된다는 지적이 있었다.

정부에서는 영향평가에 관한 이와 같은 문제점을 해결하기 위하여 1997년 4월 23일 각종 영향평가제도의 통합·개선을 경제활성화 우선 추진과제로 선정하고 1998년 2월 12일에는 국민의 정부 「100대 국정과제」로 정한 후 관계부처의 2년여에 걸친 통합작업 끝에 1999년 12월 31일 「환경·교통·재해등에관한영향평가법」을 제정·공포하였고 2000년 12월 30일 같은 법 시행령과 시행규칙의 제정이 완료됨에 따라 예정대로 금년 1월 1일부터 통합영향평가법이 시행에 들어갔다.

영향평가 통합의 기본방향은 환경영향평가제도를 중심으로 교통영향평가, 인구영향평가 및 재해영향평가제도를 통합하여 평가절차를 통일하고 영향평가서작성을 단일화하는 것이었다. 통합영향평가법의 평가대상사업은 기본적으로 환경, 교통, 재해 등에 미치는 영향이 큰 개발사업을 대상으로 한다. 특히 최근 수도권을 중심으로 대두된 난개발 문제를 영향평가제도를 이용하여 해결하려는 정부의 의지가 부분적으로 반영되고 있다.

즉 환경분야에 있어서 해안에서 광물과 골재를 채취하는 경우 광업법상 단위광구의 개념을 도입하고 2인 이상이 공동으로 영향평가를 실시할 수 있도록 하였고 교통과 재해분야에 있어서도 전반적으로 평가대상규모의 하향조정을 통한 평가대상의 확대가 이루어졌다(시행령 별표1 참조).

따라서 환경·교통·재해 등 분야별 영향평가가 동시에 이루어져 통합영향평가를 하게 되는 경우가 종전보다 훨씬 많을 것으로 예측된다.

바. 환경영향평가제도 강화방안

○ 1981부터 시행되고 있는 평가제도가 여러 차례에 걸쳐 관련
법령개정을 통하여 확대·강화되어 왔으나 아직도 부실한 평
가서작성 사례가 허다하고 평가서 검토기능이 취약하여 국
토난개발을 막는 데 한계가 있음.

○ 최근 용인·김포·백두대간·울릉도 지역 등에서의 무질서한
개발과 석산개발, 하천골재 채취, 석회석광산개발 등으로 수
려한 자연환경이 훼손됨에 따라 환경영향평가가 형식적으로
이루어지고 있다는 비판이 강하게 제기되고 있으며, 아울러
현장확인조사 미흡 등으로 평가서 자체가 부실하게 작성되
고 있다는 여론이 일어나고 있음.

그간 개정된 환경정책기본법('99. 12. 31 개정)에 근거하여
2000년 8월 17일부터 사전환경성검토제도가 크게 강화된 바
있으나 환경영향평가제도도 강화할 필요가 있음.

<주요 개선 방향>

○ 관계부처 간 협의의견 상충 시, 환경부 장관의 조정권행사제도
마련

○ 영향평가 절차 통합운영체계 마련

○ 난개발 방지를 위한 영향평가 강화

○ 평가서 검토기능 강화

○ 사전환경성검토 및 환경영향평가 전문위원회 통합운영 및 적극
활용

○ 동일한 환경영향권역내의 사업에 대한 환경영향평가 대상으로
확대

○ 환경영향평가 사후환경관리 강화

② 사전환경성검토제도

가. 사전환경성검토제도의 의의

−사전환경성검토제도는 각종 개발계획이나 개발사업을 수립·시행함에 있어 타당성 조사 등 계획초기단계에서 입지의 타당성, 주변환경과의 조화 등 환경에 미치는 영향을 고려토록 함으로써 「개발과 보전의 조화」 즉 「환경친화적인 개발」을 도모하고자 하는 제도이다.

이러한 사전환경성검토제도는 환경영향평가제도와 더불어 대표적인 사전예방환경정책수단으로서 개별법 또는 '행정계획 및 사업의 환경성검토에 관한 규정(총리훈령 제299호)'을 근거로 실시하여 왔으나 환경영향평가제도는 대부분 ① 대규모의 개발사업에 대하여 ② 계획이 확정된 후 사업실시단계에서 ③ 주로 오염의 저감방안을 검토하고 있어 입지의 타당성 등 근본적인 친환경적인 개발의 유도에는 한계가 있다.

또한 최근 국토의 난개발로 인한 국토훼손, 수질오염, 교통난 등이 사회문제로 대두되고 있어 행정계획이나 개발사업에 대한 입지단계에서의 사전환경성검토가 더욱 필요하다.

나. 사전환경성검토제도의 변천과정

가) 국무총리 훈령에 의한 사전협의

일찍이 국토이용관리법에 의한 국토이용계획 변경, 전원개발특별법에 의한 전원개발실시계획, 해양오염방지법에 의한 해역이용 등 환경에 영향을 미치는 개발계획에 대하여는 각 개별법령에서 환경부장관과 사전협의 하도록 한 규정에 따라 부처협의 차원에서 협의가 이루어져 왔다.

그러다가 경제규모의 확대와 함께 도로, 항만 등 사회간접자본시설에의 투자가 확대되고, 국민소득 및 여가의 증대로 관광지, 체육시설 등 각종 위락시설에 대한 수요가 지속적으로 증가될 뿐 아니라 지방자치제도의 본격적인 실시로 지역개발사업 등이 가속화되고 있어 이들 개발행정계획이나 개발사업에 대하여 보다 적극적이고 체계화된 사전환경성검토의 실시가 절실히 요청되었다.

이에 따라 1993년 1월 환경정책기본법 제11조를 근거로 '행정계획 및 사업의 환경성검토에 관한 규정'을 국무총리 훈령으로 제정하였고, 1994년 6월에는 협의절차를 간소화하는 등의 내용으로 동 규정을 개정하여 개별법령에 협의 근거가 없는 행정계획이나 환경적으로 민감한 지역에서 시행되는 중·소규모의 공공개발사업에 대하여 사전환경성검토를 시행하여 왔다.

나) 환경정책기본법령에 의한 사전협의

총리훈령에 의한 사전환경성검토제도는 ① 그 대상을 공공사업에 국한하고 있어 난개발의 주요 원인인 민간개발사업에 대하여는 비록 입지가 부적정하다 할지라도 이를 제한할 수단이 없었으며, ② 환경영향평가대상사업은 제외토록 되어 있어 사전예방적 수단으로서의 취지를 살리는 데 한계가 있었고, ③ 다른 법령의 규정에 의거, 환경부와 미리 협의하는 행정계획과 개발사업 또한 제외하고 있어 환경에 더 큰 영향을 줄 수 있는 주요 계획이나 개발사업에 대하여 심도 있는 환경성검토가 이루어질 수 없는 문제를 지니고 있었다.

즉 국토이용계획이나 관광개발기본계획과 같이 환경에 영향을 미치는 행정계획에 대하여는 당해 법령의 규정에 따라 환경행정기관과 미리 협의하여 왔으나 환경성검토에 필요한 구비서류 등에 대한 세부규정이 없었을 뿐 아니라 사전협의 근거규정이 없는 행정계획도 많아 환경성검토가 제대로 이루어질 수 없었다.

종전의 총리훈령에 의한 사전환경성검토제도와 현행 환경영향평가

제도가 안고 있는 문제점과 한계를 해소하기 위하여 1999. 12. 31 환경정책기본법을 개정하여 사전환경성검토제도를 법정제도로 도입한 데 이어 동법시행령을 개정하여 ① 사전환경성검토대상 행정계획 및 개발사업을 대폭 확대하고, ② 사전환경성검토 시의 구비서류를 구체화하는 한편, ③ 협의의 절차, 협의기간을 정함으로써 사전 예방적 의사결정수단으로서 환경성검토제도가 제 역할을 다할 수 있도록 하였다.

다) 사전환경성검토제도의 내용

2000. 8. 17부터 시행에 들어간 환경정책기본법 제11조에 근거한 사전환경성검토제도가 종전의 제도와 달리 보완된 주요 내용은 다음과 같다.

㉮ 사전환경성검토대상 확대

행정계획을 수립·확정하거나 개발사업을 허가, 승인, 인가하는 행정기관의 장이 환경부 장관 또는 지방환경관서의 장과 미리 환경성검토에 관한 협의를 하여야 하는 대상은 환경정책기본법령에 의한 경우와 관련 개별법령에 의한 경우로 구분된다.

행정계획을 수립·결정하거나 개발사업을 허가·승인·인가하는 관계행정기관의 장은 구비서류를 직접 작성하거나 개발사업의 시행자로부터 제출받아 환경부 장관 또는 지방환경관서의 장에게 제출하여야 한다.

구비서류는 모든 사전환경성검토대상 행정계획 또는 개발사업에 대하여 공통적으로 갖추어야 하는 사업의 목적 및 필요성, 토지이용현황, 보전 지역의 분포현황 등의 공통구비서류와 계획 또는 사업의 유형과 특성을 고려하여 계획 또는 사업별로 갖추어야 하는 생태적 특성에 관한 자료, 오염도 및 오염원 현황, 환경영향 예측 및 저감대책 등의 개별 구비서류로 구분된다.

관련 법령에서 환경부 장관 또는 지방환경관서의 장과 사전에 협의하도록 규정하고 있는 행정계획 중 환경에 미치는 영향이 큰 국토이용계획이나 국가산업단지의 지정과 같은 29개 행정계획은 협의를 요청할 때 사전환경성검토를 위해 반드시 필요한 환경정책기본법 시행령에서 정하는 구비서류를 갖추어 제출하도록 하고 있다.

④ 협의기관, 협의 기간 특정 및 사후관리제도 도입

사전환경성검토를 요청하는 자, 즉 계획을 수립·확정하는 자 또는 사업을 허가·승인·인가하는 자가 중앙행정기관의 장인 경우는 환경부 장관과 협의하고 그 외의 경우는 지방환경관서의 장과 협의한다.

사전환경성검토를 요청받은 환경부 장관 또는 지방환경관서의 장은 30일 이내에 협의결과를 통보하여야 한다. 다만 협의를 요청한 관계행정기관의 장과 협의하여 협의 기간을 10일의 범위 내에서 연장할 수 있다.

협의 기간 내에 협의결과의 통보가 없는 경우에는 협의를 한 것으로 보아 협의 기간의 지연으로 인하여 행정계획의 추진이나 개발사업의 시행이 늦어지는 일이 없도록 하고 있다.

환경부 장관 또는 지방환경관서의 장으로부터 협의결과를 통보 받은 관계행정기관에서는 당해 행정계획 또는 개발사업에 협의의견을 반영하는 등 필요한 조치를 하여야 하고, 협의의견의 이행상황을 환경부 장관 또는 지방환경관서의 장에게 통보하여야 한다.

환경부 장관 또는 지방환경관서의 장은 당해 계획이나 사업에 대하여 협의의견이 제대로 이행되도록 현지점검 등을 실시할 수 있다.

라) 사전환경성검토제도 운용방향

㉮ 환경영향평가제도와의 차별적, 유기적 운영

결정된 사업계획안에 대하여 환경 관련 법규와 환경보전시책과의 부합성 여부를 검토하고 환경오염 저감대책을 제시하는 데 중점을 두고 있는 환경영향평가제도와는 달리 환경에 미치는 영향이 정성적·정량적 관점에서 심대할 경우 당해 계획자체를 취소, 축소조정하거나 환경적 영향이 최소화되는 대안을 제시하도록 하는 등 사전환경성검토제도 자체의 목적과 취지를 십분 살리도록 운용해 갈 계획이다.

사전환경성검토제도가 제대로 시행되면 사업계획이 확정된 단계에서 이루어지는 환경영향평가 협의절차나 내용을 간소화하거나 경우에 따라서는 생략할 수도 있을 것이므로 시간과 비용을 절약할 수 있게 될 것이다.

또한 사전환경성검토단계에서 제시된 의견이나 조건들은 환경영향평가 시에 반영하도록 하고 그 이행 상황을 점검함으로써 두 제도가 상호 유기적 관계에서 운용되고 함께 발전되도록 유도할 계획이다.

㉯ 제도운영의 객관성, 중립성, 전문성 제고

사전환경성검토제도가 업무담당자의 자의적 관점에 따라 불합리하게 운영되지 않도록 중점 검토항목과 검토기준 및 방법 등을 체계적이고 상세하게 수록한 「사전환경성검토업무편람」을 마련하여 업무지침으로 활용토록 하고 있다.

사전환경성검토대상 행정계획 및 개발사업에 대한 사전환경성검토의 객관성과 공정성 및 전문성을 제고하기 위하여 금년 9월부터 환경부 본부 및 지방환경관리청에 「사전환경성검토 전문위원회」를 설치·운영하고 있다.

전문위원은 환경, 도시계획, 토목·건축, 자연·생태분야의 학계 및 연구기관의 관계전문가, 환경·시민단체의 임원 등 20명 내외로 구성하여 개발과 보전의 조화를 기하도록 하였다.

이와 같이 강화되는 사전환경성검토제도가 제대로 시행된다면 난개발을 방지하고 환경친화적인 개발을 유도하는 데 크게 기여할 것으로 기대된다.

인간이 생활수준의 향상을 위해 고도의 산업발전을 꾀하는 과정에서 여러 가지 공해현상이 나타나고 있으며, 대기오염은 그중 하나이다. 대기오염을 일으키는 주된 원인이 되는 것은 대기 중에 방출되는 다량의 고체, 액체 및 기체로서, 이 중에서도 특히 아황산가스(SO_2)와 질소산화물(NOx), 그리고 이산화탄소(CO_2)는 대표적인 오염물질로 꼽히고 있다. 이들 아황산가스와 질소산화물 및 이산화탄소는 자동차에서 뿜어내는 배기가스, 발전소와 산업발전에 이용되는 화석연료의 연소 등에서 나오는 것들이다.

아황산가스와 질소산화물은 대기 중에서 수천 마일에 걸쳐 확산되어 있으며, 이들은 물이나 유독성 폐기물보다 훨씬 더 빠른 속도로 이동하기 때문에 한 지역뿐만 아니라 여러 나라에 걸쳐 광범위한 악영향을 미치게 된다. 때때로 이들 공기오염물은 물이나 다른 오염물과 결합하여 화학반응을 일으킴으로써 더욱 독성이 강한 물질로 변형되기도 한다. 특히 유황이나 질소내지 다른 물질이 대기 중의 수증기와 결합하는 경우에는, 이들이 산성화합물을 형성하여 산성비의 형태로 지표면에 내려오거나, 오존가스를 비롯한 여러 가지 오염물질을 만들어냄으로써 훨씬 더 규모가 큰 오염 효과를 가져오게 된다.

공기오염으로 인한 대기권의 위협은 지구 전체에 걸쳐 미치고 있으며, 산성비, 오존층 파괴, 대기오염, 기온의 온난화현상 등 인류에게 피해를 주는 여러 가지 환경문제를 파생시키고 있다.

우리나라의 경우도 1960년대 이후의 경제개발계획과 도시화 현상 등으로 대기오염이 가속화되기 시작하였으며, 자동차 보급의 증가와 고도의 산업화현상은 이러한 오염현상을 더 심화시키고 있다. 스모그, 오존, 미세먼지, 유해대기오염물질 등에 의한 오염으로 대도시 주변에서는 오존주의보가 자주 발생되며, 공단 주변의 오염도는 상당히 심각한 편이다. 또한 중국의 산업발전과정에서 발생하는 대기오염이 황사, 산성비 등의 형태로 국내에 이동되어 대기오염도에 영향을 미치고 있으며, 환경과 무역을 연계하는 국제적 경향과 기후변화협약 및 교토의정서에 따르는 이산화탄소 기타 온실가스의 배출감축 압력 등으로 인해 우리나라의 대기정책은 국내외적으로 많은 어려움에 처해 있는 형편이다.

③ 대기환경 관련 법안

가. 대기환경보전법

－대기환경보전법은 대기오염으로 인한 국민건강 및 환경상의 피해를 예방하고 대기환경을 적정하게 관리·보전하여 모든 국민이 건강하고 쾌적한 환경에서 생활할 수 있도록 하는 데 그 목적이 있다. 구체적으로 사업장의 대기오염물질 배출규제, 생활환경상의 대기오염물질 배출규제 및 자동차 배출가스규제 등에 관하여 규정하고 있다.

나. 소음·진동규제법

－소음·진동규제법은 공장·건설공사장·도로·철도 등으로부터 발생하는 소음진동이 인간과 동식물에 미치는 피해를 막고 소음·진동을 적정하게 관리·규제함으로써, 모든 국민이 청정한 환경에서 생활할 수 있게 하기 위한 목적에서 제정된 법규이다. 구체적으로 공장소음·진동, 생활소음·진동, 교통소음·진동, 항공기 소음 등에 대해 규제하고 있다.

다. 지하생활공간공기질관리법

－지하생활공간공기질관리법은 지하공간생활의 공기 질을 적정하게 관리·보전함으로써 국민의 건강을 보호하고 환경상의 위해를 예방할 목적으로 제정된 법률이다. 지하생활공간에서 생활하는 국민들의 수가 점차 늘고 있는 데 반해 그에 대한 규제법규가 마련되지 않아 국민건강에 영향을 미치는 지하공간의 공기 질을 제대로 관리하지 못하였으나, 지난 1996년 이 법이 제정되어 지하생활공간의 공기 질을 규제하고 있다.

최근에는 지하생활공간뿐만 아니라 지상생활공간의 공기 질을 규제할 필요성이 대두되고 있다. 따라서 환경부에서는 지하생활공간공기질관리법을 개정하여 지상생활공간의 공기 질을 포함시키기 위한 준비 중에 있다.

④ 대기환경에 관한 기본정책

가. 대기환경기준 및 배출허용기준의 설정과 사업장관리

－환경기준은 일종의 환경보전 목표라고 볼 수 있으며, 오염현황과 인체에 미치는 영향 등을 고려하고 세계보건기구(WHO)의 권장기준을 참조하여 설정하게 된다. 대기환경기준으로는 아황산가스, 일산화탄소, 이산화질소, 먼지, 오존, 납 등에 대한 환경기준이 설정되어 있다. 배출허용기준은 개별적인 오염물질 배출시설에 적용되는 규제기준으로서 오염물질 배출의 최대허용치 또는 최대허용농도를 말하며, 항산화물 등 26개 대기오염물질에 대하여 설정되어 있다.

배출허용기준이 설정되면 규제기준의 준수 여부를 지속적으로 확인하고 위반 시에는 벌칙부과 등 제재조치를 취하도록 되어 있다. 이러한 제재의 기본이 되는 것이 대기오염물질 배출시설사업자의 배출시설 및 방지시설 운영에 대한 감시와 감독이다. 이를 위해 시, 도와 환경관리청에서는 배출시설에 대해 정기 또는 수시로 지도, 점검, 관리하고 있다.

나. 대기오염측정망

-대기오염측정망으로는 자동측정망, 이동측정차량, 산성비측정망 등이 있으며, 이들 측정망을 통해 대기 중 먼지 및 아황산가스, 또는 강우 중 산성도를 측정하여 자동감시체제(TMS)를 통하여 관할 환경관리청 및 환경부로 전송하도록 되어 있다.

다. 특별대책 지역 지정관리

-환경정책기본법 제22조 1항에 의하면 환경부 장관은 환경오염 또는 자연생태계의 변화가 현저하거나 현저하게 될 우려가 있는 지역을 특별대책 지역으로 지정, 고시하고 해당 지역의 환경보전을 위한 특별대책을 수립, 시행할 수 있도록 되어 있다. 이러한 법규정에 따라 울산·온산 및 미포국가산업단지와 여천산업단지가 대기보전 특별대책 지역으로 지정되었다.

라. 대기환경규제 지역 지정관리

-대기환경보전법은 환경기준을 초과하였거나 초과할 우려가 있는 지역으로서 대기질의 개선이 긴급하다고 인정하는 지역은 환경기준을 달성하기 위하여 대기환경규제 지역을 지정·고시할 수 있도록 규정하고 있다. 이에 따라 서울특별시, 인천광역시, 경기도 15개시 (수원, 부천, 고양, 의정부, 안양 등)를 대기환경규제 지역으로 지정·고시하여 실천계획을 작성 중에 있다.

⑤ 대기오염물질별 관리대책

가. 아황산가스

－아황산가스는 화석연료에 함유되어 있는 황성분이 고온으로 연소되는 과정에서 주로 발생하기 때문에 아황산가스를 줄이기 위해서는 황함유량이 적은 연료 또는 청정연료로 전환하도록 하는 정책이 필요하다. 이를 위해 저황연료유의 공급확대, 청정연료 사용, 고체연료사용규제, 저황연탄 공급 등의 정책을 실시한다.

나. 비산먼지

－일정한 배출구 없이 대기 중에 직접 배출되는 비산먼지는 사람의 건강뿐만 아니라 동식물의 생육에 나쁜 영향을 미칠 수 있기 때문에 이를 발생시키는 사업장을 지도, 점검한다.

다. 악취관리

－악취는 황화수소, 메르캅탄류, 아민류 기타 자극성 있는 기체상 물질이 사람의 후각을 자극하여 불쾌하여 불쾌감과 혐오감을 주는 냄새로, 이를 배출시킬 여지가 큰 대기오염물질 배출시설에 대해서는 배출허용기준을 정하여 엄격하여 관리하고 있다.

라. 기타 오염물질

가. 휘발성유기화합물질(VOCs): VOCs는 상온, 상압에서 기체상태로 존재하는 모든 유기성물질을 통칭한다. VOCs는 자동차운행 증가 및 유기용제 사용 확대로 배출량이 크게 증가하여 건강에 직접적인 피해를 주거나 대기 중에 배출되어 광화학반응을 통해 오존을 생성시키기 때문에 대기환경보전법에 근거하여 이를 규제한다.

나. 오존: 오존은 단기간 동안 고농도에 노출될 경우 인체에 해
로운 영향을 미치며, 특히 노약자에 대한 피해가 크기 때문
에 오존경보제를 도입하여 실시하고 있다.

다. 산성비: 산성비는 대기 중의 황산화물 및 질소산화물에 의
해 유발되며, 이를 해결하기 위해 저황유 및 청정연료의 공
급확대, 저공해차의 보급 등 대기오염물질 저감대책을 실시
하고 있다.

⑥ 교통공해관리

가. 자동차공해 실태

−1997년 자동차 등록대수가 1천만 대를 넘어서면서 자동차는 대
도시 대기오염의 주요 배출원이 되고 있다. 1997년 현재 우리나라
전체 대기오염물질배출량 중 자동차배출가스가 약 41%를 차지한다.
특히 서울은 자동차배출가스가 차지하는 대기오염비율이 85%를 차
지하고 있다.

자동차 중에서도 버스, 트럭 등 대형 경유차가 전체 자동차공해의
47%를 차지하며, 시내버스 1대가 내뿜는 배출가스는 승용차의 약
50배에 이른다. 경유차에서 주로 배출되는 오염물질 가운데에 질소
산화물과 미세먼지가 문제가 되고 있다. 질소산화물은 태양광선과
광화학반응을 일으켜 오존발생을 야기해 호흡기질환을 유발하며, 미
세먼지는 폐에 흡착되어 기관지에 영향을 주고 폐암을 유발한다.

나. 자동차공해 저감대책

가. 제작자동차 배출가스 저감대책: 자동차 배기가스로 인한 대
기오염을 줄이기 위해 저공해 연료차 특히 실현가능성이 높

은 천연가스자동차개발에 주력하여 시내버스 및 승용차에 적용할 수 있는 엔진을 개발하였으며 현재 시행운행 중이다.

나. 배출허용기준 강화: 1998년~2000년 모든 차종의 배출허용기준을 선진국수준으로 강화하였다. 8인 이하 승합차 등 다목적형 자동차를 승용차로 분류하고 2000년 이후 제작되는 모든 차종에 대한 배출허용기준을 강화하였다.

다. 결함시정제도의 강화: 결함시정제도(Recall system)는 자동차가 배출가스 보증 기간 동안 제작차 배출허용기준을 유지하는지 여부를 확인하기 위하여 운행 중인 자동차를 대상으로 실시하는 검사를 말하며, 세계적으로 미국, 캐나다, 스웨덴의 3개국만 시행하고 있다. 우리나라는 1992년부터 결함확인제도를 도입, 시행하고 있으며, 이 검사결과 배출허용기준을 초과할 경우 정부에서 해당 차종의 제작회사에 리콜명령(결함시정명령)을 내려 동일 부품 내지 기술이 적용된 모든 차량을 회수하여 무상으로 수리 또는 부품 교체를 하게 된다.

라. 배출가스 보증 기간 강화: 1998년 2월 21일에 개정된 대기환경보전법 시행규칙에 따라 자동차 배출가스 보증 기간을 강화하였으며, 2000년 1월 1일부터 승용자동차의 배출가스 보증 기간을 5년 또는 80,000㎞에서 10년 또는 160,000㎞로 강화하였다.

마. 운행차 배출가스 저감대책: 운행차의 배출가스 정기검사 강화, 운행차 노상단속 강화

바. 공회전 방지: 막대한 대기오염 악화 및 연료낭비를 초래하는 자동차공회전을 막기 위해 동절기에 승용차는 2분, 경유차는 5분 이상 공회전 안하기 운동을 홍보한다.

사. 자동차용 연료의 품질기준 강화: 자동차용 연료의 품질은 자동차배기가스와 밀접한 관련을 갖고 있으므로 석유사업법

에서 규제해오던 자동차 연료품질 기준을 대기환경보전법에서 관리할 수 있도록 한다. 휘발유는 납과 인, 방향족화합물, 벤젠 및 산소함량에 대한 규제를 강화하고, 경유는 황함량을 계속 낮추고 있다(현재 0.05%).

⑦ 지하생활공간 공기 질 관리

가. 지하생활공간 공기 질 현황

－도시의 인구집중 및 토지이용의 극대화에 따라 지하생활공간이 확대, 증가하여 왔으나 공기 질의 관리가 제대로 이루어지지 않아 사회적으로 오염이 문제가 되어 왔다. 지하시설 상당수가 환기시설의 기능미비로 인한 오염물질의 유입과 청소의 미흡으로 환경기준권고치를 초과하였고, 최근까지도 이러한 시설에 대한 법적 행정조치가 미흡한 형편이었다.

나. 지하생활공간 공기 질 관리대책

－1996년 지하생활공간공기질관리법을 제정, 공포하고, 1997년과 1998년에 각각 그 시행령과 시행규칙을 공포하였으며, 1998년 지하생활공간업무처리지침과 지하공기 질공정시험방법을 제정하여 그에 따라 지하생활공간 공기 질을 관리하고 있다.

위 법에 따라 지하생활공간의 쾌적한 공기 질 유지를 위한 지하생활공간 공기 질 유지기준을 설정하고, 동 기준의 유지를 위해 적절한 환기시설의 설치를 의무화하고 있으며, 위반 시 개선명령과 함께 벌칙을 부과한다.

⑧ 소음진동관리

가. 소음·신농현황

-소음과 진동은 다른 오염현상 못지않게 인간과 동식물에게 심각한 영향을 줄 수 있다는 사실이 과학적으로 밝혀지고 있다. 현재 공장, 건설현장, 자동차, 항공기, 생활소음 배출원 등에서 배출되는 각종 소음과 기계, 기구 등의 사용에 따른 진동은 발생빈도도 높고 그 피해도 광범위하게 확산되어가고 있으며, 특히 인구 증가와 도시화, 산업화에 따라 급격히 증가되고 있다.

나. 소음·진동관리대책

가) 소음방지대책

소음방지에 대해서는 공장, 교통소음, 항공기소음, 생활소음별로 나누어 각각에 대한 관리대책을 추진해 나가고 있다.

공장소음은 근본적으로 소음배출원과 주거 지역의 분리가 선행되어야 하며, 저소음 기계류의 개발과 소음방지시설의 기술개발 및 투자확충에 힘쓰는 한편, 소음배출허용기준을 준수하도록 지도·단속한다. 특히 주택가의 공장은 철저한 소음방지시설을 설치하도록 관리한다.

교통소음은 자동차, 철도 등 교통량의 급격한 증가로 날로 문제가 심각해져가고 있으며, 이에 대한 대책으로 소음·진동이 심한 지역을 교통소음·진동 지역으로 지정하고 해당 지역 내에서는 자동차 경적 사용 금지, 속도제한 등의 명령을 내릴 수 있도록 되어 있다.

생활소음은 인구 증가와 산업화에 따라 더욱 증가되는 반면 국민들의 조용한 생활환경에 대한 욕구 또한 날로 증대되고 있어 이에 대한 대책을 다각도로 강구하고 있다. 확성기, 소규모공장, 건설공사장 등에 대해 소음배출을 규제하며, 규제기준초과 시 소음방지시설설치, 작업시간 조정 등 소음저감대책을 실시한다. 특히 건설공사장의 소음피해를 줄이기 위해 굴삭기, 브레이커 등의 특정장비사용 건설공사장은 사전신고토록 하고 있다. 1996년부터 소음표시권고제를 실시하여 일정기준 이하의 저소음제품에 대해서는 이를 표시하여 판매하도록 권고한다.

항공기는 이착륙 시 심한 소음발생으로 인근 지역에 많은 피해를 주고 있다. 항공기소음을 규제하기 위해 5개 국제공항에 항공기소음 자동측정망을 설치하여 소음도를 측정하고, 소음진동규제법 시행령에 따라 항공기소음 한도를 강화하였다.

나) 진동방지대책

진동은 기계, 기구의 사용으로 인한 강한 흔들림을 의미하며, 주로 지반을 통하여 건축물에 전파되어 건물 내에 2차 소음을 일으키게 된다. 소음진동규제법에서는 탄성지지시설 및 방진동 시설 등 3종류의 시설을 진동방지시설로 지정하고 배출시설을 설치할 때 진동방지시설을 설치하도록 의무화하고 있다. 배출시설설치허가를 받은 진동배출업소에 대해서는 진동배출허용기준을 준수하도록 지도, 단속하고 주택가공장에 대해서는 진동방지시설을 설치하도록 한다.

5) 물에 관한 정책

① 수질오염

가. 오염실태
-급격한 인구 증가와 도시화, 산업화현상으로 생활하수, 산업폐

수, 축산폐수의 배출이 급증하고 있으며, 이에 따라 수질오염현상은 날이 갈수록 심화되어가고 있다. 지난 1991년에는 낙동강 페놀오염 사고가 발생하여 우리 사회에 커다란 충격을 주었으며, 1994년 낙동강 유기용제 오염사고가 다시 발생하여 낙동강 지역 주민들뿐만 아니라 전 국민들에게 먹는 물의 안전성에 대한 중요성을 인식하는 계기가 되었다. 더욱이 1998년 수도권의 상수원인 팔당호의 수질의 오염도가 사상 최악으로 나타남에 따라 수질오염의 심각성과 수질정책의 필요성이 크게 부각되었다.

② 수질오염 관련 법안

가. 수질환경보전법

-수질오염으로 인한 국민건강 및 환경상의 위해를 예방하고 하천·호소 등 공공수역의 수질을 적정하게 관리·보전하기 위한 법으로서, 사업장에서 발생하는 폐수의 배출허용기준을 정하고 폐수배출시설을 설치하고자 할 경우 허가 등을 받게 하는 등 폐수의 배출을 규제하고, 공공수역에 유독물·지정폐기물 등의 투기를 금지하는 규정을 두고 있다.

나. 오수·분뇨 및 축산폐수의 처리에 관한 법률

-종전에 폐기물관리법에서 규제하던 오수·분뇨 및 축산폐수는 일반적인 폐기물과는 달리 수질오염에 직접 영향을 미칠 뿐 아니라 크고 작은 배출원이 전국적으로 다양하게 산재되어 있어 기존의 폐기물관리체계로는 이를 효과적으로 관리하기 어려웠던 점을 개선하기 위해 제정되었다. 오수·분뇨 및 축산폐수의 적정한 처리를 위하여 오수처리시설, 축산폐수처리시설 등을 설치할 것 등을 규정하고 있다.

다. 하수도법

−도시화에 따라 많은 인구가 도시에 집중되면서 불가피하게 생활하수를 포함한 각종 도시하수를 배출하게 되기 때문에 하수도법은 도시하수를 처리하는 하수도를 개량하고 정비하기 위하여 그 설치 및 관리의 기준 등을 정하고 있다.

라. 호소수질 관리법

−호소의 환경적 가치는 날로 더해 가는 데 반해 이를 둘러싼 인간의 경제활동은 점차 확산되어 호소수질의 훼손을 막기 위한 대책이 요구되었으며, 이러한 필요성에 따라 수질환경보전법의 일부 규정으로 되어 있던 것을 따로 떼어 독립법으로 제정한 것이다.

마. 한강수계 상수원 수질개선 및 주민지원 등에 관한 법률

−한강수계 상수원의 수질을 개선하기 위해 상수원 인근 지역에는 오염원이 새로이 들어올 수 없도록 수변구역을 설정하고, 지방자치단체별로 오염총량관리제도를 실시할 수 있도록 하는 등 상·하류 지역 간에 협력하여 상수원 수질을 개선하기 위하여 1999년 2월 8일 새로이 제정되었다.

③ 수질오염관리대책

가. 공공수역 수질보전대책

−4대강 수질보전대책: 전국을 수계영향권별로 관리하기 위해 전국수계를 한강권역, 금강권역, 낙동강권역, 영산강권역으로 나누어 수질보전대책을 추진함.

호소수질 관리대책: 다목적 댐, 발전용 댐, 농업용 댐 등 각종 댐

과 저수지, 하구호, 자연호 등 호소의 부영양화방지를 위해 체계적인 수질 관리를 추진함.

　지하수 수길보건대책: 지하수이용량 증기에 따른 지하수 오염을 마기 위해 수질검사, 오염방지시설설치, 지하수 오염유발시설관리 추진.

나. 오염원별 관리대책

－생활오수관리대책: 생활오수관리를 위해 하수관거를 통하여 하수종말처리시설로 유입 처리되는 종말처리체계와, 발생원에 오수처리시설을 설치하여 하수종말처리시설과 동일한 수준으로 처리하는 개별처리체계 실시.

－산업폐수관리대책: 산업활동과정에서 불가피하게 발생하는 산업폐수의 효율적 관리를 위해 배출규제 기준설정, 폐수배출시설 사전허가제, 폐수배출사업장관리, 폐수종말처리시설설치·운영.

축산폐수관리대책: 축산물수요 증가로 인한 축산폐수발생량의 증가에 따라 이를 적정하게 관리하기 위해 일정 사육규모 이상의 축산농가는 자체시설을, 그 이하의 축산농가는 축산폐수공공처리시설에서 수거·처리하도록 하고, 축산폐수공공처리시설 확충과 전문적 운영관리 추진.

－비점오염원관리대책: 산림, 초지, 도시용지, 건설지, 농경지 등 넓은 면적에 분포하는 비점오염원의 오염물질의 제도적 관리를 위해 비점오염부하양의 합리적 추정, 유출특성 및 영향인자의 규명, 유출최소화를 꾀함으로써 하천 및 호소의 수질오염방지에 주력.

다. 하천환경관리대책

－생태계 발원지이자 국민 생활공간의 일부인 하천환경을 쾌적하게 가꾸기 위해 오염하천정화사업을 추진함으로써 효율적인 하천환경관리를 추진한다.

④ 상하수도관리

가. 상하수도 현황과 관리체계

가) 상수도
상수도는 일반수도와 공업용수도, 전용수도로 구분되며, 일반수도는 지방자치단체가 공급주체가 되는 지방상수도와 간이상수도, 국가에서 공급하는 광역상수도로 구분된다. 지방상수도는 지방자치단체가 관할 지역주민, 인근 지방자치단체 또는 그 주민에게 원수 또는 정수를 공급하는 일반수도이며, 광역상수도는 둘 이상의 지방자치단체에 원수 또는 정수를 공급하는 일반수도를 말한다.

일반수도사업은 사업종류에 따라 관장주체가 구분되며, 광역상수도는 건설교통부 장관, 지방상수도는 환경부 장관, 간이상수도는 시·도지사의 인가를 얻어 시행한다. 1998년 12월 말 현재 전체 인구의 85.2%가 상수도를 공급받고 있고, 1일 1인당 급수량은 395리터이다.

나) 하수도
하수도사업은 상수도사업과 마찬가지로 원칙적으로 지방자치단체가 시설설치·경영을 책임지고 있다. 1998년 12월 말 현재 하수도 보급률은 65.9%이다.

나. 상수원의 관리에 관한 법

가) 수도법
수도에 관한 종합적인 계획을 수립하고 수도를 적정하고 합리적으로 설치·관리하기 위하여 제정되었으며, 환경부 장관에게 상수원의 확보와 수질보전상 필요하다고 인정되는 지역을 상수원보호구역으로 지정할 수 있도록 하고 상수원 보호구역에서는 할 수 없는 각종 행위를 규정하고 있어 상수인보호에 관한 기본법으로서의 역할을 하고 있다.

나) 먹는 물관리법

먹는 물로 인한 국민건강상의 위해를 예방하고 먹는 물의 합리적인 수질 관리를 도모하기 위하여 1995년 1월 5일 '맑은 물 공급'을 위한 수질 관리 일원화정책에 따라 종래 식품위생법, 공중위생법 등에 분산되어 있던 먹는 물 관련 규정을 통합하여 단일법으로 제정한 법이다.

이 법에서는 환경부 장관에게 먹는 물 수질기준의 설정·보급 등 먹는 물의 수질 관리를 위한 각종 규제권한을 부여하고 있으며, 먹는 샘물 제조업자 및 수입판매업자 등에게 수질개선 부담금을 부과·징수할 수 있는 근거규정을 두고 있다.

다. 상수도관리

1. 상수도설치 확충: 도시 지역 중심의 상수도 보급정책에 따르는 농어촌 지역 상수도보급률 저하에 따라 상수도설치 확충 추진.

2. 상수도시설 개량: 상수원 수질오염이 가중됨에 따라 고도정수처리시설, 정수장 운영관리 개선, 노후수도시설 개량, 간이상수도시설 개선, 저수조 위생관리 강화 추진.

3. 중수도 보급 확대: 장래에 예견되는 물 부족에 대비하기 위해 쓰고 버린 각종 오·폐수를 재처리하여 청정하지 않아도 되는 허드렛물(예: 수세식 화장실용수, 청소용수, 세차용수, 공업용수)로 재이용하는 중수도제도를 도입하여 대형빌딩이나 공장 등에 설치 권장.

4. 대체식수원 개발: 대체식수원 개발을 위해 강변여과수(수질오염

사고에 대비하여 강변 대수층을 굴착하여 대수층을 통해 여과된 지하수를 취수하여 상수원으로 활용하는 취수방식)개발사업, 식수전용 저수지개발에 주력함.

5. 상수원보호구역관리: 깨끗한 상수원수를 확보하고 상수원수의 수질오염을 막기 위해 상수원보호구역을 설치하고 이 지역 내에서의 토지이용이나 재산권행사를 구제하는 한편, 거주민들의 재산권행사 제약을 보상하기 위한 주민지원사업 실시.

라. 먹는 물 관리

1. 먹는 물 수질 관리: 산업의 급속한 발달에 따라 상수원수 중에 존재할 수 있는 미량유해물질의 종류가 많아지고 농도 또한 높아지고 있어 수질기준을 보완하고 정기적인 수질검사를 통해 먹는 물의 수질을 관리.

2. 먹는 샘물 관리: 1995년 먹는 물 관리법을 제정하여 먹는 샘물의 시판을 허용하는 한편 무분별한 지하수개발로 인한 지하수오염과 고갈을 방지하고 먹는 샘물 수질의 안정성을 보장하여 국민건강을 보호할 수 있도록 엄격한 관리체제를 구축, 운영.

3. 먹는 물 공동시설관리: 도시인근의 등산로, 사찰, 유원지, 체육공원시설 등에 설치되어 있는 약수터 등 먹는 물 공동시설의 이용자가 증가함에 따라 먹는 물 관리법에 따라 수질검사와 수질 관리를 통한 안전성확보에 주력.

4. 정수기관리: 정수기 확대보급에 따르는 사후관리와 수질 안전성 확보의 필요성에 따라 먹는 물 관리법에 근거하여 품질검사, 품질관리 등 철저한 정수기관리 실시.

마. 하수도관리

1. 하수도시설기준의 정비: 하수의 종말처리를 위한 수질보전에 하수처리정책의 중점을 두고 하수도종말처리시설의 설치 및 증설사

업 추진, 하수도시설설치기술의 선진화에 관한 사항 및 운영관리
의 정보화, 자동화에 따르는 시설 확충과 정비.
2. 하수도시설의 확충 및 정비: 물관리종합대책에 따라 1996~
2005년간 하수관 정비를 위한 재원 확보.
3. 하수도기술의 개발보급: 경제적이고 선진화된 시설보급을 위해
하수도기술선진화시범사업을 추진 중.
4. 하수관거 시공관리 및 검사 강화: 하수관거의 부실시공을 막기
위해 관리 및 검사 강화.
5. 배수설비 준공검사제도 도입을 통한 하수도관리: 배수설비 준공
검사제도 도입으로 하수의 공공하수도 유입·유도.

⑤ 해양오염

가. 주변연안의 오염실태

1960년대 이후 급속한 산업개발의 결과로 경제규모가 확대되고,
연안 지역으로 인구가 집중됨에 따라 오폐수의 발생량과 해양의 오
염부하 발생량은 계속 증가되고 있다. 또한 해상물동량의 지속적인
증가에 따라 매년 400여 건의 해양유류오염사고가 발생하고 유조선
의 대형화로 인한 대규모 오염사고가 빈발하는 등 해양오염사고의
발생가능성이 상존하고 있으며, 연안양식에서 양식업에 필요한 사료
투입으로 부영양화를 일으킴으로써 주변 해역에 적조가 자주 발생하
여 해양환경을 악화시키고 있다.

나. 해양오염 관련 법안 – 해양오염방지법

해양오염방지법은 1978년 제정되어 8차례에 걸쳐 개정되어 왔으
며, 선박 및 해양시설 등에서 해양에 배출하는 기름·유해액체물질

등과 폐기물을 규제하고, 해양의 오염물질을 제거하여 해양환경을
보전함으로써 국민의 건강과 재산을 보호함을 목적으로 하고 있다.
해양오염방지법에는 해양환경보전종합대책 수립, 해역별 수질기준과
해양환경기준의 설정, 수질측정, 해양환경측정망, 특별관리해역의 지
정뿐만 아니라 선박이나 해양시설로부터의 기름·유해액체물질 등,
또는 폐기물의 배출규제 등을 규정하고 있다.

　다. 해양오염방지대책

1. 해역별 수질 관리 및 해양오염측정망 운영: 각 해역을 수질기준
   에 따라 등급별로 나누어 관리하고, 해양오염측정망을 운용하여
   오염실태를 파악.

2. 폐기물 해양배출관리: 해양오염방지법에 근거하여 무독성의 수용
   성 유기성 폐기물을 일정해역에 배출할 수 있도록 하는 폐기물해
   양배출제도를 운영하여 왔으나 오염물질의 해양 투기를 광범위하
   게 규제하는 국제적인 추세에 따라 점차 규제를 강화하고 있다.
   현재 폐기물의 해양 투기에 대해서는 해양오염방지법과 폐기물처
   리법에서 해양 투입 처분의 기준을 규정하고 있다. 이 기준은 해
   양에 버려도 되는 폐기물의 종류를 지정하고, 그 종류에 대응하여
   배출해역과 배출방법을 정한 것이다. 이에 따르면 해양 투기가 인
   정되는 것은 ① 선박 혹은 해양시설 내의 일상생활에서 발생하는 폐기
   물 ② 정부 법령상 투기할 수 있다고 정해진 폐기물 ③ 선박의 통
   상활동에 따라 발생하는 폐기물과 오수 중에 정부 법령으로 해양
   에서의 처분이 불가피하다고 인정된 폐기물이다.

3. 해양오염방지를 위한 제도개선: 기름에 의한 해양오염방지를 위
   한 국제협약(MARPOL) 가입에 따라 안전확보와 인명구조를 위
   한 경우 등을 제외한 기름폐기물 배출규제, 폐기물 운반선박의
   등록제, 폐유처리업의 허가제, 기름폐기물 대량배출자의 방제의

무, 방제조치의무와 선박소유자 등 원인비용부담 등을 주요 내용
으로 하는 해양오염제도를 설정하고 이를 개선해 나감.

라. 해양생태계보전대책

해양에 존재하는 생물과 이를 둘러싼 환경요인을 포함한 해양생태
계는 연안생태계와 외양생태계, 해저생태계, 갯벌생태계 등을 포함하
며, 육상 환경에 비해 해류, 조석간만, 깊이, 수온, 염분도 차이, 빛
의 투과도 등의 물리적 변화요인이 크고 환경의 화학적 변화요인은
더욱 크다. 따라서 해양오염이나 연안오염에 의해 쉽게 영향을 받게
된다.

이 같은 해양생태계의 보전을 위해 매 5년마다 해양생태계 조사
를 실시하고, 이에 따르는 해양환경보전 기본계획을 수립, 추진한다.
1997년부터 제2차 전국환경생태계조사사업이 실시 중에 있으며, 습
지보전법에 근거하여 갯벌생태계조사를 수행하고 이를 토대로 생물
다양성이 풍부한 지역을 습지보호 지역으로 지정할 예정이다.

6) 생물에 관한 정책

① 생태계 훼손 실태

생태계는 일단 파괴되면 복원이 거의 불가능하며, 복원이 된다고
할지라도 오랜 시간이 소요되고 많은 경제적 부담이 따르게 된다.
그럼에도 불구하고 현재 전 세계적으로 생태계의 훼손과 파괴행위가
자행되고 있다. 세계 전 지역에서 열대림을 비롯한 산림의 파괴가
진행되고 있으며, 매년 1700만 헥타르의 열대림이 벌목과 개간으로

없어지고 있다. 1980년대 이후에 훼손된 열대림 면적은 열대림 전체 면적 중 절반에 달한다. 미국이나 유럽 등 온대 지역의 산림은 매연 등의 공기오염과 산성비로 인해 10-20%가 감소되었으며, 특히 독일의 경우는 1982년 이래 전체 삼림면적의 55%까지 피해를 입었다.

산림의 훼손으로 말미암아 많은 야생동식물의 서식지가 파괴되어 그 수가 점점 감소되어 가고 있으며, 특히 희귀종의 경우에는 멸종 위기에까지 처하게 되었다. 또한 열대우림에 사는 생물의 0.5% 정도가 서식지의 파괴로 매년 멸종되어 가고 있다. 지구상 생물의 총수를 1,000만이라고 볼 때 매년 5만 종의 생물이 사라지고 있다는 것이다. 이러한 추세로 나가면 2000년에는 생물의 10%가 멸종되고, 2010년에는 33%가 멸종될 것으로 보인다. 현재 범세계적으로 멸종되어가고 있는 생물은 양서류, 조류, 어류, 무척추동물, 포유류, 육식동물, 영장류, 파충류 등 거의 모든 종이며, 그 밖에도 열대림의 규명되지 않은 종의 멸종까지 포함하면 수없이 많은 종이 매일매일 감소되어가고 있다.

② 생물 관련 법안

가. 자연환경보전법

－이 법은 자연환경을 인위적 훼손으로부터 보호하고, 다양한 생태계를 보전하며, 야생 동·식물의 멸종을 방지하는 등 자연환경을 체계적으로 보전, 관리함으로써 국민이 쾌적한 자연환경에서 여유 있고 건강한 생활을 할 수 있도록 하기 위해 제정된 법규이다.

나. 습지보전법

-이 법은 습지의 효율적 보전·관리에 필요한 사항을 규정하여 습시와 ㅗ 생물다양성의 보전을 도모하고, 습지에 관한 국제협약의 취지를 반영함으로써 국제협력의 증진에 이바지하기 위해 제정된 법규이다.

다. 자원공원법

-이 법은 자연환경의 지정 보전, 이용 및 관리에 관한 사항을 규정함으로써 자연생태계와 자연풍경지를 보호하고, 지속가능한 이용을 도모하여 국민의 보건 및 여가와 정서생활의 향상에 기여하기 위해 제정된 법규이다.

③ 관련 정책

가. 야생 동·식물 보호대책

-1997년 자연환경보전법 개정에 따라 야생동식물의 관리에 대한 제도적 기반이 구축되었으며, 이에 따라 멸종위기 야생 동·식물 및 보호 야생 동·식물의 지정, 관리 및 보전대책을 수립, 시행하고 있다. 이들에 대한 불법 포획·채취에 대해서는 최고 5년 이하의 징역과 3천만 원 이하의 벌금 등 벌칙을 대폭 강화하였다.

국제적으로 멸종위기에 처한 야생 동·식물을 국제상거래로부터 보호하기 위해 체결된 CITES(멸종위기 야생 동·식물의 국제무역에 관한 협약)가 발효됨에 따라 이 협약에 가입한 우리나라도 야생동식물 보호를 위한 국제적 활동에 참여하게 되었으며, 이 협약에 열거된 야생동식물을 수출입할 때에는 관계당국이 발급한 증명서를 제출하여야 통관이 가능하다.

나. 생태계보전대책

−각종 개발사업으로 인해 날로 훼손되어가는 자연생태계를 적정하게 보호하기 위하여 생태계보전 지역을 지정, 관리하고 있다. 생태계보전 지역은 보전 지역의 특성에 따라 야생동식물특별보호구역, 자연생태계특별보호구역, 해양생태계특별보호구역으로 나누어진다.

생태계보호구역 지정기준 구분
조사지역명
조사면적(㎢)

야생동식물특별보호구역
멸종위기 야생동식물 또는 보호야생동식물의 보호를 위해 필요한 지역
자연생태계특별보호구역
자연생태계가 특히 우수하거나 생물다양성이 풍부한 지역
또는 취약한 생태계로서 훼손되는 경우 복원하기 어려운 지역
경남 창녕군 우포늪, 대암산 용늪
해양생태계특별보호구역
해양생태계가 특히 우수하거나 생물다양성이 풍부한 지역

다. 습지보전대책

우리나라는 연안과 내륙에 습지가 많이 분포되어 있다. 서해안에 형성된 갯벌은 세계 5대 갯벌 중 하나로 손꼽히고 있으며(남한 면적의 3%에 해당), 갯벌 외에도 내륙 호수, 강어귀, 자연 늪 등 21개 지역의 10만 7천 헥타르에 해당하는 지역이 습지로 형성되어 있다. 이들 습지는 모두 WWF나 IUCN에 등록되어 있으며, 그중 대암산 용늪과 창녕 우포늪이 람사협약에 등록되어 있다.

우리나라의 주요한 습지로는 강화도, 천수만, 영종도, 아산만, 남

양만, 주남저수지, 낙동강 하구, 금강, 만경강, 동진강, 철원평야 등이 있다. 이들 습지는 철새가 서식하는 데 필요한 조건을 갖추고 있어 세계적인 철새 도래지가 되고 있다.

습지를 효율적으로 관리하고 람사협약의 취지를 반영하기 위해 1999년 2월 채택된 습지보전법에 따라 국가는 습지를 보전할 책임을 지며, 습지에 대한 조사 및 습지보전 기본계획을 수립, 시행한다. 5년마다 습지의 생태계 현황과 오염현황 등에 관한 기초조사를 하고, 필요한 경우 정밀조사를 한다. 습지로서 특별히 보전할 가치가 있는 지역을 습지보호 지역으로 지정하여 보호하며, 습지보전시설을 설치한다. 습지보전법 규정을 위반하는 경우 일정량의 징역형 또는 고액의 벌금에 처하도록 되어 있으며, 법인의 대표자나 법인, 대리인, 사용인 등의 위반 시 행위자뿐만 아니라 법인 또는 개인도 처벌을 받도록 한다(제26조: 양벌규정).

라. 무인도서 보전대책

-우리나라에는 유인도 464개와 무인도 2,689개의 총 3,153개 도서가 있다. 무인도서의 자연환경은 인간의 간섭이 적어 안정된 생태계를 유지하고 있으며, 내륙과 달리 고유종이 풍부하다. 난대성 식물 군락이 존재하고, 멸종위기야생동식물 및 희귀야생동식물의 서식지와 번식지(특히 멸종위기 조류의 집단서식지)의 기능을 하며, 독특한 자연경관을 유지하고 있어 보전가치가 높다.

그러나 무인도서에 대한 종합적, 체계적 조사와 연구가 이루어지지 않고 있으며, 수석용 돌과 분재용 식물의 무분별한 채취가 만연하고 있고, 가축 방목으로 인한 생태계 교란에도 불구하고 생태계 관리가 이루어지지 않고 있는 실정이다.

1997년 12월 제정된 독도등도서지역생태계보전에관한특별법에 따라 생태조사가 실시되고 있으며, 생태우수 무인도서는 특정도서로 지정, 관리할 예정이다.

   마. 자연공원관리대책

   자연공원은 자연생태계와 자연경관, 문화유적, 휴양자원 등을 보호
하고 지속가능한 이용을 함으로써 자연환경을 보전하고 국민의 여가
생활을 향상시키기 위해 지정되며, 국립공원, 도립공원, 군립공원으
로 구분된다.

   국립공원은 우리나라를 대표할 만한 자연생태계 보유 지역 또는
수려한 자연풍경지로서 지정된 곳이며, 지리산(1967년 지정), 내장산,
덕유산, 변산반도 국립공원 등 20개소가 있다. 도립공원은 서울특별
시, 광역시, 도의 풍경을 대표할 만한 국립공원 이외의 수려한 자연
풍경지로서 전라북도 4개소(모악, 대둔, 마이, 선운산)를 포함한 22개
소가 있다. 군립공원은 전북 순창군의 강천산이 최초로 지정된 이래
29개소가 지정되었다(전북은 강천산, 장안산의 2개소).

   이 중에서 국립공원은 환경부에서 직접 관리하며, 생태계 조사 및
연구, 훼손지 복원, 자연휴식년제 실시, 자연학습시설 조성 등의 환
경보전대책을 세우고 있다.

7) 폐기물에 관한 정책

   ① 폐기물에 의한 오염실태

   폐기물이란 말 그대로 버려지는 물질을 가리킨다. 그러나 자연적
관점에서 보면 버려지는 물질은 존재하지 않는다. 그저 순환의 한
과정으로 받아들여질 뿐이다. 이러한 순환과정을 자원의 획득과정과

폐기물처리과정으로 구분하는 것은 인간의 관점에서 경제적 효용성을 따져 판단하는 경우에 가능한 것이다.

인간은 자신들의 삶이나 사회적 활동에 필요한 물질을 자연으로부터 얻고, 자신들에게 필요 없는 물질들을 다시 자연으로 돌려보내고 있다. 근대화된 도시가 출현하기 이전에는 이러한 순환과정이 쉽게 자연적 평형을 이룰 수 있었으나, 인구가 증가하고 도시화를 추구함에 따라 자연적 평형을 깨뜨릴 만큼 많은 양의 폐기물이 발생하게 되어 인류의 생존을 위협하고 있다.

폐기물은 보관, 수집, 운반, 처리 등의 각 과정에서 악취나 매연, 유독가스 등을 발생시키고, 특히 소각과정에서 인체에 치명적 독성을 지닌 다이옥신과 수은, 납, 비소, 카드뮴 등의 유해중금속을 배출한다. 잘 알려진 바와 같이 다이옥신은 베트남전에서 사용되었던 고엽제의 주요 성분으로서 인간 신체에 축적되는 경우 암, 기형아 출산, 면역체계 이상을 가져오게 되며, 수은이나 납, 비소 등의 중금속은 인간의 뇌기능을 파괴하고 태아에게까지 심각한 영향을 주고 있다.

이들 맹독성 물질은 소각에 의해 대기 중으로 확산되거나 비에 섞여 지상으로 내려와 토양으로 스며드는 한편, 이 같은 토양에서 자라난 야채나 가축을 통해 인체에 흡수되는 방법으로 생태계와 인체 내에 쌓이게 된다. 또한 폐기물을 매립한 후에는 중금속을 포함한 여러 유해물질이 땅속에 스며들어 토양, 지하수와 하천을 오염시키고, 바다 속에 투기하는 경우에는 해양을 오염시키고 있다. 이와 같이 폐기물에 의한 각종 오염현상은 결국 지구의 자정능력 상실로 이어져 결국에는 생태계를 파괴하고 인류의 존립마저 어렵게 할 것으로 우려되고 있다. 이것이 오늘날 현대 사회에서 폐기물의 처리문제가 가장 주요한 환경문제 중 하나로 대두되고 있는 까닭이다.

② 폐기물 관련 법안

가. 폐기물관리법

－폐기물을 적정하게 처리하여 자연환경 및 생활환경을 청결히 하기 위하여 제정된 법으로서, 폐기물의 처리기준을 정하고 있으며, 폐기물의 수집, 운반 또는 처리를 업으로 하고자 하는 자는 시. 도지사의 허가를 받도록 하는 규정 등을 두고 있다.

나. 자원의 절약과 재활용 촉진에 관한 법률

－폐기물 발생량의 급증과 매립지 확보곤란으로 기존의 폐기물관리체계가 한계에 도달함에 따라, 폐기물의 발생을 원천적으로 줄이고 발생된 폐기물의 재활용을 촉진하기 위하여 제정된 법이다. 이를 위하여 이 법에서는 폐기물 예치금제도·폐기물 부담금제도 및 폐기물 재활용산업의 육성시책 등에 대하여 규정하고 있다.

다. 폐기물 처리시설 설치촉진 및 주변 지역 지원 등에 관한 법률

－일상생활 및 산업활동에서 발생되는 폐기물의 처리시설을 지역별 필수기반시설이며, 모든 경제활동을 직접적으로 뒷받침하는 사회간접자본시설임에도 지역주민의 반대로 시설설치가 어려워지자 이를 합리적으로 해소하고 시설설치를 촉진하기 위한 목적으로 제정되었다. 이 법에서는 폐기물 처리시설의 입지조사단계에서부터 실질적인 주민 참여가 이루어지도록 하고 있으며, 폐기물 처리시설 설치 지역의 인근주민에 대한 지원에 관한 사항 등을 규정하고 있다.

라. 폐기물의 국가 간 이동 및 그 처리에 관한 법률

－유해폐기물의 국가 간 이동 및 그 처리의 통제에 관한 바젤협약

이 1989년 3월 스위스 바젤에서 채택됨에 따라 이를 국내법으로 수용하여 폐기물의 국가 간 이동으로 인한 환경오염을 방지하고, 재활용 목적으로 수입되는 폐기물이 석성하게 관리되도록 하기 위한 법이다.

③ 폐기물 관리정책

가. 폐기물관리의 기본정책

-폐기물 관리정책의 궁극적인 목표는 폐기물이 환경에 주는 부하를 줄임으로써 자연환경을 보전하고 모든 국민이 쾌적한 환경 속에서 살아갈 수 있도록 하는 데 있다. 이를 위해서 단순히 발생된 폐기물처리에 그치는 것이 아니라 지속가능한 개발이념에 기초한 자원순환형사회로의 전환을 촉진하고 환경의 잠재력을 최대한 보전해 나가는 데 주력하고 있다. 이러한 관점에서 폐기물관리의 우선순위를 폐기물의 발생억제, 재이용, 재활용, 에너지회수, 소각, 매립의 순으로 설정하고 있다.

나. 폐기물 최소화

1. 생산단계의 최소화: 폐기물의 배출을 억제하기 위해 생산단계에서부터 발생억제조치를 취하기 위해 사업장 폐기물 감량제도와 폐기물부담금제도 채택.
2. 유통단계의 최소화: 유통과정에서 나오는 포장재폐기물을 억제하기 위해 유통단계 최소화정책 추진.
3. 소비단계의 최소화: 소비단계에서 배출되는 폐기물을 최대한 억제하기 위해 쓰레기종량제, 음식물쓰레기 감량화, 1회용품 사용 억제정책 추진.

다. 폐기물 자원화

1. 폐기물 재활용 현황: 일반가정에서 배출되는 폐기물 중 폐지의 사용량이 매년 증가하고 있으며, 고철, 폐유리, 폐타이어, 폐윤활유의 회수 및 재활용률이 지속적으로 증가추세에 있다.

2. 폐기물 재활용촉진시책: 폐기물 재활용을 촉진하기 위해 재활용품의 분리수거제도, 제품 재질 및 구조개선을 위한 재활용성 평가, 재활용촉진을 위한 예치금제도, 재활용산업 육성 및 공공 재활용시설설치 확충, 폐자원 이용촉진, 재활용제품 소비 확대 등의 정책 추진 중.

라. 폐기물처리

1. 생활폐기물처리: 생활폐기물의 수거, 운반 및 처리업무는 자치단체가 담당하고 있으며, 자치단체 조례에 따라 업무의 일부를 민간에 위탁하여 수행하고 있다. 수거, 운반, 처리된 후 남은 폐기물은 생활폐기물 매립시설에 매립된다.

2. 사업장폐기물처리: 사업장폐기물 배출 자는 모든 폐기물을 적정하게 처리하고 폐기물 발생을 최대한도록 억제하기 위해 생산공정에 있어 기술개발이나 재활용 등의 방법을 이용해야 하며, 사업장폐기물의 일종인 지정폐기물처리 역시 적정하게 해야 한다.

3. 폐기물처리시설 확충: 생활폐기물매립시설, 농어촌 폐기물종합처리시설, 소각시설 등 폐기물처리시설설치사업을 확대한다.

마. 폐기물 수출입관리

－우리나라가 1992년 5월 5일 발효된 바젤협약(유해폐기물의 국가 간 이동규제에 관한 바젤협약)에 1994년 가입함에 따라 이 협약을 국내법에 수용한 폐기물의 국가 간 이동 및 그 처리에 관한 법률이

제정되었고, 이에 따라 폐기물의 수출입을 관리하고 있다. 1996년 12월에 OECD에 가입함에 따라 폐기물통제절차를 수용하기 위해 1997년 8월에 이를 개성하였다.

이에 따라 바젤협약에서 정하는 유해폐기물의 품목과 OECD에서 정하는 유해폐기물의 품목을 고려하여 통제대상폐기물품목을 새로 정하여 고시하고 OECD에 가입하지 않은 국가들에 통제대상폐기물 의 수출을 금지하고 있다.

통제대상폐기물로 정해지면 당해 폐기물을 재생목적으로 외국에 수출하거나 외국에서 수입할 때 환경부 장관과 협의하여 산업자원부 장관의 허가를 받도록 되어 있다.

8) 토양에 관한 정책

① 토양오염실태

토양오염은 농작물의 성장을 저해할 뿐만 아니라, 농작물에 흡수 되어 이를 섭취하는 인간과 생태계에 피해를 미치고 있다. 즉 토양 오염은 대기오염이나 수질오염과는 달리 인간에게 직접적인 피해를 미치는 것이 아니라 여기에서 생산되는 농축산물을 섭취하는 인간에 게 간접적인 피해를 미치게 되는 것이다. 또한 일단 토양이 오염되 면 오염물을 제거하는 것이 불가능하여 계속해서 오염이 축적되며, 오염상태가 오랫동안 지속되는 특성을 지니고 있다.

토양오염을 일으키는 각종 유해물질 중에서도 가장 문제가 되는 것은 카드뮴, 수은, 아연, 납과 같은 중금속이다. 중금속은 씻겨 내려

가거나 감소되지 않고 토양 중에 오랫동안 잔류함으로써 농작물의 성장을 막아 수확량을 감소시킬 뿐만 아니라, 이를 식품으로 이용하는 인체 내에 들어가 치명적인 피해를 주게 된다. 따라서 토양오염 중에서도 중금속에 의한 오염을 가장 중요시하고 있다.

토양오염은 유해물질이 직접 토양에 흡수되어 발생하는 경우도 많지만, 대기오염이나 수질오염을 통해 이차적으로 발생하는 경우도 적지 않다. 이황화탄소나 질산나트륨 등의 대기오염물질은 산성비나 산성눈, 분진 등의 형태로 내려와 식물이나 농작물에 직접 피해를 주거나, 토양을 산성화시키고 있다. 산성비로 인한 토양의 산성화는 농작물의 생산성을 떨어 뜨려 식량생산에 중대한 영향을 미치고, 먹이사슬을 통한 알루미늄이나 중금속오염을 일으켜서 여러 가지 신체장애를 가져오게 된다. 더욱이 일단 산성화가 진행되기 시작하면 알루미늄이나 중금속의 농도가 급속하게 증가되어 회복이 어렵게 된다.

산성비로 인하여 산성화된 하천과 호수의 물, 또는 지하수도 농업용수, 기타의 방법으로 토양 속에 스며들어 그 속의 중금속을 녹임으로써, 토양과 식물 및 농작물을 오염시키게 된다. 또한 각종 공장폐수, 광산폐수, 탄광, 천연가스광 폐수, 석유 등에 의한 수질오염도 토양오염을 일으키는 중요한 원인이 되고 있다.

이와 같이 토양은 유해물질의 직접적인 유입과 대기오염 및 수질오염 등의 여러 가지 원인에 의해 오염되며, 여기에서 성장하는 식물계와 가축 등을 매개로 하여 인간의 건강에 악영향을 미치게 된다. 또한 오염효과가 다양하며, 장기적으로 지속되기 때문에 대기오염이나 수질오염보다도 개선하기 어려운 점이 있다. 그러므로 궁극적으로 토양오염을 막기 위해서는 농약, 중금속, 폐기물 기타 유해물질의 유입을 막아야 하며, 또한 대기오염과 수질오염을 규제하는 것이 필요하게 된다.

② 토양오염 관련 법안

토양오염은 1995년 제정된 토양환경보전법에 따라 규제되고 있다. 토양환경보전법은 토양오염으로 인한 국민건강 및 환경상의 위해를 예방하고 토양을 적정하게 관리·보전함으로써 모든 국민이 건강하고 쾌적한 삶을 누릴 수 있게 하기 위한 목적에서 제정된 법규이다.

이 법은 토양측정망 운영, 토지환경보전에 관한 기본계획의 수립, 토양오염유발시설의 지정, 관리 등 토양오염의 규제, 토양오염대책지역 지정 및 오염토양개선사업 추진을 그 내용으로 하고 있으며, 토양관리체제의 강화를 위해 올해 내로 대폭 개정될 예정이다.

③ 토양오염 관련 정책

1) 토양측정망 운영: 전국 토양에 대한 오염현황을 종합적으로 파악하여 토양오염예방대책과 오염토양에 대한 정화, 복원 등 토양환경보전정책수립을 위한 기초자료로 활용하기 위하여 토양측정망을 운영한다. 토양측정망은 전국망과 지역망으로 이원화하여 운영하며, 토양산도(pH) 및 중금속 6개 항목(카드뮴, 구리, 비소, 수은, 납, 6가크롬)과 유기인, 유류, PCB, 시안, 페놀 등 12개 항목별로 조사된다.

2) 토양오염유발시설 지정 관리: 토양오염을 유발하는 시설로는 주유소, 석유류·유독물을 취급하는 산업시설이 있으며, 이들 시설을 설치한 자는 토양 관련 전문기관으로부터 토양오염검사를 받도록 되어 있다. 토양오염검사는 토양 중의 시료를 채취하여 오염물질 함유정도를 검사하는 토양오염도 검사와 저장시설의 누출 여부를 검사하는 누출검사로 구분하여 실시한다.

3) 폐금속광산 주변 지역 토양오염방지 추진: 폐금속광산 주변 지역의 오염방지대책을 실시하여 폐광 주변 지역의 안전한 농산물 생산과 인체피해를 사전에 예방하는 효과를 가져오고 있다. 이들 사업이 추진되는 지자체에서는 폐기물처리시설, 소각시설, 재활용 분리장소 등을 설치하여 토지이용도를 높이고 있다.

9) 전자파에 관한 정책

① 전자파공해 실태

전자파는 전기장과 자기장이 주기적으로 변하면서 공간을 통해 전파해 나가는 현상을 말한다. 전자파는 광범위한 파장범위를 지니고 있으며, 파장범위에 따라 장파, 단파, 마이크로파, 적외선 등으로 분류되고 있다.

장파는 라디오 방송, 단파는 FM방송과 TV, 마이크로파는 통신과 관측에 이용되며 용도에 따라 국내외에서 다양한 환경문제를 발생하게 된다. 국제적으로는 한정된 지구정지궤도에 따른 주파수 제한, TV 직접위성방영에 따르는 방송유출(spill-over), 국가주권과 정보자유원칙 충돌 등의 문제가 있다.

국내적으로는 컴퓨터통신, 차량전화, 휴대용전화, 무선호출기 등 이동통신이용의 급증에 따른 혼선과 불통으로 각종 부작용과 환경공해가 일어나게 되며, 그에 따르는 도시기능의 저하 내지는 마비문제가 있게 된다. 병원에서 휴대용전화를 이용하는 경우 의료기기의 오작동을 유발하는 것도 이 같은 부작용 중의 하나라고 볼 수 있다. 이에 따라 국내외의 병원이나 비행기 기내 등 전자기가 작동하는 시

스템을 갖추고 있는 곳에서 이동통신기구의 사용을 규제하는 사례가
점차 늘어나고 있다. 뿐만 아니라 휴대폰에서 발생하는 전자파가 인
체에 해로운 결과를 유발시키는 것으로 알려져, 현재 이에 대한 연
구가 계속되고 있다.

한편 짧은 파장을 가진 적외선, 가시광선, 자외선, X선, 감마선 등
의 전파는 인간의 신체에 과다하게 노출되는 경우 피부암, 백내장,
백혈병 등의 질병을 일으키고 건강에 피해를 주는 유해성 문제를 발
생하게 된다. 작업환경상 컴퓨터를 오래 다루는 직업에 종사하는 근
로자들의 인체 안전문제가 제기되는 것은 바로 이 같은 전자파의 유
해성 때문이다.

② 전자파 관련 법안 – 전파법

전파법은 전파이용과 전파에 관한 기술개발을 촉진하여 전파의 진
흥을 도모하고 공공복리의 증진에 이바지하기 위해 제정된 법률이
다. 1961년 12월 30일 제정되었고 '92년 12월 8일 13차 개정되었다.
무선국의 허가·무선설비·무선종사자·운용·검사·감독·무선국관리사
업단·전파의 진흥 등을 규정하고 있다.

그러나 전파법은 인체에 영향을 미치는 전자파공해에 대하여 언급
을 하지 않고 있다. 즉 "전자파장해는 전자파를 발생시키는 기기로
부터 전자파가 방사 또는 전도되어 다른 기기의 성능에 장애를 주는
것"이라고 정의함으로써 전자파가 인체에 미치는 영향을 제외시키고
있다.

전파법 외에도 원자력법, 전기용품안전관리법, 산업안전보건법 등
이 전자파 관련 규정을 포함하고 있으나 그 내용이 단편적이며, 대

부분 전자파를 직접적으로 규제하지 않고 있다.

③ 관련 정책 수립의 필요성

현행법은 전자파의 개념과 범위에 대해 명시적으로 규정하지 않고 있으며, 전자파로 인한 공해문제에 대해서는 더더욱 침묵을 지키고 있다. 따라서 현재로서는 전자파공해를 규제하는 정책이 전무한 실정이다.

전자파공해의 심각성에 대해서는 이미 과학적으로 증명이 되고 있기 때문에 외국에서는 이를 근거로 전자파에 대해 법적 규제를 하는 사례가 점차 늘어나고 있다. 영국은 전자레인지의 마이크로웨이브 누출량을 법적으로 제한하고 있고, 발전소나 공중 전력선 건설 시 승인을 받도록 요구하고 있다. 미국의 경우는 플로리다, 미네소타, 뉴저지, 몬타나, 오레곤, 뉴욕 등의 지역에서 전자파에 관한 법적 기준을 설정하고 있다. 특히 플로리다의 관련 법률은 송전선에서 방출되는 전자파의 최대허용량을 명시하고 있으며, 이로 인한 재정적 부담을 전력회사 측에서 부담하도록 하고 있다. 캘리포니아의 아바인 시는 시 자체 내에서 적용되는 기준을 만들어 가옥과 송전선 사이의 거리를 제한하고 있다. 이탈리아나 독일의 경우에는 입법지침이나 권고를 통해 전자파에 대한 노출제한기준을 정하고, 송전선과 가옥 기타 구조물 간의 최저거리를 제시하고 있다. 우리나라 보건복지부는 전자파가 인체에 해롭다는 확증은 없지만 될 수 있는 대로 전자파에 노출되지 않는 것이 좋다는 입장을 취하고 있으며, 이에 따라 전자제품, 컴퓨터, 전기담요, 히터 등의 사용시간을 제한하도록 권고하고 있다. 그러나 외국의 사례와는 달리 전자파공해를 규제하는 법규가 마련되어 있지 않으며 이 문제를 정책적으로 관리하지도 못하고 있다. 최근 국내에서도 송전탑이나 송전선로의 설치문제를 둘러끼고 주민들과의 마찰이 심각한 사례가 석지 않게 발생하고 있으며, 이는 곧 생명권과 직결되어 해결에 많은 어려움을 겪고 있다. 따라서 우리나라에서도 전자파공해를 체계적으로 관리하는 정책과 법제도가 이른 시일 내에 정립되어야 할 것으로 보인다.

10) 핵에 관한 정책

① 원자력발전 현황

가. 세계의 원자력발전 현황
-1998.12 현재 세계 36개국에서 434기의 원자력발전소가 운영 중이고 36기가 건설 중에 있다. 세계적으로 원전에 의한 에너지공급은 전체 에너지양의 16%에 해당한다.

운영 중인 원자력발전소의 설비용량을 기준으로 보면 미국이 총 104기로 1위를, 프랑스가 총 58기로 2위, 일본이 총 53기로 3위, 독일이 총 20기로 4위를 나타내고 있다. 우리나라는 총 16기로 세계 8위이다.

나. 우리나라의 원자력발전 현황
-우리나라는 1971년 경남 양산군에서 기공된 고리원자력발전소 1호기가 1978년 가동됨으로써 원자력발전을 시작하였으며, 2000년 2월 현재 부산시 기장군에 4기, 경북 경주시에 4기, 전남 영광에 4기,

경북 울진에 4기 등 모두 16기의 원자력발전소를 운영하고 있다.

1998년 원자력발전 설비용량은 전체 발전설비용량의 27.6%를 차지하고 있다. 이것은 1994년 전체 발전량의 35.5%를 차지하던 것과 비교할 때 많이 감소한 양이지만, 적어도 우리가 쓰고 있는 전기의 1/3 이상이 원자력으로 만들어지고 있음을 알 수 있다. 2000년 현재 4기의 원자력발전소를 건설 중에 있으며, 2006년까지는 8기를 더 건설할 계획이다.

② 원자력 관련 법안 - 원자력법

원자력법은 원자력의 연구·개발·생산·이용과 이에 따른 안전관리에 관한 사항을 규정하여 학술 진보와 산업 진흥을 촉진함으로써 국민생활의 향상과 복지증진에 기여하며, 방사선에 의한 재해의 방지와 공공의 안전을 도모하기 위해 1982년 4월 1일 제정된 법률이다.

원자력법은 원자력위원회, 원자력의 연구·개발 등, 원자로 및 관계시설의 건설·운영, 원자로 및 관계시설의 생산 등, 핵연료주기사업 및 핵물질사용 등, 방사성동위원소 및 방사선발생장치, 폐기 및 운영, 면허 및 시험, 규제·감독 등을 규정하고 있다.

우리나라는 1996년 10월 24일에 발효한 원자력 안전협약의 당사국으로서 당연히 이 협약상의 의무를 이행하도록 되어 있으며, 협약에서 규정한 원자력 안전성을 확보하기 위해 국내법에 관련 조항을 규정하고 이를 성실히 이행하도록 되어 있다. 그러나 우리나라는 지난 2월 8일 개정된 원자력법에서 안전관리에 관한 규정을 상당수 삭제하였다.

원자로 및 관련 시설 성능 검증 규정(제42조 2, 3항), 핵연료 운전

계획서 제출(제48조), 안전관리 규정(제49조), 핵연료 물질 취급 책임
자의 선임 의무 해임 규정(제50조~52조) 등 핵연료 주기사업과 관
련한 안전 규정의 일부를 삭제하였을 뿐만 아니라, 방사성동위원소
및 방사선 발생장치의 안전관리 규정(제70조), 방사선 안전관리 책임
자의 해임(제74조), 설계 및 공사방법의 승인(제77조의 2), 폐기 및
운반 시 안전관리 규정(제 81조) 등을 삭제하였다. 이번 법 개정에서
는 방사성물질의 운반, 포장 중 사고발생 시 안전조치 후 과기부 장
관에 대한 보고의무(제89조) 등 소수의 규정만이 추가되었다.

③ 원자력 관련 정책

가. 국제 원자력정책

-국제 원자력 기구(IAEA)는 핵에너지의 안전성 강화를 위해 건
강 및 안전성 기준과 핵 안전성 기준 프로그램(NUSS)을 설정하고
있다. 건강 및 안전성 기준은 핵 물질의 이용, 저장, 수송 및 폐기물
의 관리 내지 처분을 포함한 모든 핵에너지 분야의 방사능 노출을
제한하는 것을 내용으로 하고 있다. 핵 안전성 기준 프로그램은 원
전의 설치 및 운영에 관한 최소한의 국제 안전성 기준과 지침을 설
정하는 것을 내용으로 하고 있다. 국제 원자력 기구는 핵에너지 보
급을 위해 원자력발전소의 설치, 운영을 적극 지원하되, 원전사고의
발생을 막기 위해 이러한 기준 내지 프로그램을 만들어 규제를 하고
있는 것이다.

국제 원자력 기구의 주관하에 체결된 1994년 원자력 안전협약
(convention on nuclear safety)은 1986년 체르노빌 원전사고 이후에
그와 같이 참혹한 대형 원전사고의 예방을 위해 만들어진 것이다.
이 협약은 원자력발전소 및 관련 시설의 안전을 포괄적으로 규제하

고 있으며, 안전규제에 관한 공통된 국제기준을 제시하고 있다. 다시 말해서 원전 및 폐기물 관련 시설의 원자력 안전, 방사선 방호 및 기술적 안전을 위해 협약 당사국에 입법 및 규칙 제정, 재원 확보, 인력교육, 방사선 노출 제한 등에 관한 의무를 부과하고, 기술협력과 국제적 감시 및 평가제도를 규정하고 있는 것이다.

나. 우리나라의 원자력정책

－우리나라는 1992년에 오는 2001년까지 차세대 원자로개발, 개량 핵연료주기 기술개발 등 원자력 핵심기술의 완전자립과 국제 경쟁력 확보를 목표로 하는 원자력연구개발 중장기계획을 수립, 추진 중에 있다. 또한 원자력 진흥종합계획과 21세기를 향한 원자력연구개발중·장기계획안을 수립, 시행하고 있다. 이러한 계획하에 정부주도로 원자력기술 분야, 원자력안전 분야, 원자력기반기술 분야 등의 과제를 중점 개발하고 있다.

이러한 계획의 추진을 통해 2000년대 초 원자력기술 선진국 진입을 목표로 전략적 핵심기술을 개발하고, 원자력발전기술의 자립 및 고도화를 통해 국가에너지 자립기반을 구축하는 것이 우리나라 원자력정책의 목표가 되고 있다.

11) 유해화학물질에 관한 정책

① 유해화학물질의 현황

현재 전 세계적으로 존재하는 화학물질의 종류는 모두 1천2백만 종이고, 유통 중인 화학물질은 모두 8만 7천여만 종(국내에서는 3만

6천여 종)이며, 매년 2백여 종의 새로운 화학물질이 개발되고 있다. 이들 화학물질로는 제초제, 살충제, 기타 건강장해물질 등이 있으며, 인간이나 야생동식물, 기타 생태계가 이들 물질에 노출되었을 때 각 종 피해를 입게 된다.

미국, 유럽, 일본 등의 선진국가들은 1970년대 이후 환경적으로 유해한 위험산업에 대한 법적 규제를 강화하게 되었다. 선진국가들은 이들 산업에 대해 엄격한 안전관리시설과 공해방지시설을 요구하였고, 다국적기업들은 이러한 규제를 피해서 아시아, 아프리카 등지로 진출하게 되었다. 그 결과 개발도상국에서 크고 작은 유해화학물질사고가 잇따르게 되었으며, 그로 인해 많은 인명피해와 환경오염을 유발시켰다.

유해화학물질이 최근 들어 더 많은 우려를 불러일으키는 것은 이들 물질이 인간과 동물의 체내에 누적되는 경우 내분비장애를 일으켜 건강상 심각한 위해를 미치기 때문이다. 세계야생동물보호기금(WWF)은 모두 67종의 화학물질을 환경호르몬 유발물질로 규정하였다. 그 대표적인 것으로는 유기염소계 화합물인 다이옥신 PCBs PBBs 헥사클로로벤젠 펜타클로로페놀, 2, 4, 5-T 2, 4-D, DDT DDE 등의 제초제와 살충제, 비스페놀 A, 카드뮴, 납, 구리 등의 중금속이 있다. 월남전에서 사용되었던 고엽제는 TCDD(2 3 7 84염기화 다이옥신)를 함유한 2, 4, 5-T(트리클로로페닐)로서, 제초제 중에서도 가장 독성이 강한 화학물질이다.

미국 환경보호청은 1996년 Food Quality Protection Act와 개정된 Safe Drinking Water Act에 따라 내분비계 장애를 일으키는 화학물질이 인간과 야생동물에 어떤 영향을 미치는가에 관한 연구(Endocrine Disruptor Screening Program)에 착수하였다. 즉 인간이나 야생동물이 살충제와 산업화학물질, 기타 환경오염물질에 노출되었을 때 건강상 어떤 영향을 받는가에 관한 연구를 하는 것이다. 이 프로그램은 호르몬 중에서도 특히 중요한 갑상선호르몬, 에스트로겐(여성호르몬)과 안드로겐(남성호르몬)에 미치는 영향을 중점적으로 연구하고 있으며, 앞으로 연구대상이 되는 호르몬의 범위를 더 늘려갈 계획으로 있다.

미국 환경보호청이 실시하는 프로그램 결과에 따라 내분비장애를 일으키는 화학물질의 종류는 보다 확실하게 드러나게 될 것으로 보인다. 미국 환경보호청은 현재 전 세계에서 유통 중인 살충제, 제초제와 화학물질을 대상으로 테스트를 하고 있기 때문에 그 결과가 발표되는 경우 모든 화학물질의 유독성 여부가 밝혀지게 될 것이다. 따라서 내분비장애물질에 대한 규제는 국제적으로 더욱 강화될 전망이다.

한편 미국 환경보호청의 테스트 결과에 따라 세계적으로 유통되어 오던 농약과 화학물질이 전면 교체되는 새로운 국면을 맞게 될 수도 있는 상황이어서 국가마다 이에 대한 대비책을 세우기에 골몰하고 있다. 우리나라 환경부는 1998년 5월 관련 기관과 민간환경단체로 구성된 내분비계 장애물질 대책협의회를 열고 WWF에서 선정한 67종의 유해화학물질을 내분비계 장애물질로 규정하는 동시에, 이들 물질에 대한 국내규제를 강화하고 있다.

② 환경호르몬과 다이옥신

가. 환경호르몬(endocrine disruptor : 내분비계 장애물질)

－우리 몸의 각 기관에서는 신체의 발육과 성장, 생식 등 생리적인 기능 조절에 필수적인 역할을 하는 각종 호르몬이 분비되고 있다. 호르몬은 내분비선에서 형성되어 혈액 속에 스며들고 있으며, 극히 작은 양으로도 체내의 상태를 일정하게 유지시키고 신체에 특수한 영향을 미치게 된다. 세포 속에 들어 있는 수용체는 호르몬을 인

식하고 호르몬과 결합하여 유전자를 활성화시키고 있다.

호르몬과 내분비선, 그리고 수용체는 내분비계(endocrine)를 구성하고 있다. 내분비계는 신진대사를 촉진시키고, 밀입과 밀낭당을 소절하며, 생식기관의 성장과 기능을 돕고, 두뇌와 신경계를 발달시키는 등 광범위한 생물학적 과정을 조절하게 된다. 이러한 내분비계는 인간뿐만 아니라 포유동물과 비포유동물, 척추동물과 비척추동물 등 거의 모든 동물에게서 찾아볼 수 있다.

그런데 근래에 화학적으로 합성되어 호르몬과 유사한 작용을 하는 물질들이 대거 등장하기 시작하였다. 이 같은 화학물질들은 신체 내에서 호르몬과 같은 효과를 일으키며, 수용체와 밀접하게 결합하여 유전자를 교란시키게 된다. 즉 내분비계의 정상적인 활동을 방해하여 유전자에 잘못된 정보를 입력시키는 것이다.

우리는 이러한 호르몬 유사물질을 보통 환경호르몬(environmental hormone)이라고 부르고 있다. 그러나 미국 환경보호청(EPA)에서는 환경호르몬이라는 용어는 쓰지 않고 있으며, 내분비장애물질(endocrine disruptor)이라고 표현하고 있다.

환경호르몬이 문제가 되는 것은 신체에 미치는 유해성 때문이다. 환경호르몬은 생물체 내에 흡수되어 여러 가지 부작용을 가져오게 되며, 암을 비롯한 각종 질병을 일으키는 요인이 되고 있다. 어떤 경우에는 자연적인 호르몬을 흉내 내어 신체의 반응을 무력화시키기도 하고, 신체 각 부분에서 호르몬의 효과가 나타나지 않도록 방해하기도 한다. 내분비계를 직접 자극하거나 억제하여 호르몬을 지나치게 많이 생성하거나 적게 생성하도록 하기도 한다.

예를 들어 여성호르몬인 에스트로겐과 유사한 물질은 생물체 내에서 에스트로겐과 똑같은 효과를 발생시키며, 그 결과 체내의 여성호르몬이 지나치게 많아져 수컷의 정자 수가 감소하거나 암컷화 현상이 나타나게 된다. 이러한 사실은 최근 환경호르몬이 검출된 낙동강 하류 취수원에서 잉어 수컷의 암컷화 현상이 진행되고 있다는 조사 결과에서도 볼 수 있다.

현재 유통 중인 화학물질은 모두 8만 7천여만 종에 이르는 것으로 알려져 있다. 세계야생동물보호기금(WWF)은 그중에서 모두 67종의 화학물질을 환경호르몬 유발물질로 규정하였다. 그 대표적인 것으로는 유기염소계 화합물인 다이옥신 PCBs PBBs 헥사클로로벤젠, 펜타클로로페놀, 2, 4, 5-T 2, 4-D, DDT DDE 등의 제초제와 살충제, 비스페놀 A, 카드뮴, 납, 구리 등의 중금속이 있다. 최근 우리나라에서 문제가 되고 있는 고엽제는 TCDD(2 3 7 84염기화 다이옥신)를 함유한 2, 4, 5-T(트리클로로페닐)로서, 제초제 중에서도 가장 독성이 강한 화학물질이다.

미국 환경보호청은 1996년 Food Quality Protection Act와 개정된 Safe Drinking Water Act에 따라 내분비계 장애를 일으키는 화학물질이 인간과 야생동물에 어떤 영향을 미치는가에 관한 연구(Endocrine Disruptor Screening Program)에 착수하였다. 즉 인간이나 야생동물이 살충제와 산업화학물질, 기타 환경오염물질에 노출되었을 때 건강상 어떤 영향을 받는가에 관한 연구를 하는 것이다. 이 프로그램은 호르몬 중에서도 특히 중요한 갑상선 호르몬, 에스트로겐(여성호르몬)과 안드로겐(남성호르몬)에 미치는 영향을 중점적으로 연구하고 있으며, 앞으로 연구대상이 되는 호르몬의 범위를 더 늘려갈 계획으로 있다.

미국 환경보호청이 실시하는 프로그램 결과에 따라 내분비장애를 일으키는 화학물질의 종류는 보다 확실하게 드러나게 될 것으로 보인다. 미국 환경보호청은 현재 전 세계에서 유통 중인 살충제, 제초제와 화학물질을 대상으로 테스트를 하고 있기 때문에 그 결과가 발표되는 경우 모든 화학물질의 유독성 여부가 밝혀지게 될 것이다. 따라서 내분비장애물질에 대한 규제는 국제적으로 더욱 강화될 전망이다.

 한편 미국 환경보호청의 테스트 결과에 따라 세계적으로 유통되어
오던 농약과 화학물질이 전면 교체되는 새로운 국면을 맞게 될 수도
있는 상황이어서 국가마다 이에 대한 대비책을 세우기에 골몰하고
있다. 우리나라 환경부는 1998년 5월 관련 기관과 민간환경단체로
구성된 내분비계 장애물질대책협의회를 열고 WWF에서 선정한 67종
의 유해화학물질을 내분비계 장애물질로 규정하는 동시에, 이들 물
질에 대한 국내규제를 강화하고 있다.

나. 다이옥신(dioxin)

2,3,7,8-Tetrachlorodibenzo-p-dioxin

2,3,7,8-Tetrachlorodibenzofuran

3,3',4,4',5,5'-Hexachlorobiphenyl

DIOXINs

75 congeners

FURANs

135 congeners

PCBs

209 congeners

 다이옥신은 PCDDs(Polychlorinated dibenzodioxins: 다이옥신)와 그 유
사화합물을 총칭하는 화학물질군이다. 다이옥신은 PCDDs 이외에 PCDFs
(Polychlorinated dibenzofurans: 퓨란), PCBs(Polychlorinated biphenyls:
비페닐)와 같이 일련의 지속성 있는, 모두 419개의 화학물질로 구
성되어 있으며, 이 중에서 가장 독성이 강한 것은 TCDD (2,3,7,8-

tetrachlorodibenzo-p-dioxin: 왼쪽 그림)이다. TCDD는 사상 최악의 독성물질로서, 청산가리의 1천 배 가량의 독성을 지니고 있어서 단 1g 만으로 50㎏인 사람 2만 명을 죽일 수 있을 만큼 치명적이다.

다이옥신은 위 그림에서 볼 수 있는 것과 같이 6개의 탄소가 정육각형 모양으로 결합되어 있고 그 사이에 산소가 연결되어 있는데, 주변에 늘어선 염소(CL)의 수와 위치에 따라 다이옥신의 종류가 결정되며 그에 따라 독성도 각각 다르게 된다.

다이옥신은 매우 안정된 물질이기 때문에 화학적으로 분해되지 않으며, 박테리아에 의해 물질대사가 되지도 않는다. 또한 일단 체내로 들어가면 소변과 땀을 통해 배출되지 않고 몸 안에 축적이 된다. 다이옥신은 지방에 용해되는 지용성 물질이어서 물에 녹지 않고 동물과 사람의 체내에 있는 지방에 달라붙게 되는 것이다. 따라서 다이옥신은 먹이사슬을 통해 소, 돼지, 닭, 생선 등의 육류로부터 사람 몸 안에까지 들어가게 되며, 한 번 들어간 다이옥신은 몸 안에서 지속적으로 머무르게 된다.

다이옥신은 우리 몸 안에서 분비되는 호르몬을 교란시키거나, 호르몬의 흉내를 내기도 하고, 호르몬의 작용을 방해하거나 세포에 작용하여 호르몬과 유사한 반응을 일으키기도 한다. 즉 신체 내에서 호르몬처럼 혈액을 타고 다니며 수용체와 결합하여 유전자를 교란시키고 호르몬의 정상적인 활동을 방해한다. 이러한 점에서 다이옥신은 가장 독성이 강한 대표적인 환경호르몬(내분비장애물질)으로 손꼽히고 있다.

다이옥신은 극소량으로도 인체의 생식기능과 면역기능 이상을 가져오며, 간장 및 신장 파손, 기형아 출산, 말초 및 중추신경 발달장애 등을 일으키게 된다. 또한 비호치킨 임파선암, 연조직 육종암, 폐암, 후두암, 기관암 등의 각종 암과 버거씨병, 염화성 여드름, 피부병 등의 원인이 된다. 다이옥신은 5년 내지 20년 이상의 오랜 잠복기를 가지고 있어서 인체에 대한 피해가 뒤늦게 나타나는 것이 보통이며, 월남전에 참전했던 우리나라와 미국, 호주, 뉴질랜드 등의 군인들이나 베트남 주민들 중 상당수가 고엽제에 함유된 다이옥신의 독성 때문에 지금까지도 고통을 받고 있다.

다이옥신은 염소나 브롬을 함유한 화학물질을 생산하는 과정에서 부수적인 오염물로써 발생하며, 또한 염소를 함유한 쓰레기를 소각하는 경우에도 발생하게 된다. 전자의 경우 종이 및 제지 생산과정에서 염소가 유기질소와 결합하여 생기거나, PVC 염화용제 살충제, 제초제 등 염소 함유 화학물질을 제조하는 과정이나 도금, 제련, 제강 등의 경우에도 생성된다. 후자의 경우 도시의 대형소각로나 산업폐기물, 병원소각로 등을 소각하는 경우에 폐기물에 함유된 염소에서 다이옥신이 생성되며, 자동차 배기가스나 산불, 화재의 경우도 다이옥신 발생원이 되고 있다.

다이옥신은 공기 중에서 미세먼지에 함유되어 먼 거리까지 이동할수 있으며, 토양이나 지하수, 강, 바다 등에 스며들어 주변 생태계를 오염시키기도 한다. 따라서 다이옥신으로부터 자유로운 곳은 거의 없으며, 이미 우리의 주변에 다이옥신이 만연되어 있어 생활하는 가운데 매일 얼마간의 다이옥신이 몸속에 축적되고 있는 형편이다. 이렇게 다이옥신이 소량씩 누적되다가 일정량 이상이 되면 여러 가지 질병을 일으키게 되는 것이다.

다이옥신은 주로 동물성 식품을 통해 우리의 체내에 들어오게 되기 때문에 이들 식품의 다이옥신 오염도를 낮추는 것이 매우 중요하다. 소고기, 돼지고기, 닭고기나 계란, 치즈, 우유 등의 유제품에 다이옥신이 함유되어 있는 경우 이를 섭취하는 사람에게 그대로 다이옥신이 흡수되는 것이다. 지난 1월부터 6월에 있었던 벨기에산 수입 돼지고기와 닭고기, 계란의 다이옥신 오염은 그러한 의미에서 우리에게 커다란 충격을 주었다. 문제의 돼지고기와 계란은 다이옥신에 오염된 공업용 기름을 사료에 잘못 섞어 먹인 결과 발생한 것으로 알려졌으며, 이미 상당량이 시중에 유통된 상태였다. 국내산인 경우에도 다이옥신 위험이 전혀 없다고 볼 수는 없기 때문에 이들 식품의 안전에 대한 우려가 커지고 있다.

WHO에 따르면 다이옥신의 1일 안전 섭취량은 몸무게 1kg당 1-4pg(피코그램, 1조분의 1)이며, 이에 따르면 몸무게가 60kg인 사람은 60-240pg (0.06-0.28ng) 이내에서 다이옥신을 섭취하는 것이 신체에 안전하게 된다. 그런데 오염된 벨기에산 고기와 계란의 경우 1일 안전 섭취량의 수백 내지 수천 배에 이르는 양이 함유되어 있는 것으로 알려졌다.

다이옥신이 모유에 다량이 함유되어 있는 경우 모유를 먹는 아기들의 건강까지도 해치고 있다. 모체 내에 축적된 다이옥신이 모유를 통해 아기들의 몸속으로 옮겨가게 되는 것이다. 최근 WHO 통계에 의하면 선진국의 경우 모유 지방 1g당 10-35pg이, 개발도상국의 경우 10pg이 함유되어 있다고 한다.

소각시설에서 배출되는 다이옥신의 양도 적지 않아서 국내외적으로 소각장시설이 배척을 당하고 있는 형편이다. 우리나라에는 목동, 대구 성서, 부천 중동, 경남 창원, 고양 일산 등 모두 1만 개에 이르는 소각장시설이 가동 중에 있으며 시설 주변의 거주민들은 대부분이 소각장 가동에 반대하고 있는 입장이다. 96년 현재 우리나라 소각장에서 배출되는 다이옥신 양은 1일 0.047g, 연간 17.2g이다.

담배연기에서도 다이옥신이 배출되며, 담배 1갑당 다이옥신 배출량은 7pg 이어서 우리나라 담배소비량을 50억 갑으로 잡을 때 연간 35mg이 배출되고 있다.

이와 같이 볼 때 다이옥신의 배출을 줄이기 위해서는 다이옥신을 생성하는 화학공정을 최대한으로 줄이고, 다이옥신에 오염된 식품의 섭취를 피하며, 쓰레기소각률을 낮추는 한편 흡연을 하지 않도록 해야 할 것이다.

시품이 경우 다이옥신에 소염될 기능성이 높은 육규의 섭취를 세한하고 특히 지방을 피하는 것이 좋다. 다이옥신이 지방에 달라붙는 특성을 가지고 있기 때문이다. 야채와 과일, 저지방 식품의 경우 다이옥신의 위험이 매우 낮기 때문에 바람직한 식품으로 권장되고 있다.

또한 환경정책상 쓰레기의 소각 비중을 낮추는 것이 필요할 것이다. 우리나라는 재활용할 수 없는 폐기물에 대해 소각과 매립을 중심으로 하는 폐기물정책을 수립하고 있으며, 쓰레기소각을 위해 소각장을 건설하여 2001년까지 소각률을 25%까지 높인다는 계획을 세우고 있다. 이러한 정책은 결국 다이옥신의 배출을 확대시키게 되고 이는 주변 지역의 거주민뿐만 아니라 국민 전체의 건강에 피해를 미치게 되는 일이므로 재고해야 할 것이다.

③ 유해화학물질에 대한 법적 규제

가. 국제법상 규제

－현재 유해화학물질을 규제하는 국제협약으로는 1998년 9월 11일에 체결된 유해물질과 살충제에 관한 로테르담협약(Rotterdam Convention on Harmful Chemicals & Pesticides: PIC협약)이 있다. 이 협약에서는 PIC List를 만들어 모두 29개의 유해화학물질과 살충제를 제조, 유통하지 못하도록 규제하고 있다.

로테르담협약은 특히 개발도상국의 입장을 고려하여 유해화학물질과 살충제의 유통을 규제하는 협약이다. 즉 이 협약은 특히 개발도상국에서 독성물질의 오용과 사고에 의한 누출로부터 사용자들의 건강과 환경을 보호하기 위해 체결된 협약이다.

이 협약은 우선 국내적인 차원에서 화학물질의 안전한 이용을 증진시키고 유해화학물질과 살충제의 수입을 규제하도록 규정하고 있다. 적어도 2개 국가 내에서 판매 금지 또는 제한되는 유해화학물질과 살충제는 수입국가의 명시적인 승인이 없는 한 수출할 수 없도록 되어 있으며, 국내 생산도 중지된다.

이 협약은 50개국 이상이 비준하여야 발효된다는 협약 규정(제26조)에 따라 2004년 2월 24일에 발효되었다. 2004년 3월 24일 현재 협약 당사국은 아르헨티나, 오스트레일리아, 미국 등 64개국이며, 서명 국가는 73개국이다. 우리나라는 1999년 9월 7일에 서명을 하고, 2003년 8월 11일에 비준을 하였다.

나. 국내법상 규제

－우리나라에서는 1990년에 제정된 유해화학물질 관리법(1996년 개정)에 따라서 유해화학물질을 관리하고 있다. 우리나라에서 제조, 수입, 사용, 판매되는 화학물질은 이 법에 따라 규제를 받고 있으며, 유해물질의 취급이 제한되고 있다.

유해화학물질 관리법은 환경호르몬 등 유해화학물질의 유해성을 효과적으로 관리하고, 유해물질과 살충제에 관한 로테르담협약의 발효에 대비하여 이 협약의 이행절차를 보완하기 위해 1999년 2월 8일에 개정되었다.

개정된 내용에 따르면, 사람의 건강이나 환경에 피해를 미칠 우려가 있어 제조, 수입, 사용이 금지된 화학물질의 경우에도 시험, 연구, 검사용으로 필요한 경우 제조, 수입할 수 있도록 하고, UNEP과 FAO가 공동으로 금지, 제한한 화학물질 수출 시 위해성 자료 등을 수입국에 사전통보하며, 이를 위해 관련 내용과 준수사항을 환경부 장관이 고시하도록 되어 있다.

다. 유독물관리

유독물 – 관찰물질 – 일반화학물질

(취급제한 유독물: (사용 중 유해의 우려가 있는 유해성)

2000년 3월 말 현재, 유해화학물질 관리법에 의해 관리되고 있는 유독물은 520종이며, 그중 8종은 사람의 건강이나 환경에 심각한 위해를 미칠 우려가 있기 때문에 취급제한유독물로 지정하여 그 용도를 제한하고 있으며, 29종은 금지물질로서 제조, 수입, 사용을 금한다.

유독물을 제조, 사용, 판매하는 자는 유독물의 적정관리의무를 부담하게 되며, 일정한 시설, 장비를 갖추고 등록을 하도록 되어 있다

1998년 말 현재 유독물 2천만 톤이 유통되고 있으며, 유독물 원료물질은 유해화학물질 관리법에 따라 규제하고, 사용 후 배출되는 오염물질과 폐기물은 대기, 수질환경보전법 및 폐기물관리법에 따라 규제하고 있다.

라. 유해화학물질 관리정책

(1) 화학물질 유해성 심사제도: 신규화학물질에 대한 유해성 심사항목을 추가(급성독성, 유전독성, 분해성+만성독성, 발암성, 잔류성, 생물농축성, 환경생태독성)하여 심사기준 강화.

(2) 신규화학물질 유해성 심사: 새로 개발되거나 수입되는 신규화학물질은 사전에 유해성 여부에 대한 심사를 받은 후 제조하거나 수입.

(3) 기존화학물질 안전성 시험: 유해화학물질 관리법이 시행(1991.2.2)되기 이전부터 국내에 유통되고 있는 기존의 화학물질에 대한 안전성 시험을 실시하여 유해성이 있는 물질은 유독물로 지정, 관리.

(4) 유해화학물질 환경배출량보고제도(TRI): 유해화학물질 환경

배출량보고제도(TRI)를 도입하여 환경배출량 감소촉진. TRI 제도는 사업장에서 원료로 사용하는 유해화학물질이 누출되어 환경 중으로 배출되는 양을 파악하여 낭비되는 원료 및 유해화학물질의 환경배출량을 감소시키고자 하는 제도. 이를 통해 환경보호와 기업의 생산성 향상을 추구.

(5) 내분비계 장애물질대책: 내분비장애물질에 대한 대책을 마련하기 위해 관계부처와 민간전문가가 참여하는 대책협의회와 전문연구협의회를 구성. 1998년-2008년까지 3단계로 나누어 잔류실태조사, 역학조사, 총량규제 등 내분비장애물질에 대한 대책 마련 중. 특히 공단 주변 지역 등을 대상으로 토양, 수질, 지질 등에 잔류하는 내분비장애물질의 농도 등 잔류실태조사 실시. 한일 환경호르몬 공동조사사업도 실시. 내분비장애 추정물질 67종에 대한 국내사용실태를 조사하여 미규제 대상물질 9종 중 4종을 관찰물질로 지정, 관리.

(6) 국제협력 강화: TRI조약이 국내산업에 미치는 영향을 면밀히 분석하여 이에 대처할 수 있도록 대응방안 마련 중. 또한 UNEP이나 OECD를 중심으로 화학물질의 안전관리를 도모하기 위한 협약화 움직임에 적극적으로 대처하여 국익 도모와 화학물질 관리 선진화를 꾀함.

12) 친환경농업

① 오리농법이란?

오리농법은 오리를 인위적으로 훈련시켜 벼농사에 활용하는 것이 아니라 오리가 갖고 있는 자연적 속성을 이용하여 벼와 공생관계를 맺어줌으로써 일석이조의 효과를 내고자 하는 것이다. 오리를 벼농사에 이용하면 제일 크게 얻을 수 있는 효과는 제초와 병해충 방제이다. 오리가 잡초를 먹기도 할 뿐더러 잡초 씨의 발아를 막으며 벼에 달라붙어 있는 벌레들까지 잡아먹어 버린다. 그 다음으로 얻을 수 있는 효과는 거름이 절로 만들어진다는 것이다. 오리가 논에서 먹고 활동하며 똥을 싸기 때문이다. 이를 잘만 활용하면 외부에서 따로 퇴비를 넣어주지 않고도 농사를 지을 수 있는 순환 자급형 농사가 가능하다. 또한 오리가 논에서 이리저리 돌아다니며 활동을 하게 되면 벼에 자극을 주어 벼의 생명력이 강해지고, 벼 사이사이를 오가기 때문에 통풍이 좋아져 병해충 발생을 억제해주는 효과가 있다.

② 홍성군 친환경농업의 오리농업의 실태와 문제점

가. 농업인과 영농현장 측면

－오리농법은 자연과 공생하는 방법 가운데 하나로 친환경농업이 요구되는 현시점에서 우렁이농법 등과 함께 그 필요성이 크게 부각되고 있다. 오리농법 등 친환경농법을 통해 벼농사를 짓는 농가가 증가세를 보이고 있으며 올해의 경우 친환경농업참여가 예상되는 농가(면적)는 지난해에 비해 10% 증가한 것으로 나타났다. 전국적인 통계는 없지만 충남도의 경우 모두 2,430개(2,300㏊)에 달하며 이는 지난해 농가 수 2,197개(2,083㏊)와 비교할 때 10.3%(10.4%) 증가한 것이다. 한동안 급격히 늘어나던 오리농법이 농민들로부터 외면당한 시기가 있는데 이는 오리의 입식 시기에 따라 제초능력에 차이가 있으며 만일 오리를 늦게 회수할 경우 막 패기 시작한 벼를 먹는 경우도 발생한다. 오리의 습성 및 입식 시기와 입식할 오리에 대한 공급

량 조절이 이루어져야 한다.

나. 경제유통 및 소비자 측면

-다 자란 오리에 대한 판로도 개발되어야 할 것이다. 이와 함께 현재는 각지 자체에서 오리농법에 따른 각종 자재비를 지원해주고 있으나 지속적으로 지원을 기대할 수는 없는 상황으로 오리농법에 필요한 저렴하고 반영구적인 자재의 개발이 요구되고 있다. 경제유통이 제대로 이루어져야 할 것이다.

③ 문제점 및 대책

오리농법은 참으로 기가 막힌 친환경농법이지만 또한 잘못하다가는 실패하기도 쉬운 농법이기도 하다. 이는 오리농법만의 문제가 아니라 인간이 하는 일이란 다 완벽한 것이 없기 때문인 것과 같은 이치라 믿는다. 앞에서도 지적했듯이 오리가 모든 걸 해결해 준다고 확신해서는 안 된다. 오리의 자연적 습성을 논에서 잘 발휘될 수 있도록 조건을 제대로 만들어 주는 게 무엇보다 중요한데, 실패를 할 경우는 대부분 이에서 나온다고 보면 된다.

다음은 오리농법에서 가장 대표적으로 겪을 수 있는 문제점을 소개하고 그에 대한 대책을 말해 보고자 한다.

가. 야생동물로부터의 피해(너구리, 족제비 등)

-오리망을 약한 나일론망으로 쳤기 때문에 들짐승들이 뚫고 들어와 오리를 잡아가는 일이 많았다. 한때는 전기 목책을 이용해 봤으나 별 효과가 없었다. 철망을 이용하는 수도 있지만 비용과 관리가 많이 들어가기 때문에 넓은 면적에서는 불가능하다.

그래서 홍성 지역에서는 오리 막사를 철망으로 튼튼하게 설치하고 아침 일찍 먹이를 주면서 논에 내어놓고 해지기 전에 저녁을 주면서 막사 안에 가누는 방법을 쓰고 있다. 즉 천적의 위험이 가장 큰 밤에는 활동을 못하게 하는 것이다. 오리는 기본적으로 야행성이라 그만큼 제초효과가 떨어진다고 하지만 아침을 적게 주고 저녁을 많이 주면 낮의 활동만으로도 제초효과는 충분하다고 할 수 있다. 또 오리가 천적에게 피해를 당하는 것보다 조금은 활동을 덜 하게 하는 것이 더 낫다고 본다.

나. 벼 포기에 붙은 피의 문제

－튼튼한 모를 이앙하고 더불어 오리를 조기 투입하여 피가 발아하기 전에 탁수현상을 일으키도록 해서 피를 제압해야 하지만, 조기 투입하지 못하여 피가 강해졌을 경우 인력으로 제거하는 수밖에 없다. (오리집을 견고하게 지어 오리를 너구리 등 야생동물에의 피해가 없으므로 오리를 통한 탁수현상의 효과를 볼 수 있다.)

다. 물 관리가 잘 안되어 부분적으로 풀이 무성해졌을 때

－이런저런 작업을 한다고 다 했는데도 부분적으로 풀이 많이 난 곳이 있으면 그곳에다 사료를 뿌려주어 오리를 유인하는 방법이 있다. 그러면 오리가 모여들어 피의 줄기를 꺾고 뿌리를 자르면서 떨어진 모이를 먹는다. 그러나 이 작업은 한번 갖고는 안 되고 한 10일 이상은 매일 해주어야 효과를 볼 수 있다. 그리고 벼도 피해를 입을 수 있기 때문에 벼가 확실하게 뿌리를 내린 곳에서나 작업이 가능하고, 또한 아주 넓은 면적에선 이 방법을 쓰기에 역부족이므로 작은 논에서나 가능한 작업이라 하겠다.

라. 일 끝난 오리의 판매처분 문제

−일시에 출하 판매가 어려우므로 오리가공방법 및 시설이 필요하다. 현재 오리농법이 많이 확산되면서 일 끝난 오리가 일시적으로 많이 나오기 때문에 판매에 많은 어려움이 있다.

④ 친환경농업의(오리농법) 개선방안

서론: 무구한 발전과 노력으로 인해 농업도 발전은 해 왔다. 하지만 과다한 농약 등으로 인해 인체에도 많은 영향을 미쳤다. 그래서 친환경오리농법이라는 무농약이라는 것이 나와서 농촌에는 많은 수익과 편익을 주게 되었지만 많은 문제점이 생기기도 했다. 지금부터 그에 대한 개선방안을 알아보자.

농업인과 소비자 측면에서 이에 대한 개선방안을 살펴보자.

가. 농업인과 영농현장 측면

−오리농법은 쌀 생산이 주가 되지만 쌀 생산과는 경합이 없이 동시에 오리고기를 생산할 수 있어 농가소득 향상은 물론 농약을 사용하지 않음으로써 환경보전적 기능 등의 시장경제에서 평가되지 않는 경제외적 효과도 갖고 있다. 그러나 실천하는 데 개선의 여지도 많다. 오리농법은 기술 면이나 효과 면에서 우수하지만 새끼오리 구입과 외적방어용 울타리설치에 비용이 많이 소요되고 생산된 오리의 판로확보가 어려우므로 오리사육 축산농가와 연계하여 공동으로 경영하면 자금 부담을 줄일 수 있고 기업화가 가능하다. 쌀 생산 농가는 오리사육장과 사료원이 되는 논을 제공하고 축산농가는 새끼오리와 울타리 망 및 보조사료 등의 자재만 분담하여 농가가 오리와 벼를 관리한다. 생산된 최종산물인 쌀은 쌀 농가가, 오리는 축산농가가

소유하게 되면 각자의 경영목적을 최대화하면서 부담을 해소할 수 있어 대규모 기업영농이 가능할 것이다

나. 유통, 소비 측면

-친환경농가의 최대 관심은 노력한 만큼의 적정가격을 받고 생산에 진력하는 일이다. 이런 목적을 가장 잘 수행하기 위해서는 생산자와 소비자를 연결하는 생산자단체와 소비자단체를 육성하는 일이다. 정부는 친환경농업을 확대발전시키기 위해서는 향후 친환경농산물의 가격 고차별화를 이루고 농민들이 생산에 전념할 수 있도록 생산자단체와 소비자단체를 육성하기 위한 각종 세제감면, 보조 및 융자, 회원 확대를 위해 이들 단체에서 활동하는 학생들의 자원봉사 인정 및 공격적인 홍보활동 강화, 지차제의 독려 및 지원 등을 보다 강화해 나가야 한다. 바로 이 분야에 선택과 집중의 원리를 적용할 필요가 있다. 소비 측면은 일반관행농산물의 잔류농약과 같은 부정적인 홍보의 한계를 뛰어넘어 친환경농산물에 대한 영양학적인 연구결과를 적극 홍보할 필요가 있다. 생산자 및 유통업자 중심에서 소비자 중심의 종합적인 대책이 요구되는 시점이다. 농산물 자체의 성분분석에서 더 나아가 친환경농산물이 인체에 미치는 긍정적인 연구를 강화하고, 그 결과를 적극 홍보할 필요가 있다.

12. 행정한계의 극복과 행정경영

1) 행정한계와 행정환경의 변화

① 자치행정의 수비 영역 확대

지방자치단체는 경제·사회환경의 변화와 함께 팽창하는 행정수요에 대응하기 위해 효율적 행·재정 운용이 요구되고 있다. 그러나 중앙·지방관계에서는 이전과 크게 다를 바 없이 중앙정부의 통제가 여전하다. 이를테면, '재정파산선고제', '조례제정 기준안', '행정기구와 정원 등에 관한 기준' 등은 중앙정부의 지방에 대한 '후견적 통제'를 위한 법령으로 제도화된 것이다. 그동안 지방정부는 지방자치의 발전을 저해하는 원인을 제도적 요인으로만 돌리고 자구적인 노력에 소홀했다. 그러나 지방정부는 더 이상 중앙정부의 '후견적 관리'에 안주해서는 안 된다. 지역주민에게 양질의 행정서비스를 제공하고 특히 취약한 지방재정과 경직된 관료행정의 한계를 극복하기 위해서 기업적 경영행정 및 감량행정에 대해서 많은 관심을 나타내고 있다. 즉 지방자치단체는 법률상·재정상 등의 이유로 더 이상 행정책임을 회피힐 것이 아니라, 행정책임의 수준·내용·범위에 관한 본래의 사명에 충실해야 한다. 그러한 과정에서 자치행정에 대한 시민의 책임수준 및 범위도 명확해질 것이다. 관청행정의 한계는 고도성장에서 저성장으로 '연착륙(軟着陸)'하는 과정에서 노정되는데, 이를 극복하기 위해서 지방정부는 회계, 인사, 급여, 노동, 조직 등 행정 전반에 걸쳐 재검토할 필요가 있다.

② 행정한계론과 경쟁원리 도입

자치행정에 경쟁원리를 도입하는 환경적 근거는 관청행정의 한계노출과 행정환경의 변화에 있다. 오늘날과 같이 국내외적으로 행정환경이 급변하고 있는 상황에서 자치행정에 비시민적 행정서비스체계, 비합리적 조직관리체계 등 비효율적 관청행정의 요소가 존재하는 한 자치행정에 기업원리를 도입하는 것은 상당한 의의를 갖는다. 경영행정이란 한마디로 말하면, 비효율적 관청행정의 체질을 개선하기 위하여 공공부문에 경쟁원리를 도입하는 것이다. 그러나 공공행정에 경쟁원리를 도입하는 것에 대해서 부정적으로 받아들이는 측면도 없지 않다. 이는 공공부문에 경쟁원리를 도입하는 것이 '공공성'에 위배한다고 하는 것에 논리적 근거를 두고 있다. 경쟁원리를 단순히 이윤극대화원리로 본다면, 공공성에 위배되는 경우가 있겠지만, 특정사업의 시행에 있어서 최소의 경비로 고객의 요구를 만족시킨다는 경제적 효율성의 측면에서 생각해 보면, 공공성에 위배한다고 할 수 없다. 이를테면 지역개발과 같은 부문에는 시장경제의 원리를 적용하지 않으면 오히려 공공성을 저해할 뿐만 아니라, 지역개발 그 자체가 실패할 수도 있다. 다만 지나치게 수익성만 강조하면 목표와 수단이 반전될 위험성이 없지 않다. 그러나 그러한 것은 기법의 적용기술 또는 방법의 문제이지 원리 그 자체가 잘못된 것은 아니다. 현실적으로 행정사무 중에서 스포츠, 문화, 관광시설 등은 직영방식보다 민간에 위탁해서 공급하는 것이 효율적인 경우가 많다. 민간위탁에 대해서는 시민의 입장에서도 '최소의 비용으로 최대의 효과(행정서비스)'를 목표로 하는 경쟁원리를 도입하는 것이므로 반대할 이유가 없다. 경영행정의 측면에서 자치단체의 행정사무는 위의 표에서와 같이 크게 공공주도형, 공사협력형, 민간주도형으로 구분해서 처리할 수 있다. 종래까지만 해도 행정사무의 처리방식은 공공주도형 직영방식이 주류를 이루어 왔으나, 앞으로는 행정환경의 변화와 주민수요의 다양화에 따라 자치단체의 외곽단체, 민간위탁, 민관공동참여 등의 형태로 민간부문의 비중이 커질 것으로 전망된다.

2) 경영행정의 바람직한 방향

지방자치단체는 전통적으로 직영방식에 의한 행정서비스의 공급에 익숙해져있다. 또한 고전적 행정학에서는 직영방식이라야 양질의 서비스를 제공할 수 있다고 믿어 왔다. 이러한 전통관념을 깬 것은 지방공사, 민간위탁과 같은 경영행정으로서, 즉 간접경영이 직영방식보다 저렴한 비용으로 공공서비스를 공급할 수 있다고 하는 원리이다. 그러나 행정책임이라든가 공평성이라고 하는 이유에서 민간위탁과 같은 간접경영이 반드시 최상이 아니라는 비판도 있다. 물론 공공행정에서 비용절감이 전부는 아니지만, 행정서비스 중에는 민간위탁이 비용절감 측면뿐만 아니라, 효율성, 책임성 측면에서도 훨씬 효과적인 경우가 있다. 다만 행정서비스의 저렴화는 주민이라면 누구나 바라는 것이지만, 지나치게 강조하다 보면 자칫 개인의 사회적 책임만 강요하는 '멸시봉공'의 행정이 된나는 것에 대해서는 주의한다.

이러한 경영행정의 관점에서 행정서비스의 공급형태를 다음과 같이 4가지로 나누어서 공급원칙, 비용부담방법을 생각할 수 있다.

※ 주: 인구수는 1994년 말 현재, 공무원 수는 1993년 말 현재, 재정자립도는 1995년도 예산기준. 지방자치단체의 자주재원을 확충하기 위해서 다음과 같이 방안을 제시할 수 있다.

첫째, 과세자주권을 확대한다. 우리나라 지방자치제는 단체자치를 기본원리로 하여 전국 동일의 조세과목 및 과세율로 하고 있는데, 자치단체의 사정에 따라 조세과목의 신설 및 과세율을 조정할 수 있는 어느 정도의 자율권을 부여할 것에 대해서 검토할 필요가 있다. 특히 탄력성이 큰 주요 세원이 국세로 편중되어 있는데, 장기적으로 지방세는 소득과세를 주요 세원으로 하고, 소비세와 수익세를 보조 세원으로 하는 조세체제로 개정해야 할 필요가 있다. 이를테면 현재 국세인 도소매세, 음식 및 숙박업 등의 사업소득이나 특별소비세, 부가가치세의 일부는 세원의 편재가 심하지 않고, 비교적 탄력성이 높으므로 지방세로 전환할 필요가 있다. 그리고 현재 국세 중에서 지역개발과 밀접한 관계에 있는 양도소득세를 지방세로 이양하고, 부가가치세 중 지역사업과 관련이 깊은 음식, 숙박, 전기가스업, 수도업 등에 관한 세목 및 주세의 일부(탁주, 소주, 약주)를 지방세로 전환해야 할 것이다.

둘째, 지방자치단체에 법정외세목을 설치할 수 있는 자율권을 부여한다. 지방자치단체에 어느 정도의 과세자주권을 부여하는 방안으로 일본에서와 같이 법정외세목을 인정해야 한다. 현행 헌법의 '조세의 세목과 세율은 법률로 정한다.'고 하는 규정에 의해 법정외세목설치를 제한하고 있는데, '법령의 범위 내에서' 조례를 정하여 지방의회가 지역사회의 실정에 합치되는 법정외세목을 신설할 수 있도록 한다.

셋째, 세외수입을 증대한다. 최근 외국에서도 조세에 대한 저항이 높아짐에 따라 이를 해결하는 방안으로 세외수입에 많은 관심을 보이고 있다. 세외수입 중에서 사용자부담금은 특히 공공서비스의 민영화를 주장하는 입장에서는 환영할 만하다.

넷째, 지방재정지원제도(지방재정보강장치)를 다음과 같이 조정한다.

1) 지방교부세율을 상향 조정한다. 현재 지방재정의 불균형을 시정하기 위해 지방재정지원제도의 일환으로 실시되고 있는 교부세율, 즉 내국세의 13.27%를 30% 정도로 상향조정하고, 동시에 교부세율을 시세에 따라 탄력적으로 운용할 수 있는 연동방식에 대해서 검토할 필요가 있다. 그 밖에 기준재정수요액을 결정하는 요소로서 인구, 면적 등의 평가기준은 현실적으로 대표성이 결여되어 있어 이에 대한 검토도 요망된다.

2) 국고보조금제도를 개선한다. 국고보조금은 교부세와 달리 그 용도가 부처별로 세세하게 정해져 있어서 지방정부의 예산편성 및 집행상의 재량권을 제한하는 조건부재원으로서, 그 사업별 규모가 영세해서 교부효과가 미미한 편이다. 이에 반해 보조금의 신청, 정산보고, 교부관청의 현지조사, 회계감사의 절차가 복잡하여 많은 시간과 노력이 요구된다. 따라서 그 효과가 미미하고 또는 현실에 맞지 않은 영세한 보조금은 일괄적으로 정리하여, 즉 포괄적인 행정항목단위로 묶어서 지방자치단체가 자주적으로 선택할 수 있도록 보조금의 메뉴화가 요망된다.

3) 지방양여금을 합리화한다. 1991년(확인)에 도입되어 지방재정지

원재원 중에서 가장 역사가 짧은 것으로 즉 중앙정부가 징수한 전화세수입 전액, 토지초과이득세수입의 50%, 주세수입의 80%를 지치된제에 앙ㅕ하는네 ㄱ 봉도는 정해져 있다(당초에는 도로사업에만 제한, 현재는 7가지로 제한)는 점에서는 특정재원이다. 이러한 양여금의 대상 세목을 늘리고, 특정재원으로 할 것이 아니라 일반재원으로 할 필요가 있다고 하는 것이다.

① 경영행정과 제3섹터

경영행정은 기존행정의 공공성과 공익성 제고 이외에 공무원의 경영마인드, 공공서비스의 시장지향성, 조직관리와 재무관리 등 제반 부문에 대한 재량권과 융통성의 제고, 성과주의 등을 특성으로 하고 있다. 이러한 관점에서 보면, 지방자치단체에 있어서 경영행정은 '지방자치의 경영화'로도 표현될 수 있다. 그러나 경영행정을 단순히 감량경영(cutback management)이나 민관합작의 공동생산(coproduction) 정도로만 이해할 경우, 기업적 경영기법의 도입은 자치행정의 사경제화 내지 정경유착을 초래하여 지방자치의 공동화를 야기할 우려도 없지 않다. 따라서 지방자치를 성숙시켜 나가기 위해서 경영행정은 단순히 감량경영이나 수익성 제고만이 아닌 재정수입의 개선 등 행·재정의 합리화를 목표로 하는 폭넓은 복합경영의 개념을 도입하여야 한다. 여기에서는 경영행정 기법 중에서 최근 주요 관심의 대상인 제3섹터에 대해서 검토해 보기로 한다.

가. 제3섹터

-제3섹터는 공공부문의 공익성과 민간부문의 기업성을 결합한 민관공동출자사업체인 만큼 민간기업을 활성화시키고, 동시에 자치행

정에 주민참여를 확대할 수 있다. 즉 가치관의 다양화와 함께 급증하는 주민수요에 효과적으로 부응하기 위해서는 행정서비스의 주체를 다원화시킬 필요가 있고, 또한 주민참여의 기회를 확대하여 주민자치를 실현할 수 있다고 하는 것이다. 흔히 제3섹터를 수익성사업체로서만 생각하기 쉬운데, 반드시 그렇지는 않다. 제3섹터형 공공사업은 크게 개발형, 관리형, 행정보완형으로 구분할 수 있고, 사업의 성격에 따라서 달리 접근해야 한다. 아직 우리나라에서는 경영행정 그 자체에 대한 이해가 초보적인 단계에 있다. 제3섹터방식을 활용한 공공사업은 1962년의 부산위생주식회사를 시발로 하여 최근에는 대전의 한밭개발공사, 김제개발공사, 문경도시개발공사가 제3섹터방식을 도입하고 있으며, 이에 따라 내무부에서 '민관공동출자사업추진지침'을 마련하는 등 중앙정부에서도 제3섹터에 대해 많은 관심을 나타내고 있다. 자주재원이 부족하고 중앙정부의 지방통제가 강력한 상황을 감안하면, 지방자치단체로서는 제3섹터에 대해서 관심이 많을 수밖에 없다. 그러나 제3섹터에는 다음과 같은 장·단점이 내재해 있는 양면성을 지니고 있다.

나. 제3섹터의 장·단점

－제3섹터방식을 도입할 경우, 자방자치단체는 (1) 단기간에 거액의 민간자금 동원, (2) 민간기업의 노하우 활용, (3) 다양한 사업활동을 순발력 있게 전개, (4) 각종 규제 해제 등으로 인해서 폭넓은 사업활동을 전개할 수 있다. 그리고 민간기업의 입장에서는 (1) 지방자치단체로부터 채무보증 등 재정적 지원, (2) 지방자치단체의 권한, 지역사회에 대한 신뢰 등의 활용, (3) 위험부담 분산, (4) 기업 이미지 향상, (5) 관련 법령 및 제도에 의해 금융기관으로부터 유리한 융자 및 세제상의 우대 등의 혜택을 누릴 수 있다. 제3섹터는 이러한 장점뿐만 아니라 다음과 같은 단점이 있다. 즉 (1) 책임의 소재가 불명

확하고, (2) 주식회사형 제3섹터의 경우, 원칙적으로 채산성을 중시하기 때문에 공공성이 경시되기 쉽고, (3) 주민·의회의 직접적인 통제가 어렵고, (4) 제3섹디에 공무원이 싸션될 경우, 그 법적 신분이 애매함 등의 단점이 있다.

다. 제3섹터방식을 도입할 경우 유의점

－제3섹터방식의 도입에는 위에서 본 바와 같은 단점들이 있으므로 아래와 같은 사항을 중요하게 고려하여야 한다.

첫째, 제3섹터방식을 적극 도입하기 이전에 제3섹터와 관련한 행·재정 및 세제상의 법령정비가 선행되어야 한다. 특히 출자비율에 따른 책임한계를 분명히 하고, 또 의회에 대한 업무내용 및 운영방침의 보고 의무, 주민에 대한 정보공개 등을 명확히 할 필요가 있다.

둘째, 제3섹터의 대상사업을 엄격히 선별해야 한다. 현재와 같이 중앙·지방 간 기능배분이 불분명한 상태에서 상위단체는 가능하면 재정적인 부담을 지지 않으려고 할 것이다. 이를테면, 내셔날 미니멈(national minimum)적인 성격의 사회간접자본(국제공항, 고속도로, 철도, 항만 등)은 원칙적으로 제3섹터의 대상으로 해서는 안 된다.

셋째, 제3섹터의 대상사업을 획일적으로 생각해서는 안 된다. 앞에서 지적하였다 시피, 제3섹터의 대상을 수익성사업으로만 생각하기 쉬운데, 반드시 그렇지만은 않다. 크게 개발형, 관리형, 행정보완형으로 구분해서 접근해야 한다.

넷째, 제3섹터사업의 타당성, 장래예측 등에 대한 철저한 분석과 검증이 필요하다. 대체로 경제활동이 활발한 시기에는 제3섹터사업 전망이 긍정적으로 평가되기 쉬운데, 경제활동이 둔화되거나 산업환경의 변화로 예상이 빗나가는 경우가 있으므로, 장래예측에 대한 철저한 검토가 있어야 한다.

다섯째, 광역행정과 병행하여 제3섹터를 활용한다. 지방자치단체가 단독으로 제3섹터방식을 도입·활용하기보다는 사무의 성격상 관련 또는 인근 자치단체와 공동으로 사무를 처리하는 것이 보다 효율적인 경우도 있다.

여섯째, 민간위탁과 병행하여 제3섹터를 활용한다. 자치단체의 사무 중에는 굳이 제3섹터방식으로 하지 않고, 민간 위탁함으로써 효율성, 책임성, 신속성 및 양질의 서비스 제공을 보장받을 수 있는 경우도 있다. 이를테면, 쓰레기 수거, 공공시설의 관리·안내·청소, 수도검침, 차량운행, 경비, 전화교환 등은 민간위탁이 효율적이다.

지방자치의 경험이 일천한 우리에게는 아직도 의식적, 제도적, 운영적 측면에서 불비한 점이 한두 가지가 아니다. 이러한 상태에서 성급히 자치행정에 기업원리를 도입하면 자칫 지방자치의 근본을 왜곡시킬 수도 있다는 것을 염두에 두어야 한다.

② 민간위탁

지방자치단체의 사무 중에서 쓰레기 및 오물 수거, 공공건물의 청소 및 관리, 공공시설의 관리 및 운영, 공립학교의 경비, 하수도의 유지관리, 수도검침, 차량운전, 설계·관리·측량 등은 민간위탁의 대상이 될 수 있다. 민간위탁은 경비 및 인건비 절감, 민간기술의 전문성 활용, 탄력적인 사무처리, 양질의 서비스, 합리적 운영으로 효율성 제고 등을 장점으로 들 수 있다. 그러나 민간위탁에서 다음과 같은 사항을 주요 과제로 해서 주의해야 한다. ① 효율성, 비용절감을 강조한 나머지, 주민서비스의 저하를 초래하지 않도록 주의하고, 프라이버시의 보호, 책임소재의 명확화, 민간위탁의 적부, 조건의 정비

등에 주의해야 할 것이다. ② 행정서비스의 저하를 초래하지 않고, 공공성을 확보하기 위해서 민간위탁을 위한 조건 및 기준을 명확히 해야 힐 것이다. ③ 위탁업사의 육성, 공공성·전문성 등을 위하여 연수체제를 확립하고, 위탁료의 증가를 억제할 수 있는 제도적 장치를 마련한다.

3) 결 론

최근 들어 많은 자치단체가 계량화된 정책결정, 행정조직 및 기구 개편, 재무회계제도 개선 등으로 관치시대에 붙은 군살을 빼는 한편, 공공부문에 경쟁원리 도입과 시민참가 확대를 통하여 수익성 및 민주성을 제고하려는 경영행정에 많은 관심을 나타내고 있다. 그러나 무분별한 경영행정의 도입은 자치행정의 사경제화 내지 정경유착을 초래할 소지가 있다는 것을 염두에 두고, 효율성 및 생산성의 향상이라는 측면에서 감량경영(cutback management) 내지 민관공동생산(coproduction)에 대해서 검토해야 할 것이다. 즉 공공부문 중 경쟁원리를 적용할 수 없는 부문까지 사적부문으로 무리하게 전환한다면, 자치행정의 사경제화를 초래하여 '행정의 책임포기' 내지 '약자사절의 형태'로 나타나 결국 지방자치의 몰시민화를 초래할 수 있다는 것을 잊지 말아야 한다.

4) 생태이론의 개념(생태학)

1869년 E.H.헤켈에 의하여 만들어진 말이다. '생물과 환경 및 함계 생활하는 생물과의 관계를 논하는 과학'이라고 정의되었다. 19세기 말까지는 개개의 적응현상을 목적론으로 해석하는 적응생태학이 번성하였다. 그 후 박물학적인 개체의 습성 기재 및 개체의 생리와 환경요인을 직접 관련시키려는 생태학에 대등해서 생물군집 또는 생태계의 통일성을 강조하고, 생물 상호간의 공동작용, 생활구조, 사회구조, 천이, 분포 등을 환경과 관련시켜 그 원리를 파악하려는 군생태학이 주류를 이루게 되었다.

근년에 와서는 이 경향이 응용 부분의 요구가 증대됨에 따라 군집 내의 에너지 흐름 또는 수량을 문제로 삼는 생산생태학이 농업, 임학, 수산관계를 중심으로 하고, 다른 한편 개체수를 문제로 하는 개체군 생태학이 인구문제, 해충부문을 중심으로 발달해 왔다. 또한 박물학 생태학의 흐름에서 행동학, 동물사회학이 생겨나서 개체군 내의 개체 간의 관계, 사회구조의 연구가 이루어지게 되었다. 한편 생태학은 육지, 해양, 담수역의 생물군의 기능적인 문제, 특히 자연의 구조와 기능에 관한 학문으로 보다 현대적으로 정의되고 있으며, 인간도 자연의 일부라는 생각이 바탕이 되어 인간생태학에 관한 연구가 활발하게 전개되고 있다. 또 ≪웹스터사전≫에서는 생태학을 '생물과 그 환경 사이의 관계의 전체성, 또는 그 유형을 연구하는 분야'라고 설명하고 있다. 근대 생태학의 범위는 '통일체의 수준'이라는 개념을 기초로 하여, 군집, 개체군, 개체, 기관, 세포, 유전자 등의 생물적 주요 수준에서 물리적 환경(에너지 및 물질)과의 상호관계가 고유한 기능적 계(系)를 이루고 있는 생물계를 인식하는 방향으로 진전되고 있다. 최근의 생태학의 성과는 응용부문에 직접 이용되고 있다. 어업자원의 유지나 해충의 발생예방은 그 예이다. 또 자원관리나 자연보호에서도 큰 공헌을 하고 있다. 앞으로의 지구 전체의 인구 증가 및 식량 확보와 더불어 자연자원의 합리적인 이용, 관리, 인간 생존을 위협하는 대기오염, 수질오염, 해양오염, 열오염,

소음오염, 토양오염, 농약오염 등의 많은 문제가 본격적으로 생태학
적인 면에서 다루어질 것이다.

5) 환경문제의 개념

과거에는 환경문제란 말 대신에 公害란 말이 많이 사용되어 왔다.
그런데 이는 주로 자연환경의 오염을 가리키는 말로 환경문제 전반
을 다루는 데에는 적합하지 못한 용어이다. 따라서 최근에는 공해란
말 대신에 환경문제란 말이 일반화되고 있다. 이 밖에도 환경파괴,
환경위기, 환경스트레스 등의 용어도 사용되고 있다.

환경문제는 단지 기술적 혹은 자연과학적 차원의 문제인 것만 아
니다. 오히려 환경문제는 사회적, 정책적 문제라 할 수 있다. 특히
보다 근본적인 차원에서 환경문제는 사회의 지배적인 가치관 및 세
계관과 관련된 문제이다.

환경이란 개별 유기체 또는 유기체 집단을 둘러싸고 그에 영향을
미치는 모든 조건 및 주변여건을 가리키며 이는 유기체의 생존과 삶
의 질에 영향을 미치게 된다. 따라서 우리가 생각하는 환경문제란
바로 인간의 생존과 삶의 질에 부정적인 방향으로 환경에 영향을 미
치는 문제라 할 수 있다.

즉 오늘날 우리가 당면하고 있는 환경문제는 지구상의 전 인류가
공동으로 대처해야 할 당위론적 문제이다. 동시에 먹고살기 위해 물
건을 만들고 소비하는 활동과 직접 관련된 경제적인 문제이며, 보다
나은 생산공정과 소비 및 처리의 기술과 관련되어 있기 때문에 과학
과 공학적인 문제이기도 하다.

또한 복잡한 사회적 이해관계와 가치의 대립을 조정해야 한다는

의미에서 정치적인 문제이며, 아울러 문제해결방안의 우선순위를 선택해야 하는 정책결정과 집행의 문제이기도 하다. 한편 우리나라 환경정책기본법 제3조 4항에서는 환경오염을 "사업활동 기타 사람의 활동에 따라 발생되는 대기오염, 수질오염, 토양오염, 해양오염, 방사능오염, 소음, 진도, 악취 등으로 사람의 건강이나 환경에 피해를 주는 상태를 말한다."라고 규정하고 있다.

① 환경오염의 현황

가. 수질오염
−물의 자연정화능력을 초과하는 어염물질이 천연의 자원수역에 인위적으로 배출되어 물이 이용목적에 적합하지 않게 된 상태를 의미한다. 원인은 생활하수, 산업폐수, 농축산폐수를 들 수 있다.

나. 토양오염
−산업과 생산활동에 따라 각종 유해질이 토양에 주입되어 이 토양을 기본 매체로 성장하는 각종 식물, 특히 농산물이 유해한 물질을 흡수함으로써 이를 섭취하는 인간이나 동물에게 해를 끼치거나 토양의 물리적, 화학적 성질을 변화시켜 성장을 저해하는 현상을 말한다.

다. 대기오염
−인간의 생산활동과 관련하여 배출된 오염물질이 일정한 한도 이상으로 대기 중에 유입되어 대기의 질이 악화된 상태를 의미한다. 이는 인간에게 불쾌감을 주고 넓은 지역에 걸쳐 인간 및 동식물의 건강과 생명에 치명적인 위협을 가한다. 인구의 도시 집중, 산업화,

자동차의 증가에 따라 급격히 늘어난 석탄, 석유연료의 연소는 자연의 원상회복능력을 넘어서는 막대한 양의 오염물질은 배출함으로써 대기의 기본적인 구성물질에 변화를 조래하여 왔다.

라. 산성비

-산성비는 보통 산도 5.6 이하의 비를 가리키는 말이다. 산성비가 되는 이유는 오염된 대기 속의 황산화물과 질소산화물이 공기 중에서 산화반응하여 빗속에 녹아내리기 때문이다. 우리나라는 1983년 부산(pH5.4), 대구(pH5.4), 울산(PH5.2)에 산성비가 내렸으며 1986년에 이르면 서울(pH5.3), 부산(pH5.2), 대구(pH5.4), 인천(pH5.5), 울산(pH5.2)에 내리는 비는 모두 산성비임을 보여준다. 우리나라의 산성비는 중국으로부터 아황산가스 등 오염물질이 편서풍을 타고 날아와서 더욱 심하다. 이를 위한 국제적 협력이 요구된다.

마. 원자력발전과 핵폐기물

-1970년대의 석유파동 이후 원자력발전은 석유 대체에너지원으로 각광을 받기 시작하였다. 그러나 원전이 초래할 수 있는 공개가능성은 다음의 몇 가지이다.

첫째, 방사능물질의 유출이다.

둘째, 원전에서 쓰고 남은 핵폐기물처리문제이다.

셋째, 원전 주변의 생태계의 파괴와 원전근로자의 안전문제이다.

② 환경파괴의 대가

환경을 파괴적인 방법으로 사용하는 것은 인간의 신체적, 정서적, 사회적 건강을 위협하고 인간에게 엄청난 대가를 요구한다. 우리는 환경을 잘못 다루기 때문에 고통을 당하는 것이다. 수질의 오염은 우리의 생명과 건강을 위협하게 되고, 안전한 물을 얻기 위하여 더 많은 자원을 소비해야만 한다. 토양오염은 식품의 생산을 줄일 뿐만 아니라 동식물 및 인간의 생명과 건강에 치명적 영향을 미친다. 대기오염은 우리의 건강과 생명에 치명적인 영향을 미친다. 이러한 환경오염을 포함한 모든 환경파괴는 우리들뿐만 아니라 다음 세대에게도 대가를 요구한다. 아마 다음 세대는 더 큰 대가를 지불하게 될 것이다. 또한 살아있는 다른 생명체들도 인간이 환경파괴를 한 데 대한 대가를 지불하게 된다.

가. 지구 온실효과

－이산화탄소, 메탄, 질소산화물, 염화불화탄소 등의 화학물질이 대기 중에 많이 퍼지게 되면 지구의 기온이 상승하게 된다. 지구 온실효과에 의한 기온의 상승은 기후변화를 유발시켜 그 변화의 빈도를 예측하지 못하게 될 것이고 강우, 폭풍, 해수면의 높이 등에 큰 영향을 미칠 것으로 예견된다. 최근에 빈번했던 기상이변은 지구 온실효과와 어느 정도 관련이 있을 것이다. 이는 우리나라에만 국한되는 것이 아니라 환경문제가 지구 전체에 관련된 문제임을 보여주는 것이다.

나. 성층권의 오존 고갈

－염화불화탄소 등 오존을 고갈시킬 수 있는 화학물질의 방출은 성층권의 오존을 파괴하는 원인이 되고 있다. 그 결과 더 많은 자외선이 지구표면까지 도달하게 되고 피부암, 백내장의 발명 등 인류의 건강에 치명적이 손상을 주게 된다. 그 밖에 동식물의 성장에도 부정적 영향을 주게 된다.

③ 환경문제의 원인

(1) 기능구의: 인식, 사외, 분화체계가 유기체적 체계의 균형을 위협하는 데에서 비롯된다고 본다. 예를 들면 지나친 산업조직의 기능확대로 대개오염, 한천과 바다오염, 소음공해, 농지오염 등이 날로 증가하여 생태계의 균형을 위협한다고 보고 있다. 환경오염의 구체적인 원인은 공장이나 가정, 자동차 등에서 배출되는 매연, 폐수, 쓰레기 등이지만 보다 근원적인 원인은 인구의 증가와 도시화, 그리고 경제성장의 문제라고 할 수 있다.

(2) 갈등주의: 갈등주의는 모든 이슈에 있어 단일한 관점을 나타내기보다 서로 다른 강조와 해석을 나타내는 일련의 관점들로 구성되어 있다. 환경문제는 유용한 자원을 차지하기 위하여 많은 이익집단들이 갈등을 일으키게 되고 그러한 과정에서 환경문제도 발생할 수 있다고 본다. 환경에 영향을 주는 결정은 국가체계 또는 세계체계의 균형을 유지하려는 기반에서 이루어지는 것이 아니라, 어떤 이익집단이 다른 이익집단들에 자신의 의지를 심어주는 결과이다. 또한 유용한 자원을 어떻게 사용하느냐에 대하여서도 갈등이 일어나고 그 결과 사회문제가 발생할 수 있다

(3) 상호작용주의: 사회실체의 주관적 성격을 강조한다. 환경문제는 체계를 위협하는 객관적 조건이 아니라, 사람들이 주관적으로 문제로 파악한 상황이다. 사람들은 그들의 가치와 이익에 입각하여 어떠한 상황을 환경문제로 파악할 수도 있고 그렇지 않을 수도 있다. 따라서 환경문제는 사람들의 가치와 이익에 의하여 발생한다고 본다. 이러한 이유 때문에 어떤 환경조건이 사회문제인가에 대하여서는 때로 합의가 이루어지지 않는다.

(4) 사회주의: 사회주의 관점에서는 다른 사회문제와 마찬가지로 환경

문제도 자본주의의 본질적 속성에서 발생한다고 한다. 자본주의는 자본의 축적과 이윤추구를 바탕으로 하는 체제이다. 더 큰 이유를 추구하는 과정에서 환경문제가 발생한다. 뿐만 아니라 자본주의는 방편으로 사용하기도 한다. 자본주의가 환경을 파괴하는 메커니즘은 다음과 같이 설명될 수 있다. 자본주의체제에서 살아남기 위하여 기업은 성장하고 확장하여야 한다. 확장하기 위하여 이윤을 낳는 자본을 필요로 한다. 높은 이윤추구에는 값싼 노동력이 핵심이다. 이는 노동자들을 대체할 노동절약기술을 구입함으로써 얻어질 수 있다. 이 기술은 에너지를 보다 많이 소비하고 오염물질을 더 많이 배출한다. 그러므로 공해를 유발하는 기술은 저절로 또는 인간의 니드를 충족시키기 위해서가 아니라 자본주의 경제의 니드를 충족시키기 위하여 개발되는 것이다.

6) 결 론

우리가 살고 있는 지구는 환경파괴 및 자원의 고갈에 의해 서서히 죽어가고 있다고 해도 과언이 아닌 지경이다. 그런데 이러한 지구 위에서 아직까지 인간을 포함한 자연계의 당연한 생명체들이 현재와 같은 삶을 유지할 수 있었던 것은 이들을 둘러싼 환경에서 수백 가지의 과정들이 잘 통제되며 작동되어 왔기 때문이다.

그러나 환경파괴가 끊임없이 자행되는 한 앞으로도 계속 잘 통제가 될 것이라는 보장은 불가능하다. 환경오염문제는 가장 일반적인 문제인 동시에 우리가 당면하는 사회문제 모두를 포괄하는 문제이다. 그런데 우리는 이러한 환경문제에 대해 아직 충분한 인식을 하고 있지 못하고 있다. 환경보존에 관한 총론에는 찬성하고 각론에는 반대하는 이야기를 많이 하고 있는 것이다. 우리나라의 환경문제에서 가장 심각한 문제는 대기업과 정부가 밀어붙이기식으로 환경오염과 피괴를 일삼고 있나는 섬이다. 따라서 민간차원에서의 환경운동이 보다 적극적으로 이루어져야 하겠다. 아울러 시민단체의 환경운동이 중상층 중심의 엘리트운동이 아니라 환경의 피해자가 적극적으로 동참하는 환경운동으로 나아가야 할 필요가 있다. 환경권은 복지권과 마찬가지로 사회권적 기본권의 하나이다. 즉 인간다운 생활을 영위하는 데에 필수적인 권리의 하나이다. 따라서 이러한 권리가 적극적으로 보장될 수 있도록 하여야 할 것이다. 즉 오염방지보다 더 포괄적인 환경권 또는 쾌적권을 인정하는 새로운 환경입법 및 새로운 환경정책수립이 요구된다고 할 것이다.

① 환경문제와 과학기술

스톡홀름 환경선언 이후 20여 년이 지난 지금 성층권의 오존층 파괴, 열대림감소 등을 비롯한 많은 환경문제가 현안으로 제기되고 있다. 관심은 증폭되고 공공강연회도 널리 개최되었음에도 불구하고 환경에 대한 환경변화의 근본원인과 영향의 확인과 그 대응책의 모색에는 많은 진전이 이루어지질 못했다.

1990년 6월에 개최되었던 UNCED회의는 결국 개발도상국과 선진 공업국 사이의 남북문제와 관련하여 인구 증가와 발전의 현안문제를 환경과 결부지어 새로운 조망을 시도한 계기로 파악될 수 있다. 이렇듯 진정한 영향력을 줄 수 있는 차원에서 상황이 무르익어 국제적 합의라는 결실을 맺기까지 20년 이상이 걸렸음을 직시할 필요가 있다.

앞으로 2000년까지는 오존층 파괴, 지구온난화, 분사제(噴射劑)의 장거리 이동 등 지구환경문제에 대한 대응책이 시기와 장소에 따라 여러 가지 형태로 다양하게 부각될 전망이다. 이러한 환경문제를 묶

어두거나 그 영향을 감소시킬 수 있는 수단을 염두에 두고 정책개발이 이루어져야 한다. 환경과 개발 사이의 관계에 대한 이해와 함께 행동으로의 연계는 여전히 미진한 상태이다. 자연, 생명, 공학, 사회, 인간에 대한 학문을 비롯한 모든 분야의 지식이 조화를 이루면서 환경문제에 기여하지 않으면 안 된다. 과학, 기술, 사회 사이에서의 창조적 상호작용이야말로 환경과 자연자원의 영구보전을 보장할 수 있는 필수 조건일 것이다.

② 환경론의 이론적 배경

오늘날 심각한 생태적 위기를 극복하기 위해서는 생태학과 자연관에 대한 역사적·철학적 이해가 요구된다. 이와 동시에 생태계의 안정을 고려한 적합한 환경기술의 개발, 폐기물과 원료의 재순환 같은 청정기술의 개발의지도 환경관의 토대위에서 자생될 수 있을 것이다.

그 출발은 개인적 발전과 사회적 진보가 결코 물질적 기준으로만 평가될 수 없으며 사회정의의 구현과 개인의 정신적 충족에 따라 평가되어야 함은 당연하다는 생각에서 비롯된다. 얼핏 보면 환경문제에 대한 관심이란 일반적인 복지와 경제적 성장을 동일시했던 과거의 '진보'라는 개념에 대한 명백한 도전이라 할 수도 있다. 이러한 도전은 결코 경제성장 우선주의에 대한 단순한 비판이 아니며, 오히려 '생활의 질'이라는 개념을 통해 현실적 문제로 나타나고 있는 '환경의 질적 저하' 문제를 해결하고자 하는 필연적이고 바람직한 형태이다.

Pepper는 이전의 환경론들을 세 가지 범주인 이데올로기나 환경론자들의 신념을 중심으로 한 분류(O'Riordan), 사회과학적 분류(Sandbach), 그리고 철학적 입장에 따른 분류(Cotgrove)로 나누었으며, 그동안의 환경문제 논의를 상당히 폭넓게 다루려 했다는 점에서 높이 평가되고 있다. 그러나 그는 자연에 대한 '도덕적 인식'을 지나치게 도외시하고 '사실적 지실' 니얼의 도대가 되는 '가지'에 관한 논의를 회피하는 경향을 띠고 있다고 비판도 제기되고 있다. Pepper는 물질적·경제적 토대야말로 우리가 자연에 대해 갖는 현재의 관념과 가치체계 형성에 결정적 영향을 미친 중요한 원인, 즉 물질적 토대가 미래의 관념과 가치체계의 변화과정에 결정적 요인이 되며, 나아가서 경제체계에 의해 인간과 인간, 인간과 자연과의 특정관계가 성립한다고 주장한다.

과학과 과학자의 특성에 대한 베이컨의 견해에서 유래되는 통념, 즉 '과학적 전문가'는 '실제환경'과 '인식된 환경'의 차이를 명확하게 구분해 객관적으로 알려주는 존엄한 사제라는 생각에 대해 지구의 운명에 관심을 갖는 사람들은 언제나 경계할 필요가 있다. 과학기술자들은 과학을 이용해 인간과 자연의 관계를 '지배와 착취'의 관계로 규정하며, 기술의 발달에 따라 이 비인간적인 관계는 더욱 심화되리라고 주장할 것이다. 그 반면에 생태학자들과 환경운동가들은 과학을 이용해 인간이 근본적으로 자연에 종속된 자연의 일부이며 "자연과 결코 배타적이지 않은 조화로운 관계를 형성해야 한다."고 주장한다.

환경론자와 그들의 이데올로기를 나름대로 분류한 O'Riordan의 분석방법에 따르면 현대 환경론은 과학기술주의의 찬란한 미래를 낙관하는 기술지향주의적 환경론과, 낭만주의와 생태학을 토대로 그렇게 낙관적이지는 못한 미래관을 내세우는 생태지향주의적 환경론으로 대별된다. 기술지향주의적 사고는 16세기 이후의 과학혁명과 합리주의의 발달에서 유래하며 이를 배경으로 '자연에 대한 지배적 태도를 선호하는 자연과'에 관심을 기울여 온 결과이다. 이와 반대로 생태지향주의적 사고는 '자연과 인간의 동등성 또는 인간의 자연에 대한 종속성'을 표방하는 낭만주의와 생물학적인 과학이론(특히 맬더스와 다윈의 과학이론)에 의해 깊은 영향을 받아 왔다.

대부분의 환경문제는 지난 1세기 동안의 과학기술 발전에 기인한 것이므로 환경문제와 과학기술과의 관계를 보는 시각도 다양하다. 베이컨을 따르는 기술지향주의는 과학적 지식을 활용하면 인간의 고유한 목적을 위해 자연을 지배하고 조절할 수 있다고 주장한다. 이에 반해서 체계론을 내세우는 생태지향주의는 자연에 대한 지배와 착취의 관계가 조화와 겸양의 관계로 대체되어야 한다고 주장한다. 또한 생태지향주의가 자원의 재분배, 생산양식의 수정 등 유토피아를 향한 급진적, 사회적 해결을 추구하는 것과는 대조적으로 기술지향주의는 기존의 사회와 정치체계 내에서 자유시장 경제적 조절이나 온건한 점증적 자유개혁을 통해 환경문제를 처리하려 한다. 따라서 두 진영의 공존을 위해서는 과학적 지식에 의한 객관적 탐구를 통해 통일성이 추구되어야 객관성을 유지할 수 있을 것이다.

환경문제를 해결하려면 개인적인 소유욕을 바탕으로 물질적 풍요를 추구하려는 극히 이기적인 욕구와, 물질보다는 정신을 중시해서 사회·환경적 정의의 실현에 몰두하는 극히 바람직한 가치체계와의 극단적인 긴장관계를 해소할 필요가 있다. 즉 앞에 서술된 두 가지 입장과는 달리 수정주의적 견해는 현대의 과학기술이 긍정적·부정적 양면을 동시에 지니고 있음을 전제로 한다.

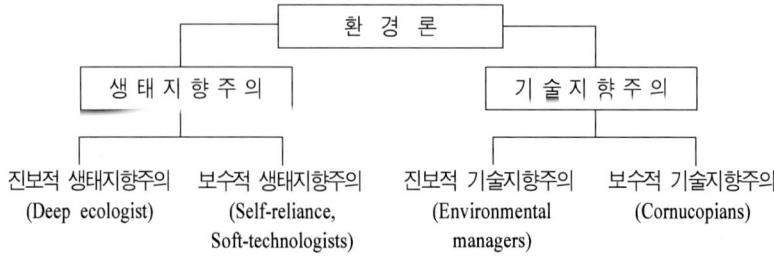

진보적 생태지향주의 (Deep ecologist)	보수적 생태지향주의 (Self-reliance, Soft-technologists)	진보적 기술지향주의 (Environmental managers)	보수적 기술지향주의 (Cornucopians)
(1) 인간의 존엄성을 위해 자연은 본질적으로 중요 (2) 생태학적 법칙이 사회와 인간을 지배 (3) 생물윤리 중시 – 멸종위기에 처한 경관의 보존을 강조	(1) 소규모 공동체를 통한 공동체의 단일성 회복, 주거와 직업 및 여가의 분리현상 해소 (2) 개인 및 공동체의 발전을 통한 일과 여가 개념의 통합 (3) 공동체의 공공행사에의 참여중시, 소수의 권리보호에도 관심, 대중참여는 계속적 교육 및 정치적 기능에 의해 이루어짐	(1) 경제성장 및 자원개발은 다음과 같은 단서하에 가능 ① 세금, 벌금 등을 통한 경제적 불균형 재조정 ② 최소한의 환경권에 관한 법적 권리 보장 ③ 사회·환경적 피해자에 대한 적절한 보상 (2) 각 이해집단 간의 일체감을 찾는 수수한 연구와 폭넓은 토론을 위해 개발계획평가기법 및 결정검토과정을 인정	(1) 인간은 어떤 경우의 정치적·기술적 어려움도 극복한다고 믿음 (2) 성장이라는 목적 자체가 개발계획 평가 및 정책형성의 합리성을 규정 (3) 세계인구의 운명을 향상시킬 수 있다는 인간능력에 대한 낙관론 (4) 과학기술 전문가는 경제성장, 대중의 건강과 안전에 대해 훌륭한 조언을 한다는 믿음 (5) 개발계획 평가나 정책검토과정에 있어 대중참여나 장시간의 토론은 무의미하다는 믿음 (6) 성장의 산물인 경제적 풍요와 이를 위한 의지에 의해 모든 장애가 극복될 수 있다는 믿음

(4) 현대의 대규모 집약형 기술 및 이에 따른 엘리트 전문가의 요구를 부정, 중앙집중적 국가권위, 비민주적 제도와 기구를 비판
(5) 물질만능주의는 그릇된 것이며, 경제성장은 먹고 살기조차 어려운 사람들의 근본적 요구를 채워주는 쪽으로 획기적 전환을 해야 함.

본 논문의 핵심과 <그림 1>을 대비해 살피기로 하자. 지향하는 바가 서로 상이한 두 환경론은 다시 진보와 보수적 입장으로 나뉜다. 생태지향주의는 대규모로 생산에 이용되는 현대의 집약형 기술과 이를 둘러싸고 있는 제도적 기반들에 대한 비판적 시각에 서있다. 이에 비해 진보적 기술지향주의는 경제적 수단을 통한 불균형의 조정, 환경권의 법적 보장, 환경 피해에 대한 적절한 보상 등이 전제될 때 경제성장과 자원개발을 해야 한다는 입장에 서서 개발계획에 대한 새로운 평가기법의 도입 등을 제안하고 있다. 요컨대 수정주의적 관점과 진보적 기술지향주의적 시각은 본 논문에서 제기하고 있는 환경친화적 기술혁신의 방향과도 서로 일치함을 알 수 있다.

지금까지 과학기술은 환경문제를 비롯한 많은 사회적 문제들의 발생과 관련되어 왔고, 다른 한편으로는 그 같은 문제들을 완화시키거나 해결하는 데 있어서도 크게 기여해 왔다고 말한다. 그렇기 때문에 과학기술과 환경문제를 파악함에 있어서도 과학기술만능주의9) 아니면 반과학주의와 같은 양극단으로 흘러서는 안 된다고 주장한다.10) 현대 과학기술주의에 대해 지극히 낙관적 입장을 갖고 있는 사람들은 자유시장 경제정책을 적절히 활용하면 제한 없는 경제성장의 달성이 가능할 것이며, 이로 인해 발생하는 환경문제는 과학기술의 발전에 따라 충분히 극복할 수 있으리라고 예언해 왔다.

현대환경론은 「성장한계론」, 「생존을 위한 청사진」, 「작은 것은 아름답다」라는 세 가지 이정표로 요약된다. 「성장한계론」이 근본적인 문제의 범위와 성격을 정의한 것이라면, 「생존을 위한 청사진」은 이 근본적인 문제를 푸는 데 필요한 변화에 초점을 맞춘 것이고, 「작은 것은 아름답다」는 근본적인 문제의 철학적 근원에까지 연결시키려는 것으로 인식되어 왔다.

결론적으로 생태계와 환경파괴를 생산양식과 사회경제적 체계와의 관계 속에서 파악하고 과학기술자들의 지식과 객관적 틀을 통해 궁극적으로 정책 결정과정에 반영되고 대중의 지지와 병행할 수 있는 시각에서 방법론을 찾기란 결코 쉽지 않은 상황이므로, 개발도상국 국민의 입장에서 보는 자연관의 확립이란 상황논리에 앞서 근본적인 인간과 자연과의 공존관계를 인식할 것이 요구된다. 또한 의사결정과정에서 시민이 참여하는 합의에의 도달과정을 거쳐 지지 기반이 확보된 후 문제해결 지향적 차원에서 환경기술정책이 수립되어야 한다.

13. 대기환경과 수질환경이
환경행정과의 연계성

환경은 우리가 오염시키고 우리에게 되돌아오는 문제라고도 할 수 있다. 지금부터 환경오염의 심각성 및 대책 등을 알아보자.

환경오염은 인간이 산업화를 발전시키면서 시작되었다고 할 수 있다. 산업의 발달에 따라 환경오염이 심각하게 대두되었다. 지금부터 대기오염, 수질오염, 토양오염에 대해서 알아보자.

대기의 성분은 질소(78%), 산소(21%), 아르곤(0.93%), 이산화탄소(0.03%)이며, 그 나머지는 미량원소로서 네온, 헬륨, 수소, 메탄, 오존 등이 있다.

실제로 미량이긴 하지만 이산화탄소, 오존 및 수증기 등은 모두 지표를 보호해주는 온실처럼 작용하여 생물들이 대기권 내에서 살아갈 수 있도록 해주고 있다. 대기권은 기온의 수직적 분포에 따라 대류권, 성층권, 중간권, 열권으로 구분된다.

(1) 일산화탄소(CO): 무색, 무취의 기체로서 터널, 밀폐된 차고, 교

통량이 많은 곳, 연탄아궁이 등에 많다. 탄소를 포함하고 있는
연료가 불완전연소할 때 발생한다. 산소를 운반하는 혈액의 기
능을 마비시켜 심하면 사망하게 된다.

(2) 탄화수소(HC: hydrocarbon): 연료가 불완전연소될 때와 타이어
가 닳아질 때 발생한다. 햇빛과 반응하여 광화학스모그현상을
일으킨다.

(3) 질소산화물(산화질소: NO, 이산화질소: NO_2): 고온의 연소공정
을 거치는 자동차, 대규모 공장 연소시설에서 발생하며 냄새와
색깔이 있는 기체이다. 눈과 호흡기를 자극하고, 물에 녹으면
질산(HNO_3)이 된다.

(4) 황산화물: 이산화황(SO_2)은 석탄이나 석유 같은 화석연료에 함
유되어 있는 유황 성분이 연소하면서 발생된다. 눈과 호흡기를
자극하며, 금속의 부식을 일으킨다. 식물 세포를 파괴하는 백
화현상이 나타난다.

(5) 분진: 공기 중에는 먼지, 연기, 그을음, 재 등 여러 가지 부유
분진이 있다. 이들은 하늘을 부옇게 만들며 호흡기장애를 일으
킨다.
① 온실효과
② 스모그현상
③ 먼지지붕
④ 산성비
⑤ 오존층파괴

현재 지구규모의 환경문제로서 가장 유명한 것은 지구온난화문제
이다. 지구는 태양이 방사하는 에너지를 받아 데워지며, 우주공간으
로의 에너지방출에 의해 차가워진다. 따라서 이 에너지의 수지가 균
형되어 있으면 지구의 온도는 평균하여 안정된다. 그러나 우주공간으

로의 에너지방출을 방해하는 기체(온실효과가스)의 대기 중의 농도가 상승하면 이 수지균형이 무너져 지표의 온도가 상승하며, 이 온도상 승이 기후변동이나 해면상승을 일으키며 이 기후변동과 해면상승이 생태계 등을 비롯한 인류의 생존기반에 다대한 영향을 미친다.

이것이 지구온난화문제이다. 기후변동에 관한 정부 간 패널 / 지구 온난화문제에 관한 정부급의 검토장으로서 세계기상기구가 공동으로 1988년 11월에 설립한 UN의 조직)의 보고에 의하면 일정량당의 온 실효과가 CO_2에 비하여 훨씬 높은 메탄가스 등의 가스가 따로 있기 는 하나, CO_2의 배출량이 방대하기 때문에 온난화로의 기여도는 전 온실효과가스 중의 약 64%를 차지하고 있다. 더욱이 그 약 8할이 화석연료의 소비에 기인한다고 말하고 있기 때문에 CO_2배출량의 삭 감이 중요한 과제가 되고 있다

이미 지구온난화의 징조는 온실효과가스의 농도상승, 지구의 평균 기온의 상승, 해면수위의 상승이라는 형태로 나타나고 있다. IPCC는 1995년에 정리한 제2차 평가보고서 중에서 산업혁명 이후의 온실효 과가스의 발생량의 증대 등의 인위적 영향에 의해 지구온난화가 이 미 일어나고 있음을 확인하고 있다. 이하 IPCC 제2차 평가보고서 등에 의해 온난화의 영향을 보기로 한다.

① 온실효과가스 농도의 상승

온실효과가스의 대기 중 농도는 1700년대 중반 이후인 산업혁명 이전은 비교적 일정수준이었으나, 산업혁명 이후에 증가하여 특히 최근에는 현저히 증가하고 있다. 원인은 대부분 인간활동에 기인하 는 것이며, 그 많은 것은 화석연료사용, 토지이용변화 및 농업에 의 한다.

② 기후변동과 해면상승 등

온실효과가스농노의 상승은 지구 평균기온의 상승을 초래하며, 기온의 상승은 해수팽창, 극지 및 고산지의 얼음의 융해를 통하여 해면의 상승을 초래한다. 금세기에 들어서서부터는 빙하의 쇠퇴가 관측데이터에 의해 나타나고 있으며, 이 밖에도 극단적인 고온현상, 홍수나 한발의 증가라는 심각한 문제가 될 수 있는 변화가 나타나고 있다.

IPCC에 의하면 지구의 평균기온은 19세기 말보다 0.3~0.6℃ 상승하고, 해면도 과거 100년간에 10~25㎝ 상승하고 있다. 2100년에는 전 지구 평균기온은 1990년과 비교하여 약 2℃ 상승, 해면수위는 약 50㎝ 상승할 것으로 예측되고 있으며, 더욱이 그 후도 기온상승은 계속될 것으로 보고 있다. 또 가령 온실효과가스의 농도상승을 21세기 말까지 저지하였다 해도 그 이후도 기온상승이나 해면상승은 계속될 것으로 생각하고 있다.

해면의 상승과 기상의 극단화는 연안 지역에서의 홍수, 고조의 피해를 증가시킬 우려가 있다. 가령 해면이 50㎝ 상승한 경우 대응책을 취하지 않으면 고조피해를 받기 쉬운 세계인구는 현재의 약 4,600만 명에서 약 9,200만 명으로 증가할 것으로 예측되고 있다.

③ 이상기상

지구 평균기온의 상승에 의해 비가 내리는 장소가 변하고, 강우와 건조가 극단적으로 나타날 것으로 예측되고 있으며, 태풍이 증가할 가능성도 지적되고 있다. 최근 이상고온, 홍수, 한발 등의 소위 이상기상이 세계 각지에서 빈발하여, 이들 자연재해의 증가와 지구온난화와의 인과관계가 관심을 모으고 있다.

④ 건강에의 영향

지구 평균기온의 상승에 의해 말라리아, 황열병 등 매개성 감염증의 환자수가 증가한다. IPCC에 의하면 특히 말라리아는 3.5℃의 온도상승에 의해 일본 등이 속하는 온대를 포함하여 연간 5,000~8,000만 명 정도 환자수가 증가할 우려가 있을 것으로 예측되고 있다.

⑤ 생태계에의 영향

IPCC에 의하면 세계 전체의 평균기온이 2℃ 상승할 경우 지구의 전 삼림의 3분의 1에서 현존하는 식물종의 구성이 변화하는 등의 큰 영향을 받아, 이에 따라 생태계 전체가 각지에서 변화하는 것으로 생각하고 있다. 식물종의 구성이 변화하는 과정에서는 온난화의 속도에 삼림의 변화가 따라가지 못해 일시적으로 삼림생태계가 파괴되어 대량의 CO_2방출이 일어날 가능성도 지적되고 있다.

⑥ 식량생산에의 영향

IPCC 에 의하면 이상기상이나 해충의 증가를 고려하지 않는다면 세계 전체로서의 식량수급은 균형을 잡을 것으로 보고 있으나, 증산 지역과 감산 지역이 생겨 격차가 확대한다. 열대, 아열대에서는 인구가 증가하는 일방, 식량생산량이 저하하여 건조, 반건조 지역도 포함하여 빈곤 지역의 기근, 난민의 위기가 증대한다고 말하고 있다.

가. 오존층의 파괴

－인공적인 화학물질인 프레온 등이 대기 중에 방출된 후 성층권(지상 약 10~50㎞ 상공에 걸친 대기권)에 달해, 그것이 원인이 되어 성층권의 오존층을 파괴하는 것이 근년 문제가 되고 있다. 오존층은 태양광선에 포함되는 인체에 유해한 자외선의 대부분을 흡수하고 있기 때문에 오존층이 파괴되면 자외선의 지상으로의 도달량이 증가하여 사람의 건강과 생태계에 악영향을 미친다.

지상으로의 자외선 도달량의 증대는 피부암, 백내장, 면역억제 등의 사람의 건강에 대한 악영향과 육상식물이나 수계생태계 등에 악영향을 초래할 우려가 있다. 근년 남극상공에서는 성층권의 오존양이 현저히 적어지는 "오존홀"이라고 부르는 현상이 나타나게 되어, 1998년에는 과거 최대규모의 오존홀의 출현이 확인되었다.

단 오존층의 장기적 경향으로서 열대 지역을 제외하고 전 지구적으로 대략 오존양이 감소경향이 있다. 이것은 몬트리얼의 정서에 의거하여 일본을 포함한 선진국에서 이미 프레온 등의 생산이 전폐된 것에 의한 것으로 생각된다.

나. 산성비

－산성비라 함은 주로 화석연료의 연소에 따라 유황산화물(SO_x)이나 질소산화물(NO_x) 등의 산성비 원인물질이 대기 중에 방출되어 이들로부터 생성된 황산이나 질산이 용해한 산성이 강한(pH가 낮은) 비, 안개나 눈 등이다. 산성비에 의해 호소(湖沼)나 하천 등 육수가 산성화되어 수자원의 개발·이용 등에 영향을 주는 것, 어류 등에 영향을 주는 것, 토양이 산성화되어 삼림 등에 영향을 주는 것, 또 직접 수목이나 문화재에 침착하여 그들의 쇠퇴나 파괴를 조장한 것 등의 광범한 영향이 우려되고 있다. 산성비는 원인물질의 발생원에서 500~1,000㎞ 떨어진 지역에도 침착하는 성질이 있어, 국경을 넘는

광역적인 현상인 것이 하나의 특징이다.

산성비가 일찍부터 문제가 되고 있는 유럽, 미국에서는 산성비에 의한다고 생각되는 호소의 산성화나 삼림의 쇠퇴, 어패류의 사멸 등이 보고되고 있으며, 일본에서도 그런 일이 보고되고 있다. 산성비는 종래 선진국의 문제라고 인식되어 왔으나 근년 개발도상국에서도 공업화의 진전에 따라 큰 문제가 되어가고 있다.

다. 광화학옥시던트

－광화학옥시던트는 공장·사업소나 자동차에서 배출되는 질소산화물(NOx)이나 탄화수소류(HC)를 주체로 하는 1차 오염물질이 태양광선의 조사를 받아서 광화학반응에 의해 2차적으로 생성되는 오존 등의 물질의 총칭이며, 소위 광화학스모그의 원인이 된다.

광화학옥시던트는 강한 산화력을 가지며, 고농도에서는 눈(眼)이나 목으로의 자극이나 호흡기에 영향을 미치며 농작물 등에도 영향을 준다.

라. 해결방안

－대기오염의 주된 원인은 자동차의 배기가스, 공장의 연기, 난방의 이용 등에 있는데 대기오염을 줄이는 건 산 같은 곳에 나무를 많이 심는 것이다. 그리고 프레온가스도 대기의 가장 큰 원인이라 스프레이와 스티로폼을 태울 때 생기는 프레온가스는 우리를 자외선으로부터 막아주는 오존층을 파괴하는데 스프레이 사량을 줄이고 스티로폼을 처리할 때는 소각하지 말고 녹인다.

1) 수질오염

① 수질오염의 원인

수질오염이란 가정에서 쓰고 버리는 생활하수, 산업활동에 의한 산업폐수, 농촌의 농·축산폐수 등이 정화되지 않고 하천이나 호수로 유입되어 물을 오염시켜 각종 용수로 사용할 수 없게 되거나 생물의 서식에 심각한 피해를 줄 정도로 수질이 나빠지는 것을 말한다.

② 수질오염의 종류와 원인

가. 분해성 유기물질

-유기물질은 탄소를 비롯한 여러 가지 원소로 구성된 물질을 말한다. 이런 물질이 물에 들어가면 미생물에 의해 분해되고 물속의 산소를 소모시키며 나아가 산소가 없어지면 메탄, 황화수소 등의 냄새가 나는 가스가 나오기도 한다. 가정에서 버려지는 음식 찌꺼기, 분뇨, 쓰레기와 축사에서 흘러나오는 폐수가 그 대표적인 예이다.

나. 합성세제

-거의 모든 가정에서 사용되고 있는 합성세제가 수질오염의 주범이라는 사실은 널리 알려져 있다. 합성세제는 다른 오염물질과는 달리 물에 녹은 상태에서 미생물에 의한 분해가 어렵고 물 위에 거품이 생기게 되어 산소가 물속으로 녹아 들어갈 수 없게 될 뿐 아니라 햇빛을 차단시켜 플랑크톤의 정상적인 번식을 방해하는 등 물을 오염시키기도 한다. 또 여기에 세척력을 높이기 위하여 넣는 '인'은 인산염이 되어 부영양화현상을 일으켜 물을 썩게 한다. 이 때문에 각

국에서 인의 사용을 규제하고 있어 '세제'가 나오게 되었다.

지금은 분해가 잘 된다는 식물성 세제가 널리 사용되고 있으나 물의 오염시비는 여전하다. 주택가나 아파트단지 인근의 하천에서 흔히 볼 수 있는 거품의 원인이 바로 이 합성세제이다. 합성세제의 지나친 사용은 물고기는 물론 미생물도 살지 못하는 죽음의 하천을 만드는 것이다.

다. 중금속

－중금속은 금속 중에서 그 비중이 4.0 이상인 것을 말한다. 중금속 가운데 독성이 강한 것으로는 카드뮴, 수은, 크롬, 구리, 납, 니켈, 아연, 비소 등을 들 수 있다. 이렇게 해로운 중금속은 공장폐수, 산업폐기물, 쓰레기 매립장 등에서 하천으로 흘러들어온다.

중금속은 동식물의 체내에 농축되어 있기 때문에 동식물을 섭취하는 인간의 건강에도 크게 영향을 미치게 된다. 일본에서 발생했던 그 유명한 '이 타이이타이병'은 카드뮴에 오염된 어패류를 먹은 사람들에게서 발생되었고, 미나마타병은 수은에 오염된 어패류를 먹은 어민들에게서 발생했다. 산업발전으로 유해중금속은 증가되고 있다.

라. 유독물질

－사람이나 가축에 대해 독성이 심하여 아주 적은 양으로도 해를 끼치는 화학물질을 말한다. 우리나라에서 사용되고 있는 화학물질은 대략 1만여 종이나 되나 계속 증가되고 있다. 이런 화학물질은 인간 생활에 이로움을 주기 위하여 만들어지고 있으나, 이것들이 유출되어 물을 오염시키고 오염된 물을 사람이 마시게 되면 건강에 치명적인 피해를 줄 수도 있는 것이다.

옛날에는 콜레라, 장티푸스 등의 수인성 전염병의 병원균에 의한 오염이 문제가 되었으나 이제는 유독성 화학물질에 의한 오염이 큰 문제로 나타나고 있다.

마. 유류(석유, 기름 등……)

-석유 등의 유류는 비중이 물보다 낮아 수면에 유막이 만들어지는데, 1cc의 기름은 약 1,000㎡의 유막을 형성시킨다. 유막이 형성되면 빛의 투과율을 감소시켜 물속에 녹아있는 산소의 양을 감소시켜 어패류의 호흡에 지장을 주며 기름 냄새가 어패류의 상품가치를 떨어뜨린다. 하천 부근에서 세차를 하는 경우 수질오염이 될 수 있기 때문에 이제는 법적으로 규제하고 있다. 때로는 저수지 부근에서 유조차가 뒤집히거나 송유관에서 기름이 흘러나와 기름이 저수지에 흘러들어 물의를 일으키기도 한다.

바. 영양 염료

-식물의 생장에 필요한 영양소를 제공해주는 염료로 암모니아, 질산염, 아질산염, 인산염 등이 있다. 이러한 영양 염료가 적당히 있어야 하나 집에서 버리는 물이나 논밭에서 비료가 섞인 물이 하천이나 호수에 흘러들어오면 플랑크톤이 아주 많이 번식하여 물을 오염시킨다. 이때는 물의 빛깔이 검붉게 변하고 썩은 냄새가 나기도 한다.

③ 해결방안

① 음식물쓰레기는 물기를 제거한 후 버린다.
② 음식물쓰레기를 하수구에 버리지 않는다.
③ 쓰고 남은 페인트를 땅에 버리지 않는다.(지하수를 오염시킴.)
④ 농사짓는 사람은 농약을 치지 않는다.(간접적으로 영향을 미침)
⑤ 합성세제나 샴푸를 쓰지 않는다.

⑥ 빨래를 헹굴 때 섬유 유연제를 사용하지 않고 식초를 사용한다.

⑦ 하수구가 막혔다면 강력세제 대신 베이킹파우더를 사용한다.

⑧ 설거지를 할 때 쌀뜨물을 사용한다.(후에는 화분에 준다.)

2) 토양오염

① 토양오염의 발생원인

광산이나 공장 등에서 배출되는 폐기물이나 농약살포 등으로 토양 속에 중금속 등 사람·가축·농작물에 유해한 특정 물질이 높은 농도로 직접 축적되는 것. 토양오염은 대체로 지하자원의 이용으로 암석 중의 무기성분이 지표에 쌓이게 되거나, 농약에 의해 합성유기염소계 화합물이나 알킬수은화합물 등 천연계에 거의 존재하지 않는 유기물질이 축적되어 유발되며, 공업단지와 도시 매연가스에 의한 산성비, 식품 포장 폐기물, 시설축산의 폐기물 등에 의해서도 발생한다. 더욱이 공업화에 따라 방출되는 중금속 등의 무기성분은 농경지를 오염시킬 뿐만 아니라 농작물의 생육장애를 일으키며, 먹이연쇄계를 거치는 동안 사람과 가축에까지 해를 끼치고 있다. 중금속 자체는 분해되지 않고 어떠한 변화에도 그 본래의 성질이나 피해작용이 없어지지 않으므로 일단 오염된 중금속을 완전히 제거하여 원래의 오염되지 않은 토양으로 되돌리기란 매우 어렵다.

가. 농 약

농작물뿐만 아니라 사람과 동물에게도 강한 독성을 지닌 극독약이라 할 수 있으며, 농약을 살포하면 토양 내에서 물리, 화학 및 생물학적 반응으로 원래의 목적과는 달리 유해한 성질로 변화될 수 있기 때문에 장기간 일정한 장소에 계속 살포하게 되면 작물의 수확이 감소되는 경향이 있다. 농약 중에는 유기염소제와 유기수은계 화합물을 비롯한 유기금속화합물 등의 농약은 토양 내에서 잘 분해되지 않아 장기간 잔류하게 되어 식물체 내에서 발견되므로 그 잔류 독이 심각한 문제가 된다.

나. 생활하수 및 산업폐수

질소나 인화합물이 함유된 유기성 폐수를 농토에 주입하여 처리하는 것은 토양오염에 별 문제가 없으나, 중금속을 함유한 폐수의 경우 토양오염을 시키는 유독한 오염원이 될 수 있다. 폐수 내에는 세균, 곰팡이, 바이러스 등의 미생물이 다량 존재하므로 상수원 및 지하수를 오염시킬 뿐 아니라 이를 방류하였을 때 토양에 오염되어 토양 내 병원균이 번식한다.

다. 방사능물질

원자력발전소에서 원자력의 이용과 핵실험 등으로 인해 방사성 폐기물이 생성되어 토양을 오염시키기도 한다. 이 물질은 핵실험을 한 곳으로부터 먼 곳에 이르기까지 운반되어 비와 함께 낙하되는데 이를 방사능 낙진이라 하며 땅 표면은 물론 하천, 농작물, 농토 등에 오염이 된다.

라. 기타 대기오염물질이나 일반폐기물 또는 특정폐기물

② 토양오염방지대책

토양오염의 방지책은 적절한 관리밖에 없다. 토양은 물질의 최종 도착지이기 때문에 싫든 좋든 버리지 않을 수 없으며 또한 농산물의 증산을 위하여서는 비료와 농약의 사용이 불가피하기 때문이다. 될 수 있는 한 필요 이상으로 투약을 한다든가 폐기시킨다든가 하는 것은 금물이며, 또한 매몰시킨 경우에는 표시를 달아서 후세에 자원으로 이용되도록 하여야 할 것이다.또한 배수가 잘 되도록 하여야 하고, pH는 중성이 유지되도록 노력하여야 할 것이다.

가. 농약 사용의 제어
-토양 및 작물에 잔류하여 인체에 위해를 가져오는 주요 유독성 농약 및 살충제를 법적으로 제조, 사용을 금지하고, 더불어 각종 농작물에 대한 안전사용기준을 설정하여 사용 시기 및 사용 범위 등에 대해 계몽을 실시한다.

나. 폐수 및 폐기물의 관리 철저
-토양을 오염시키는 축적성의 중금속이나 유해화학물질이 배출되는 공장 주변 지역은 공장자체의 제조공정 및 배출되는 폐수나 폐기물을 적극적으로 관리하여 토양오염의 피해가 발생하지 않도록 하여야 한다.

다. 토양오염 측정망의 설치 운영
-토양 염 방지대책의 기초자료를 확보하기 위해 각 지역에 토양오염 측정망을 설치하여 정기적으로 토양오염도를 측정하여야 하며, 이와 함께 주요 원인물질 발생원인 금속광산과 제련소에 대해 특별

점검을 실시하고 농약과 화학비료의 환경 위해성에 대해 수시교육을 실시토록 한다.

3) 결 론

우리가 살고 있는 지금 환경이 너무 중요하다. 후손에게 물려주기 위하여 소중하게 아끼고 보존해야 한다. 지금부터라도 환경을 먼저 생각해서 오염을 줄여야 한다.

14. 동양적 자연관과 행정관

예부터 우리 조상들은 자연을 즐기고 더불어 살아가며 자연을 숭배해 오기도 했는데 여기서 동양적 자연관에 대해서 알아보고 동양적 행정관에 대해서 무엇이 있는지 알아보도록 하겠다.

1) 동양적 자연관

동양의 자연관은 우선 인간과 자연을 완전히 구분 짓고 인간이 자연의 지배자라는 입장보다는 자연과 인간이 조화되고 더불어 살아가는 존재이며 자연의 힘을 크게 보고 있다는 점이다.

① 풍수지리사상

풍수지리사상은 본래 우리 동양의 전통적인 자연관으로 자연환경인 풍수와 산천의 분포에 의해 인간의 길흉화복이 결정된다는 동양의 전통적인 자연관으로 신라 말기 풍수 도참설이 그 기초가 된다.

② 유교의 애물사상

애물사상이라는 것은 인간이 자연물을 사용한다거나 할 때 무조건적으로 개발하고 사용하는 것이 아니라 인간이 필요한 만큼만 사용해야 한다는 것으로서 최소한의 지속가능한 개발이라는 현대 환경윤리에 시사점을 주고 있는 것이다.

즉 인간이 가축을 잡아먹고, 자연물을 이용하는 것을 잘못된 것으로 보기보다는 인간의 삶을 유지하기 위해서 어쩔 수 없는 것으로서 인정하면서 하지만 이러한 것을 이용할 때 무조건적으로 해치거나 자신의 사사로운 욕심을 위해서 너무 과다하게 하는 것이 아니라 필요한 만큼만 사용하고 개발해야 한다는 것이다.

③ 도가의 무위자연, 물아일체
─자연은 스스로 그러한 것이다

도가는 사회의 혼란 원인자체를 인간의 인위적인 행동에서 찾고 있다. 그리고 인간도 자연의 일부로 보고 있다. 서양의 사상과 같이 인간이 자연의 지배자가 되는 것이 아니라 자연이란 스스로 그러한 것으로서 인간에 의해서 인위적으로 행해지는 행위자체를 잘못된 것으로 보고 자연을 자연 그대로 보존해야 하며 인간이 인위적인 행동을 하지 말아야 한다고 보고 있다. 도가의 가장 큰 특징은 인간의 인위적인 모든 것을 부정하고 자연의 자연스러운 흐름에 따라 살아야 한다고 보는 것이다.

2) 동양적 행정관

① 중앙행정제도

중앙의 통치조직은 법흥왕 때부터 정비되기 시작하여 처음으로 병부가 설치되었으며, 귀족회의 의장으로서의 상대등제도가 채택되었다. 그 뒤 진흥왕 때 관리의 규찰을 맡은 사정부가 만들어졌고 진평왕 때 인사행정을 담당하는 위화부 선박과 항해를 담당하는 선부, 공부를 맡은 조부, 예부 등 10개의 관부가 새로이 설치되어 비로소 각 관청 간의 분업체제가 확립되고, 또한 소속 직원의 조직화경향이 뚜렷하게 보이고 있어서 일종의 질적인 변화가 이루어지고 있었다. 그 뒤 진덕여왕 때에는 김춘추 일파에 의해서 당나라의 정치제도를 모방하여 집사부를 설치하는 등 대규모정치개혁이 단행되었다. 이와 같은 개혁작업은 김춘추가 왕위에 즉위한 뒤에도 계속 추진되어 삼국통일 직후인 668년(신문왕6)에 토목을 담당하는 예작부를 설치를 끝으로 일단 완성되었다. 이러한 중앙정치제도는 신라가 멸망할 때까지 골격을 유지하게 된다.

② 지방행정제도

지방의 통치조직은 지증왕 때 점령 지역의 확보책으로서 설치되었다. 즉 505년에 신라는 지방제도로서 주군제도를 채택, 실시하였는데 이는 군사상의 필요에 따라서 때때로 중심을 이동할 수 있는 군정적(軍政的) 성격을 띠고 있었다. 큰 성에 설치한 주의 장관을 군주, 중간 정도규모의 성에 설치한 군의 장관을 당주(幢主)라 하였는데, 뒤에 군주는 총관(摠管)·도독(都督)으로, 당주는 태수(太守)로 각각 그 명칭이 바뀌었다. 소경제도는 주군이 군정적 거점으로서의 성격이 강한 데 비하여 주로 정치적, 문화적 중심지로서의 성격이 강했는데, 한편으로는 무군을 견세 감시하는 듯한 기능도 가지고 있었던 것으로 보인다. 그리고 장관은 사신이라 하여 중앙에서 파견되었다. 다만 삼국통일 이전의 소경제도는 전국적으로 체계 있게 정비되지는 못하였다.

동양의 자연은 위에서 말한 것과 같이 인간을 자연과 떨어져있는 독자적인 존재로 보지 않고 자연과 함께 조화를 이루고 살아가는 존재로서 인간도 자연의 일부로서 자연을 보존해야 한다는 사상이 기본이 되면서 현대 우리의 환경 윤리적 측면에 많은 시사점을 준다고 할 수 있다. 또한 중앙행정제도와 지방행정제도를 통해 나라를 통치하면서 체계적으로 나라를 지켜 나가는 모습을 알아 볼 수 있었다.

3) 컨피던스 행정모형

최근 많은 기업들이 '본질적인 구조개혁'의 소용돌이 속에 휩싸여 있다. 특히 경영관리의 근간이라고 할 수 있는 '인사관리'의 혁명적인 변화는 피하려야 피할 수 없는 과제가 되고 있다. 현재 인사제도의 혁신을 주도하고 있는 구세주적인 개념은 소위 '핵심역량(경쟁사를 압도하는 고유의 기술력, 고객의 니즈를 만족시키는 상품기획력, 조직 내에 축적된 관리기술 등)' 또는 '컴피턴시(competency)'라는 것이다.

컴피턴시라는 기념은 1970년대 이래 하버드대학의 심리학자 맥클랜드 교수가 높은 성과를 거두는 사람들의 행동 특성을 연구하면서 정리한 개념이다. 그의 정의에 따르면 컴피턴시란 높은 성과를 거두도록 하는 안정적인 사고와 행동의 특성을 가리킨다.

컴피턴시 개념과 종래의 직무능력 개념과의 차이는 (1) 성과중심, (2) 행동중시, 그리고 (3) 반복성 등 3가지 점으로 요약된다. 컴피턴시의 핵심은 단순히 직무수행을 돕는 차원이 아니라 기업의 가치를 높이도록 반복돼야 하는 필수적인 개개인의 사고와 행동체계이다.

높은 성과를 거두는 사람들은 나타날 성과에 대한 이미지를 사전에 명확하게 갖고 있는 것으로 나타났다는 것이다. 그리고 주어진 과제를 통해 현상을 분석하고, 타당한 가설을 세운 뒤 과제해결을 위해서 빠르고 다양한 작업활동을 수행하는데, 이와 같은 그들의 행동과 사고체계에서 공통의 컴피턴시를 추출할 수 있다는 것이다.

미국에서는 이미 1990년대 이래 제너럴 일렉트릭(GE), 모토롤라 등이 채용, 인재개발, 평가, 보상 등 인사관리 전반에 응용하고 있었지만, 일본이나 한국에는 최근 들어와 하나의 유행어로 자리 잡기 시작한 느낌이다. 그런 의미에서 컴피턴시 모델은 경영현장에서는 아직 개발진행 중인 실험이며, 영원불멸의 인사제도 또는 경영기법으로 완성된 것은 아니라고 하겠다. 다케다 (武田) 약품 등 우량기업들이 앞 다투어 최근 인사제도개혁에 컴피턴시 모델을 채택하면서 일본도 바야흐로 '개념 논쟁'에서 '운용 단계'로 진입하고 있는 것을 볼 수 있다.

그러나 여기서 왜, 지금 컴피턴시인가 하는 배경은 이해할 필요가 있다. 시장에서 높아지는 경쟁압력, 커지는 지적 서비스 제공에의 필요, 그리고 의사결정의 스피드 단축 등 기업의 경영환경이 급속하게 변화를 맞고 그로 인한 영향을 받기 때문이라고 요약해 볼 수 있을 것이다. 과거 환경의 변화 속도가 완만할 때와는 전혀 다른 자질과 능력의 인재가 확보돼야 하는데, 그러한 새로운 인재의 필요 역량을 가리켜서 대체로 컴피턴시로 정의하는 추세라고 할 것이다.

지금까지의 연공서열 중심의 기업에서 대부분의 샐러리맨들은 장래 임원이 되는 것을 목표로 살았다고 해도 지나치지 않다. 그러나 그 일은 거의 '복권 당첨'과도 같은 확률이어서 대개는 가까스로 중간관리직에 머물디 퇴직하고 밀았나. 하시만 정보기술이 급속하게 발전하면서 중간관리직의 존재가치가 점차 희박해지고 있는 실정이다. 특히 회사 내에서의 전자메일이 빠르게 보급되면서 이러한 현상은 동서를 막론하고 적나라하게 드러나고 있음을 깨달아야 한다.

예를 들면 상사로부터 온 메일을 중간에서 단순히 부하 직원에게 포워드 (forward) 전송할 뿐인 그러한 중간관리직이 있다면 전혀 가치가 없는 존재로 분류돼야 할 것이다. 스스로 창조적인 메일을 보내거나 부가가치를 넣어 포워드 전송하는 경우가 드물다면 더더욱 그렇다. 전자메일이 없던 시대에는 위로부터의 지시를 아래로 전달하는 것 자체가 중요한 역할이었을지 모른다. 그러나 전자메일을 사용하면서는 상황이 달라져 정보의 전달과정 자체가 누구에게나 드러났으므로 누가 어떤 컨텐츠를 다루고 있는지 잘 알게 되었다.

또한 부하직원으로부터의 전자메일도 직접 자신의 상사나 다른 부서의 수신인(To)에게로 직접 가 버리고, 어쩌다 가끔 중간에 놓인 본인에게는 cc(carbon copy의 약자) 형태로 도착한다면 중간관리층은 전자메일을 통한 업무의 처리과정에서도 단순한 역할밖에는 할 수 없는 무력한 처지로 전락하지 않을 수 없는 것이다. 그래서 소위 'forward 부장,' 'cc 과장'과 같은 집단을 가리키는 용어가 등장하고 있다. 그들에게서는 현재와 같은 스피디한 변화를 주도하거나 감당할 역량, 즉 컴피턴시를 찾으려야 찾을 길이 없을지 모른다.

제조업을 예로 살펴보겠다. 지금까지 대부분의 초우량 기업들은 사업의 가치연쇄 (value chain)의 중간부분 즉 조립 또는 영업 등의 활동에서 충분한 부가가치를 거두어 들였다고 생각한다. 다름 아닌 규모의 경제를 통해서 이익을 극대화하는 거대 기업의 미학이 찬양돼온 배경이며, 지난 1980년대 IBM 등이 대표적인 사례라고 할 것이다.

그러나 1990년대 들어서면서 부가가치 창출의 몫이 가치연쇄의 위, 또는 아래로 이동하게 되었는데, 잘 알려진 인텔 (Intel)과 마이크로소프트 (Microsoft) 등이 한 편에 섰다면 다른 한 편에는 델 컴퓨터 (Dell Computer) 등이 자리했다. 이들의 등장으로 경쟁에 대한 압박이 거세지면서 IBM과 같은 거대한 공룡도 결국은 솔루션사업부 등을 분사 독립시킬 수밖에 없었던 것은 잘 아실 것이다.

비제조업분야에서는 이른바 '도매'라는 중간 기능을 담당했던 종합상사, 대리점 등이 존망의 위기로 전락하고 말았다. 새로운 가치를 디자인하거나 고객 중심의 사업구조로 전환하면서 이익창출의 원천이 달라졌기 때문이다. 새롭게 변하고 있는 환경에서는 변화의 스피드를 따라 갈만 한 '혁신성'이 없으면 생존이 불가능했고, 실제로 도산에 이르는 사례들이 급증했다.

확대재생산을 도모하던 규모의 경제형 대기업 모델이 하루아침에 과거의 역사로 묻히고 말았다. 피라미드형 조직체계를 유지해야 하는 대형엔진 공장에서는 더 이상 이익을 창출할 수 있는 길이 없어졌고, 그 대신 작고 빠른 맞춤형 엔진을 생산하는 소위 다품종 소량생산 공장으로 소위 비즈니스 모델이 옮겨갔다. 회사 내에서도 느리고 정체된 곳으로부터 다이내믹하고 생산적인 곳으로 회사자원이 빠르게 옮겨졌다. 그에 따라 수익원을 잃고 더 이상 성장 가능성이 보이지 않는 사업 부문들은 자연 폐쇄 또는 매각 대상으로 지적됐고 또 그렇게 운명의 매듭이 지어졌다. 덩치나 규모가 시장의 승부를 가름하던 시기에는 직무 중심 또는 기능 분담식 조직형태가 유효했을지 모른다. 미국에서는 직무기술서를 바탕으로 한 직무등급제도가 한 시기를 풍미했었던 이유이다. 일본에서도 연공을 기초로 직능자격제도가 힘을 떨쳤던 시기가 있었다고 알려져 있다.

그러나 이제는 소위 '기업가형 인재,' 또는 '프로페셔널 인재'가

새로운 인재형으로 각광을 받게 된다. 이들은 주어진 업무를 처리하
는 것이 아니라 스스로 자기의 일을 찾아서 하는 전문가 집단이라고
할 것이나. 싱상의 시너지는 개개인보다 프로페셔널 몇 명이 모여
이룬 소규모 팀에서 더 커질 수 있다. 21세기의 성공기업은 이들 프
로페셔널 인재 집단의 잠재력과 회사의 전략 실행의 요구 조건을 일
치시킴으로써 성과를 폭발시킬 수 있도록 적극적인 '동기'를 이들에
게 제공하는 방향으로 움직여가고 있는 것이다.

컴피턴시란 '이러저러한 상황에서 이런 사고를 갖고 이렇게 행동
하여 이런 정도의 결과를 생산해야 한다.'고 사전에 정의를 내려놓
지만, 지속 가능한 성공을 거두기 위해 자사에 정말로 맞는 필요한
독자적인 조직형태와 인재의 역동적인 측면을 발견하려는 노력을 끊
임없이 경주하는 것이 컴피턴시 경영혁신의 본질인 것이다.

오늘날 기업에서 컴피턴시 개념에 의거해서 우선 활발하게 개혁되
고 있는 대상들이 바로 기업의 임원들이다. 종래의 임원들 또는 이
사회에 대한 이미지는 늙고 폐쇄적인 '그들만의 리그'였다. 아무런
성과가 없어도 큰 잘못이 없으면 무난하다는 평가와 함께 한 자리를
맡아 은퇴할 때까지 으레 거쳐 가는 통과의례처럼 자리 잡고 있었던
것이다.

그러나 최근 '인사·조직의 혁신은 30대 임원으로부터'라는 슬로
건에 나타나 있듯이 지속적인 성공조직으로의 변신을 주도하려면 증
명된 컴피턴시를 갖춘 젊은 전문가의 임용이 불가피하다는 인식이
널리 퍼지고 있는 줄 안다. 리더십을 개혁하라. 이들 젊고 패기에 찬
임원들에게 권한을 맡겨라. 그 대신 책임은 철저하게 평가하라. 이와
같은 흐름이 깊은 불황의 늪에 빠져가는 한국의 기업경영 전반에 변
화를 주기를 바란다.

---

  * **참고:** 인텔과 삼성전자, 아이테니엄® 프로세서 컴피턴시 센터 설립

(설립목적: 인텔은 아이테니엄 프로세서 컴피턴시 센터 운영을 위한 컨설팅을 제공하고 삼성전자와 시스템 제조업체, 그리고 SI 업체들의 엔지니어를 위해 인텔 툴의 사용방법과 기타 고급 과정에 대한 교육을 제공하는 등 기술적인 지원을 통해 고객의 비즈니스 환경과 필요에 맞는 최고의 경쟁력을 갖춘 제품을 제공하는 것을 말한다. 이것이 행정에 접목된 벤치이론이 된다)

15. 생태지향주의 환경론

　인간은 세계에 있다. 그래서 하이데거는 인간을 '세계내존재'라고 불렀다.

　우리를 둘러싸고 있는 주위 세계를 우리는 환경이라고 말한다. 그것은 우리가 살고 있는 자연 세계이다. 우리는 산과 바다와 더불어 있으며 강과 들에서 난 것들을 먹고 살아간다. 그리고 맑은 공기를 마시면서 생명을 이어가고 있다. 처음에는 무진장하게 보였던 천혜의 자원들이 고갈되기 시작했다. 또한 자연이 극도로 오염되기 시작하면서 우리는 자연으로부터 폐기물을 거꾸로 섭취하는 운명을 맞게 되었다.

　지속되는 대기오염, 수질오염, 지구온난화현상 등으로 인하여 해양의 수위가 높아지고 사막이 넓어지며 오존층이 파괴되고 있다. 우리는 이제 환경문제가 현시대에서 가장 심각한 철학적 논의의 대상이 되고 있다는 사실을 확인하게 되었다. 그리고 이러한 논의는 자연에 대한 태도 표명과 인간과 자연의 관계 설정에서 세계관적 차이를 드

러낸다는 사실에 유의해야 할 것이다

환경을 '인간의 이용' 측면이 아니라 환경 자체의 가치로 접근하려는 입장이 있을 수 있다. 동양의 수묵화에서는 인간은 자연 속에 조그맣게 그려져 있다. 이들에 따르면 인간과 자연은 이런 관계여야 한다: 자연의 일부로서의 인간.

따라서 이들은 환경문제를 생태계 전체의 보존이라는 측면에서 접근한다. 우리는 이들을 '생태주의자'라고 부르자. 이들은 자연이 그 자체로 가치를 가진다고 여긴다. 슈바이처의 '생명에의 외경'에서 엿볼 수 있듯이, 모든 생명은 살려는 의지를 갖고 있는 한 모두 존엄하다. 인간이 이를 무시하고 스스로만 살겠다고 자연을 '이용'한다면, 인간은 대자연의 섭리에 따라 자멸할 것이다. 과도한 육류 섭취가 각종 성인병을 불러 왔고, 그것을 위한 목초지 개간이 각종 공해를 가져 왔듯. 그리고 편안함과 쾌락의 극단적 추구가 각종 질환과 자원고갈을 불러 왔듯이 말이다. 이들은 대부분 과학 문명에 대해 부정적이다. 과학 문명은 환경을 파괴할뿐더러, 우리 삶도 황폐하게 한다. 그래서 생태지향주의자라 불리는 아주 극단적인 사람들은 문명을 거부하고 원시상태로 돌아갈 것을 주장한다. 그러나 생태주의도 기술 환경주의 만큼이나 많은 문제와 모순이 있다. 가장 근본적인 문제는 이들은 도대체 자연 속 어느 지위에 '인간'을 두고 있는가이다. 만약 멸종위기에 처한 희귀한 벌레를 구하기 위해 서식처 근처의 공장을 모조리 폐쇄한다면, 그래서 여기서 일했던 사람들이 생계를 위협받게 된다면, 그렇더라도 공장은 '벌레를 위해' 폐쇄되어야 하는가? 또 남산의 소나무를 살리기 위해 아카시나무를 베어버린다면, 도대체 아카시나무보다 소나무가 소중한 이유는 무엇인가? 만약 생태계보전을 위해서라면, 과연 소나무가 다시 아카시나무를 이기게 되었을 때 여기서는 또 다른 환경의 문제가 생기지 않는다고 보장할 수 있는가? 만약 인간이 생길 수 있는 모든 환경적 문제를

철저하게 해결했다고 자부한다면, 인간은 자연을 보존한다면서 자신
의 잣대로 생태계를 조작하는 만행을 범하고 있는 것이다. 나아가
고대 샤머니즘 사회는 인간 아닌 자연물을 숭배했지만, 그 사회가
반드시 평등하고 자유로운 사회는 아니었다. 마찬가지로 생태지향주
의자들은 문명을 버리고 자연으로 돌아갈 것을 주장하고, 또 돌아가
고 있지만, 이들이 바람직한 사회를 이룩할 것 같지는 않다. 오히려
우리는 선진국이 후진국에게 '환경'을 담보로 무역제재를 가하는 현
실에서 우리는 환경 중심 세상이 갖는 어두운 측면을 엿볼 수 있다.
생태지향주의는 자연에 대한 생물학적 생존권을 인정하여 자연에 대
한 경외사상을 바탕으로 인간과 윤리적 관계를 회복하려는 환경운동
의 이념이다. 생태지향주의자들은 인간이 자연을 구성하는 필수적
존재는 아니지만, 자연은 인간에게 필수적 존재라는 사실을 중요하
게 인식한다. 생태지향주의의 과학적 기원은 다윈과 맬서스의 이론
에서 찾을 수 있다. 특히 '존재의 사슬'이나 '풍요성 이론'과 같은
개념들은 현대 생물학의 관념과 유사성을 가지고 있으므로 생태지향
주의와 연계될 수 있다.

　존재의 사슬은 무생물의 수준을 겨우 벗어난 미약한 종류의 존재
로부터 가장 우수한 정신적 피조물에 이르는 여러 단계들의 무한한
계열로서, 특히 중세의 사람들은 이 사슬을 연결하는 단 하나의 고
리, 즉 어떤 특정한 하나의 생물이나 무생물이 제거되면 우주의 질
서 전체가 파괴된다고 생각해 왔다. 풍요성 이론은 존재의 사슬이론
과 함께 우주는 다양한 존재들에 의하여 구성되어 있으며 더 많은
존재를 수용할수록 더 좋은 세계가 된다고 주장한다. 이 두 이론은
최고의 절대 존재인 신으로부터 흘러 넘쳐서 이루어지는 하위의 사
슬 단계가 하나의 통일적인 유기체를 구성한다는 사실을 전제하고
있다. 그러므로 모든 존재는 상호 의존적일 수밖에 없게 된다. 그리
고 이와 같은 사고 유형은 인간과 자연의 유기적인 관계 회복을 지

향하고 있는 생태지향주의의 사상적 근간을 이루는 것이다.

생태지향주의는 현대의 대규모 집약형 기술이나 이를 선도하는 엘리트 전문가의 요구를 부정하고 중앙 집권적 국가의 권위 및 비민주적 제도와 기구를 비판한다. 그리고 자연에 대한 잘못된 이해에 뿌리를 내리고 있는 물질 만능주의는 그릇된 것이며, 경제성장은 먹고살기조차 어려운 사람들의 근본요구를 들어주는 방향으로 전환되어야 하다고 역설한다. 오라이어단은 생태지향주의를 정치적인 기준에서 보수적 생태지향주의와 진보적 생태지향주의로 구분한다. 보수적 생태지향주의는 성장 한계론, 성장 억제 학파 및 생태적 계획가들, 그리고 생활환경의 쾌적성을 보호하자고 주장하는 사람들의 중심논리이다. 이들은 소규모 공동체적 삶을 통하여 일과 여가를 통합하려고 한다. 또한 이들은 공동체의 공적인 행사에 참여하는 것을 중요하게 생각하고 소수자들의 권리보호에 관심을 가지며 교육이나 정치기능을 통하여 대중의 참여를 유도한다. 진보적 생태지향주의자들은 인간의 생존권이나 존엄성을 위하여 자연은 본질적으로 중요한 존재임을 주장한다. 그리하여 생태학적 법칙에 부합되는 방식으로 인간과 사회를 지배하려고 한다. 특히 생명 윤리를 중시하여 멸종위기에 처한 희귀종과 독특한 경관의 보존을 강조한다. 진보적 생태지향주의는 계몽을 통하여 개인이나 사회조직의 가치관 및 행동양식에 근본적인 변화를 추구하려는 환경론자들의 주장이다.

세상에는 자신이 철저한 기술주의적 환경론자라거나 생태론자라고 주장하는 사람은 많지 않다. 대개는 이 중간적 입장을 취한다. 자연은 분명 그 자체로 가치가 있다. 인간은 자연을 이용대상으로만 보아서는 안 된다. 만약 그렇다면 인간은 자신의 삶의 터전을 뿌리부터 잃게 될 것이다. 그러나 자연을 살리기 위해 인간의 삶을 포기해서도 안 된다. 감자와 인간의 동등한 권리를 주장한다는 것은 가능하지도 않을 뿐더러 바람직하지도 않다. 따라서 우리는 삶을 위해

자연을 이용하면서도 자연을 최대한 그 자체로 보존해야 한다. 1987
년 유엔 환경개발회의에서 발표된 브룬트브란트 보고서는 이를 '지
속 가능한 발전'이라고 표현한다. 즉 문명의 발전은 '미래 세대에 위
협을 주는 일없이 현재의 욕구를 충족시키는 발전'이어야 한다는 뜻
이다. 그러나 현실에 있어서 '개발'과 '보존'을 동시에 추구한다는
것은 매우 어렵다. 처음에 말했던 것처럼 각종 이해관계가 충돌하고
있기 때문이다. 그럼에도 이제 환경 윤리가 생활 윤리가 되어야 할
시점이 되었다는 점은 분명하다. 윤리는 사회존속을 위해 필요하다.
그렇다면 약물의 남용 금지, 살인 금지 등이 사회 유지를 위해 필요
한 윤리규범이듯이, 환경보존도 이제 윤리규범이어야 한다. 스포츠,
음식, 각종 소비생활 등에도 '환경보존'이라는 새로운 윤리관이 적용
되어야 한다는 뜻이다. 엄청난 자연파괴를 가져오는 골프 같은 운동
은 더 이상 '도덕적'일 수 없다. 육류소비도 반드시 생존에 필요하지
않을 뿐더러 세계의 곡물의 38%를 가축이 소비하고, 또 엄청난 축
산폐수를 낸다는 점에서 도덕적이지 않다. 이런 예들이 과격하게 들
리지만 그런 소비자운동은 확산되고 있으며, 아마도 이러한 가치 판
단은 앞으로 일반화될 것이다.

우리는 이를 통해 환경위기의 원인이 단순히 기술만의 문제가 아
니오, 자연에 대한 그릇된 이해에 기초한 형이상학에 있음을 살펴
볼 수 있었다. 이에 우리는 오늘날의 환경문제의 해결에 있어서, 이
제는 근본적 원인이 될 수 있는 철학적 치유가 뒤따라야 할 것이다.
곧 과거의 인본주의적 환경관에서 벗어나, 이제는 자연과 함께 공존
의 자세로 나아갈 수 있는 자세가 필요하다. 서양의 환경론과 동양
의 공전의 철학, 상생의 철학이 바로 그러하다고 할 수 있겠다. 그러
나 이러한 공존의 철학이 기존의 인본주의적 환경 철학과 달리 환경
문제를 해결할 수 있는 새로운 개념들을 제공하고 있는 것은 사실이
지만, 이들을 바로 한 묶음으로 보고 환경문제를 일거에 해결하겠다

는 자세는 성급한 태도가 아닐 수 없다. 공존적 환경 철학에서 환경 문제를 해결할 단초를 발견하고 이를 구체적으로 적용할 수 있는 방법을 모색해야 할 것이다.

아프리카의 어느 작은 부족의 속담에 보면, "우리는 우리의 후손에게서 환경을 빌려 쓴다."라는 말이 있다. 어떻게 보면 상당히 모순이 많은 말 같지만, 우리는 이 속에서 우리에게 필요한 자연과의 공존의 철학, 그리고 더 나아가서 전 인류에 있어서 함께 나아가는 공존의 철학을 발견할 수 있는 속담이다. 아프리카의 그 작은 부족은 바로 이러한 사상을 바탕으로 하여, 그들의 생활 속에서, 먼저 나와 너, 우리 부족, 그리고 그 주위에 둘러싸인 환경을 생각하며, 아주 작은 일부터 친환경적인 자세를 영위해 갔다고 한다. 바로 지금 전 인류에게 필요한 모습이 바로 이런 모습이 아닐까 생각해 본다. 작인 일이더라도 이러한 공동체적 사고, 공존적 환경 철학을 가지고 생활할 때, 과거 동양의 생활 속에 나타난 모습을 좇아 생활해 나아간다면, 비로소 우리는 환경문제의 해결을 할 수 있을 것이다.

16. 환경정보규제와 자율환경관리

　환경관리를 위해서는 직접규제와 경제적 유인 외에도 다양한 사회적 규제수단이 활용되고 있다

　이 중 최근 들어 새로운 환경규제수단으로 하나로 주목을 끌고 있는 것이 환경규제정보와 자율환경관리이다.

1) 환경정보규제의 의의

　정보공개규제는 자발적이든 강제적이든 기업이나 공공기관에 대하여 일반국민이 그들의 관할범위 내에서 원료물질, 제품 및 생산과정 그리고 각종 개발행위에 관한 환경정보를 공개하도록 하는 것이다. 정보규제는 환경규제수단 다양화의 필요성은 물론 환경정보의 수집 통합 그리고 전파비용의 급격한 감소로 그 효용성이 높아지고 있다. 공개는 다양한 목적으로 사용될수 있다. 즉 기업에 대하여 오염배출을 줄이는 자발적인 행동을 촉진하거나 새로운 개발사업을 허가하기. 이번에 일반국민과 다른 이해당사자의 참여를 촉진하고 현행의 환경기준이나 인허가에 대한 집행을 강화하는 수단으로 쓰일 수 있다.

2) 자율환경관리제의 개념

자율환경관리제 또는 자율환경관리협정은 정부기업, 민간부분이 바람직한 환경목표를 달성하기 위해 상호협력하거나 기업들이 자체적으로 환경목를 선언하고 이를 자발적으로 추진하는 환경관리 형태를 지칭한다. 자율환경관리제라는 용어는 산업협정, 협약, 자율규제, 행동규범, 생태계약 등의 광범위한 정책수단과 접근방법을 설명하는데 사용한다. OECD에 의하면 자율환경관리제는 "바람직한 사회적 성과를 가져올 자발적인 활동을 촉진하기 위해 정부에 의해 장려되고 자기이익에 근거하여 참여자에 의해 수행되는 정부와 기업 사이의 협약"으로 정의된다. 자율환경관리제의 궁극적인 목표는 기업이 스스로 환경목표를 설정하여 이를 충족시키며 기업의 의사결정에서 환경적인 측면을 강화시켜주기 위한 것이다. 이는 시장원리에 의한 환경정책수단으로 기업의 자발적인 협약을 통해 정부와 기업 간의 환경개선을 위한 파트너십을 구축하는 방법으로 이해될 수 있다.

환경정보규제와 자율환경관리제는 시민의 환경의식성장, 기업의 환경에 대한 인식확산, 세계화시대에 있어서의 유연한 정책수단의 필요성 등 복잡한 요인에 의하여 이 두 수단 활용되어지고 있다.

또한 정부의 정책적인 개입에 이용되고 합치되는 환경관리수단의 하나라 할 수 있다. 이들은 지구환경시대 규제개혁과 관련하여 각광받고 있는 산업환경관리수단들이다.

3) 환경영향의 결정변수

위기에 대한 인식은 자연적으로 위기의 원인에 대한 분석과 검토로 연결되어져 1970년대 이래 날로 악화되고 있는 환경파괴와 오염의 원인에 대해서 많은 논의와 분석이 있어 왔다. 초기환경학자들은 환경악화의 원인을 $I = P * A * T$라고 하는 하나의 공식으로 표현한다. 여기서는 I는 환경영향이며, P는 인구, A는 부(1인당 자본스톡으로 정의될수 있음)와 관련된 물질 산출량이며, T는 기술로서 물질 산출량을 생산하는 데 사용되는 에너지 단위당 환경영향을 뜻한다.

공식을 보다 정확하게 그 의미하는 바대로 표현하면 환경영향=인구·((자본스톡 / 인구)·(산출량 / 자본스톡))·((에너지 / 산출량)·(환경영향 / 에너지))가 된다. 이 공식은 환경영향이 인구 증가, 물질적 산출량으로 표현되는 부의 증가, 그리고 기술변화에 의한다는 것을 표현한다.

① 인구 증가와 도시화

자원고갈과 환경오염, 즉 환경영향을 결정하는 결정적인 변수의 하나는 인구이다. 인구수가 너무 낳아 환경이 파괴되고 오염된다는 것이다.

인구가 증가하면서 기본적인 의식주를 해결하기 위해 더 많은 재화와 서비스가 요구된다. 그러므로 재화와 서비스를 생산하기 위해서는 더 많은 자원이 필요하며, 자연적으로 자원고갈과 환경문제를 일으키게 된다.

※ 서기 1년 불과 2억 5천만 명, 1700년경에는 인구가 배가 되어 5억 명, 150년 후인 서기 1850년에는 10억 명, 그 후로부터 80년 후

인 1935년에는 20억 명, 배증 기간이 계속 단축되어 40년 후인 1975년에는 40억 명, 1987년에는 50억 명, 1997년에는 59억 명으로 인구가 증가하고 있다. 현재 세계인구는 지구의 한계 수용용량에 근접해 있다는 지적이 많다. 유엔 인구기금(UNFPA)의 2001년 현황 보고서에 의하면, 세계인구는 2001년 61억에서 2050년에 93억에 이를 것으로 전망되고 있다.

특히 개발도상국에 속하는 49개국의 인구가 현재 6억7천만 명으로 3배가량 증가할 것으로 한다. 인구가 도시 지역으로 집중되어서 단순한 인구 증가보다는 도시 지역의 인구 집중이 그 지역의 환경문제를 더욱 악화시킨다. 한 지역에 인구가 집중되면 새로운 일자리, 주택, 학교, 도로 등의 시설이 적절하게 확장되어야 한다. 그러나 이러한 시설이 제대로 마련되지 않을 때는 교통혼잡과 수질오염, 대기오염, 쓰레기 등의 환경문제가 이야기된다.

② 경제개발과 저개발

환경오염과 파괴는 인간의 경제활동규모의 확대, 즉 경제성장에서 그 원인을 찾을 수도 있다. 어떤 국가의 경제규모가 팽창하면 그 경제체제는 보다 많은 재화를 생산하고 소비하게 되며, 자연으로부터 보다 많은 것을 채취하고 또 쓰고 버리게 된다. 만일 환경계와 경제계를 연결해주는 기술수준이 동일하다면 물질적인 생활수준의 향상, 즉 경제성장은 그 만큼 많은 자연파괴와 환경오염을 초래하게 된다.

③ 생태파괴적 기술개발

기술변화에서 환경오염의 원인을 찾을 수도 있다. 미국의 저명한 환경학자 코머너는 1940년대에서 1960년대에 걸친 미국 경제의 성장 패턴을 분석하고 기술적인 선택이 방대한 환경적인 영향을 미친다는 깃을 보여주었나. 예를 늘어서 농업생산에서는 전통적인 방식을 비료와 농약에 의한 새로운 기술이 대체하면서 수질오염을, 교통부분에서는 철도를 자동차가 대처하면서 대기오염문제를 악화시켰다는 것이다.

즉 많은 기술들이 개발자의 의도와는 달리 이용되고 있고 때로는 개발 당시는 예상하지 못한 부작용을 수반한다. 결국 기술개발로 환경문제가 해결될 수 있을 것이라 과잉기대하는 것을 피해야 한다고 본다.

17. 자원고갈의 문제점과 대처방안

자원고갈의 어려워진다는 것은 곧 우리나라의 경제가 어려워진다는 것을 알 수 있다. 그러므로 우리는 자원고갈의 문제점은 반드시 생각해봐야 되는 것을 알 수 있다.

1) 자원고갈의 문제점

과학과 의학기술의 발달로 옛날 같은 전염병의 발생이 적고, 1.2차 세계대전과 같은 큰 전쟁이 없어지면서 인구의 자연적 조절이 일어나지 않고 있다.

선진국은 출생률은 적지만 질병을 관리할 수 있어 수명이 길어지고 개발도상국이나 미개발국은 의학기술은 선진국에서 유입되고 출산율이 많기 때문에 인구가 증가한다.

인구가 증가하면 의식주에 필요한 자원의 요구가 늘어난다.

식량이 부족한 국가에서는 산림을 농지로 개발하여 산림자원이 고갈되고, 사막 주변국에서는 같은 이유로 사막화가 일어나 산림자원과 수자원의 고갈이 일어난다.

선진국에서는 발달한 과학기술과 선진농업기술로 생산된 농산물을 무기로 미개발국으로부터 필요한 자원을 수탈하기 때문에 미개발국의 자원고갈이 가속화된다.

자원의 고갈의 문제점은 여러 가지로 다양하다. 우선 자원고갈의 문제점으로는 식량 자원수입 증가, 식생활변화 산업화, 도시화로 쌀소비감소 → 밀, 축산물, 원예작물의 소비 증가, 농업인구감소, 높은 농산물 생산비용보다 수입 농산물과의 가격 경쟁에서 뒤지고, 세계무역기구 (WTO) 출범으로 인해 농산물시장 개방 압력, 외국 농산물 수입이 급증되고 있다. 수입현황을 보면 낮은 곡물 자급률 말하면 식량자원의 수입은 급증하는 반면 자급률은 30%에 불과하다고 한다. 자원고갈의 농업의 문제점뿐만 아니라. 자원고갈의 문제점은 에너지대책 문제점도 심각하다고 한다. 자원고갈 중에 에너지자원으로 이용하는 화석연료이다. 인류가 불을 다스리기 시작한 이후로부터는 석탄과 석유, 원자력으로 이어지는 에너지개발과 이용의 역사는 곧 인류문명의 발달사와 직결된다. 산업혁명이라는 거대한 역사의 수레바퀴를 돌린 원동력이었던 화석연료는 앞으로 겨우 한 세대가 쓸 만한 양밖에 남지 않았고, 더욱 어렵게 만드는 것은 화석연료 사용으로 인한 지구온난화문제이다. 최근 10년간 우리나라의 에너지소비를 보면 매년 10%라는 세계 최고의 증가율을 기록하고 있으며, 온실가스배출량 역시 세계 1위를 기록하고 있다. 앞으로 이런 추세이면은 20년 후면 에너지 수급 불균형으로 50년 후에는 거의 고갈상태에 이를 것으로 예상된다고 한다.

2) 자원고갈의 문제점 해결방안 및 대책

농업에 있어서는 다른 나라의 수입해 가지고 와더라도 우리나라의 농업 자원고갈을 동등하게 자원고갈을 구입해야 한다. 산림개발을 억제하고, 산림재해 예방, 병충해 예방, 산림화재 예방, 자연적 재해 예방, 사막화 예방, 산성비의 원인이 되는 대기오염 예방 및 배출가스는 되도록 피하면서, 자원소비절약을 절약화 생활화하고, 대체 청정자원개발을 하고, 자원 재순화를 극대화하고, 자원채굴기술을 개선을 한다. 마지막으로 나의 생각을 좀 더 넣는다면. 자원고갈에 있어서는 좋은 것보다는 얼마나 사용함으로써 우리나라의 자원의 고갈의 문제점의 해결해주는 도움을 주는지 생각해보는 것이 좋다는 생각이 든다.

* 자원고갈의 문제점대책 해결방안[표]

원 인	문제점	대책(해결방안)
	산성비	
	사막화	
산업발달	자원고갈	지속 가능한 개발추구
인구 증가	스모그현상	자원절약 및 재활용
자원대량의 사용	지구온난화	대체자원의 개발
	생태계의 균형 파괴	

환경의 중요성은 이제 보편적으로 인정되고 있다. 환경의 중요성이 더욱 부각됨에 따라 세계 여러 나라뿐만 아니라 국내에서도 이제는 환경오염의 심각성뿐만 아니라 정부의 환경정책에 대한 논의도 활발히 진행되고 있다. 그러면서 점차 정부의 환경정책에 대한 잘못에 대해 비판하는 목소리가 커지고 있다. 그렇다면 우리나라의 정책

이 무엇이 잘못되어 있는가? 무엇이 원인이고 어떠한 방향으로 개선되어야 할 것인가? 이러한 두 가지의 질문은 너무나 포괄적이고 일빈회된 질문이기 내문에 어느 누구도 간단하게 답을 말할 수 없을 것이다. 분명한 것은 이제 정부도 환경의 중요성을 매우 강조하고 있다는 사실이다. 뿐만 아니라 환경을 지키기 위해서 각종 시민단체들의 활동이 두드러지게 나타나고 있으며, 일반인들의 환경에 대한 인식도 눈에 띄게 개선되었다. 국민들의 환경에 대한 관심이 여느 때와는 다르게 매우 높고 정부에서도 환경의 중요성을 강조하고 있음에도 불구하고 국민들이 직접적으로 느끼는 환경의 문제는 오히려 더욱 심각해지고 있는 것 같다. 그러면 도대체 이러한 현상은 어디서부터 비롯되는 것일까?

우선 국내 환경정책의 여건변화를 알아보면 우리나라는 앞으로도 지속적인 경제성장이 예상되며, 도시화의 진전, 에너지수요의 증가 등으로 오염물질의 배출이 증가될 전망이며, 산업구조의 고도화에 따른 유해화학물질 등 배출되는 오염물질의 종류도 보다 다양해지고 그 독성도 강해질 전망이다. 그리고 쾌적한 환경에 대한 수요 증가, 잦은 환경오염사고에 대한 위기의식 고조 등으로 환경정책에 대한 국민들의 기대와 인식이 증대될 것이다. 또한 지방자치제실시와 지역개발에 대한 욕구분출로 환경문제로 인한 지역 간 갈등도 증폭될 것이다. 우리나라의 환경정책의 발전단계는 해방 이후 1970년대까지 우리나라가 당면한 가장 중요한 과제는 경제개발과 기간산업 육성이었다. 효율성 중심의 경제성장 우선시대의 환경정책은 주로 국민생활의 건강과 관련한 문제 정도에 초점이 맞추어져 진행되어 왔으며, 환경행정기구와 법제가 마련되었으나 이를 구체적으로 집행하기 위한 실질적인 제도적 뒷받침은 미비한 상황이었다. 1970년 후반에 들어와 경제성장정책의 부작용이 자각되면서 균형개발과 환경오염대책의 필요성이 강조되었고, 이러한 상황에서 1970년 후반에 '환경보전법'이 제정되었다. 1980년도에 이르러 중앙행정기관으로 환경청이 발족되었고 환경오염의 감시, 오염물질 배출규제, 환경영양평가 등 제도의 정비와 정책추진의 기반을 확립하였다. 환경문제는 이제 더 이상 국민의 건강상 피해에 국한된 좁은 의미의 공해가 아니라 삶의 질을 좌우하는 중요한 문제가 되었다. 1980년 후반에 들어와 국민들 저변으로부터 '삶의 질'에 대한 관심과 요구가 다양하게 표출되었다. 이러한 시대적 변화와 함께 환경정책은 국정운영의 주요 과제로 등장하게 되었고, 환경정책과 법체계 역시 중대한 변화를 맞게 되었다. 그러나 이 시기에도 정책내용과 실행수단 측면에서 여전히 많은 한계를 드러내고 있었다. 환경문제에 대한 본질적인 해결 노력은 1990년대에 들어서서 점차 가시화되었다. 1990년대 접어들면서 환경청이 환경처로 승격되었고, 환경문제는 국민의 삶의 지표를 결정하는 중요한 문제로 인식되었으며, 환경정책이 국가의 제반정책의 방향을 실질적으로 주도할 것을 요구받게 되었다. 환경오염의 사전예방 원칙과 환경오염의 권역별 관리, 지구환경문제에 대한 능동적 대응과 지방정부차원의 자발적 문제해결능력 배양 등 다양한 대응방식들이 모색되었다. 1995년에 환경처가 환경부로 바뀌고, '지속가능한 개발'이라는 환경이념이 타부분의 여러 정책에서 구체화되기 시작하였다. 우리나라에서 본격적인 환경문제는 제3공화국 정부가 경제개발 5개년 계획을 수립하여 공업화를 추진하기 시작한 1960년대에 들어와서 시작되었다. 경제개발에 수반하여 발생하는 환경오염 등에 대처하기 위한 대응방안으로 1963년 우리나라 최초의 환경법인 공해방지법이 제정되었다. 동 법은 "공장이나 사업장 또는 기계·기구의 조업으로 인해 야기되는 대기오염·하천오염·소음·진동으로 인한 보건위생상의 피해를 방지하여 국민보건의 향상을 기하는 데" 그 구체적 목적이 있었다. 그러나 공해방지법은 전문이 21개조에 불과하여 규제내용이 크게 미흡하였을 뿐 아니라, 동법 시행규칙이 1969년 7월에야 제정되는 등 후속입법이 미비하였고, 경제개발을 최우선적으로 추진하는 당시의 사회분위기 등으로 인하여 실효성을 거둘 수도 없었다. 1960년대 후반부터 환경문제에 대한 관심이 언론매체를 중심으로 국민적인 관심을 불러일으키기 시작하면서 1971년 1월, 그동안 사문화다시피 한 공해방지법을 대폭 수정·강화하여 배출허용기준, 배출시설설치허가제도, 이전명령제도 등을 도입하였다. 급속한 산업화·도시화가 이루어지던 1970년대에는 환경문제가 더욱 심각하게 인식되었다. 때문에 소극적인 공해의 규제를 목적으로 하는 종래의 공해방지법 체계로는 다양하고 광역적인 환경문제에 효과적으로 대처하는 데 한계가 있어, 이를 대체하는 환경보전법을 1977년 12월 31일 제정·공포하게 되었다. 환경보전법에서는 환경파괴 또는 환경오염의 사전 예방뿐 아니라 오염된 환경을 개선함으로써 보다 적극적·종합적으로 환경문제에 대응하기 위한 환경영향평가제도, 환경기준, 오염물질의 총량규제제도 등을 새로이 도입하였다. 종래의 공해방지법이 대기오염, 수질오염 등의 공해적 측면만을 대상으로 한 데 비하여 환경보전법에서는 그 대상을 자연환경을 포함하는 전반적인 환경문제와 사전 예방적 기능으로까지 확대하였다. 또한 공해방지법이 현재의 국민보건의 향상만을 목적으로 하였다면 환경보전법은 현재의 국민은 물론 장래의 세대까지 건강하고 쾌적한 환경에서 생활할 환경권을 보장하고 있다. 1980년에 개정된 헌법에 환경권에 관한 규정이 처음으로 신설된 이후 산업화의 진전으로 인한 경제구조의 고도화로 환경문제가 심각화·다양화되자, 오염분야별 대책법의 제정이 불가피하다는 인식하에 우리나라의 환경법은 복수법체계로 이행하게 되었다. 즉 1990년 8월 1일에 환경보전법이 환경정책기본법·대기환경보전법·수질환경보전법·소음·진동규제법·유해화학물질 관리법·인구증가 환경분쟁조정법 등 6개 법으로 분법화되었던 것이다. 1990년대에는 독도를 비롯한 도서 지역의 생물다양성과 수려한 경관을 보전하기 위한 독도 등 도서 지역의 생태계보전에 관한 특별법, 한강수계의 수질개선을 위한 한강수계 상수원 수질개선 및 주민지원 등에 관한 법률, 습지를 효율적으로 보전·관리하기 위한 습지보전법이 제정되었으며, 정부조직 개편에 의하여 자연공원법, 조수보호 및 수렵에 관한 법률이 환경부로 이관되었다. 2002년 1월 낙동강, 영산강, 금강수계의 수질을 개선하여 주민에게 맑은 물을 공급하기 위하여 상·하류 간의 공존의 정신을 바탕으로 오염물질총량관리제도 등 기존의 오염물질의 사후처리위주의 정책을 사전 예방중심으로 획기적인 전환을 가져오는 낙동강특별법, 영산강특별법, 금강특별법이 제정되었으며, 2003년에는 수도권대기환경개선대책의 추진을 위한 수도권 대기환경 개선에 관한 특별법, 건설폐기물의 효율적 처리 및 재활용을 위한 건설폐기물의 재활용촉진에 관한 법률, 백두대간의 생태계보전을 위한 백두대간보호에 관한 법률 등 3개 법이 제정되었으며, 2004년 2월에 야생동식물보호법 제정과 동시에 조수보호 및 수렵에 관한 법률이 폐지되고, 악취방지법이 제정되면서 환경부가 관장하는 환경법은 총 39개에 이르게 되었다. 이렇게 많은 법과 정책이 생겼는데도 문제점은 허다하다. 그 문제점을 크게 두 개로 나눠서 말해 본다. 첫째, 정부부처 간의 갈등을 들 수 있다. 정부부처 간의 의견대립 및 갈등은 관련 정책이 지연·무산되거나 실효성이 없는 정책이 수립되는 원인으로 작용한다. 뿐만 아니라 불명확한 업무분담은 관계부처의 책임회피의 수단으로 활용된다. 이와 같이 환경문제에 대한 갈등은 미국 등 서구 선진국에서도 예외는 아니다. 미국의 경우 환경정책과 관련된 권한이 입법부, 행정부, 사법부 사이에 다양하게 분산되어 있는데, 우선 입법부 내에서는 상·하원 간에, 그리고 십여 종에 달하는 위원회와 소위원회에 권한이 분산되어 있고, 행정부 내에서는 환경청 이외에도 각종 위원회 등에 분산되어 있으며, 중앙정부와 주정부 사이에도 환경정책에 관한 책임이 광범위하게 분산되어 있다. 환경정책이 여러 부처에서 갈등을 유발하는 이유는 환경문제의 전가성 내지 분산성으로 인해 원래 환경보호업무 기 어디 부서에 흩어져있는 경우가 많다는 점을 들 수 있다. 특히 1990년 1월 환경청이 환경처로 승격하면서 환경 관련 업무의 이관을 요청하였으나 관계부처의 반대로 상당한 어려움을 겪었던 것이 그러한 예에 속한다. 당시 환경 관련 업무는 자연보호업무와 해양감시 및 방제업무는 내무부, 국립공원지정관리 및 하수처리 관련 업무는 건설부, 농약사용규제업무는 농림수산부, 방사능감시 및 방사능보호업무는 과학시술처, 환경오염방지를 위한 산림조성업무는 산림청 등에 분산되어 있었다. 이러한 부처 간의 갈등은 1990년 10월에 발표한 '정부부처 간 기능조정'에 의해서 상당히 조정되기도 하였다. 1995년 환경부로 조직이 개편되면서 많은 부분 환경정책업무가 환경부로 이관되었지만, 환경부·행정자치부·산업자원부·건설교통부의 조직목표의 환경보전지향성 정도와 경제발전 및 개발지향성의 정도는 여전히 차이를 보이고 있다. 건설교통부나 산업자원부는 경제발전 및 개발지향성의 정도가 높고 환경부는 환경보전지향성의 정도가 높다고 볼 수 있다. 그리고 갈등이 심한 영역은 국토개발 및 토지이용과 환경보전 간의 갈등, 부과금의 크기·예치금효율·배출허용기준과 환경기준 등 산업과 관련된 산업정책과 환경정책 간의 갈등, 물관리체계를 둘러싼 수자원개발과 환경보전 간의 갈등, 환경권한의 지방이양을 둘러싼 갈등, 간척사업·산림조성사업과 산림자원관리를 둘러싼 보존과 개발의 갈등이 있다. 둘째, 환경사건에 따른 환경정책을 들 수 있다. 예기치 않은 환경오염문제가 발생하여 국민들에게 널리 인식시키면서 국민적 반응을 이끌어 환경정책을 수립하는 경우가 있다. 이러한 환경사건은 언론 등을 통해 보도됨으로써 문제에 대한 사회적 관심을 증대시켜 정부로 하여금 그것의 해결을 도모하도록 촉진한다. 대체로 우리나라 환경정책은 대부분이 환경오염사건이 발생하여 이에 대한 국민들의 불만이 팽배해지고 이의 해결을 위해서 정부의 조치가 필요하다는 의견이 확산됨으로써 정부가 비로소 문제를 인식하고 이를 공식적으로 검토하여 정책대안을 마련하는 식이었다. 그러나 환경사전에 대한 정부의 정책이 순기능적인 작용을 하는 것만은 아니다. 많은 경우에 환경사건은 환경문제에 대한 정부의 진지한 대응을 곤란하게 하거나 언론을 통한 사실왜곡과 홍보·감추기 정치가 나타나면서 지극히 상징적이고 형식적인 환경정책을 유도하기도 한다. 따라서 환경사건에 따른 환경정책은 수많은 이해집단의 관심을 유발하는 환경정치적 문제해결 가능성을 가짐은 물론 그 자체 일시적인 처방책 위주의 상징적이고 형식적인 수준에서 환경정책이 형성·결정되어질 가능성이 많기 때문에 환경정책의 실패를 가져올 개연성이 크다고 할 수 있다. 이와 같은 문제점을 해결하기 위해선 첫째, 정부부처 간의 협력강화이다. 개발과 보전 사이의 갈등을 조저하기 위한 효과적인 방법으로는 국·과장 실무회의를 통한 부처 간 협의로 나타나고 있으며, 그 다음으로는 환경영향평가, 환경성검토의 순으로 조사되었다. 중앙부처공무원들은 기존의 이견조정제도들의 존재가치에 대해서는 인정하고 있지만, 이러한 이견조정제도들은 갈등의 요인들에 대한 근본적인 해결책이라기보다는 이미 발생한 갈등을 사후적으로 해결하거나 축소하기 위한 제도적인 장치들로 이루어져있음을 알 수 있다. 즉 기존의 갈등저감을 위한 제도적 장치로 환경성검토, 환경영향평가, 각종 회의를 통한 조정 등 여러 제도적 장치들이 있으나 이러한 장치들은 갈등저감을 위한 예방적 수단이라기보다는 조직의 구조적 원인에서 지속적으로 발생하는 환경갈등을 사후 축소하거나 해결하는 장치로 머물게 될 가능성이 크다는 것이다. 따라서 환경부가 다른 부서와의 갈등을 해소하고 정책 간의 조정과 통합을 보다 효과적으로 이루어내기 위해서는 기존의 제도적 장치에 다른 부처 공무원에 대한 환경 관련 교육과 정보를 지속적으로 제공하는 등 다른 부처 공무원들의 환경의식을 제고시키기 위한 노력을 지속적으로 추진할 필요가 있으며, 부서 간 인력 교류의 활성화, 표자훈련을 통한 복표지향성의 동일화를 위한 노력이 필요하다. 또한 환경부와 건설교통부, 그리고 산업자원부 간에 의사소통방안을 강화하고, 첨단 정보통신기술을 활용하여 각종 정책정보 등을 공유하는 네트워크화 작업이 필요하다. 이를 통해 관계부처들이 서로 간의 중요한 의사결정과정을 투명화하여 신뢰관계를 증진시켜야 한다. 그리고 정책조정을 강화하기 위해 환경정책에 대한 전문성을 강화하고 환경정책의 논리를 정교화하며 다른 부처의 관심과 이해를 촉진시키기 위한 노력이 필요하다. 중앙부처들은 현재 두 가지 도전에 직면해있다. 첫째는 거버넌스로의 전환흐름 속에서 많은 외부 이해관계자들의 행정투명성과 공개의 요구를 받고 있다는 점이다. 둘째로는 지방분권화로의 추세 속에서 종전에 중앙조직에서 담당하고 있던 업무들을 대폭 지방정부로 이관해야 하는 상황이다. 때문에 중앙부처들을 강력한 명령과 통제 중심의 협력기제를 통해 부서 간 이견을 조정하려는 시도는 이들 조직들을 더욱 위축하게 만드는 결과를 초래할 수 있다. 따라서 스위스의 환경행정의 정보 공개처럼 이해관계자 간 정보와 권력의 공유를 총해 이들 간 신뢰관계를 구축하는 데 역점을 두어야 할 것이다. 둘째, 환경정책체제의 변화가 있어야 한다. 우리나라에서 지속가능한 발전에 대한 관심은 1992년 지구정상회담 이후 생겨나기 시작하였다. 이후로 환경ㅂ는 환경문제를 체계적으로 접근한다는 계획으로 장·단기 환경계획을 수립하게 되는데, 1996년에는 최초로 장기적인 환경종합계획인 '그린비전 21'을 제정하고 김영삼 전 대통령이 환경복지비전을 발표하였다. 그리고 2000년 6월 5일 환경의 날에는 김대중 전 대통령이 새천년 국가환경비전 선언을 발표하면서 '인간과 자연이 더불어 사는 생명공동체'의 구축을 선언하게 된다. 그리고 비전의 실현을 위하여 사전예방 중심의 환경정책, 시장경제와 민주주의에 입각한 환경정책, 환경정책과 경제정책의 통합적인 운영체계의 확립, 지구환경문제해결에의 주도적 참여 등을 주장하였다. 또한 같은 자리에서 경제5단체는 공동으로 '경제계환경경영헌장'을 선포하고 시민단체들은 '민간환경선언2000'을 발표하였다. 그러나 환경행정만큼 선언된 내용과 집행되는 정책의 차이가 큰 분야도 없는 듯 하다. 지속 가능한 발전을 위한 요란한 수사와 선언은 지금도 경제정책 우선의 정부정책, 타부서로부터의 비협조, 그리고 기업의 규제불응으로 어려움을 겪고 있다. 따라서 경제성장과 환경보전 간의 조화를 위한 행정체제의 구축이 요구된다. 지금까지는 환경에 대한 투자는 제품의 원가를 상승시켜 기업의 부담을 증가시키고 국제경쟁력을 하락시키는 것으로 여겨져 왔다. 그러나 장기적으로 보면 대기, 수질 등 환경오염은 이의 정화비용, 국민건강의 악화, 생물다양성 등 이용 가능한 자원의 고갈이라는 엄청난 사회비용을 유발한다. 환경투자는 단기적으로는 기업과 경제에 부담이 되나 장기적으로는 국가경쟁력강화 및 산업구조의 첨단화라는 이중적 효과가 있을 것이다. 그리고 환경문제가 발생하여 대처하는 사후관리적 행정에서 사전 예방적 행정으로의 전환이 요구된다. 오염방지와 규제위주에서 탈피하여 자연자원남용과 환경악화를 동시에 예방하는 환경친화적 생산공정의 도입, 지속 가능한 생산, 소비행태의 유도, 환경영향평가와 사전환경성검토제도의 적용강화, 오염물질총량규제제도가 정착돼야 할 것이다. 또한 개별 환경관리에서 통합 환경관리로의 전환이 요구된다. 지금까지는 대기, 수질, 폐기물 등 매체별로 이루어져 왔다. 이러한 정책은 효율적인 경우도 많지만 종합적인 관리를 위해서 어려운 점도 많다. 예를 들면 수질 관리를 효율적으로 하기 위해서는 국토이용계획을 세울 때부터 환경을 고려해야 한다. 통합 환경관리가 중요한 이유는 한 매체의 문제를 해결하는 것이 다른 매체로 문제를 전이시키는 결과를 자주 일으키기 때문이다.

오늘날 인류가 새로운 문제로서 당면하고 있는 환경문제는 문제 자체가 시간적·공간적 차원에서 변하는 동적 과정에 있는 것이므로 절대적이고 모범적이며 결정적이라고 할 만한 해결책을 찾기는 어려울 것이다. 특히 경제성장 우선정책을 시행한 우리나라에서는 환경정책에 대한 이해가 낮고 비효율적인 것으로 인식되어 왔다. 하지만 냉전시대가 종식되면서 지구환경문제가 최대의 외교이슈로 부각되었고, 세계무역질서 재편의 중요한 변수로 대두되고 있다. 그러므로 선진국들에서 성공한 정책들을 면밀히 검토하여 우리나라의 실정에 맞는 정책들을 도입할 필요성이 있다. 그리고 현대 사회는 특성상 정부가 단독으로 정책을 결정하고 집행하는 권위주의적 방식으로 공공의 문제를 해결하는 것이 불가능해지고 있다. 따라서 사회의 이해관계자들 사이에 환경정책에 관한 건설적인 파트너십을 형성하는 것이 현대정부의 중요한 과제이다. 그리고 민주화를 위한 투쟁고정에서 그 규모와 역할범위가 기하급수적으로 팽창한 시민단체들도 공공의 문제해결을 위하여 정부 및 기업들과 효율적인 협력 및 견제체제의 구축을 도모해 왔지만 상호대립적 인식과 갈등문화를 완전히 극복하지 못하고 있다. 환경문제와 관련된 정책의 결정 및 집행과정에서 적지 않은 사회적 갈등이 초래되고 있고, 이들 갈등의 극복과정에서 적지 않은 사회적 갈등이 초래되고 있고, 이들 갈등의 극복과정에서 막대한 사회적 비용이 발생하는 것도 이 때문이다. 매립결정과 매립중단 그리고 공사재개라는 소모적 갈등과 대립과정을 되풀이하면서 수조원에 이르는 자원낭비와 환경오염으로 국민적 우려의 대상이 되고 있는 새만금사업 역시 자율적 협력과 조정기제의 부재가 초래한 대표적 사례일 것이다. 따라서 환경정책도 갈등과 대립, 이로 인한 사회적 비용의 증가라는 악순환의 굴레에서 벗어나기 위한 체계적인 노력이 필요할 것이다. 그리고 전 세계의 모든 국가는 지금 환경문제처리를 위한 입법과 행정조치를 취하고 있으며, 더 나아가 인간의 기본적 권리에는 환경권이 존재한다는 사상이 세계에 퍼지고 있으며, 또 이것이 제도화되어가고 있다. 따라서 국가경제정책의 수립에 있어서도 과거와 같은 개발목표의 추구만이 아닌, 경제학과 생태학의 조화를 전제로 하는 목표가 추구되어야 할 것이다. 또 환경정책의 수립에는 널리 비정치단체의 의견이 채택되어야 할 것이다.

18. 지방자지와 환경정책

1) 지방자치의 개념

① 정   의

사전적용어로 보면 지방자치는 일정한 지역을 기초로 하는 지방자치 단체가 중앙정보로부터 상대적인 자율성을 가지고 그 지방의 행정사무를 자치 기관을 통하여 자율적으로 처리하는 기관으로 정의가 된다. 다시 말하면 지방자치는 단체자지와 지역주민의 하나로 된 말로 자신이 속한 지역의 일을 주민들이 처리한다는 의미를 가지고 있다.

2) 지방자치에서 실행하고 있는 환경정책

① 천안시가 천안시민을 위하여 실행하고 있는 환경정책

1) 종합운동장 및 여가시설을 많이 확충하는 것이다. 이것은 좋은 환경 만들기뿐만 아니라 도시생활을 하는 시민과 자연을 연결함으로써 몸도 건강해지고 많은 여가시간도 즐길 수 있고 아파트생활 등을 하는 사람들에서 땅을 밟을 기회를 줌으로 자연환경과 친해지는 기회를 제공하는 것이다. 또한 조금이나마 푸른 환경오염을 예방하는 역할도 한다.

2) 생활하수 및 분뇨 처리시설 설립이다. 이것은 음식조리, 화장실, 목욕 등 일상생활에서 나오는 폐수를 말한다. 이것을 그냥 하수구를 통하여 흘려보내게 되면 그 물을 정화시키는 데에도 많은 시간이 걸릴 뿐만 아니라 천안시민이 마시는 물이 급속하게 오염되는 것을 방지하기 위하여 만든 것이다. 최근 웰빙이라고 해서 서로 좋은 것만 찾고 하는 시대에 정말 잘 갖추 어진 시설이라 생각한다.

3) 개인 지역 면단위로 하여금 자치위원을 구성하는 것이다. 앞에서도 말했듯이 지방자치는 자기 지역에 일어난 일을 주민이 해결한다는 그런 의미를 가지고 있다. 천안시에서도 각자 면단위마다 자치의원을 선출하여 자치 지역에 필요한 환경정책이나 자원 등을 해당 지역 면사무소나 천안 시청에 도움을 청해서 좀 더 좋은 환경으로 만드는 것을 의미한다.

4) 가족이 함께 참여할 수 있는 기회제공을 하는 것이다. (천안시는)시는 가정환경을 만들기 위해서 가족들이 함께 많은 가족행사를 구성하여 시민참여를 유도한다. 요즘 같이 바쁜 시대에 하루에 한 번 가족 얼굴 보기도 힘든 가족들이 많이 있다. 그런데 이러한 기회를

통하여 가족들 간의 사랑도 확인하고 시가 주민들에게 제공하는 문
화생활도 즐기는 것이 살기 좋은 환경을 만드는 일이라고 생각한다.

경제학이 환경에 관심을 가시기 시작한 것은 경제학 역사만큼이나
오래되었다. 그러나 학문적 체계를 갖춘 환경경제학이 대두하기 시
작한 것은 1970년대 전 지구적인 환경문제가 본격화된 시기와 일치
한다. 이 시기에는 환경문제보다 자원고갈문제가 심각한 세계적 현
상이었기 때문에 자원경제학이라는 학문체계에 환경이 포함되는 현
상이 나타났다. 1980년대 이후는 선진국이나 개발도상국을 막론하고
환경문제가 전 세계적인 문제로 대두되면서 환경경제학은 자원경제
학 및 후생경제학 등의 관련 경제이론과 정책을 포함하면서 경제학
의 새로운 분야로 괄목할만한 발전을 보이고 있다.

3) 환경과 환경문제

① 환경의 개념

환경(environment)이란 경제학·지리학·사회학·교육학·심리학·
생물학·의학·물리학 등의 여러 학문 분야에서 사용하고 있으며, 각
기 그 나름대로의 의미와 내용을 가지고 있다. 환경이란 학자에 따
라 여러 가지 견해차이가 있을 수 있지만 생물학적으로는 생물의 생
활상을 둘러싼 자연상태를 총칭한다. 따라서 가장 포괄적으로 환경
을 정의하면 우주를 둘러싼 요소들의 실체라고 할 수 있고, 상대적
인 의미로는 어떤 주체를 둘러싸고 있는 유형·무형의 객체라고 할
수 있다.

② 환경문제의 정의

환경문제란 용어는 여러 가지의 입장에서 정리되었다. 먼저 코트렐(A. Cottrell)은 환경문제를 환경질의 소모라고 정의했고, 자연환경연구위원회(The Natural Environmental Research Council)는 인간활동의 결과 생긴 폐기물이 물질과 에너지를 방출하여 자연환경에서 일반적으로 해로운 변화를 일으키는 현상이라 정의하고 있다.

4) 환경문제에 대한 경제학적 인식 제고

최근에 와서는 기존의 경제학이 제시하는 환경문제해결방안에는 한계가 있다고 본 학자들의 논의가 나타났다. 생태경제학파라고 불리는 이들은 환경관리 및 정책개선을 통해 위험에 처한 생태계와 미래세대의 복지를 보호해야 한다고 주장한다. 또한 생태계와 인간의 공생을 위한 생태계 관리방법을 찾기 위해 경제학·생태학·환경학·정치학 등의 학제적 접근방법을 통해 광범위한 반향을 얻고 있다.

① 환경경제론의 대두

고전학파 이전에서부터 스미스의 국부론, 멜더스의 인구이론 그리고 케인즈 학파라는 주류경제학을 거쳐 비록 역사가 깊지 않은 환경경제론이 대두 되었다. 주류경제학에서는 산업혁명 이후의 심각한 공해나 환경문제는 외부비경제 또는 사회적 비용을 인식했다. 그러나 근대 이후 환경문제는 경제의 외적요건으로서 일시적·예외적으로 일어나는 것이 아니라 경제의 내부에서 일상적으로 발생해 국민

경제에 심각한 영향을 미칠 뿐만 아니라 기업과 체제의 명운이 걸린 중대한 문제로 등장하게 되었다. 즉 환경문제는 빈곤문제와 마찬가지로 중대한 사회문제가 되었으며 환경정책은 사회정책과 그 비중을 같이하게 되었다. 따라서 환경문제는 이제 경제학의 체계에 내부화하지 않으면 안 되게 되었으며 새로운 경제학의 체계를 작성하려는 움직임이 나타나기 시작했는데 이것이 환경경제학이다.

환경경제학은 경제발전에 따른 환경변화 이로부터 생기는 공해나 쾌적성(amenity)의 파괴, 그리고 공해를 방지해 쾌적성을 보존, 창출하려는 환경정책의 세 가지 분야를 경제학적 방법으로 체계적으로 밝히고자 하는 것이며, 환경경제학의 주된 연구대상은 경제활동으로 인한 오염물질 배출양태와 그 규모의 분석, 환경이용양태의 변화로 인한 사회복지의 변화추정 및 환경정책 및 구체적인 환경오염방지대책의 효과분석 및 평가 등 세 가지이다.

주류경제학에서는 환경오염을 시장의 실패(market failure)라는 관점에서 보고 있다. 시장의 실패란 경제활동을 시장 기구에 일임할 경우 효율적인 자원배분 및 균등한 소득분배를 실현하지 못하고 시장기구가 공공재 생산에 부적합한 상황이 초래됨을 의미한다. 주류경제학에서는 환경오염을 외부효과(특히 외부비경제적 성격), 환경재의 부(−)의 공공재적 성격, 환경재의 공유 재산적 성격에 기인하는 시장의 실패현상으로 파악하고 있다.

② 외부비경제와 환경문제

외부효과(external effect)[5] 또는 외부성이란 한 경제주체의 경제활동

---

[5] 외부효과란 말의 어원은 어떤 경제주체가 경제행위를 취했을 경우 거기에서 내부적으로 생기는 모든 편익과 비용이 행위를 취한 당사자에게 돌아가야 당연한데, 의도하지는 않았지만 그 결과의 일부분이 다른 사람에게 외부적으로 영향을 미치기 때문에 이를 외부

이 다른 경제주체의 경제활동에 영향을 주더라도 이에 대한 대가를 주고받지 못하는 상태를 의미하며 다른 경제주체에게 이익을 주면서도 시장 기구를 통해 대가를 지불하지 않는 경우를 외부경제(external economy)라고 하고, 다른 경제주체에게 손실을 주면서도 이에 대한 보상을 하지 않는 것을 외부비경제(external diseconomy)라고 한다.

환경오염으로 인한 외부비경제에 따른 경제적 손실은 직접적 손실과 간접적 손실로 나누어 살펴볼 수 있다. 먼저 직접적 손실이란 오염발생으로 인한 피해를 생산기업이나 소비자가 직접 받는 것으로써 제품생산비의 상승, 생산기반의 손실초래, 환경오염으로 인한 질병의 증가로 의료비·생활비의 증가 등이 있으며, 다음으로 간접적 손실이란 첫째, 오염방지시설에 대한 투자와 가동비용이 기업의 생산비를 상승시켜 제품가격을 인상시키므로 소비자들은 종전보다 비싼 가격으로 제품을 구입해야 하므로 그 부담이 소비자에게 전가된다. 둘째, 정부의 공적 방지기구 비대화와 공적 대책비의 증가로 인한 부담 등을 들 수 있다.

③ 부의 공공재로서의 환경오염

주류경제학에서는 환경오염을 부(-)의 공공재로 인식한다. 재화는 크게 사적재(private goods)와 공공재(public goods)로 구분된다. 사적재의 소비는 배제성(exclusiveness)과 경합성(rivalness)의 성격을 가진 반면, 공공재의 소비는 집합적 또는 공공소비가 되어 소비의 비경합성(nonrivalry in consumption), 소비의 비배제성(nonexcludability)의 특징을 가지기 때문에 완전경쟁이 보장되더라도 자원의 최적배분 내지 파레토 최적을 교란하는 시장의 실패가 초래된다. 또한 환경오염은 부

효과라고 부른다.

(-)의 공공재(negative public goods)라는 특성을 가지기 때문에 시장의 실패가 초래된다. 환경오염이 부의 공공재로서의 특성을 가진다는 의미는 환경오염이 공공재의 이론과 부합한다는 의미이다. 환경오염을 부의 공공재로 이해하는 것은 새뮤얼슨(P. A. Samuelson)의 공공재에 대한 근대적 정식화에서 비롯된 것이다. 환경오염은 환경의 질 저하 또는 환경재의 손상으로 표현되는데, 환경오염행위가 사회적으로 해악을 끼침에도 불구하고, 그 행위의 대가로 비용을 지불하지 않더라도 그러한 행위를 못하도록 배제하기가 아주 곤란하고(비배제성), 한 경제주체의 환경오염행위가 다른 경제주체의 환경오염행위의 가능성을 감소시키지 않기 때문에 비경합적이다.

④ 공유재산으로서의 환경

주류경제학에서는 환경을 공유재산으로 파악하고 있다. 재산권이란 사람과 사물의 관계를 지칭하는 것이 아니라, 인간과 인간 사이의 어떤 관계를 가리킨다. 즉 재산권이란 재산의 권리가 아니라 재산의 이용에 관한 인간의 권리이며, 결국 재산의 이용에 관계되는 인간들 사이의 승인된 행동관계를 말하는 것이다. 환경자원은 공유재산이기 때문에 소유권의 설정이 매우 곤란하고, 이에 따라 시장의 실패가 초래된다. 즉 대부분의 환경자원은 소유권이 설정되어 있지 않기 때문에 어느 누구도 환경자원을 사유할 수 없고, 어떠한 가격도 지불하려 하지 않는다. 따라서 공유재산자원인 환경재의 경우도 재산권이 불확실해 배타적인 소유권이 없고 가격을 정할 수 없기 때문에 과용되고 남용되어 환경오염과 환경파괴라는 상황이 발생한다. 이러한 사실은 하딘(G. Hardin)의 '공동목장의 비극'이란 우화에서도 잘 알 수 있다.

5) 정치경제학의 환경인식

① 환경문제에 대한 정치경제학의 비판

현대의 환경위기를 바라보는 정치경제학적 시각은 환경문제가 자본주의의 내재적 법칙에 의해 발생한다는 생태 마르크스주의적 견해와 포드주의 축적체계의 위기라고 보는 조절이론적 견해가 있다.

먼저 자본주의 내재법칙에 의해 환경위기가 발생했다는 생태 마르크스주의의 시각을 보면, 환경은 그 자체로서만 이루어지지 않았으며 인간의 자연에 대한 관계의 역사적 산물이기 때문에 인간사회의 역사발전과 무관할 수 없다는 것이다. 이런 관점에서 보면 인간과 관계를 갖지 않는 순수한 자연은 있을 수 없고, 자연은 인간의 외적인 것으로 이해될 수 없으며, 노동을 통해 구체적으로 인식된다는 것이다. 자본주의 사회에서 생산과정은 다른 어떤 사회에서의 생산과정과 마찬가지로 자연을 변형시켜 인간의 생존과 생활에 유용한 자원을 생산하기 위한 사회적 노동과정의 성격을 가진다.

자본가들은 이러한 생산과정에서 이윤을 극대화하고자 상호경쟁하며, 과열되는 무분별한 경쟁에서 더 많은 이윤을 얻을 수 있도록 더 많은 생산수단과 노동력을 투입하고 이를 소모하고자 한다. 결국 자본의 자기증식과정은 노동의 착취뿐만 아니라 포괄적으로 생산수단을 제공하는 외적 자연의 착취를 기반으로 하게 된다. 결국 고도화된 독점자본주의 단계는 과잉시설투자에 의한 과잉생산이 초래되고, 이러한 문제를 해결하기 위한 고도소비를 요구한다. 고도소비는 단지 자신이 존속하기 위해 필요한 그 이상을 만족시킬 사치성 욕구를 자극하고 이를 더욱 확대시키지 않으면 안 된다. 그 결과 자연환경은 생산과 생활영역 모두에서 실질적 인간생존과는 무관하게 남용

혹은 낭비되며, 이를 통해 번창하는 독점자본의 창조성은 환경의 순
전한 파괴를 초래하게 된다. 선진 독점자본주의에서의 이와 같은 환
경문제는 일반적으로 원사새의 해외수입과 공해산업의 해외수출 확
대를 통해 자국의 환경을 보호하는 제국주의적 정책에 의해 완화되
기도 하지만, 자본주의가 고도화될수록 그 자신의 존립을 위한 물질
적 토대를 스스로 파괴하는 모순을 심화시키게 된다.

② 사회주의 경제와 환경문제

경제이론의 관점에서 볼 때 중앙집권의 사회주의는 환경문제의 발
생을 회피하지는 못하겠지만 적어도 자본주의체제보다 우월하거나
스스로 이 문제의 해결능력을 갖출 것으로 기대되었다. 그것은 환경
문제로 인해 발생되는 비용은 외부비용(external costs)은 전형적인
예가 된다. 외부비용은 생산에 있어서 사회 전체가 부담하는 사회적
비용과 생산당사자가 부담하는 사적비용의 차이로서 직접적으로 가
격기구를 통하지 않고 다른 경제주체에게 그 비용을 부담시키기 때
문에 시장실패(market failure)의 한 사례로 지적된다. 아울러 환경문
제는 자본주의의 사적생산체제에서 개인의 탐욕을 추구하는 과정에
서 발생되는 것으로 지적되었다. 환경문제는 한정된 자원을 인정하
지 않고 무한성장을 추구하는 산업사회 구조의 모순에서 비롯된 것
이다. 자본주의나 사회주의나 높은 생산력을 지향하는 한, 환경위기
를 극복할 수 있는 바람직한 체제는 될 수 없다.

오늘날 환경문제는 전통적인 경제학에서 주장하듯이 일시적 현상
이 아니라 지속적이며 보편적 현상이 되고 있다. 그럼에도 불구하고
전통적 경제학이 제시하는 환경문제에 대한 처방은 지나치게 비현실
적이고 가상적이어서 그 실제적용에는 많은 문제점이 나타난다는 사

실이다. 따라서 환경경제학은 기존의 경제학이 가지는 환경문제에 대한 비현실적인 처방을 보다 현실적인 처방이 될 수 있도록 한다.

어떠한 문제이든 그 해결을 위해서는 그 근본원인을 정확하게 파악해야 하는데, 우선 환경문제의 원인은 경제활동에 있고 경제활동이야말로 경제학의 주된 연구대상이 된다는 사실만으로도 경제학에서 환경문제를 다루는 것은 당연하다는 것이다. 특히 오염된 환경을 복구하는 데는 많은 비용이 소요되는데 환경개선행위를 선택할 때 그 사회는 주어진 여건에서 최소의 비용으로 최대의 효과를 거둘 수 있는 방법을 강구해야 하는데 이러한 방법 중에 경제학적 방법이 가장 바람직하다는 것이다. 하지만 경제학이 대두된 이후 환경경제학, 생태경제학 등은 그 역사가 짧고, 연구할 대상과 범위가 많아 앞으로도 인간과 밀접한 환경문제에 대하여 지속적인 연구가 필요할 것이다.

19. 글로벌과 다국적기업과의
관계에서 오는 환경문제

1) 글로벌 거버넌스와 다국적기업

최근 탈냉전, 정보화와 더불어 가속화되고 있는 세계화의 도전은 국내적 차원뿐만 아니라 국제적 차원에서 상당한 구조적 변화를 가져 왔으며, 따라서 새로운 통치모델의 형태를 요구해오고 있다. 이에 대한 학문적 대응으로 나온 것이 정부와 정부외의 다양한 행위자와의 상호협력 및 규율의 필요성을 강조한 새로운 통체모델로서의 거버넌스의 개념이다. 거버넌스에 대한 상당한 많은 이론적 논의 및 학문적 증폭성에도 불구하고, 과연 이 개념이 기존의 이론적 틀과 비교해 볼 때 어떠한 패러다임적 변화(paradigmatic shift)를 반영하고 있는가 하는 문제제기가 가능하다. 모든 문제의 해결은 마치 거버넌스를 통해서 가능한 것처럼 하나의 학문적 유행(fad)으로 발전되어 왔다.

중요한 것은 세계화와 정보화시대가 가져온 도전의 본질이 무엇인 가에 대한 이해가 선행되어야 한다는 점이다. 정보화시대에 인터넷정 보의 확산으로 힘, 권력이 국가 및 조직(organization)에서 개인으로 옮 아가고 있으며 이는 분권화가(decentralization) 진행되고 있음을 보여 주고 있다.[6] 한편 경제적 세계화로 인해 통합의 과정(integration)이 진 행되면서도 동시에 권위의 분산(fragmentation)현상이 병존하고 있다.[7] 이러한 논의로부터 알 수 있는 것은 도전의 본질이 무엇인가에 대한 명확한 해답을 당장 얻기는 힘들지라도 기존의 국가의 우위성(primacy of state)에 대한 이론적 틀로써는 변화된 현실을 이해할 수 없다는 것 이다. 거버넌스 개념이 등장한 배경으로 국가중심의 패러다임에서 다 양한 행위자 간의 상호조정의 패러다임으로의 변화를 설명하는 이유 가 거기에 있다. 그러나 기존의 국제관계의 이론적 틀과 거버넌스의 새로운 이론틀이 과연 어떤 차별성을 반영하고 있는지는 재고해 봐야 할 문제이다.

세계화를 가속화시킨 근본동력이며 국가의 정책 자율성을 축소시 켰던 주체가 다국적기업이었음에도 불구하고, 다국적기업을 규제하 고자 하는 글로벌한 시도가 무역 및 금융에 비해 비교적 뒤늦게 논

---

6) 정부(government), 조직(organization), 그리고 대기업(large firms)의 우위성이 강조된 이 유로는 정부의 경우 개인보다 많은 정보를 소유하고 있기 때문이다. 그러나 정보화시대 를 맞이하여 많은 정보를 개인의 차원에서도 얻게 됨에 따라 권위(authority) 및 권력 (power)이 개인의 차원으로 옮아가고 있다고 본다. Dunning에 의하면 자본주의 발전과 정에 대해 entrepreneurial capitalism(1770-1875) → hierarchical capitalism (1875-1980) → flexible capitalism(1980)으로 설명하면서 기업조직의 차원에서도 Large integrated corporate hierarchies로부터 보다 inter-firm alliances networks으로 옮아가고 있다고 설 명한다. Dunning 1999, pp.33-4. The Economist. 1999 / 10 / 30.

7) Rosenau에 의하면 세계화의 힘(globalising forces)과 지방화의 힘(localizing forces)이 서 로 상호작용하여 통합과 분열의 현상이 병행하고 있다. 이러한 fragmengrative world에 서는 권위(authority)가 transnational, supranational한 차원으로 upward하고 있으며, 사회 운동 및 NGOs로 sidewards 하고 있고, 또한 subnational groups으로 downward 하고 있다고 설명한다. Rosenau, 1999, pp.292-3.

의되기 시작했다. 이는 다국적기업에 대한 규제의 필요성이 선진국 및 패권의 이익과 상반되었기 때문일 수 있으며 다국적기업에 대한 거버넌스의 구축이 쉽지 않았음을 의미할 수도 있다. 세계화의 도전에 의해 새로운 형태의 거버넌스 구축이 필요하다면 세계화과정을 가속화시킨 다국적기업에 대한 거버넌스의 개념적, 실천적 분석은 당연히 필요하다고 할 수 있다.

이 글은 이러한 문제의식하에 세계화를 가속화시킨 주된 행위자인 다국적기업에 그 연구의 초점을 맞추고, 다국적기업에 대한 거버넌스가 다국적기업, 국가, 그리고 NGOs와의 상호작용하에 어떻게 발전, 변화되어 왔는지 살펴보면서 글로벌 거버넌스의 개념적 이해 및 실천적 대안제시를 위한 함의를 이끌어내는 데 목적이 있다.

이 글의 목차는 다음과 같다. 제2장은 다국적기업에 대한 글로벌 거버넌스의 개념적 이해를 위한 이론적 논의에 초점을 둔다. 제3장은 다국적기업에 대한 거버넌스의 역사적 형성 및 변화과정에 대해 논의하고 제4장은 다국적기업에 대한 거버넌스의 구체적 케이스에 대한 경험적 분석에 초점을 둔다. 제5장은 이 글의 요약과 함의를 제시하면서 결론을 맺는다.

① Global governance의 개념

거버넌스 개념의 등장배경은 세계화가 가속화됨에 따라 국민국가 중심의 통치체제가 약화되었다는 것을 들 수 있으며 따라서 거버넌스의 주체로는 다양한 행위주체들의 상호작용에 초점을 두게 된다. 거버넌스란 "organizing collective action"으로 정의될 수 있으며, 또는 특정 행동에 대한 허용, 또는 금지를 규정하는 게임법칙의 제도를 구축하는 것으로 이해할 수 있다(Prakash and Hart 1999, p.2). 국내적 차원에서 세계화가 어떻게 정부역할의 변화에 영향을 주었는가 하는 점은 학자마다 서로 다른 주장을 보여준다. 한편으로 세계화는 국가 중심의 웨스트팔리안체제에 영향을 주어 정책자율성이라는 차원에서 국가역할의 축소를 'retreat of the state' 가져 왔다고 하거나(Strange 1996), 또는 세계화에도 불구하고 국가는 중요한 역할을 지속할 수 있다고 본다(Hirst and Thompson 1996). 또 다른 입장에 의하면 국가는 새로운 환경에 대응하기 위해 새로운 역할규정을(restructuation or rearticulation of the role of state) 모색해야 함을 강조한다(Weiss 1998; Prakash and Hart 1999). 국가의 역할이 과연 축소, 혹은 강화되는지('is'), 또는 되어야 하는지('ought to') 결론 내리기는 쉽지 않다. 그럼에도 보다 설득력 있는 의견은 세계화가 진행됨에 따라 국가가 선택할 수 있는 경제정책의 대안 및 정책의 효율성은 그만큼 줄어들 수 있다는 점이며[8], 새로운 외적 환경변화에 맞추어 시장과 사회와의 관계에 있어 국가역할은 재규정되어야 한다. 세계화, 탈산업사회, 복잡화된 사회관계, 정보화 등의 급격한 변화는 국가중심의 통치체제의 약화를 가져 왔으며, 국민의 통치요구는 강화되고 국가의 통치능력은 약화됨에 따라 새로운 통치모델이 요구된다(곽진영 2000).[9] 이러한 상황하에 국내적 차원에서 국가를 포함한 다양한 행위자 간의 상호조정을 통한 새로운 통치모델로서 거버넌스의 개념이 중요하게 등장하였다.

이와 마찬가지로 국제적 차원에서 글로벌 거버넌스의 개념이 중요하게 부각되는데, 국제관계의 차원은 보다 그 도전의 정도가 심각하다. 세계화의 도전이 아니더라도 이미 국제관계에서의 거버넌스의

---

8) 다국적기업과 은행을 중심으로 자본의 이동성이 강화된 상황에서는 통화정책이나 재정정책의 결과가 의도한 대로 나타나지 못하게 된 경우가 있다. 윤영관 1999.

9) 이와 연관된 현상으로 서유럽은 복지국가 폐해가 나타나면서 공공기업을 민영화함으로써 경쟁에 의한 서비스의 질(quality)을 높이고자 했다. 이는 국가가 떠맡았던 복지부문의 많은 부분을 사적 영역(private sector)으로 이전하여 국가와 사회집단의 협력을 유도한 경우이다.

문제는 구속력 있는 세계정부의 부재라는 점에서 국가 간 협력에 의한 관리, 규제의 도출이 근본적으로 어려울 수밖에 없는 구조적 장애를 안고 출발한다. 국제정치는 '정부 없는 거버넌스'(governance without government)라는 근본적 특징을 보여주고 있는데, 이는 글로벌 거버넌스의 과정이 다양한 행위자의 참여를 반영하는 것뿐만 아니라, 구속력 있는 법 및 규범의 부재로부터 국제관계에 있어 거버넌스의 도출이 얼마나 어려운가를 보여 준다. 국제관계에서 중요한 것은 힘과 권력이며 따라서 거버넌스를 위한 규범 및 제도는 패권국의 이해관계를 반영해 왔다고 볼 수 있다. 글로벌 거버넌스는 국제기구의 설립을 통해 개별적 이슈영역에 따라, 예컨대 안보, 무역, 금융, 인권 등 다양한 영역에서 추구되어 왔다. 그러나 U.N. IMF, World Bank 등의 국제기구는 패권국의 이해가 반영될 수밖에 없는 구조적, 태생적 한계를 보임으로써 지향해야 할 글로벌 거버넌스의 이상과는 상당한 갭을 보여 왔다. 정부 간 국제기구가 국제관계의 구조적 권력관계를 그대로 반영해 왔다는 한계로부터 국가 중심적 거버넌스에 대한 비판이 가능해졌으며, 국제기구의 민주성을 증진하기 위한 한 방편으로 NGOs 집단의 역할이 중요하게 되었다. 즉 국가 외에 다양한 행위자들의 역할이 거버넌스 구축과정에서 중요한 기능을 하게 된다.

탈냉전과 세계화가 가속화됨에 따라 국제정치경제의 본질이 변화되었으며 이에 따라 글로벌 거버넌스는 보다 큰 도전을 맞이한다. 기존의 군사안보 중심의 세계에서 안보 위협원인은 보다 다양하게 증가된다. 예컨대 국가 간 상호의존의 심화는 경제적 위기, 종교, 인종갈등, 민족주의의 강화, 난민, 인권, 환경문제 등의 확대로 더 이상 개별국가의 안전과 지역안전은 별개의 것으로 인식될 수 없으며, 협력을 위한 주체가 국가에 한정된다기보다 다양한 행위자의 역할, 즉 다국적기업 및 NGOs로 확대된 것이다. 정부 간 국제기구에 의한 협

정뿐만 아니라 최근에는 다양한 이해관계를 반영하는 비정부집단
(NGOs)에 의한 저항이 증가되면서 일각에서는 글로벌 거버넌스의
위기를 염려하기도 한다(The Economist 1999 / 12 / 11).[10] 정보기술의
발전과 인터넷의 확산은 권력의 근원이 정부 및 조직으로부터 개인
의 차원으로 옮아가고 있음을 보여주며 이는 최근 세계화에 반대하
기 위한 다양한 NGOs의 역할이 확대된 것에 잘 반영되고 있다. 이
러한 맥락에서 글로벌 거버넌스의 도전은 다양한 위협원인의 증가에
따른 새로운 통치체제로서의 거버넌스, 다시말해 다양한 행위주체
간의 조율 및 관리체제가 필요하게 된 것이다.

그러나 국제정치경제의 변화, 특히 탈냉전과 세계화로 인하여 거
버넌스라는 개념이 등장하였고 이는 글로벌차원에서도 새로운 개념
으로 강조되어 왔지만, 글로벌 거버넌스의 개념은 다소 불명확하며,
특히 기존의 국제관계의 이론적 시각과 어떻게 구분될 수 있는지 확
실하지 않다.

최근 글로벌 거버넌스에 대한 이론적 논의 가운데 대조적인 입장은
우선 기존의 국가 중심적 패러다임에 비판적인 입장으로 글로벌 거버
넌스과정에 있어 국가가 'first among equal'이라기보다는 'simply as
significant actors'라는 입장이다(Rosenau 1999). 즉 국가의 권위, 힘이
쇠퇴되었다기보다는 다양한 행위자에게 재분배되었다고 강조한다. 웨
스트팔리안체제를 넘어서서 다양한 행위자에 의한 거버넌스(Plurality
of governing actors)를 낳았다는 것이다.[11] 거버넌스의 과정에 많은 변

---

10) 글로벌 거버넌스의 위기를 염려하는 근원으로는 다양한 이해관계를 갖고 있는
　　NGOs의 등장이 국제관계에서의 질서 및 안정을 위협할 수 있다는 것이다. 또한 문
　　제는 NGOs들이 어떠한 정당한 "representation"의 과정으로 통해 INGO(Inter-Gove-
　　rnmental Organization)의 협상테이블에서 합법적 목소리를 낼 수 있는지에 대해 문
　　제를 제기하고 있다. The Economist. 1999 / 12 / 11
11) Rosenau에 의하면, 냉전시기의 패러다임을 balance of power라고 할 수 있다면 최근
　　세계화시대의 ontology를 fragmentation과 integration이 동시에 병행되는, 따라서
　　decentralization의 시기라고 보고 있다. 이 시기의 ontology를 polyarcy, collibration의

화가 있어 왔지만 예컨대 다양한 행위자의 다양한 이해관계가 반영되고 있다는 점, 글로벌 시민사회의 발전은 글로벌 민주주의의 향상을 기져올 수 있을 것이다.

이와 유사한 입장으로 국제정치경제 질서의 변화로 비록 본질은 변화하지 않았지만 거버넌스 구조가 (governing structure) 다원화되었다고 강조하는 입장이 있다(O'Brien et all 2000). 이들의 시각에 의하면 글로벌 거버넌스를 위해 MEI(Multilateral Economic Institutions)와 GSM(Global Social Movements)의 연계에 초점을 두는 복합 다자주의, "complex multilateralism"의 시각을 강조한다. 그러나 이들이 강조하는 글로벌 거버넌스의 개념은 기존의 국제관계이론 중 하나인 신자유주의(neoliberalism)적 시각과 크게 다르지 않을 수 있다. 코헤인과 나이의 복합상호의존 "complex interdependence"의 시각에 의하면 기존의 현실주의적 시각에 대한 비판으로 출발하면서 국가의 우위성(primacy), 위계적 구조(hierachical structure)는 복합적 상호의존의 시대에 이르면 더 이상 유용한 분석틀로 기능하지 않음을 강조한다. 그 대신 국가 외의 다양한 행위자의 강조와 중요한 이슈가 다양화되는 등 상당히 최근 거버넌스 논의와 중첩되어 있음을 알 수 있다.12) 글로벌 거버넌스를 강조하는 이론은 이러한 점에서 왜 기존의 이론을 넘어선 새로운 거버넌스의 개념이 필연적으로 강조될 수밖에

시기라고 조심스럽게 제시하고 있다. Rosenau 1999, p.292.

12) 복합상호의존 (complex interdependence) 이론에 의하면 현실주의의 기본주장을 다음과 같이 정리한다: 군사안보가 지배적 목표이며, 군사력이 가장 효과적 수단이며, 안보위협이 상위정치의 의제를 결정하며 다른 의제에도 영향을 미치는 위계질서적 구조를 강조하며, 따라서 국제기구의 역할이 제한적, 부차적이다. 그러나 복합상호의존이론에 의하면, 국가의 목표는 문제영역에 따라 변화하며, 국가정책의 수단으로는 문제영역에 적절한 구체적인 권력자원이 유용하며, 국제기구 및 초국적 행위자 등이 목적을 달성하기 위한 주요 수단이다. 의제의 설정 역시 문제영역 내의 권력자원 분포에서의 변화에 영향을 받으며 힘은 비효과적이기 때문에 위계질서가 강화되지 못하며, 결론적으로 국제기구의 역할이 약소국에 의한 정치행동의 장으로 기능할 수 있다는 긍정적 역할을 강조한다. Robert O. Keohane and Joseph S. Nye, 1977.

없는지 설명해야 한다.

탈냉전, 상호의존의 증대, 그리고 세계화로 인해 국제정치는 상당한 변화를 경험했다고 한다. 그러나 '과정'에서의 많은 양적 변화가 국제정치질서 '구조'의 질적 변화를 가져올 것인가 하는 점을 질문할 수 있다. 문제는 어느 누구도 이러한 환경변화에도 불구하고 국가가 중요한 행위자 중의 하나라는 점을 부정하지는 않는다는 점이다. 기존의 현실주의적 시각이 국가의 우월성, 국가 중심적인 위계질서에 의한 거버넌스를 강조한 것과 달리, 최근의 논의는 다양한 레벨에서, 예컨대 국가레벨 외에도, 지역적, 지방적, 초국가적 레벨에서 그리고 국가 외의 MNCs, NGOs 등 다양한 행위자에 의해 거버넌스가 가능하다는 논의로 차별화될 수 있을 것이다.

이와 달리 세계화와 정보화가 국제정치경제 질서의 변화를 가져왔음에도 불구하고, 국가는 글로벌 거버넌스에 있어 여전히 중요한 행위자이며 앞으로도 지속적 역할을 수행할 것이라고 주장하는 현실주의적 견해도 존재한다(Comor 1999).13) 특히 미국 다국적기업의 첨단 IT산업 및 서비스영역에서의 우월적 지위는 미국패권의 유지 및 팽창을 가능하게 했다. 미국은 패권의 상대적 하락을 경험한 이후 첨단기술 통신산업의 경쟁력강화를 위해 국제레짐을 통하여 자유무역의 영역을 공산품에서 지적재산권에 이르기까지 확대함으로써 패권의 유지를 강화했다. 이처럼 글로벌 거버넌스에 대한 시각은 국가 중심적 시각에서부터 복합적 다자주의(complex multilateralism)에 이르기까지 다양하다. 이에 대한 보다 구체적 이해를 위해 다국적기업에 대한 거버넌스에 분석의 초점을 두고 이러한 다양한 시각을 검토해보기로 한다.

---

13) 국가는 개인의 개념적 identity에 역사, 문화, 경제적 차원에서 지속적으로 영향을 미치는 체제라고 강조한다. Edward A. Comor. 1999. pp.122-3.

② 다국적기업의 Global Governance

세계화현상을 추진하는 가장 근본적인 동력은 다국적기업이라고 할 수 있으며 다국적기업에 대한 규제의 문제는 국가, 자본, 노동집단의 이해관계에 민감한 영향을 미쳐 왔다. 문제는 다국적기업의 해외직접 투자가 확대되면서 'exit'에의 위협을 통해 국가 및 노동에 대한 다국적기업의 협상력이 증가되었고 국가는 다국적기업의 FDI를 유인하기 위하여 'race to the bottom'으로 나아가게 된다는 우려가 확산되었다.14) 이러한 차원에서 다국적기업을 규제하고자 하는 노력이 국가 및 다양한 NGOs집단으로부터 제기되어 왔으며, 동시에 다국적기업 역시 그들의 투자 및 생산활동에 대한 권리를 확대하고자 하는 노력을 기울여 왔다. 다국적기업에 관련된 글로벌 거버넌스의 구축에는 선진국과 개발도상국 간의 이해갈등, 다국적기업, 투자본국(home country), 그리고 투자대상국(host country) 간의 이해관계, 다국적기업과 노동, 환경, 인권, 여성집단 등 여러 다양한 NGOs와의 정치경제적 이해갈등이 있어 왔다. 또한 각 집단의 이해관계의 정치적 역동성에 따라 과연 시장의 효율성을 확대할 것인지, 정치 사회적 형평성을 제고해야 할 것인지의 문제가 상충되어 왔다.

다국적기업을 어떠한 이론적 시각에 의해 이해할 것이냐에 따라 다국적기업에 관련된 거버넌스의 개념규정이 달라질 수 있다. 다국적기업에 대해 일반적으로 3가지 이론적 인식들이 존재한다.15) 첫째,

---

14) 다국적기업의 생산활동이 국제화되고, 다국적기업의 이동이 보다 유연해짐에 따라, 정부는 환경보호, 노동인권보호를 위한 정책을 사용하지 않는 방향으로 갈 수 있다. The Economist 2001 / 5 / 4, "Worldbeater, Inc".

15) 젠킨스(Jenkins)에 의하면 맑스주의와 비맑스주의로 나누면서 다시 각각을 친다국적기업 시각과 비판적 시각으로 나누어 4가지 유형으로 살펴보고 있다. 일반적으로는 자유주의 전통, 맑스주의 / 종속적 시각, 그리고 중상주의시각으로 나눠보고 있다(Jenkins 1996; Gilpin 1975; 윤영관 1999).

자유주의 시각에 의하면 다국적기업이 존재하는 이유는 불완전한 시장 때문이며 불완전한 시장은 정부규제, 무역장벽 및 자본이동규제 등에 기인한다. 다국적기업은 시장실패를 극복하기 위한 효율적인 수단이며 궁극적으로 적절한 자원배분과 세계경제의 효율성을 증진하는 긍정적 역할을 수행한다. 이러한 시각에 근거할 때 다국적기업에 대한 거버넌스의 기본적 출발은 정부규제를 풀고 투자유인을 위한 투명한 환경조성이 전제가 되어야 한다. 둘째, 맑스주의적 시각에 의하면 다국적기업의 해외직접투자는 자본주의의 모순을 극복하기 위한 탈출구이다. 종속이론가들에 의하면 제3세계에서의 다국적기업이 수행하는 부정적 역할로서, 제한적 기술이전, 자본시장 왜곡, 사회의 양극화, 문화적 제국주의의 유포, 권위주의 정치체제 유지, 그리고 노동의 억압을 지적한다. 이러한 시각에 근거할 때 다국적기업에 대한 거버넌스는 노동, 인권, 환경보호를 강조하면서, 선진국 자본에 대한 규제의 필요성을 강조할 것이다. 셋째, 다국적기업의 FDI를 정치적인 맥락과 결부하는 중상주의 시각으로, 길핀에 의하면 FDI는 패권국의 구조적 권력과 연계되어 있다고 강조한다. 이러한 시각에서 볼 때 다국적기업은 선진국 독점기업의 전략적 위치를 이용하여 자본, 기술통제, 시장개척 및 자원독점을 점유한다. 이러한 중상주의 시각에 근거해 볼 때 다국적기업에 대한 정부통제의 필요성이 강조될 수 있으며 다국적기업의 FDI를 "unpacking", 분산함으로써 그 독점적 이윤을 줄이는 방법도 제시할 수 있다(Gilpin 1975; Jenkins 1996; 윤영관 1999).

다국적기업에 대한 이러한 다양한 시각은 나름대로의 설득력이 없지 않다. 그러나 어느 한쪽의 시각은 다른 한쪽의 문제를 간과하게 되는 경향이 있다. 이러한 이론적 논쟁을 접어두고 현실을 바라볼 때 1960년대만 해도 다국적기업에 대한 부정적 인식이 지배적이었던 것과는 달리 최근에 이르면 다국적기업의 해외직접투자의 긍정적 차원이 강조되고 이제는 각 국가가 경쟁적으로 FDI를 유인하기 위한 다양한 정책을 취하고 있다는 사실을 알 수 있다. 결국 다국적기업의 긍정적 측면과 부정적 측면은 구체적 케이스마다 어떻게 국가, 다국적기업 및 NGOs가 협상하느냐에 따라 달라질 수 있다. 개별국가는 다국적기업의 해외직접투자를 적극적으로 유치하면서 긍정적 이익(benefits)을 극대화하고 부정적 대가(costs)를 극소화하는 데 그 초점을 둘 것이라는 점이 오늘날 국가가 당면한 도전의 딜레마라고 할 수 있다.

일반적으로 세계화가 진행될수록 국가에 대한 다국적기업의 협상력이 증대하며 국가역할의 축소와 시장원리의 극대화, 다시 말하면 "the transfer of authority from the state to the market"의 현상이 진행된다고 한다. 예컨대 다국적기업은 국가가 아닌 소비자(consumer)를 시민사회를 대표하는 존재로 간주한다. 그러나 다국적기업의 대부분은 아직도 민족국가를 그 중요한 기반으로 생산활동을 벌이며, 특히 선진국의 경우 다국적기업은 더욱더 모국의 정치, 경제적 기반을 중시여길 수 있다. 세계화시대에 MNCs와 투자대상국 국가가 서로 경쟁하는 갈등적인 위치에 있는 경우가 많지만[16], 또한 MNCs와 모국은 이해관계의 일치라는 차원에서 서로 협력적 관계에 있을 수 있다. 투자와 관련된 지적재산권 협정(TRIPs)의 경우 미국과 미국에 기반을 둔 다국적기업의 이해가 일치됨으로써 선진국의 이해가 반영된 경우였다. 세계화로 인하여 MNCs와 국가가 대치하는 경우조차, 다국적기업이 국가보다 협상력이 보다 증대되었다고 일반적으로 주장할 수도 없다. 이러한 예는 중국과도 같은 미래의 경제적 비전이

---

16) 최근 세계 각국은 외국의 자본 및 기술을 유치하는 데 혈안이 되고 있으며, 종전의 장애요인을 제거하면서 해로운 혜택과 유인요소를 제시하고 있다. 또한 다국적기업 역시 최적이윤추구를 위해 FDI를 할 수밖에 없다는 점에서 MNCs와 투자대상국의 이해관계는 일치하는 경향이 짙다. 물론 이때의 관계는 필요에 의한 협력관계라는 점이 MNCs와 모국 간의 관계와 다르다고 할 수 있다.

높은 나라의 경우는 다국적기업이 자신의 주장보다 중국국가의 규제를 따르면서까지 해외직접투자를 증대하고 있는 실정을 보더라도 잘 알 수 있다.17) 또한 투자에 대한 다자적 협정(MAI)의 경우는 자본의 논리가 강하게 반영되기보다는 국가 및 NGOs의 역할이 중요했던 경우였다. 따라서 세계화의 시대에 있어 국가의 존재는 쇠퇴하고 국가 및 노동에 대한 다국적기업의 협상력은 증대하며, 국가와 다국적기업의 대결구도가 강조되는 등의 현상을 지나치게 일반화할 수만도 없다. 구체적 경우마다 이론적 함의가 달라질 수 있기 때문이다. 그럼에도 공통된 현상을 추출해 본다면, 국가 간 협의 외에도 다양한 차원에서 다양한 행위자와의 상호작용이 글로벌 거버넌스의 협상과정에서 중요한 투입(input)으로 작용하고 있다는 점이다.

다국적기업에 대한 다양한 시각이 존재하고, 따라서 다국적기업에 대한 거버넌스의 일반적인 내용에는 적어도 다음과 같은 고려사항이 포함되어야 할 것이다. 예컨대 다국적기업의 긍정적 측면인 효율성을 위한 규정과 부정적 측면인 사회, 정치, 경제의 형평성 - 예컨대 인권, 노동, 및 환경 - 을 위한 규율이 거버넌스의 구체적 내용으로 들어갈 수밖에 없을 것이다.18) 다국적기업의 권리(Right)를 강화하고 확대하기 위한 조처는 다국적기업의 의무(obligation) 조항과 균형되어야 한다. 이론적 차원에서 다국적기업에 대한 거버넌스의 방향을

---

17) MNCs가 'exit'에의 위협을 통해 협상력 및 구조적 권력이 증대되었다고 하지만, 이 경우 MNCs의 lobbying은 줄어들어야 할 것이다. 그러나 MNCs는 지속적으로 로비활동을 하고 있으며 이는 구조적 힘의 약화를 의미한다. Walter 2000, p.52.

18) 다국적기업 및 해외직접투자에 대한 권리규정은 다음의 3가지 차원에서 이뤄질 수 있다. 첫째는 국가가 다국적기업에 대한 대우문제로 자유주의 시각에서는 어떤 차별도 있어서는 안 된다고 하지만 현실적으로 대부분 국가는 차별적 대우를 하고 있으며 따라서 받아들여질 수 없는 제한정도를 규정해야 할 것이다. 둘째, FDI에 대한 performance requirements 등의 규제에 대한 것 또는 투자유인을 위한 보조금정책에 대한 내용이 국제규범 및 제도로 규정되어야 한다는 것이다. 셋째, 다국적기업과 정부 간의 분쟁을 해결할 국제적 기제마련의 필요성에 대한 것이다. 또한 수용(expropriation)에 대한 금지 등도 포함한다(Graham, pp.481-2).

논의해 볼 수 있지만 역사적으로 어떻게 다국적기업에 대한 거버넌스 구축이 이뤄져 왔는지, 그리고 앞으로의 방향은 어떻게 될 것인지에 내애 고찰해 보기로 한다.

다국적기업 및 해외직접투자에 대한 국제적 차원의 규제가 필요하다는 것이 전혀 새로운 시도는 아니다. 이는 2차세계대전 이후부터 국가적 차원, 지역적 차원, 그리고 글로벌한 차원을 통해 시도되어 왔다(Spero and Hart 1997; Gilpin 2000).

국가적 차원의 시도를 보면, 일본, 한국과 같은 동아시아 국가는 직접투자자본에 대해 외자도입법 등 법적, 제도적 차원을 통해 통제하고자 했다. 이는 별 제도적 선별장치 없이 다국적기업을 받아들였던 중남미 국가와 대조적인 경우이다. 일본이 1980년 이후 투자유인을 위한 자유화정책으로 나아갔지만 일본 내부의 Keiretsu체제는 해외직접투자를 제한하는 구조적 장벽으로 남아있다. 영국 및 프랑스 같은 선진국에서도 다국적기업이 국내의 중요경제부문을 지배하는 것을 저지하기 위해 제동을 걸기도 했다. 미국의 경우 1980년 이후 해외투자 유입이 급증하면서 이를 통제하기 위한 장치로서 엑슨-플로리오 법안(Exon-Florio amendment of 1988)을 마련하고 그 법안에 따라 해외투자위원회(Committee of Foreign Investment in the United States, CFIUS)로 하여금 미국의 국가안보에 위협을 줄 수 있다고 생각되는 인수, 합병은 금지하거나, 미국 경쟁력에 중요하다고 간주되는 하이테크 분야에 대한 심사도 허용하였다(Spero and Hart 1997, p.132).

다국적기업에 대한 지역적 차원의 통제노력도 찾아 볼 수 있다. 유럽연합의 경우 다국적기업들이 역내의 노사관계에 대한 관행을 따르도록 규제하였다. 유럽연합은 다국적기업들이 역내로부터 가장 많은 이익을 거두어 가는 것을 원치 않았다. 1989년 이래 새로운 합병 및 조인트 벤처의 경우 유럽 이사회(European Commission)의 승인을 얻도록 규정하였다. 유럽이사회는 보조금지급에 대한 규제책을 강조하였는데 보조금지급이 경쟁을 왜곡시킬 수 있다는 근거하에 다국적기업에 대한 투자유인을 위한 보조금지급을 금지하였으며 이는 경쟁정책(competition policy)의 차원에서 강조된 바 있다.[19] 유럽이사회는 지시각서(directive)를 통해 공동체수준의 사업체와 사업체집단인 노동위원회를 만들어 이것을 통해 피고용인들에게 회사의 중요한 결정사항에 대한 투명한 정보 및 협의권을 향상할 수 있도록 하였다.[20] 유럽직장평의회(European Work Council) 지침안을 1990년 제출했을 때만 해도 다국적기업들과 영국의 보수당 정부는 이에 반대한 바 있다. 이 지침이 통과한 것에 대해 초국적 활동을 벌이는 기업들에 대해 초국가적 차원에서의 규제를 하였다는 데 의의가 있으며, 유럽연합에서의 노동자들은 다국적기업에 대해 정보와 협의권을 확보하였다는 평가를 내리고 있다(김학노 1999).

NAFTA의 경우는 투자에 대한 비교적 명확한 규정을 담고 있다. 이는 내국인대우(national treatment), performance requirement에 대한 금지 등을 규정하고 있으며, 특히 투자에 관련된 분쟁해결을 위한 기제를 명확히 하고 있다.[21] APEC의 경우 FDI에 대한 규제조항을 광범위하게 포함하고 있다. 예컨대 투자환경의 투명성 보장, 내국인대우, 투자인센티브를 위한 환경조성, 건강, 안전에 대한 기준인하의 금지, 투자대상국의 performance requirements의 최소화, 분쟁해결을

---

19) 그럼에도 투자유인을 위한 보조금에 대한 규정에도 예외조항이 많았는데, 예컨대 유럽연합의 전체적 이익을 위해, 또는 EU 국가의 경제적 파탄을 막기 위한 경우 등을 허용하였다는 점에서 구속력 있는 규제로 기능하지 못했다. Graham, p.495.

20) 유럽 지역 전체에서 최소한 1000명을 고용하고 동시에 최소한 2개 나라에서 각각 150명 이상의 종업원을 고용하고 있는 기업들을 공동체수준의 기업으로 간주한다. 김학노. 1999.

21) 정부 간 분쟁협상이 실패로 돌아갈 경우, 국제무역법에 대한 유엔이사회(United Nations Commission on International Trade Law)에 이전함으로써 해결할 수 있게 했다. Graham, pp.497-8. 또한 자유무역 감시위원회와 같은 무역분쟁해결장치 뿐만 아니라 노동과 환경 등에 대한 감시위원회를 설치하였다. 전웅. 1994, pp.58-9.

위한 기제사용 등 많은 조항을 포함하고 있지만 이는 구속력이 있다기보다 권고사항으로 규정하고 있다(Graham, pp.499-50).

다지적인 차원에서도 투사에 내한 규제의 시도가 없지 않았다. 국제무역 및 금융레짐의 건설 필요성이 전후 국제정치경제 질서의 틀을 짜는 데 매우 중요한 기반을 이루는 것과 달리 국제투자 및 다국적기업에 대한 국제레짐은 상대적으로 뒤늦게 1970년 이후에서야 중요한 이슈로 떠오르기 시작했다. 그 이유 중 하나는 선진국의 경우 다국적기업에 대한 규제가 곧 그들 자신 국가의 다국적기업의 팽창을 제한할 수 있기 때문이었다. 특히 미국의 경우 미국 다국적기업의 정치적 중요성으로 인하여 외국투자에 대한 규제보다는 이를 촉진하는 데 더욱 초점을 두었다.(Spero and Hart, pp.126-7.)

MNCs 또는 FDI에 대한 국제적 규범의 필요성이 2차대전 이후 고려되긴 했지만 Havana Charter에서 다뤄졌던 내용은 내국인대우의 문제에만 국한되었으며 이 역시 구속력이 있는 것은 아니었다. Havana Charter가 자본을 수입하는 국가의 차원에서 외국투자에 대한 규제내용을 담고 있었고, 다시 말해 국가에 대한 규제였다기보다는 기업에 대한 규제사항이 더 많은 내용을 담고 있었다. 따라서 이는 미국 기업집단(business community)의 반대에 의해 미의회에서 비준이 거부된 바 있다.[22] 1981년이 되어서야 비로소 미국은 FDI와 MNCs를 규제하는 투자대상국에 대한 문제를 논의하기 시작했다. 일반적으로 개발도상국의 경우 다국적기업의 행위 자체에 대한 국제레짐적 규제의 필요성을 강조한 것과 달리, 선진국은 MNCs와 FDI를 규제하려고 하는 host 국가에 대한 국제기준의 필요성을 강조했다.(Graham p.483)

UR협정에 이르러 투자와 다국적기업에 대한 규정을 포함했으며 이 때 다국적기업을 위한 자유화조성을 강조했지만 이 역시 포괄적인 규

---

22) 1947년 아바나에서 합의된 국제무역기구(ITO)가 출범에 실패하고 그 공백을 메우기 위해 GATT가 국제무역을 규율하는 국제기구가 되었다. Spero and Hart, p.138.

정으로 발전되지는 못했다. 무역 관련 투자조치, TRIMs(trade-related investment measures)의 1994년에 합의된 조항을 보면, 23) 금지된 조항으로 local-content requirements에 관한 것에 국한되어 있다. 무역 관련 지적재산권협정인 TRIPs(Trade-Related Aspects of Intellectual Property)의 경우, WTO의 기본원칙인 최혜국대우 및 내국인대우가 지적재산권 보호에도 그대로 적용될 것을 강조하였다(Sell 2000). 지적재산권에 대한 협정에서는 선진국의 위치, 또는 다국적기업의 이해가 강하게 반영된 경우이며 미국과 MNCs의 이해가 일치된 경우라고 할 수 있다.24)

TRIPs의 결과는 미국 다국적기업의 구조적 권력의 산물이라고 평가한다. 구조적 권력이란 국제정치경제의 구조를 형성하고 선택할 수 있는 힘을 의미한다. 패권으로서의 미국은 1970년 이후 패권의 상대적 지위하락을 경험하면서 보다 공격적 상호주의, 공정무역의 필요성을 강조하게 된다. 미국 다국적기업이 IT산업, 소프트웨어산업에 보다 경쟁력을 확보하게 됨에 따라 이에 대한 정부 간 협정에 의해 보호받아야 함을 인식하고 이들은 미국정부에 대한 정치적 압력 및 로비를 강화한다. 세계화가 진행됨에 따라 금융의 세계화, 생산의 국제화, 기술의 역할변화, 그리고 탈규제 정치의 특성이 두드러지게 되고 국경 없는 무역경쟁은 보다 극대화된다. 세계화시대에서 첨단기술산업의 중요성이 증대하게 됨에 따라 미국 역시 지적재산권의 보호야말로 미국의 국가경쟁력 확보를 위한 길임을 인식한다. 미국 다국적기업은 지적재산권 위원회(IPC: Intellectual Property Committee)를 1986년 형성하여 직접적, 간접적 권력을 행사하였으며, 직접적 힘이란 정보의 제공, 로비의 활동을 통해 직접적 힘의 기반이 되었다.

---

23) 금지해야 할 조항으로 local-content requirements, trade-balancing requirements, 그리고 foreign-exchange restrictions 을 들고 있다. Graham 1999, p.486.

24) 특히 미국은 세계의 기술개발을 선도하고 있는 선진국으로 지적재산권으로 등록된 상춤과 하이테크 상품의 최대생산 기지이자 수출국으로서 우르과이라운드를 통해 무역 관련 지적재산권협정이 타결되는 데 결정적 역할을 했다. 이석용. 1999

다국적기업과 미국 국가의 이익은 이러한 차원에서 서로 일치하게 되었으며 TRIPs의 규정은 패권국인 미국의 구조적 힘의 반영으로 설명하는 경우가 많은 이유가 여기에 있다. 세계무역기구(WTO)의 지적재산권 관련규정을 받아들이는 경우 이는 서구에 기원을 두는 지적재산권의 법체계를 받아 인간의 가치, 노력, 보상에 대한 서구적 법사상 또는 가치체계를 수용하게 된다고 본다. 이는 해당국의 지적 재산권 관련 사회적 정체성이 미국의 의도에 맞게 재구성된다고 보고 있다(김상배 2000). 미국, 일본 및 EU와의 기술표준경쟁에서 미국이 그 패권을 유지, 확대하기 위한 방편으로 TRIPs가 결정된 것으로 본다면 다국적기업에 대한 거버넌스는 패권국가의 구조적 힘에 의해 그 방향이 결정된 경우로 볼 수 있다.

UN 및 World Bank의 경우 MNCs 또는 FDI에 대한 규제의 노력을 기울였지만 구속력 있는 규범으로 발전하지 못했다. 특히 1974년에서 1982년이라는 기간 동안 'Group of 77', 즉 개발도상국의 모임으로 다국적기업이 부정적 역할을 지속하고 있다는 비판과 함께 다국적기업에 대해 제재를 위한 행동규약, 'code of conduct'를 입안하지만 선진국들의 관심을 끌지 못하였고 합의에 이르지 못했다. World Bank의 경우도 다국적기업의 FDI의 entry 조건으로 Performance requirements를 두고 있는 것이 세계무역 및 발전에 역행할 수 있다는 보고서를 작성하기도 했다. OECD의 경우 자본이동 및 투자에 대한 장벽을 제거하고자 하는 규약을 입안했지만 이를 구속할 수 있는 기제가 없었다.

결론적으로 다국적기업 및 FDI에 대한 글로벌 거버넌스의 구축은 국가적 차원, 지역적 차원, 그리고 다자적 차원에서 나름대로 발전되어 왔지만, 특히 글로벌한 다자적 차원의 협정은 다소 그 발전이 더디었음을 알 수 있다. 다자적인 차원에서 타결을 보기 위한 협정은 다양한 행위자 집단 간의 이해관계의 상충으로 쉽지 않았기 때문이며, 또한 미국의 경우 MNCs에 대한 규제가 미국 자체의 다국적기업의 팽창 자체를 제한할 수 있기 때문이었다. 1980년대에 이르면 미국 자체가 해외직접투자를 가장 많이 받아들이는 투자대상국으로서의 위치가 되면서 다국적기업의 FDI에 대한 규제를 논의하기 시작했다.25) 그러나 지역적 차원에서 특히 EU의 경우 노동 및 환경보호, 반독점법 등을 1992년 단일시장 형성이라는 지역통합에 중요한 한 부분으로 포함시켰다. NAFTA의 경우 노동 및 환경기준에 대한 협정을 포함했고 갈등분쟁을 해결하기 위한 기제를 초국적 차원에서 도입하였다. 투자에 대한 거버넌스는 어느 정도 지역통합의 차원에서 같이 논의되어 발전해 왔으나, 다자적인 차원에서의 거버넌스는 다루고 있는 본질적 규정의 범위가 다소 좁고, 사회정의보다는 다국적기업의 권리를 반영하는 경향이 있다. 혹자는 다국적기업을 규제할 국제기구(OMNE: international organization for multinational enterprises)를 형성함으로써 다국적기업의 권리뿐 아니라 의무조항을 강조하며, 국가, MNCs, 그리고 NGOs와의 협상과정을 주도하고, 그들 간의 협조를 위한 글로벌 포럼으로 기능할 수 있을 것이라고 제안한다.26) 그러나 초국적 차원에서의 중립적 규제가 현실적으로 볼 때 과연 패권국 및 힘에 의한 구조적 권력이 얼마나 영향을 미치지 않을지는 미지수이다. 투자에 대한 다자적 협정이 선진국과 후진국의 이해갈등, MNCs와 NGOs의 이해갈등으로 쉽게 포괄적 합의에 이르기 어려울 것이라는 사실은 다음의 논의에 등장할 MAI의 경우를 보더라도 잘 알 수 있다.

---

25) 1960년대만 해도 OECD국가가 주요 투자대상국의 위치에 있었으며, 미국은 outward FDI의 독점적 위치를 차지하였다. 따라서 유럽의 많은 나라는 투자에 대한 다양한 제재조치를 규정하였다. 그러나 1980년대에 이르면 미국은 'become the major host as well as the largest home'의 위치로 바뀌게 된다. Smythe. 2000, p.76.

26) OMNE의 자금, 국제법적 위상, 그리고 효과적은 구속력 등을 위해서 UN charter의 형성을 통해 강화할 수 있다고 강조한다. McClintock 1999.

2) MAI(Multilateral Agreement on Investment)의 경우

MAI란 OECD(Organization for Economic Co-operation and Development) 29개 국가들이 투자에 대한 다자적 협정을 시도하고 한 경우로, 1994년에 협정을 시작하여 1997년에 그 협상타결의 시한을 두었지만 MAI draft에 대한 시민사회의 반발과 국가 간 의견차이로 인하여 최종 합의에 실패하였다.

MAI의 경우를 보다 구체적으로 분석해 볼 필요가 있는데, 그 이유로는 세계화로 인해 노동 및 국가에 대해 자본의 협상력이 증대하게 되었다는 일반적인 인식과는 달리, 국가역할을 축소하고자 한 다국적기업의 의도를 규제한 경우이기 때문이다. 특히 다양한 환경, 인권, 노동권리를 강조하는 NGOs의 압력은 투자에 대한 다자적 협정의 시도가 자본의 이해를 반영하고, OECD 국가 중심으로 맺어지는 것을 막을 수 있었다고 한다(Smythe 2000).

MAI에 대해 비판적 입장을 견지한 NGOs로는 환경단체, 소비자단체, 인권단체, 노동단체, 지방정부, 종교단체 등을 들 수 있다. 이들의 근본적 반발의 원인은 MAI가 경제불평등 및 사회긴장 갈등을 악화시킬 수 있다는 것이다. 협상과정에서의 보다 구체적 문제를 들면 다음과 같다. 협상과정에서의 다양한 집단의 NGOs의 참여배제 및 투명성 결여, 개발도상국의 참여배제, 협상과정의 위에서 아래로의 구조(Top-down negotiating model), draft MAI에 대한 시의적절한 review의 결여, MAI가 환경, 인권에 미치는 영향에 대한 OECD 정부 간 정책조정의 결여 등을 제기하고 있다. 또한 MNCs에 대한 투자자보호라는 권리의 강조가 책임성 및 의무라는 차원과 균형되지 않았다는 점과 내국인대우의 조건이 지나치게 엄격함에 따라 국내투자자보다 오히려 혜택을 입을 수도 있다는 점이다(Oxfam GB Briefing

Paper 1998).

NGOs의 영향 중 TUAC(Trade Union Advisory Committee)는 노동기준의 강화, 결사집회의 자유, 집단협상권, 억압적 노동으로부터의 자유, child labour의 금지, 남녀 고용평등권 등 많은 주장을 강조하면서 MAI 협상과정에 많은 영향을 미쳤다. 이와 달리 MAI를 강력히 추진하기 위해 로비를 펼쳤던 이익집단으로 BIAC(Business and Industry Advisory Committee)를 들 수 있다. 이러한 가운데 미국, 영국, 및 프랑스에서 환경 및 사회정의를 위한 NGOs들이 MAI에 대한 반대운동을 확산하게 됨에 따라 미국 다국적기업의 로비에도 불구하고 미국정부 역시 MAI 추진을 위한 동력을 잃게 된다. 특히 프랑스정부가 협상으로부터 탈퇴함으로써 MAI는 결국 합의에 이르지 못하였다. NGOs의 역할이 비록 MAI의 합의를 저지하는 데 그쳤지만 앞으로 MAI와 같은 문제는 다시 부딪혀야 할 문제로 남아있다(Smythe 2000, p.88).

MAI의 실패에 따라 OECD내부에서는 협상과정에서의 제도적 개혁을 시사했다. 예컨대 시민사회로부터의 관심 및 이해를 더욱더 반영하며 다양한 레벨에서 다양한 행위자들을 협상과정에서의 투입의 기능으로 받아들이게끔 하였다. MAI의 경우로부터 이끌어낼 수 있는 함의로는 미래의 합의를 위해서는 글로벌한 자본의 이해와, 환경, 노동, 문화적 identity를 균형 있게 조율해야 함을 의미한다. 만약 자본의 이해를 반영하는 협정이 이뤄진다면 국가 및 노동에 비해 'exit'의 위협을 통한 협상력이 이미 높아진 자본은 더더욱 사회정의 및 노동의 이해와는 반하는 방향으로 발전될 것이며, 사회 형평성을 위해 기능해야 하는 국가의 역할마저 기대하기 어려울 수 있다. 그러한 점에서 다국적기업에 대한 글로벌 거버넌스는 어느 한쪽의 이해만을 반영하기보다 다양한 이해관계를 조율하는 균형된 입장으로 발전되어야 할 것이다.

세계화를 가속화시킨 근본동력이 다국적기업이었으며, 세계화가 진행됨에 따라 일반적으로 국가의 역할은 축소될 것이고, 국가 및 노동에 대한 다국적기업의 협상력이 증가될 것이라고 예측되어 왔다. 다양한 포진의 증가에 비해 국가역할의 한계는 기존의 통치모델을 벗어난 새로운 형태의 거버넌스 필요성을 강조하게 된다. 글로벌 거버넌스에 대한 다양한 이론적 시각에도 불구하고, 근본적인 공통점은 기존의 국가 중심적 거버넌스틀이 최근에 이르면 다양한 레벨에서 다양한 행위자 간의 조율 및 협력을 통한 거버넌스의 틀로 옮아가고 있다는 점일 것이다.

다국적기업에 대한 글로벌 거버넌스의 시도는 무역 및 금융의 경우보다 다소 뒤늦게 발전되어 왔으며, 특히 국가적, 지역적, 그리고 글로벌한 차원에서 각기 진행되어 왔다. 특히 지역적 차원, EU 및 NAFTA의 경우 지역통합과정에서 투자에 대한 규정조항을 포함하는 발전을 보여주고 있다. 다자적 차원에서의 시도는 그 규정이 구속력이 없는 권고사항의 정도로 발전되어 왔다가, 특히 UR협정 이후 TRIMs, TRIPs의 형태로 무역과 관련된 투자 및 지적재산권 협정의 시도가 이뤄졌다. 지적재산권 협정의 경우는 다소 선진국 및 패권국의 자본이해가 강하게 반영된 경우이다. MAI 협정은 글로벌 자본의 이익이 반영되는 데 대해 다양한 환경, 노동권리를 강조하는 NGOs들이 저항함으로써 타결을 보지 못했으며 이는 정보화시대에 있어 인터넷발전을 통해 개인 및 비정부집단의 역할이 보다 강력하게 영향을 미칠 수 있었던 경우이다. 그러나 앞으로 얼마나 이러한 NGOs의 반대가 세계화의 가속화, 특히 자본이익의 극대화를 막을 수 있으며 글로벌 거버넌스의 구축이 보다 다양한 이익의 균형, 조화를 내포하는 쪽으로 발전될 수 있는지는 지켜봐야 할 문제이다.

과연 앞으로의 투자에 대한 글로벌 거버넌스의 전망은 어떤 방식으로, 어떤 내용으로 발전되어 나가야 하는가? 일국적 차원, 지역적 차원, 그리고 다자적 차원에서 이뤄져 왔지만, 앞으로는 어떻게 될 것인가에 대해 다음의 3가지 대안이 가능하다(Graham 1999).

첫째, do nothing policy - 일국적 차원에서의 규제를 지속하는 대안으로, 이는 다국적기업으로부터의 반대를 받을 수 있다. 예컨대 국내의 경제이익집단의 독점적 지대(rents)로 인하여 FDI에 대한 장벽이 존재할 수도 있기 때문이다.

둘째, WTO의 체제하에서 무역과 투자를 연계하는 방법으로, WTO 회원들이 대부분 FDI에 대해 민감한 이해관계를 갖고 있기 때문에 WTO에 기반을 둔 합의는 많은 국가를 협상테이블에 포함시킬 수 있다는 장점이 있다. 또한 FDI와 관련된 중요한 사항들은 대부분 국제무역과 연관되므로 무역과 투자를 연계함으로써 의무조항을 어겼을 때 무역 관련 제재를 가함으로써 조약이행의 구속력문제를 어느 정도 해결할 수 있다. 문제는 무역관계에서 이미 선진국은 경쟁력 있는 첨단산업, 서비스, 지적재산권 등의 영역으로까지 무역자유화의 시장을 확대해 왔으며, 이는 개발도상국에 대한 상당한 도전으로 다가 왔는데, 이를 투자영역으로까지 확대했을 때 선진국과 후진국의 상대적 이익의 문제가 등장할 수 있다는 점이다. 또한 WTO 회원이 워낙 광범위하게 넓다 보니, 투자에 대한 본질적 규정에 대해 회원국 간 합의에 도달하기 힘들 수 있다.

셋째, WTO에서 투자에 대한 다자적 합의가 어렵다면, OECD의 경우-MAI의 경우처럼 그 범위를 좁혀서 합의에 이르는 방법이 있다. 그러나 MAI의 예를 보더라도 비OECD 회원의 참여가 없는 합의는 전혀 의미 없는 규제가 될 수밖에 없다. 또한 MAI의 경우 문제가 되었던 것처럼 협상과정에서 협상결과로부터 가장 민감한 영향을 받을 수 있는 개발도상국 등의 참여가 배제되었다거나, 글로벌 자본의 이해만이 반영되는 결과를 가져온다면 의미 있는 합의라고 하기는 어렵다.

　다국적기업에 대한 거버넌스의 방향은 당분간 이 세 가지 레벨의 대안이 병존할 것 같다. 특히 지역적 차원에서의 거버넌스 구축은 최근 기속회되고 있는 시억싱세협력 논의와 병행하여 진행될 수 있다는 장점이 있다. 그러나 궁극적으로는 WTO체제하에서 투자에 대한 다자협정으로 나아갈 것이며 이에 대한 개별국가의 대응책 마련이 시급하다. 다국적기업에 대한 글로벌 거버넌스는 다양한 차원에서 다양한 행위자 간의 규율, 협력이 요구되는데, 이를 구축하기 위해서는 다음의 몇 가지 선결조건이 필요하다.

　첫째, 다국적기업에 대한 권리확보를 위해 내국민대우, performance requirements, 다국적기업과 투자대상국 간의 분쟁해결을 위한 기제마련 등의 문제가 국제규범 및 제도로 규정되어야 할 것이다. 그러나 이러한 효율성에 근거한 규정 외에도 다국적기업의 의무차원도 균형적으로 고려되어야 한다. 즉 효율성 외에도 형평성에 근거한, 환경, 노동, 인권보호를 위한 기준을 규정하여 다국적기업이 준수하도록 해야 한다.

　둘째, INGO (Inter-Governmental Organization), 국가 간 국제기구의 민주성을 강조하는 것으로, global governance의 결정과정에서 될 수 있으면 많은 국가들이 참여할 수 있도록 하여 민주적 대표성을 확립해야 한다. 물론 다자적인 차원에서 거버넌스를 위한 합의가 일어나는 것은 참여자의 수가 많고 이해관계의 정도차가 크다는 점에서 어려울 수도 있다. 그렇다고 FDI의 투자대상국 및 모국의 입장이 될 수 있는 많은 개발도상국이 FDI에 대한 거버넌스 설립을 위한 협상과정에서 배제된다면 그 협정은 의미 없게 된다.

　셋째, NGOs의 문제로, 최근 NGOs의 역할이 증대하는 이유로는 정부가 시민사회의 모든 이해관계를 더 이상 반영할 수 없다는 것과 민주주의적 정책결정과정 및 제도에 대한 일반시민의 신뢰가 하락했음을 의미한다. 그러나 문제는 NGOs 자체가 "self-selected, unaccountable and poorly rooted in society"라는 비판을 받고 있다(Johns 2000). 즉 NGOs

자체는 책임성을 상실하고 사회 내 집단으로부터 기반을 두지 않은 경우도 있으며, 진보적인 성향을 지향하지 않는 집단일 수 있다. 글로벌 거버넌스에서의 NGOs의 정당한 참여를 위해서는 NGOs가 다양한 시민사회의 의견을 나타낼 수 있는 목소리, voice로서의 역할을 수행해야 하며, 또한 NGOs가 글로벌 거버넌스과정에 참여할 수 있는 대신 투명성 및 책임성을 보여줄 수 있어야 한다. 아울러 개발도상국의 NGOs도 그 과정에 공정히 참여할 수 있는 공평한 기회가 주어져야 한다.

기업과 소비자는 뗄 수 없는 불가분의 관계이다. 공급자와 소비자로 얽혀있는 이 둘은 함께 공존하기 위한 방안을 모색해야 할 것이다.

기업이 이윤을 사회에 환원하는 것은 당연한 일이다. 그것을 신문이나 방송 등을 통해 홍보하고 그것을 칭찬하는 모습들이 어색하게 느껴지기도 한다. 기업은 자신들에게 이윤을 준 소비자에게 그 이윤을 환원하고 소비자는 그런 기업의 이미지를 높이 평가, 더 많은 소비를 하는 것이다.

기업이 수행하고 있는 복지사업, 교육사업, 문화사업 등 여러 가지가 있지만 우리의 삶과 가장 직접적인 영향이 있다고 생각하는 환경에 중점을 둔 것이다. 오염된 환경에서는 동·식물뿐만 아니라 사람 역시 살아 숨쉬지 못하기 때문에 환경은 가장 중요하다.

산업화 대량생산화되면서 우리가 살고 있는 지구는 너무 많이 훼손된 것이 사실이다. 하지만 훼손의 주범이라 할 수 있는 기업들이 환경친화적인 사업을 시작한지는 얼마 되지 않는다. 불법적으로 폐수를 방출하고 대기를 오염시키는 등의 일을 아무렇지 않게 해온 것이 우리 기업들의 모습이다.

기업이 환경친화적인 사업을 한다고 그것들이 모두 성공하는 것은 아니다. 하지만 우리 자연을 보호하고 아끼려는 그들의 모습을 통해 우리의 터전인 지구는 더 이상 훼손되지 않을 것이다.

① 기업의 사회적 책임의 의의

오늘날 기업의 사회적 역할에 대한 관심이 증대되고 있다. 일부에서는 사회문제에 적극적으로 대응하고, 역할을 수행하는 것만이 앞으로 기업이 살아남을 수 있는 길이라고 주장하고 있다.

기업의 사회적 책임이란 기업의 의사결정이 특정개인이나 사회조직 내의 다양한 집단, 즉 사회전반에 미칠 수 있는 영향을 고려해야 하는 의무를 말한다. 따라서 기업체는 정부, 주주, 종업원, 공급자, 고객, 노동조합, 경쟁자, 금융기관, 지역사회 등 기업의 이해 집단과의 공동이익을 도모할 수 있는 경영을 지속해 나가야만 사회적 책임을 다하는 것이 된다. 기업의 사회적 책임에는 법률적 책임뿐 아니라 경영적 책임 그리고 윤리적 책임도 포함된다.

기업의 사회적 책임이 발생하는 근거는 기업이 사회적 존재로서 이윤을 지향하면서도 다른 한편으로는 사회적 역할을 다하는 제도적 존재이기 때문이다. 기업이 사회에서 받은 이익의 일부를 사회에 환원하려고 노력할 때 그 기업은 사회적 책임을 이행하고 있다고 할 수 있을 것이다.

② 기업의 사회적 책임의 배경

기업의 사회적 책임이란 개념은 학자들 간에도 구구한 해석이 있다. 이러한 사회적 책임론은 1930년대의 복지자본주의의 개념에서 출발하여 등장하였다. 그러나 본격적인 관심의 대상이 된 것은 사회환경 및 사회가치에 현저한 변화가 일어난 1960년대에 이르러서이다. 학문적으로는 1953년 H. R. Bowen의 「기업의 사회적 책임」(Social Responsibility of the Businessman)에서 이 주제에 처음으로 언급했고, 그 후 많은 연구들이 개념을 발전시키는 데 공헌을 하였다.

기업의 사회적 책임은 어디까지나 조직의 내재적, 외재적 속성에서 기인된 것이지만, 특히 오늘날 사회적 책임문제가 대두되게 된 원인은 다음과 같다.

첫째, 경제구조의 변화와 시장기능의 실패로서 1960년대부터 우리나라에서는 급격한 경제성장과 더불어 기업이 대규모화되고 집중화되는 추세에 있기 때문에, 대기업과 중소기업이 시장에서 각기 차지한 지위에는 현저한 격차가 있었다. 산업별로 정도의 차이가 있기는 하지만 대체적으로 대기업들이 거의 모든 제품에서 독과점적 지위를 차지하고 있다. 즉 시장의 자동조절력 약화에서 찾을 수 있다.

둘째, 기업의 규모가 대규모화됨에 따라 기업과 사회와의 접촉도 넓어지고 또 사회에 대한 영향도 증대되고 있다. 또한 기업의 대규모화는 사회전반에 걸쳐 부정적인 영향을 미치게 되었다.

셋째, 사회구성요소 간의 상호의존성 증대와 협력의 필요성이다. 인구 증가, 경제성장, 고도화된 전문성 등의 원인은 사회 각 부분의 의존성을 높였다. 이는 대기업, 정부기관 등 어느 사회구성단체도 상호독립되어 있지 않다는 것이다. 증대된 상호의존성은 결과적으로 상호협조의 필요성을 더욱 느끼게 한다.

넷째, 소유와 경영의 분리 및 전문경영자의 출현인데 전문경영자는 소유경영자와는 달리 그들이 받은 교육내용, 가치관, 사회적 의식, 기업의 목표 등에 서로 다른 견해를 갖고 있다. 그러므로 전문경영자는 이익의 극대화라는 전통적 기업목표에서 탈피하여 여러 이해관계자들과의 원만한 관계는 더없이 중요하다.

다섯째, 기업책임에 대한 타율적 규제 대 자율적 규제인데 오늘날 사회의 모든 구성요소 간 자연스런 관계유지란 불가능한 일이다. 그렇기 때문에 이해조절기능을 정부가 법률을 제정하여 임의적으로 기

업의 책임을 결정해주거나 아니면 기업이 그 책임을 자율 규제해야
한다.

여섯째, 기업유지의 필요성인데 기업은 오로지 경제적 이익만을
추구할 것이 아니라 사회적 유효성도 증대해야 한다는 것이다.

이상 여섯 가지의 원인은 기업의 사회적 책임이 발생하게 된 중
요한 요소들이다.

③ 기업과 사회와의 관계

현대 사회에서의 기업이란 제도로서의 기관, 관리상의 경영기능,
그리고 경영인이라는 의미를 모두 함축한 개념이다. 사회는 구조적
이고 기능적인 부분들의 전체 범위로서 구성원의 전반적인 생활양식
으로 기업의 환경을 구성한다. 기업과 관련된 사회는 모든 구성 요
소들 간의 사회적 관계가 응집된 총체를 뜻하기도 하고, 한편으로는
개별 구성요소의 단순한 집합체를 뜻하기도 한다.

이처럼 두 가지 대별된 입장으로 인해 기업은 사회에 대해 환경
적응적 측면과 사회적 책임의 측면을 가진다. 환경 적응적 측면은
기업목적이 환경과의 상호공존을 위해 동태적으로 환경에 적응하고
적극적으로 환경을 창조하는 면이다. 그리고 사회적 책임의 측면에
는 기업활동이 환경에 피해를 줌이 없이 수행되어야 한다는 소극적
책임과 기업의 강력한 사회적 영향력에 맞는 역할을 수행해야 한다
는 적극적 책임이 있다.

기업과 사회를 파악하는 관점에는 기업을 사회의 하위 시스템으로
보고 다양한 요구를 수용하여 균형 달성에 중점을 두는 사회시스템
적 접근법과, 사회문제해결에 있어서 기업의 주체적 입장을 강조한

관리·전략적 접근법이 있다. 사회시스템적 접근법에는 기업의 자율 논리를 강조한 단순모형과 각 이해 집단의 복합적 사회문제해결을 강조한 복합모형이 있다. 복합모형에서는 기업의 자율논리에 따른 시장과정과 정부 개입 논리에 따른 공공정책과정, 그리고 이해관계자 집단의 참여과정에 의해 사회문제가 해결된다고 본다.

따라서 이 접근법은 생태적 성격과 사회경제적 성격을 지닌다고 볼 수가 있는 것이다. 이에 비해 관리·전략적 접근법은 기업을 사회문제해결의 주요 당사자로 강조하고 전략적으로 대응방안을 모색하는 경영과정에 초점을 두어 구체적 실천방안을 제시하고 있다. 또한 이 접근법은 1차적으로 사후적 해결, 2차적으로 사전적 해결 및 예방으로 바람직한 환경관계를 유지하는 의사 결정론적·상황론적 입장을 가지고 있다.

기업에게 주어지는 다양한 환경적 도전에 효과적으로 대응해 가면서 궁극적으로는 국내외 경쟁기업들과의 차별화를 통한 즉 환경경영적 측면에서의 비교우위를 확보하는 것.

가. 기업경영에 있어서 환경을 고려해야 하는 이유

가) 윤리적 측면

환경보전은 현재 우리 사회의 일반적인 가치임을 인식하고, 기업의 경영활동도 이에 부합하는 방향으로 이루어지도록 해야 한다. 환경에 둔감한 기업은 그 생존이 위협받고 있음을 인식해야 한다.

나) 예비적 측면

환경오염이나 재난의 규모는 그 피해액이 엄청나서 일단 사고가 발생하면 관련 기업에 커다란 타격을 입힌다는 것을 인식해야 한다. 따라서 환경투자를 재난에 대비한 보험료로 인식, 예비적 투자를 해 갈 필요가 있다.

다) 영리적 측면

환경투자를 하나의 기업 이윤창출을 위한 영업활동으로 인식해야 한다. 즉 환경기술 및 환경친화적인 제품개발 등을 통해 가시적인 이윤을 창출하는 일석이조의 효과를 누리는 경영전략을 세우는 데 신경을 써야 한다.

나. 환경관리와 환경경영체제

-공해방지활동, 법규 준수, 배출규제 중심의 관리 위주의 종래 환경보전활동에 비해 환경경영활동은 법규 이상의 자주 환경기준설정 및 운영, 발생원(근원)에서의 관리, 전사적(종합적)대응을 위주로 하여 활동하고 있다.

환경경영을 효과적으로 실행하기 위하여 필요한 회사의 조직구조와 활동계획, 책임, 관행, 절차, 과정, 자원 등을 SYSTEM화할 필요가 있다. 기업 내에서 환경보전활동을 조직적으로 전개하기 위한 management system을 말하며, 그 규격이 ISO 14000이다.

3) 환경보호를 위해 힘쓰는 기업의 예

① 두 산

환경의 중요함이 점점 가시화된 1993년, 보다 나은 환경을 만들기 위해 노력하는 환경연구교수에게 기술의 발전과 개선을 앞당겨 주도록 연구비를 지원하기 시작했다. 매년 전국 10개 대학에서 환경연구 과제를 선정하여 지원하며, 주로 우리 실생활과 밀접한 관련이 있는 대기, 폐기물, 폐수분야 프로젝트를 선정, 실용성 있는 연구가 되도록 요구하고 있다. 지원규모는 과제당 1천만 원이며 지금까지 66명의 교수에게 6억 천6백만 원의 연구비가 지급되었다.

연구결과는 매년 책으로 엮어 전국의 환경전문기관, 학교, 기업, 환경교수 등에게 보내어 지며, 이 연구논문은 환경을 연구하고, 개선시키기 위해 노력하는 관련 단체 및 학자들에게 훌륭한 참고서로서 많은 기여를 하고 있다.

가. 17 山, 29 河川 자연보호운동

－기업의 자연보호활동은 단순한 캠페인차원에서 벗어나 적극적인 활동차원으로 전개되어야 한다. 이러한 실천의식을 바탕으로 두산은 전국의 사업장에서 17개의 산과 29개의 하천을 자연보호대상으로 삼아 1사 1하천, 1사 1산 운동을 실시하고 있다. 환경오염방지시설에 대한 환경교육장 운영도 지역주민에 대한 환경지식과 의식을 고취시키는 데 큰 역할을 하고 있으며, 산을 찾아 나무에 비료주기운동, 약수터 청소하기, 새집 지어주기운동 등 실질적인 자연보호활동을 전개하고 있다.

나. 지속적인 환경보전 캠페인

－(주)두산 식품BG에서는 폐기물로 버려 왔던 폐식용유로 연간 150만 개의 무공해 비누를 제작하여 소비자들에게 무료로 배포하고 있으며, ‘자연으로부터 받은 혜택을 자연으로 되돌려 주자’라는 슬로건을 내걸고 철새도래지를 찾아 철새모이주기운동을 실시하고 있다. 회사를 상징하는 ‘종달새’를 사조로 정하고 자연환경파괴로 점차 살 곳과 먹이를 잃어 가는 철새들을 보호하기 위해 눈 많이 오기로 유명한 철원평야를 비롯 한강 밤섬, 강화도 등 전국의 철새도래지를 찾아 매년 3,000만 원 상당의 곡물을 모이로 주고 있다.

② 유한킴벌리

유한킴벌리는 숲을 가꾸어야 하는 이유를 보다 많은 사람들에게 알리고, 숲의 혜택을 우리 세대는 물론 다음 세대까지 누릴 수 있기 위한 국민참여 실천프로그램을 제시하고자 1984년 '우리강산 푸르게 푸르게' 캠페인을 시작하였다.

캠페인을 통해 지난 17년 동안 생태환경보존을 위한 기금을 조성하고, 자체적으로는 나무심기, 숲가꾸기, 생태환경교육, 생태환경 전문가 양성, 연구 조사, 해외 선진 지역 연수 등 다양한 환경운동을 펼치고 있다.

특히 1985년 이후 매년 국유림에서 신혼부부들과 함께 나무를 심는 기회를 갖고 있으며, 청소년들을 위해서는 환경체험 교육프로그램으로 '그린캠프'를 1988년부터 13년째 열고 있다. 그 외에도 '지구를 구하자', '새 세대의 숲을 위하여', '녹색공동체를 위한 실천', '희망의 숲' 등 환경교육책자의 발행이나 지원도 하고 있다.

'우리강산 푸르게 푸르게' 캠페인은 17년째 진행되면서 환경보호운동이 국민적으로 확산되는 데 기여해 왔다. 우리나라가 경제 시련기에 돌입한 1998년부터는 여러 시민단체와 산림청, 산림조합 중앙회 그리고 전국의 많은 농생대 교수들과 함께 '생명의 숲 가꾸기 국민운동'을 발족하여 숲도 살리고, 매일 2만여 실업자들에게 취업기회를 제공하는 일 등에 참여하고 있다.

최근에는 '동북아 산림포럼', '학교 숲 가꾸기 운동', '평화의 숲 운동', '내셔널트러스트 운동', '생태산촌 만들기 모임' 등 생태와 숲 관련 각종 국민운동이 활발히 전개되고 있어, 캠페인 전개에 따른 큰 보람을 거두고 있다.

③ 삼 성

삼성은 생명외경사상을 바탕으로 사람과 자연을 존중하는 기업활동을 통하여 인류의 풍요로운 삶과 지구환경보전에 이바지한다. 이에 환경, 안전, 보건을 기업경영의 주 요소로 인식하고 국내외 모든 경영활동에 적극 반영하여 21세기를 선도하는 녹색기업이 되고자 한다. 이를 위하여 그룹 녹색경영위원회를 운영하고, 범그룹적으로 녹색경영 (Green Management)운동을 전개한다.

④ 쌍용양회

인간은 풍요롭고 편리한 생활을 위해 많은 자원을 소비하고 있으며 이에 따른 자연환경의 파괴 정도는 이미 자연의 정화능력을 초과하고 있어 인류의 생활터전인 지구는 크게 위협받고 있다.

쌍용양회는 자원의 절약과 자연환경의 보존은 물론 산업폐기물의 부적절한 처리에 의한 환경파괴를 방지하기 위해 노력하고 있다. 전량 매립으로 처리되던 Coal (Fly) Ash를 시멘트원료로 사용하는 한편 폐타이어를 시멘트연료로 사용하는 기술을 개발, 연간 800만 개를 안정적으로 처리할 수 있는 능력을 보유하고 있으며, 주물공정의 폐주물사, 제지공정의 소각회, 정유공정의 폐촉매 및 발전소의 탈황석고 등의 폐자원을 재활용함으로써 환경보호에 크게 기여를 하고 있다.

또한 최근 심각한 문제로 대두되고 있는 축산폐수, 쓰레기 매립지 침출수 등의 유기성 폐수를 처리하기 위한 폐수처리시스템을 개발하였다. 이 시스템은 최근 현장 적용에 성공하여 앞으로 폐수저감에 매우 유용하게 사용할 것이다.

쌍용양회는 앞으로도 부단한 기술개발과 현장 적용 노력을 통하여 지구의 환경을 보호하고 인류의 아름다운 삶의 터전을 가꾸는데 앞장서 니기겠다.

⑤ 현대자동차

현대자동차는 지구환경을 보호하고 국제환경변화에 능동적으로 대응하기 위하여 자원 재활용 및 배기가스절감 등 환경친화적인 첨단 기술과 신제품 개발에 노력하고 있으며, 태양광자동차, 초저공해자동차, 수소자동차와 전기자동차 등 미래의 환경기술개발에 주력하고 있다.

현대자동차는 에너지절약이 곧 환경보호라는 인식하에 적극적인 신기술 도입과 합리적인 에너지관리를 위하여 주요 에너지 사용설비에 대한 진단과 개선을 지속적으로 실시하고 있으며, 에너지관리 위원회를 구성하여 조직적이고 체계적인 에너지절약활동을 추진하고 있다. 또한 폐수를 방류하지 않고 전량 재활용하는 정수처리시설설치, 청정연료(LNG) 대체, 폐기물의 안정적인 처리와 토양 및 지하수 오염방지를 위한 폐기물처리공장설립, 고효율조명교체, 폐열을 재활용하여 보일러급수 온도가열 등 에너지환경 관련 설비투자를 적극적으로 실시하고 있으며, 바닷가 대청결운동, 1사 1산.1하천 가꾸기활동, 환경정화수 식재, 환경동산 조성 등의 환경정화운동 및 활발한 환경보전활동을 전개하고 있다.

현대자동차는 환경친화기업의 역할수행과 ISO 14001인증·운영, 환경정보 공개 등 환경방침의 철저한 준수로 '환경경영'을 실천하고 있다.

⑥ 한 솔

한솔제지는 특히 국내외 조림사업을 꾸준히 전개해 왔다.

우리나라는 FOA(세계 식량기구)가 인정한 조림성공국가이지만, 목재사용량의 95%를 수입에 의존하는 목재자원 빈국이기도 하다. 즉 나무를 많이 심어 민둥산을 없애고 푸른 숲을 만드는 데는 성공했지만, 어린 나무들이 대부분이고, 육림관리가 잘 되지 않아 경제적으로 이용되지 못하는 실정이다. 이런 면에서 한솔의 조림산업은 국내와 국외 모두 성공적이라는 평가를 받고 있다.

국내에서는 60년대부터 나무를 심고 가꾸는 일에 앞장서, 전북 부안에 리기다소나무 74만 본 조림을 시작으로 지난 35년 동안 전 국민 1인당 1그루에 해당하는 4천 5백만 그루를 심어 왔고, 올해에만 경기도 안성과 전북 진안 조림지를 중심으로 총 2만 4000그루의 나무를 심을 계획이어서 조림면적은 더욱 늘어날 것이다.

한솔은 1993년부터 호주와 뉴질랜드에 해외조림을 시작했다. 이는 지구환경문제가 점점 심각해지고 천연림 벌채규제가 강화되는 상황에서 목재자원을 안정적으로 확보하고자 하는 한솔의 전략으로, 호주 1만㏊, 뉴질랜드 4천3백㏊의 조림을 완료했고, 올해에는 3천 5백㏊를 새로 조성하여 2003년까지 호주와 뉴질랜드에 총 3만㏊의 조림을 완료할 계획이다. 한솔의 해외조림지는 목재자원 외에도 탄소배출량규제에 따른 탄소배출권 확보 산림으로도 가치를 지니는데, 99년 평가된 탄소가치를 기준으로 3만㏊ 조성 시 매년 60억 원 이상의 탄소배출권을 생산한다.

⑦ LG

LG는 지난 87년, 서울시로부터 한강 밤섬 자연보호 대상기업에 선정될 만큼 환경친화를 위한 다양한 경영활동과 정책들을 펼쳐오고 있다.

LG는 지난 95년 5월 LG사원의 환경정책을 수립 실행하기 위해 '그룹 환경위원회'를 구성했다. 환경위원회는 LG내 사업장의 환경진단, ISO14000대책수립, 핵심 환경기술의 입수 및 LG내 전파 등 지속적인 환경관리활동과 환경기술개발 활성화를 추진하고, LG의 경영활동에서 환경문제를 최우선의 과제로 삼기로 했다.

또한 지난 97년 3월에는 LG가 환경보호를 선도하는 기업이 되겠다는 다짐의 일환으로 '환경선언' 선포식을 개최했다. 환경선언 선포식은 LG가 모든 경영활동을 전개함에 있어서 환경·안전·보건을 먼저 생각하고, 선도적인 환경친화기업으로 도약하기 위한 계기를 마련한 행사였다. 이어 같은 해 12월에는 장묘문화 개선과 자연환경보전 및 개선을 목적으로 LG상록재단을 설립, 다양하고 체계적인 자연환경보호에 관한 기획사업을 펼쳐오고 있다.

한편 LG는 기존의 환경연구소와 LG경제연구원 환경연구센터가 'LG환경 안전연구원'으로 99년 4월 1일자로 통합, 새롭게 출범하여 환경경영 분야에서부터 안전 보건 분야에 이르는 정책과 기술연구 및 대외업무를 동시에 수행하고, LG의 환경안전보건경영을 일원화하여 종합적으로 지원할 수 있게 하고 있는 등 환경친화적 경영을 위해 노력하고 있다.

⑧ Posco

포스코는 환경친화기업의 이미지에 맞는 환경경영체제를 도입하고 환경분석-방침수립-이행과 감시-경영진단-방침수정의 체계를 순환하여 가장 합리적이고 안정적인 환경경영을 도모하고 있다.

또한 과학적 환경관리 기법을 도입해 설비투자, 제품개발, 원자재 구매 등 전 부문에 걸쳐 환경영향을 사전에 평가하는 체계적인 예방활동의 초석을 제공할 계획이다.

포스코는 국제수준에 맞는 환경경영체제를 유지하기 위해 지난 1996년 7월 최초로 인증을 획득한 ISO14001에 대한 재인증 심사를 통과했다. 이것은 포스코의 환경경영체제가 적절성, 운영의 효율성, 이행상태 등 전 부문에 걸쳐 성숙기에 들어섰음을 국제적으로 공인 받았음을 의미한다.

푸른 제철소를 만드는 일. 제도나 형식만이 아니라 눈에 보이는 것부터 가꾸고 실천하고자 시작된 이 운동은 공장 인근주민들의 의견을 적극 수렴해 굴뚝의 매연을 줄이고 농도를 낮추는 등 적극적인 활동을 전개해 왔다. 그 일환으로 환경오염방지설비 가동에만 매일 약 5억 원의 예산을 집행하고 있으며 제철소와 인근 지역에 총 127만 평의 녹지를 조성했다.

그리고 생산공정에 사용되는 공업용수의 98% 이상을 회수하여 재활용하고 있으며 나머지 2% 정도는 배수종말처리장에서 2차 처리하여 법이 정하는 기준치보다 4~5배나 깨끗하게 처리한 후 방류하고 있다.

포스코는 제철소 조업이 영일만과 광양만 등 주변 생태계에 미치는 영향을 정기적으로 조사해 중장기 환경보전 계획 수립의 자료로 활용하고 있다. 투명한 환경경영활동 수행을 위해 인근주민, 민간단체, 정부 관계자 등을 회사로 초청, 주요한 이슈에 대한 현황설명 및 질의응답, 환경설비 견학 등을 통해 환경관리현황을 공개하고, 제철소 각 부서가 인근 지역을 담당구역으로 정해 환경보전 캠페인을 실시하는 등 지역주민을 위한 적극적인 환경보전활동을 전개하고 있다.

이러한 환경보전활동으로 포항제철소는 지난 1998년 11월 26일, 『98년 녹색 에너지 기업대상』의 최우수상을 수상했다.

⑨ SK

기넙는 경명활농을 함에 있어 환경오염이 없도록 해야 할 사회적 책임과 의무가 있다. SK주식회사의 모든 조직과 구성원은 구매, 생산, 저장, 수송, 판매 등의 모든 경영활동에서 발생할 수도 있는 환경오염을 막기 위하여 『오염물질의 발생을 최소화하고 발생 시에는 가장 효과적으로 신속하게 처리』할 수 있는 방안을 마련하여 실시하여야 한다. 『자연과 인간의 미래를 생각하는 선도적 환경보호 기업』이 우리의 지향하는 바이며 이를 효과적으로 달성하기 위하여

등을 지속하여야 한다. 쾌적한 환경에서 건강한 삶을 누릴 권리와 환경을 보전해야 할 의무가 우리에게 있음을 다시 한번 확인하며, 오늘의 세대뿐 아니라 미래의 후손들까지 복된 삶을 누릴 터전인 '하나뿐인 지구'를 보전하기 위한 범세계적 활동에도 적극 참여한다.

가. 환경영향의 사전검토

-회사의 모든 경영활동은 그 결정과 시행에 앞서 환경에 미치게 될 영향을 사전에 예측하고 이에 따른 대책을 구체적으로 마련하여야 한다.

나. 선도적 자체 환경관리수준 설정

-환경보전을 위하여, 일차적인 법규의 준수는 물론 법규제치보다 한발 앞서가는(One-step Ahead) 선도적 환경관리를 위하여 자체 환경관리수준을 설정하고 이를 준수한다.

다. 환경오염물질 원천관리 추진

-환경오염물질의 사후처리보다는 사전억제에 주력한다. 공정 검토

시 환경오염이 적은 공정을 선정하며 설계단계에서 환경오염물질 저감 및 제어방안을 강구하고, 설비의 운영 시에는 환경오염물질 발생을 최소화하도록 노력한다. 환경보전과 자원절약 및 에너지절감차원에서 3R 운동 [발생량 저감 (Reduce), 재사용(Reuse), 재순환 (Recycle)]을 적극 추진하며 궁극적으로 Zero Discharge를 지향한다.

라. 최적 방지시설 확보 및 운영

−회사에서 발생되는 환경오염물질의 처리를 위하여 최적 방지시설을 확보하고 동 시설을 가장 효율적으로 운영한다.

마. 환경교육 및 환경보호활동 추진

−환경 관련 교육과 홍보를 통하여 모든 임직원의 환경보전 의식을 고취한다. 자연환경을 보호하고 훼손된 환경을 회복하기 위하여 정기 또는 수시로 자연정화운동을 실시하며, 환경보전 Campaign, 사회 환경보전단체와의 협력 또는 지원활동을 계속한다.

바. 환경에 대한 사회적 책임완수

−환경보전을 위하여 저공해 제품의 공급과 Clean Energy 및 대체에너지의 연구개발을 적극 추진한다. 당사 경영활동을 수행함에 있어 발생되는 환경오염물질의 배출을 최소화하고, 환경오염사고를 대비하여 인근주민의 피해방지대책을 마련하는 등 지역사회의 쾌적한 환경조성에 만전을 기한다. 공중의 환경 관심사항에 대하여 적극적으로 의논하고 우리의 환경관리실태와 정보를 개방적으로 홍보하여 신뢰의 바탕 위에 서로 협력할 수 있도록 한다. 나아가 하나뿐인 지구를 보존하기 위한 범세계적인 노력에도 적극 참여한다.

⑩ Sony

소니코리아는 자체적인 봉사활동 추진은 물론 Sony Group의 세계적인 자원봉사활동인 'Someone needs you'에도 동참하고 있다. 임직원 및 가족들이 함께 참여하여 남한산성 주변의 등산로를 청소하고 산에 나무를 심고 어려운 이웃을 돕는 등의 활동 그 자체는 비록 짧은 시간이지만 환경을 사랑하고 어려운 이웃을 돕는 그 마음은 365일 늘 변하지 않을 것이다.

국내 최고의 과학행사인 제46회 과학전람회 개최를 지원한다. 전국미전, 전국체전과 함께 전국 3대전의 하나인 전국 과학전람회는 날로 발전을 거듭하고 있다. 소니코리아는 본 행사를 지원함으로써 한국의 과학교육의 발전과 우수한 인력양성에 기여하고자 노력하고 있다. 또한 행사진행에 필요한 지원은 물론 시상내용에 소니코리아 회장상을 포함하는 등 국가가 지원하는 과학기술 발전사업에 적극 참여하고 있다.

소니코리아는 2001부터 '지구는 하나, 자연도 하나' 환경보호 캠페인을 대한수중협회 등 여러 단체와 함께 진행해 나가고 있다. 수중 쓰레기는 물론 보트를 이용한 수면 쓰레기 수거와 주변을 정리하는 활동을 하고 있다.

2001년 5월 27일 경기도 양평군 강상면 강상체육공원 부군에서 "물을 살리자"라는 취지로 첫 행사를 시작으로 한강 수중 정화활동, 청소년 환경보호캠프·환경보호캠페인사진전 등을 연중 지속적으로 실시할 계획이다.

가. 기업의 경쟁력 강화

가) 생산비 절감

원자재의 효율적인 사용으로 원자재의 구매비가 감소한다. 그로 인해 에너지용수 사용량이 감소하고 폐수, 폐기물의 발생량도 감소한다.

나) 환경친화적 기업 이미지 확보 및 친환경제품개발

기업의 활동, 제품 및 서비스에서 발생하는 환경영향을 감소시킴으로써 고객 및 환경운동단체 등 이해관계자에게 환경친화적인 기업 이미지를 심어줄 수 있어 경쟁력을 강화할 수 있다. 환경친화적인 제품을 개발하여 고객에게 공급할 수 있어 사업영역을 확장할 수 있다.

다) 기업문화 개선

환경경영을 실시함으로써 아래와 같은 변화가 발생하여 능동적인 기업문화가 형성되어 기업 경쟁력이 강화된다.

① 전 종업원이 환경보호에 참여한다는 자부심이 발생하여 업무를 적극적으로 수행한다.
② 종업원이 각자의 업무에 대한 이해 및 지식이 증가하여 업무효율이 향상
③ 부서, 계층 간의 의사소통이 원활해져 친밀한 직장 분위기를 조성한다.
④ 회사의 활동에 자발적으로 참여하는 Mind를 조성한다.
⑤ 작업환경 개선으로 종업원의 회사에 대한 신뢰가 향상된다.

라) 환경 리스크감소

환경법령에 의한 규제, 환경을 매개로 한 무역 장벽, 환경사고 등

사업 손실을 초래할 수 있는 환경 리스크를 감소시킴으로써 안정적
인 사업을 수행할 수 있다.

　① 널로 상와뇌고 있는 각송 환경규제를 사전에 파악하여
　　대처함으로써 사업 손실의 발생을 예방할 수 있다.

　② 환경사고의 발생을 예방할 수 있으며, 환경사고발생 시 피해를 최
　　소화할 수 있는 비상대응체계를 구축하여 운영할 수 있어 환경
　　사고에 의한 피해를 최소화할 수 있다.

　마) 지구 환경보호

　환경오염의 발생을 예방하고, 발생된 환경오염물질을 적절히 처리
함으로써 환경보호에 기여한다.

4) 환경오염의 심각성 및 대책

　환경은 우리가 오염시키고 우리에게 되돌아오는 문제라고도 할 수
있다. 지금부터 환경오염의 심각성 및 대책 등을 알아보자.

　환경오염은 인간이 산업화를 발전시키면서 시작되었다고 할 수 있
다. 산업의 발달에 따라 환경오염이 심각하게 대두되었다. 지금부터
대기오염, 수질오염, 토양오염에 대해서 알아보자.

　대기의 성분은 질소(78%), 산소(21%), 아르곤(0.93%), 이산화탄소
(0.03%)이며, 그 나머지는 미량원소로서 네온, 헬륨, 수소, 메탄, 오
존 등이 있다.

　실제로 미량이긴 하지만 이산화탄소, 오존 및 수증기 등은 모두
지표를 보호해주는 온실처럼 작용하여 생물들이 대기권 내에서 살아

갈 수 있도록 해주고 있다. 대기권은 기온의 수직적 분포에 따라 대류권, 성층권, 중간권, 열권으로 구분된다.

(1) 일산화탄소(CO): 무색, 무취의 기체로서 터널, 밀폐된 차고, 교통량이 많은 곳, 연탄아궁이 등에 많다. 탄소를 포함하고 있는 연료가 불완전연소할 때 발생한다. 산소를 운반하는 혈액의 기능을 마비시켜 심하면 사망하게 된다.

(2) 탄화수소(HC: hydrocarbon): 연료가 불완전연소될 때와 타이어가 닳아질 때 발생한다. 햇빛과 반응하여 광화학스모그현상을 일으킨다.

(3) 질소산화물(산화질소: NO, 이산화질소: NO_2): 고온의 연소공정을 거치는 자동차, 대규모 공장 연소시설에서 발생하며 냄새와 색깔이 있는 기체이다. 눈과 호흡기를 자극하고, 물에 녹으면 질산(HNO_3) 이 된다.

(4) 황산화물: 이산화황(SO_2)은 석탄이나 석유 같은 화석연료에 함유되어 있는 유황성분이 연소하면서 발생된다. 눈과 호흡기를 자극하며, 금속의 부식을 일으킨다. 식물 세포를 파괴하는 백화현상이 나타난다.

(5) 분진: 공기 중에는 먼지, 연기, 그을음, 재 등 여러 가지 부유분진이 있다. 이들은 하늘을 부옇게 만들며 호흡기장애를 일으킨다.

① 대기오염에 따른 기상변화

(1) 온실효과

(2) 스모그현상

(3) 먼지지붕
(4) 산성비
(5) 오존층파괴

② 대기 환경문제

가. 지구온난화

-현재 지구규모의 환경문제로서 가장 유명한 것은 지구온난화문제이다. 지구는 태양이 방사하는 에너지를 받아 데워지며, 우주공간으로의 에너지방출에 의해 차가워진다. 따라서 이 에너지의 수지가 균형되어 있으면 지구의 온도는 평균하여 안정된다. 그러나 우주공간으로의 에너지방출을 방해하는 기체(온실효과가스)의 대기 중의 농도가 상승하면 이 수지균형이 무너져 지표의 온도가 상승하며, 이 온도상승이 기후변동이나 해면상승을 일으키며 이 기후변동과 해면상승이 생태계 등을 비롯한 인류의 생존기반에 다대한 영향을 미친다.

이것이 지구온난화문제이다. 기후변동에 관한 정부 간 패널 / 지구온난화문제에 관한 정부급의 검토장으로서 세계기상기구가 공동으로 1988년 11월에 설립한 UN의 조직)의 보고에 의하면 일정량당의 온실효과가 CO_2에 비하여 훨씬 높은 메탄가스 등의 가스가 따로 있기는 하나, CO_2의 배출량이 방대하기 때문에 온난화로의 기여도는 전 온실효과가스 중의 약 64%를 차지하고 있다. 더욱이 그 약 8할이 화석연료의 소비에 기인한다고 말하고 있기 때문에 CO_2배출량의 삭감이 중요한 과제가 되고 있다.

이미 지구온난화의 징조는 온실효과가스의 농도상승, 지구의 평균기온의 상승, 해면수위의 상승이라는 형태로 나타나고 있다. IPCC는 1995년에 정리한 제2차 평가보고서 중에서 산업혁명 이후의 온실효과가스의 발생량의 증대 등의 인위적 영향에 의해 지구온난화가 이미 일어나고 있음을 확인하고 있다. 이하 IPCC 제2차 평가보고서 등에 의해 온난화의 영향을 보기로 한다.

가) 온실효과가스농도의 상승

온실효과가스의 대기 중 농도는 1700년대 중반 이후인 산업혁명 이전은 비교적 일정수준이었으나, 산업혁명 이후에 증가하여 특히 최근에는 현저히 증가하고 있다. 원인은 대부분 인간활동에 기인하는 것이며, 그 많은 것은 화석연료사용, 토지이용변화 및 농업에 의한다.

나) 기후변동과 해면상승 등

온실효과가스농도의 상승은 지구 평균기온의 상승을 초래하며, 기온의 상승은 해수팽창, 극지 및 고산지의 얼음의 융해를 통하여 해면의 상승을 초래한다. 금세기에 들어서서부터는 빙하의 쇠퇴가 관측데이터에 의해 나타나고 있으며, 이 밖에도 극단적인 고온현상, 홍수나 한발의 증가라는 심각한 문제가 될 수 있는 변화가 나타나고 있다.

IPCC에 의하면 지구의 평균기온은 19세기 말보다 0.3~0.6℃ 상승하고, 해면도 과거 100년간에 10~25㎝ 상승하고 있다. 2100년에는 전 지구 평균기온은 1990년과 비교하여 약 2℃ 상승, 해면수위는 약 50㎝ 상승할 것으로 예측되고 있으며, 더욱이 그 후도 기온상승은 계속될 것으로 보고 있다. 또 가령 온실효과가스의 농도상승을 21세기 말까지 저지하였다 해도 그 이후도 기온상승이나 해면상승은 계속될 것으로 생각하고 있다.

해면의 상승과 기상의 극단화는 연안 지역에서의 홍수, 고조의 피해를 증가시킬 우려가 있다. 가령 해면이 50㎝ 상승한 경우 대응책을 취하지 않으면 고조피해를 받기 쉬운 세계인구는 현재의 약 4,600만 명에서 약 9,200만 명으로 증가할 것으로 예측되고 있다.

다) 이상기상

지구 평균기온의 상승에 의해 비가 내리는 장소가 변하고, 강우와 건조가 극단적으로 나타날 것으로 예측되고 있으며, 태풍이 증가할 가능성도 지적되고 있다. 최근 이상고온, 홍수, 한발 등의 소위 이상기상이 세계 각지에서 빈발하여, 이들 자연재해의 증가와 지구온난화와의 인과관계가 관심을 모으고 있다.

라) 건강에의 영향

지구 평균기온의 상승에 의해 말라리아, 황열병 등 매개성 감염증의 환자수가 증가한다. IPCC에 의하면 특히 말라리아는 3.5℃의 온도상승에 의해 일본 등이 속하는 온대를 포함하여 연간 5,000~8,000만 명 정도 환자수가 증가할 우려가 있을 것으로 예측되고 있다.

마) 생태계에의 영향

IPCC에 의하면 세계 전체의 평균기온이 2℃ 상승할 경우 지구의 전 삼림의 3분의 1에서 현존하는 식물종의 구성이 변화하는 등의 큰 영향을 받아, 이에 따라 생태계 전체가 각지에서 변화하는 것으로 생각하고 있다. 식물종의 구성이 변화하는 과정에서는 온난화의 속도에 삼림의 변화가 따라가지 못해 일시적으로 삼림생태계가 파괴되어 대량의 CO_2방출이 일어날 가능성도 지적되고 있다.

바) 식량생산에의 영향

IPCC 에 의하면 이상기상이나 해충의 증가를 고려하지 않는다면 세계 전체로서의 식량수급은 균형을 잡을 것으로 보고 있으나, 증산

지역과 감산 지역이 생겨 격차가 확대한다. 열대, 아열대에서는 인구가 증가하는 일방, 식량생산량이 저하하여 건조, 반건조 지역도 포함하여 빈곤 지역의 기근, 난민의 위기가 증대한다고 말하고 있다.

나. 오존층의 파괴

－인공적인 화학물질인 프레온 등이 대기 중에 방출된 후 성층권(지상 약 10~50㎞ 상공에 걸친 대기권)에 달해, 그것이 원인이 되어 성층권의 오존층을 파괴하는 것이 근년 문제가 되고 있다. 오존층은 태양광선에 포함되는 인체에 유해한 자외선의 대부분을 흡수하고 있기 때문에 오존층이 파괴되면 자외선의 지상으로의 도달량이 증가하여 사람의 건강과 생태계에 악영향을 미친다.

지상으로의 자외선 도달량의 증대는 피부암, 백내장, 면역억제 등의 사람의 건강에 대한 악영향과 육상식물이나 수계생태계 등에 악영향을 초래할 우려가 있다. 근년 남극상공에서는 성층권의 오존양이 현저히 적어지는 "오존홀"이라고 부르는 현상이 나타나게 되어, 1998년에는 과거 최대규모의 오존홀의 출현이 확인되었다.

단 오존층의 장기적 경향으로서 열대 지역을 제외하고 전 지구적으로 대략 오존양이 감소경향이 있다. 이것은 몬트리올의 정서에 의거하여 일본을 포함한 선진국에서 이미 프레온 등의 생산이 전폐된 것에 의한 것으로 생각된다.

다. 산성비

－산성비라 함은 주로 화석연료의 연소에 따라 유황산화물(SOx)이나 질소산화물(NOx) 등의 산성비 원인물질이 대기 중에 방출되어 이들로부터 생성된 황산이나 질산이 용해한 산성이 강한(pH가 낮은) 비, 안개나 눈 등이다. 산성비에 의해 호소(湖沼)나 하천 등 육수가 산성화되어 수자원의 개발·이용 등에 영향을 주는 것, 어류 등에 영향을

주는 것, 토양이 산성화되어 삼림 등에 영향을 주는 것, 또 직접 수목이나 문화재에 침착하여 그들의 쇠퇴나 파괴를 조장한 것 등의 광범한 영향이 우려되고 있다. 신성비는 원인물질의 발생원에서 500~1,000km 떨어진 지역에도 침착하는 성질이 있어, 국경을 넘는 광역적인 현상인 것이 하나의 특징이다.

산성비가 일찍부터 문제가 되고 있는 유럽, 미국에서는 산성비에 의한다고 생각되는 호소의 산성화나 삼림의 쇠퇴, 어패류의 사멸 등이 보고되고 있으며, 일본에서도 그런 일이 보고되고 있다. 산성비는 종래 선진국의 문제라고 인식되어 왔으나 근년 개발도상국에서도 공업화의 진전에 따라 큰 문제가 되어가고 있다.

라. 광화학옥시던트

-광화학옥시던트는 공장·사업소나 자동차에서 배출되는 질소산화물(NOx)이나 탄화수소류(HC)를 주체로 하는 1차 오염물질이 태양광선의 조사를 받아서 광화학반응에 의해 2차적으로 생성되는 오존 등의 물질의 총칭이며, 소위 광화학스모그의 원인이 된다.

광화학옥시던트는 강한 산화력을 가지며, 고농도에서는 눈(眼)이나 목으로의 자극이나 호흡기에 영향을 미치며 농작물 등에도 영향을 준다.

마. 해결방안

-대기오염의 주된 원인은 자동차의 배기가스 공장의 연기 난방의 이용 등에 있는데 대기오염을 줄이는 건 산 같은 곳에 나무를 많이 심는 것이다. 그리고 프레온가스도 대기의 가장 큰 원인이라 스프레이와 스티로폼을 태울 때 생기는 프레온가스는 우리를 자외선으로부터 막아주는 오존층을 파괴하는데 스프레이 사량을 줄이고 스티로폼을 처리할 때는 소각하지 말고 녹인다.

③ 수질오염

가. 수질오염의 원인

-수질오염이란 가정에서 쓰고 버리는 생활하수, 산업활동에 의한 산업폐수, 농촌의 농·축산폐수 등이 정화되지 않고 하천이나 호수로 유입되어 물을 오염시켜 각종 용수로 사용할 수 없게 되거나 생물의 서식에 심각한 피해를 줄 정도로 수질이 나빠지는 것을 말한다.

나. 수질오염의 종류와 원인

가) 분해성 유기물질

유기물질은 탄소를 비롯한 여러 가지 원소로 구성된 물질을 말한다. 이런 물질이 물에 들어가면 미생물에 의해 분해되게 되고 물속의 산소를 소모시키며 나아가 산소가 없어지면 메탄, 황화수소 등의 냄새가 나는 가스가 나오기도 한다. 가정에서 버려지는 음식 찌꺼기, 분뇨, 쓰레기와 축사에서 흘러나오는 폐수가 그 대표적인 예이다.

나) 합성세제

모든 가정에서 사용되고 있는 합성세제가 수질오염의 주범이라는 사실은 널리 알려져 있다. 합성세제는 다른 오염물질과는 달리 물에 녹은 상태에서 미생물에 의한 분해가 어렵고 물위에 거품이 생기게 되어 산소가 물속으로 녹아 들어갈 수 없게 될 뿐 아니라 햇빛을 차단시켜 플랑크톤의 정상적인 번식을 방해하는 등 물을 오염시키기도 한다. 또 여기에 세척력을 높이기 위하여 넣는 '인'은 인산염이 되어 부영양화현상을 일으켜 물을 썩게 한다. 이 때문에 각국에서 인의 사용을 규제하고 있어 '무린세제'가 나오게 되었다.

지금은 분해가 잘 된다는 식물성 세제가 널리 사용되고 있으나 물의 오염시비는 여전하다. 주택가나 아파트단지 인근의 하천에서 흔히 볼 수 있는 서품의 원인이 바로 이 합성세제이다. 합성세제의 지나친 사용은 물고기는 물론 미생물도 살지 못하는 죽음의 하천을 만드는 것이다.

다) 중금속

중금속은 금속 중에서 그 비중이 4.0이상인 것을 말한다. 중금속 가운데 독성이 강한 것으로는 카드뮴, 수은, 크롬, 구리, 납, 니켈, 아연, 비소 등을 들 수 있다. 이렇게 해로운 중금속은 공장폐수, 산업 폐기물, 쓰레기 매립장 등에서 하천으로 흘러들어온다.

중금속은 동식물의 체내에 농축되어 있기 때문에 동식물을 섭취하는 인간의 건강에도 크게 영향을 미치게 된다. 일본에서 발생했던 그 유명한 ''이 타이이타이병'은 카드뮴에 오염된 어패류를 먹은 사람들에게서 발생되었고, 미나마타병은 수은에 오염된 어패류를 먹은 어민들에게서 발생했다. 산업발전으로 유해중금속은 증가되고 있다.

라) 유독물질

사람이나 가축에 대해 독성이 심하여 아주 적은 양으로도 해를 끼치는 화학물질을 말한다. 우리나라에서 사용되고 있는 화학물질은 대략 1만여 종이나 되나 계속 증가되고 있다. 이런 화학물질은 인간 생활에 이로움을 주기 위하여 만들어지고 있으나, 이것들이 유출되어 물을 오염시키고 오염된 물을 사람이 마시게 되면 건강에 치명적인 피해를 줄 수도 있는 것이다.

옛날에는 콜레라, 장티푸스 등의 수인성 전염병의 병원균에 의한 오염이 문제가 되었으나 이제는 유독성 화학물질에 의한 오염이 큰 문제로 나타나고 있다.

마) 유류(석유, 기름 등……)

석유 등의 유류는 비중이 물보다 낮아 수면에 유막이 만들어지는데, 1cc의 기름은 약 1,000㎡의 유막을 형성시킨다. 유막이 형성되면 빛의 투과율을 감소시켜 물속에 녹아 있는 산소의 양을 감소시켜 어패류의 호흡에 지장을 주며 기름 냄새가 어패류의 상품가치를 떨어뜨린다. 하천 부근에서 세차를 하는 경우 수질오염이 될 수 있기 때문에 이제는 법적으로 규제하고 있다. 때로는 저수지 부근에서 유조차가 뒤집히거나 송유관에서 기름이 흘러나와 기름이 저수지에 흘러들어 물의를 일으키기도 한다.

바) 영양염료

식물의 생장에 필요한 영양소를 제공해 주는 염료로 암모니아, 질산염, 아질산염, 인산염 등이 있다. 이러한 영양염료가 적당히 있어야 하나 집에서 버리는 물이나 논밭에서 비료가 섞인 물이 하천이나 호수에 흘러들어 오면 플랑크톤이 아주 많이 번식하여 물을 오염시킨다. 이때는 물의 빛깔이 검붉게 변하고 썩은 냄새가 나기도 한다.

다. 해결방안
① 음식물쓰레기는 물기를 제거한 후 버린다.
② 음식물쓰레기를 하수구에 버리지 않는다.
③ 쓰고 남은 페인트를 땅에 버리지 않는다.(지하수를 오염시킴.)
④ 농사짓는 사람은 농약을 치지 않는다.(간접적으로 영향을 미침)
⑤ 합성세제나 샴푸를 쓰지 않는다.
⑥ 빨래를 헹굴 때 섬유 유연제를 사용하지 않고 식초를 사용한다.
⑦ 하수구가 막혔다면 강력세제 대신 베이킹파우더를 사용한다.
⑧ 설거지를 할 때 쌀뜨물을 사용한다.(후에는 화분에 준다.)

④ 토양오염

가. 토양오염의 발생원인

－광산이나 공장 등에서 배출되는 폐기물이나 농약살포 등으로 토양 속에 중금속 등 사람·가축·농작물에 유해한 특정 물질이 높은 농도로 직접 축적되는 것. 토양오염은 대체로 지하자원의 이용으로 암석 중의 무기성분이 지표에 쌓이게 되거나, 농약에 의해 합성유기염소계 화합물이나 알킬수은화합물 등 천연계에 거의 존재하지 않는 유기물질이 축적되어 유발되며, 공업단지와 도시 매연가스에 의한 산성비, 식품 포장 폐기물, 시설축산의 폐기물 등에 의해서도 발생한다. 더욱이 공업화에 따라 방출되는 중금속 등의 무기성분은 농경지를 오염시킬 뿐만 아니라 농작물의 생육장애를 일으키며, 먹이연쇄계를 거치는 동안 사람과 가축에까지 해를 끼치고 있다. 중금속 자체는 분해되지 않고 어떠한 변화에도 그 본래의 성질이나 피해작용이 없어지지 않으므로 일단 오염된 중금속을 완전히 제거하여 원래의 오염되지 않은 토양으로 되돌리기란 매우 어렵다.

가) 농 약

농작물뿐만 아니라 사람과 동물에게도 강한 독성을 지닌 극독약이라 할 수 있으며, 농약을 살포하면 토양 내에서 물리, 화학 및 생물학적 반응으로 원래의 목적과는 달리 유해한 성질로 변화될 수 있기 때문에 장기간 일정한 장소에 계속 살포하게 되면 작물의 수확이 감소되는 경향이 있다. 농약 중에는 유기염소제와 유기수은계 화합물을 비롯한 유기금속화합물 등의 농약은 토양 내에서 잘 분해되지 않아 장기간 잔류하게 되어 식물체 내에서 발견되므로 그 잔류 독이 심각한 문제가 된다.

나) 생활하수 및 산업폐수

질소나 인화합물이 함유된 유기성 폐수를 농토에 주입하여 처리하는 것은 토양오염에 별 문제가 없으나, 중금속을 함유한 폐수의 경우 토양오염을 시키는 유독한 오염원이 될 수 있다. 폐수 내에는 세균, 곰팡이, 바이러스 등의 미생물이 다량 존재하므로 상수원 및 지하수를 오염시킬 뿐 아니라 이를 방류하였을 때 토양에 오염되어 토양 내 병원균이 번식한다.

다) 방사능물질

원자력발전소에서 원자력의 이용과 핵실험 등으로 인해 방사성 폐기물이 생성되어 토양을 오염시키기도 한다. 이 물질은 핵실험을 한 곳으로부터 먼 곳에 이르기까지 운반되어 비와 함께 낙하되는데 이를 방사능 낙진이라 하며 땅 표면은 물론 하천, 농작물, 농토 등에 오염이 된다.

라) 기타 대기오염물질이나 일반폐기물 또는 특정폐기물

나. 토양오염방지대책

－토양오염의 방지책은 적절한 관리밖에 없다. 토양은 물질의 최종 도착지이기 때문에 싫든 좋든 버리지 않을 수 없으며 또한 농산물의 증산을 위하여서는 비료와 농약의 사용이 불가피하기 때문이다. 될 수 있는 한 필요 이상으로 투약을 한다든가 폐기시킨다든가 하는 것은 금물이며, 또한 매몰시킨 경우에는 표시를 달아서 후세에 자원으로 이용되도록 하여야 할 것이다. 또한 배수가 잘 되도록 하여야 하고, pH는 중성이 유지되도록 노력하여야 할 것이다.

가) 농약 사용의 제어

토양 및 작물에 잔류하여 인체에 위해를 가져오는 주요 유독성 농약 및 살충제를 법적으로 제조, 사용을 금지하고, 더불어 각종 농작물에 대한 안전사용기준을 설정하여 사용 시기 및 사용 범위 등에 대해 세공을 실시한다.

나) 폐수 및 폐기물의 관리 철저

토양을 오염시키는 축적성의 중금속이나 유해화학물질이 배출되는 공장 주변 지역은 공장자체의 제조공정 및 배출되는 폐수나 폐기물을 적극적으로 관리하여 토양오염의 피해가 발생하지 않도록 하여야 한다.

다) 토양오염 측정망의 설치 운영

토양 염 방지대책의 기초자료를 확보하기 위해 각 지역에 토양오염 측정망을 설치하여 정기적으로 토양오염도를 측정하여야 하며, 이와 함께 주요 원인물질 발생원인 금속광산과 제련소에 대해 특별점검을 실시하고 농약과 화학비료의 환경 위해성에 대해 수시교육을 실시토록 한다.

우리가 살고 있는 지금 환경이 너무 중요하다. 후손에게 물려주기도 하니 소중하게 아끼고 보존해야 한다. 지금부터라도 환경을 생각해서 오염을 줄이자

20. 환경행정을 위해 개인이
해야 할 일

　환경오염은 공장, 산업장 등의 생산활동, 자동차, 기차, 항공기, 선박 등의 수송활동, 냉난방, 취사, 여가선용 등 일상생활을 포함한 각종 인간활동에 의해 유발되는 인위적인 대기오염, 수질오염, 토양오염, 소음, 진동, 지반침하, 악취 등의 발생으로 자연환경이나 생활환경을 손상시키고 궁극적으로는 사람의 생활 및 건강에 유해한 영향을 미치는 현상이다. 지금부터 수질오염, 대기오염, 토양오염 순으로 3가지를 설명하고 문제점과 대책방안을 설명하고자 한다.

　수질오염은 지표수, 지하수 및 해수로 부패성물질, 유독물질 등이 유입되어 물의 물리화학적 변화가 일어남으로써 각종 용수로 사용할 수 없거나 수서생물에 악영향을 초래하는 경우를 말한다. 수질오염원은 방지와 관리의 편리를 목적으로 점오염원과 비점오염원으로 구분할 수 있다.

　*점오염원: 공장, 폐수처리장, 발전소, 폐광, 석유탱크, 유점 등과

같이 특정위치에서 하수관이나 도랑을 통하여 오염물질이 포함된 폐수가 배출되는 오염원을 말한다.

*비점오염원. 여기저기 산재해있는 넓은 지역에서 오염물질이 배출되는 장소를 말한다. 경작지, 목장, 삼림벌채 지역, 도시 지역, 공사장, 주차장, 도로 등의 지역을 지나온 빗물의 지표유출수 또는 땅으로 스며드는 물에 포함된 오염물질이 비점오염원에 의한 오염발생의 사례들이다.

1. 산소요구물질 (가정하수, 동물분뇨 등 미생물에 의해 분해될 때 산소를 소모하는 물질)
2. 질병 유발인자 (세균바이러스, 원생동물, 기생충)
3. 수용성 무기화합물 (산 염기, 독성중금속과 그 화합물질)
4. 무기 영향소 (수용성 질산염과 인산염)
5. 유기화합물 (유류, 플라스틱, 세제)
6. 부유물질 (부유성, 토양 입장 등)

수질오염으로 발생되는 질병사태로는 청색증, 이타이이타이병, 미나마타병을 예로 들 수 있다.

1) 대기오염

우리나라 대기오염의 가장 큰 문제는 자동차 배기가스와 공장의 무분별한 매연배출이다. 우리가 살아가면서 가장 중요한 것들 중의 하나인 대기가 오염되어 간다는 것은 곧 우리가 죽어간다는 것과 마찬가지인 셈이다. 대기오염은 가정, 공장, 자동차 발전소 등에서 발생하고 있으므로 그 오염원이 방대하고 다양하여 국경을 초월한 환경문제가 발생한다. 이러한 오염의 특성 때문에 우리가 쉽게 환경보전을 할 수 있는 일중에는 개인소각을 금지하는 일, 자동차의 공회전을 줄이는 일, CFC가 들어 있는 물질의 사용억제 등이 있다. 우리 대기를 지키고 더 나아가 다시 정화시키기 위해 해야 할 일 몇 가지를 알아보겠다.

① 스프레이 사용을 자제하자. 그곳에서 나오는 가스 등의 물질은 대기오염의 주범이다.
② 자동차보단 대중교통 사용을 하자. 자동차가 많이 줄면 그곳에서 나오는 배기가스로 인한 대기오염도 줄어든다.
③ 나무를 심는 습관을 기르자. 나무는 공기를 맑게 해준다.
④ 공장에선 꼭 정화기를 설치해서 매연을 정화시킨 뒤에 내보낸다.
⑤ 물질을 소각할 때 비닐류는 꼭 정화시설이 갖추어진 소각장에서 소각하자.
⑥ 에어컨 사용도 자제하자. 그곳에서 발생하는 프레온가스도 대기오염의 주범이다.

2) 토양오염

토양오염의 원인을 보면 농약에 의한 오염, 화학비료에 의한 오염, 환경폐기물 매립에 의한 오염, 폐광산의 중금속의 오염, 석유화학 제품에 의한 오염, 대기 및 수질오염에 의한 토양오염 등 많은 오염 원인이 있다. 먼저 토양의 오염은 지하수 오염이다. 토양에 오염된 물질이 중력수를 따라 지하수로 흘러가기 때문에 지하수가 오염되면 오래된 지하수에 의해서 재배되고 있는 모든 농작물이 오염된 물질에 의해서 자연오염물질이 식물체내에 축척되어 이렇게 재배된 농작물이 오염된 물질에 의해서 이렇게 재배된 농작물이 인간의 밥상에 올라오면서 모든 인간이 오염물질에 감염되는 것은 자명한 일이다. 농약에 의한 토양오염은 지하수 오염도 있겠지만 토양 속에서 살고 있는 미생물의 멸종시켜 각종 유기 및 무기질을 분해할 수 없게 되어 농업생산에 이용할 수 없는 피해가 생겨난다.

토양오염 해결을 위한 몇 가지 방안을 알아보겠다.

① 농약의 과다사용을 피한다.

② 산성비료의 사용을 줄이고 중성비료를 쓰고 비료보다 퇴비 등 유기질 비료의 사용을 권장한다.

③ 가정하수, 산업폐수를 함부로 토양에 버리지 않는다.

④ 폐기물 또는 독성물질을 무분별하게 토양에 버리지 않고 매립지의 방식을 위생매립으로 하여 관리를 철저히 한다.

※ 환경오염문제를 위해 간단히 할 수 있는 일

① 생활하수 처리부분에 관한 문제

강이나 바다의 오염 중 첫 번째 원인이 바로 생활하수이다. 하수의 오염이 되는 각종 합성세제, 그리고 음식물, 국물 등 가정에서 배출되는 생활하수를 연구하여 줄일 수 있는 방법을 생각해야 한다. 합성세제 줄이기, 음식물, 국물처리에 관해 식단개선, 샴푸, 린스 적게 쓰기 등이 있다.

② 음식물쓰레기에 관한 문제

음식물의 악취, 다른 물질이 같이 매립되어 생기는 토양오염은 이미 심각한 상황에 이르렀다. 음식물쓰레기 줄이는 것을 연구해야 한다. 음식물쓰레기 짜서 모으기, 필요한 만큼 요리하기, 재활용 비누 만들기 등이 있다.

③ 일반용품이나 일회용 재활용 문제

분리수거를 통한 재활용도 좋겠지만 다른 방면에서의 재활용 또한 생각해 봐야 한다. 비닐봉투 버리지 않기, 일회용품 가급적 자제하기, 재활용품 분리수거함 만들기 등이 있다.

④ 안전수칙 및 자동차 검사문제

이미 1가구 1자동차의 시대는 열린 지 오래이다. 또한 도시 농어촌을 막론하고 석유종류를 연료로 쓰고 있는 각종 기계나 자동차 또는 보일러 등 없는 가구는 거의 없다. 이때 발생되는 대기오염의 문제가 크다. 이를 방지할 수 있는 대책마련이 시급하다고 본다. 지속적으로 차계부 쓰기, 배출가스 점검 정기적으로 하기 등이 있다.

지금 에너지 고갈위기에 처해있다.

또한 그 에너지로 인해 환경이 오염되고 있다. 에너지는 지금 산업 때부터 화석에너지를 사용하고 있는데 화석에너지란 천연가스, 석탄, 석유 등과 같은 천연자원을 말하는 것이다.

이 자원들은 산업시대 때부터 사용되었는데 현재 화석에너지를 너무 많이 사용되어 고갈되어가고 있다. 이 에너지들로 인해 환경오염도 무척 심하다. 비옥했던 땅들은 점점 사막화되며 태양의 자외선을 막아주고 있던 오존층도 파괴되어 사람들은 피부병에 걸린다. 또한 스모그현상으로 도시의 공기는 무척 오염되어 있다. 화석연료를 사용하면 나쁜 물질이 나오기 때문이다. 예를 들어 자동차에 석유를 사용하면 자동차의 배기가스가 공기를 오염시키면서 오존층을 파괴시킨다.

해결방안은 대체에너지를 사용한다는 것이다. 대체에너지란 자연에서 얻을 수 있는 무한자원, 즉 태양, 물, 바람, 땅의 열, 파도이다.

우리가 가정에서 쉽게 할 수 있는 것은 세제 적게 쓰기, 샴푸, 린스 적게 쓰기, 음식하고 남은 기름은 키친타월로 닦고 설거지하기, 스프레이 쓰지 않기, 분리수거하기, 에어컨, 난방기 사용 줄이기 등이 있다. 나 하나쯤이 아니라 나부터라는 생각으로 환경에 대한 인식을 달리한다면 깨끗해질 것이다.

과학이 시작된 때를 대략 3,000년 전이라고 잡는다고 할 때, 지난 100년 동안 과학은 그야말로 급속도로 성장을 했다. 그렇다면 인류 역사상 가장 고도의 성장을 했던 20세기 과학은 현재를 살고 있는 우리들에게 어떤 의미가 있는 것일까?

과학 분야에서 20세기는 우선 1900년 12월에 발표되어 새로운 양자물리학의 출현을 알렸던 막스 플랑크의 흑체복사이론과 함께 시작되었다. 창안자 플랑크 자신은 원하지 않았던 이 물리학 내의 혁명은 그 뒤 계속 진전되어 가다가, 마침내 1927년에 이르러서는 물리학은 결정론적 세계관을 포기하고 비결정론적인 세계관을 선택해야만 하게 되었다.

20세기는 또한 뉴턴 이후 철저하게 유지되었던 절대 시간과 절대 공간에 대한 믿음에 철퇴를 가하면서 시작되었다. 1905년에 발표되었던 아인슈타인의 특수상대성이론과 1916년에 나타난 새로운 중력이론인 일반상대성이론은 우리의 우주관을 근본부터 흔들어 놓았다.

20세기는 또한 1901년 뢴트겐이 그때까지는 알려지지 않았던 새로운 종류의 광선을 발견한 공로로 노벨상을 받게 되면서 시작되었다. 뢴트겐에 의한 이 새로운 광선의 발견은 곧바로 베크렐, 퀴리 부부에 의한 방사성원소의 발견으로 이어졌으며, 1902년 러더퍼드와 소디는 원자핵의 변환을 확인할 수 있었다. 그 뒤 원자핵에 관한 연구는 첨단연구 분야로 부상되었고, 1938년 12월 독일의 오토 한과 프리츠 슈트라스만이 우라늄 핵분열의 가능성을 발견하게 되면서, 인간은 원자탄과 핵 동력으로 상징되는 핵에너지의 시대로 돌입하게 된다.

18세기에 이미 인간은 기구를 타고 하늘을 날았지만, 동력을 이용한 비행은 20세기에 이르러서야 가능해졌다. 1900년 체펠린 백작은 최초의 운전 가능한 강체 비행기를 만들어 두 개의 다이믈러 엔진을 달고 공중을 날았고, 이어 1901년에는 화이트헤드가, 당시 사람들에게는 거의 알려지지 않았지만, 엔진을 이용한 최초의 비행에 성공했다. 마침내 1903년에 라이트 형제는 가솔린 엔진의 힘으로 돌아가는 공기 프로펠러를 지닌 쌍엽 비행기를 만들어 동력 비행기시대의 개막을 예고했다. 그 뒤 두 차례의 전쟁과 미소 초강대국이 대립하는 냉전시대를 거치면서 비행기는 놀라운 성장을 거듭하였고, 마침내 우리의 생활을 크게 바꾸어놓았다. 이런 항공기산업의 발전은 새로운 현대식 로켓의 개발과 함께 아폴로 계획에 의해 구체화된 우주시대의 개막도 예고하고 있었다.

비행기와 아울러 20세기에 이르러 더욱 가까워진 지구촌현상을 보다 극명하게 보여준 것이 바로 무선통신의 발명이었다. 금세기 초에 마르코니가 대서양을 횡단하는 무선통신에 성공한 이래로 전파매체는 라디오와 텔레비전의 보급과 전쟁 기간 중에 활발하게 진행된 레이더개발에 힘입어 놀라운 성장을 하였으며, 위성통신시대가 열리게 되었다.

20세기 중반에 나타난 가장 중요한 과학기술혁명으로는 분자생물학의 출현과 컴퓨터의 발명을 들 수 있을 것이다. 1953년 4월 제임스 왓슨과 프랜시스 크릭은 DNA 이중나선모형을 발표했다. 그 뒤 급속도로 성장하기 시작한 분자생물학분야는 생명현상에 대한 진화론적, 유전적, 발생론적, 생화학적, 해부학적으로 통일된 설명을 가능하게 만들었다. 더 나아가 최근에는 인간의 유전자를 해독해내려는 인간게놈계획까지 추진되게 되어, 유전공학과 관련된 인간의 윤리문제도 심각한 사회문제로 대두되고 있다. 제2차세계대전 직후에 나타난 ENIAC(The Electronic Numerical Integrator and Computer)과 아울러 존 폰노이만 등에 의해 분명한 개념으로 발전된 저장프로그램 전자컴퓨터의 출현 역시 20세기 후반기의 세계를 크게 바꾸어놓고 있다. 원래 이 컴퓨터는 암호해독과 핵무기개발, 그리고 적의 비행공격을 효과적으로 대처하기 위한 방공체계의 구축수단으로 개발되었으나, 이제는 컴퓨터 통신, 사무용 기기, 개인용 컴퓨터를 비롯해서 우리 생활 곳곳에 침투해 있으며, 영상과 음성 등을 포함한 광범위한 멀티미디어시스템을 바탕으로 하는 초고속 정보통신망으로 발전하였다.

과학에 바탕을 둔 산업체의 연구개발 역시 많은 변화를 겪었다. 19세기 말 기업들은 자신들이 기술개발을 한다기보다는 외부의 발명가들로부터 특허를 사들였다. 그러다가 20세기에 들어오면서 전기공업과 화학공업을 중심으로 기업체 내에 연구소가 설립되었고, 과학에 바탕을 둔 기업의 연구개발이 전체 산업으로 확산되었다. 이제 기업체의 연구개발은 거의 보편적인 현상이 되었고, 한 기업의 장래는 연구개발의 성과 여부에 달렸다는 말까지 나왔다. 20세기에는 과학연구의 주도권에도 커다란 변화가 있었다. 20세기 초에는 독일의 과학이 세계의 과학을 대변했으나, 두 차례의 전쟁을 통해서 미국은 세계 과학의 주도권을 잡게 되었다. 이 과정에서 독일에서 생겨난 여러 과학의 모습은 미국이라는 새로운 토양 속에서 많은 변화를 겪었다. 우선 미국에서는 과학이 유럽과는 달리 실용주의적이고 경험적인 형태로 발전했고, 이에 따라 양자화학, 고체물리학, 분자생물학 등과 같은 여러 새로운 학제 간 분야들이 생겨났으며, 미국적인 대량생산체계에 걸 맞는 거대한 규모의 과학도 출현되게 되었다.

두 차례의 세계대전을 통해서 과학활동에서 중앙정부가 차지하는 비중이 엄청나게 증가했으며, 국방과학의 연구는 보편주의적이고, 국제주의적 과학관에 변화를 가져 왔고, 과학자들의 윤리성에도 타격을 입혔다. 또한 산업체와 연방정부와 강력한 과학연구의 지원에 힘입어 많은 연구중심 대학들이 나타나게 되는데, 특히 제2차세계대전 기간과 그 이후의 냉전 시기에 행해진 국방연구는 미국 대학에서의 과학연구구조가 만들어지는 데 결정적인 역할을 했다. 즉 제2차세계대전 이후 정치적으로는 냉전체계가 심화되었지만, 국방연구를 지원하는 과학연구는 오히려 뜨겁게 달아올랐었다. 그러나 90년대에 들어오면서 냉전체계가 종식을 거두게 되면서, 제2차세계대전 이후 엄청난 성장을 해 온 국방과학과 이와 공생관계를 유지하며 발전을 거듭한 몇몇 과학분야는 심각한 타격을 받게 되었다. 이에 따라 국방연구를 바탕으로 연방정부와 밀접한 연결을 가지고 성장을 해 온 미국의 대학들은 연방정부를 대체할 새로운 후원자를 찾아내야만 하는 실정이다. 이것에 대한 대안으로 산업체와의 협력이 다시 거론되고 있으나, 산업체와의 협력관계는 경기변화에 따라 상당히 변화가 심하기 때문에, 지속적인 협력관계를 유지하기에는 어려움이 많다는 것을 이미 20세기의 역사적 경험은 말해주고 있다. 20세기는 우리에게 과학기술에 대한 테크노피아적인 밝은 미래만을 제시해준 것은 아니었다. 1960년대에 들어오기 시작하면서 전 세계적으로 거대규모의 과학기술에 대한 반발이 거세어졌으며, 이에 따라 거대규모의 과학기술체계를 거부하고, 소위 적정기술을 추구하는 새로운 움직임이 나타났다. 또한

1965년에 발생한 뉴욕의 대정전사고, 1979년 3월의 드리 마일 아일
랜드 핵발전소사고, 1986년 1월에 발생한 미국 우주왕복선 챌린저호
폭파사고, 같은 해 4월에 발생한 소련의 제르노빌 원자력발전소사고
등과 같이 거대규모의 과학기술 내에 상존하는 사고가능성 때문에
거대과학기술에 대한 불신이 20세기 후반기를 통해 계속 증대되었다
는 것도 부정할 수 없는 사실이다. 거대과학기술에 대한 불신이 심화
된 것은 또한 전 세계적인 수준의 환경문제의 대두와도 밀접한 연관
을 가지고 있다. 20세기에 과학기술이 급속도로 성장하는 동안, 대기
중의 오존층 파괴, 지구온난화, 산성비현상, 대기오염, 수질오염, 매년
남한 크기 정도의 지구 사막화현상, 원인 모를 기상이변 등과 같이
과거에는 나타나지 않던 희한한 현상들이 우리 주변에서 계속 발생
하여, 이제 지구촌의 환경문제가 더 이상 그대로 방치되어서는 안 된
다는 것이 분명해졌다. 우리는 보다 세심하게 지난 1세기 동안 성장
했던 과학기술을 본질을 탐구해 보아야 할 것이다.

이데올로기(Ideologie)라는 말은 그 어원상 이데아(idea)와 로직(logik)
이라는 두 개의 의미소가 결합되어 이루어진 일종의 합성어이다. 앞쪽
의 의미소인 '이데아'는 두 가지 의미로 해석이 가능하다. 우선 이
말은 어떤 구체적인 대상에 대한 인지작용의 결과, 사람의 인식능력
속에서 구성되는 추상적인 관념과 관련된다. 다음으로 이 말은 영어
의 'ideal', 즉 이상적인

것 또는 완전에 가까운 바람직한 것이라는 말과 관련된다. 다시 말하여 언제나 불완전한 구석을 지니게 마련인 현실을 뛰어넘어 그 자체로서 완전한 것으로 상정되는 어떤 이상형을 의미하기도 한다는 말이다. 뒤쪽의 의미소인 '로직' 역시 두 가지 의미로 이해할 수 있다. 우선 이 말은 어떤 대상에 대한 사실에 근거한 인식, 즉 과학이라는 의미로 해석될 수 있을 것이다. 이 의미를 '이데아'의 의미와 결합시키면, 이데올로기는 '관념에 관한 과학' 또는 '이상에 관한 과학'이 된다. 또한 '로직'은 부분들의 논리적 결합으로 이루어지는 어떤 체계, 다시 말하여 논리적 체계라는 의미로 해석 될 수 도 있다. 이 두 번째 의미를 다시 '이데아'의 의미와 결합시키면, 이데올로기는 '관념의 체계' 또는 '이상의 체계'가 된다. 즉 '사람들이 어떤 대상과 관련하여 가지게 되는 관념들을 합리적으로 엮어놓은 것' 또는 '사람들이 어떤 대상의 이상형으로 그리는 이념들을 논리에 맞게 짜 놓은 것'이 된다는 말이다. 그리하여 이와 같은 이원적 구조를 지닌 이데올로기에 대해 사람들은 일반적으로 '현실보다 더 바람직한 사회상을 지향하는 추상적 관념들의 논리적 결합에 의하여 이루어지는 체계'로 정의하고 있다. 사람이 살고 있는 주위환경 가운데 생활에 의미를 주는 물리적·사회적 및 문화적 환경을 우리는 '현실'이라고 일컫는다. 인간은 이 현실에 대하여 사유를 통한 가치, 태도, 행위 등의 관계양식을 가진다. 삶을 영위하기 위하여 사람은 주어진 현실에 적응하기도 하는 한편 그 것을 변화시키기도 한다. 이러한 사유와 실천의 과정은 현실과 끊임없이 환류하는 과정이며, 이 과정은 특정한 역사적·사회적 상황이라는 외적 조건과 그것을 상응하는 심리적·내적 조건의 상관관계에서 모양 지워 지기도 하고 변화되기도 한다. 즉 사람은 일상의 삶에서 접하게 되는 다양한 환경들 속에서 가치 판단의 기준을 스스로 세워 나가게 되는 것이며, 이것이 결국 자기 나름의 세계관을 형성케 한다. 우리가 살아 나가고 있는 동안에 이루어지는 모든 행위나 사고들은 세계에 대한 우리의 지식과 신념을 확대시켜 나가며, 이는 결국 하나의 인생관, 세계관의 정립으로 끼지 그 영향을 크게 미치게 마련이다. 삶의 과정에서 터득되는 이 신념이나 태도는 시간의 흐름과 더불어 되풀이되면서 점차 논리성과 체계성을 갖추게 되는데, 이때 하나의 신념 내지 이념체계로 나타난다. 개개인에게 이것은 그들의 삶의 모습에 결정적인 영향을 끼친다. 시간의 흐름과 더불어 지속적으로 체득된 신념체계는 환경의 변화에도 불구하고 쉽게 변화되지 않는 속성을 지닌다. 신념의 체계적 통합은 일상생활에서 커다란 실천적 의미를 갖게 된다. 즉 그것은 삶의 전체적 방향을 제시해주고, 그 결과 생활 형성을 위한 지침이나 규범을 제공함으로서 행동의 안전성을 보장하는 경향이다. 이것은 개인에게는 사람과 사회, 세계 상황에 대한 인식과 평가적인 태도 결정의 기준이 되고, 집단으로 확대되면서도 그 집단의 목표 수행을 위한 에너지를 제공하고, 내적 통합과 집단적 자아성을 가지게 해준다. 역사적으로 볼 때, 이러한 관념 또는 신념의 체계는 개인, 집단, 그리고 민족과 국가의 수준에서 인생관, 세계관, 신화, 종교, 규범, 사상, 사회의식 등의 형태로 사람들의 삶의 양식을 지배하여 왔다. 그것은 사람들에게 보편적으로 추구해야 할 삶의 모습은 무엇이며, 세계의 궁극적 실재는 무엇이며, 또 그것을 어떻게 파악할 것인가, 그리고 현재의 상황 속에서 사람은 어떻게 행동하며 살아가야 하는가 등에 대하여, 때로는 체계적으로 혹은 막연하게나마 해답을 제시 하여 왔다. 인류 역사에서 현실의 폭과 범위는 점차 넓혀져 왔다. 과거 우리 생활의 대부분이 물리적인 상황, 즉 자연에 의하여 결정되어 왔다면, 오늘날 우리의 생활은 대부분 사회적인 조건에 영향을 받고 있다. 또한 세계에 대한 정보와 지식의 양도 놀라울 만큼 늘어났다. 따라서 우리들은 현재와 미래의 사회에 대하여 이제까지 축적된 과학과 지식에 토대를 둔 객관적인 인식과 합리적인 기획을

중시한다. 그러나 과학적 지식은 그 객관성과 합리성이라는 장점에
도 불구하고, 현실의 어떤 부분에 대하여 제한된 조건에서의 해답을
제공할 뿐이며, 그 운용에서도 일반적으로 가치 판단을 배제하는 특
성을 지닌다. 이에 반에서 우리가 몸담아 살고 있는 현실은 항상 더
포괄적이고 복합적인 양상을 띠고 있을 뿐 아니라, 선과 악, 사랑과
증오, 욕망과 좌절 등 여러 가지 가치 판단의 요소가 개재되어 있는
것이다. 사실 그 욕구에 비하여 항상 결핍된 조건과 부족하고 완전
하지 못한 우리 자신의 인식능력의 한계로 인하여, 우리의 삶은 알
려진 부분보다 오히려 알려지지 않은 부분이 더 많은 현실을 상대로
하여 전개되지 않을 수 없다. 따라서 우리는 그 알려지지 않은 부분
에 대해서는 부득이 신념이나 선입견 또는 편견을 가지고 결단을 내
리게 되는 경우를 흔히 볼 수 있다. 이러한 맥락에서 본다면, 넓은
의미의 이데올로기는 우리 삶의 일부인 셈이며, 그것은 쉽사리 종언
을 고할 것 같지도 않고, 또한 우리가 쉽게 벗어 버릴 수 있는 것
같지 않다. 실제로 과학기술이 고도로 발달되어 있는 현대사회에서
도 이러한 신념체계의 역할은 그렇게 눈에 띄게 줄어든 것 같지 않
다. 오히려 생활이 더 풍요롭고 편리하게 된 상황에 대하여 서로 상
충된, 더 다양한 의견들이 난무하고 있다. 역설적으로 말한다면, 종
교적 권위가 동요되고 계몽적 인간 이성에 대한 깊은 회의가 제기되
고 있는 오늘날, 세계가 삶의 지표를 상실한 채 방황하고 있기 때문
에, 오히려 가치관과 윤리의식 및 이념의 난립을 초래하고 있다고
볼 수 있는 것이다. 그러나 여기서 유의해야 할 점이 하나 있다. 그
것은 이데올로기가 제대로 순기능을 발휘하기 위해서는 먼저 열려
있는 인격과 개방된 사회제도가 전제되어야 한다는 사실이다. 왜냐
하면 불합리한 현실을 은폐하고 정당화하기 위하여 사람들의 인식을
잘못 이끌거나 개개인의 자유롭고 자율적인 판단의 기회를 배제하는
경직되고 닫힌 사상이야말로 변화하는 현실에 신축성 있게 대응할

수도 없음은 물론 인간을 획일화·도구화시킬 위험이 있기 때문이다. 더욱이 독선과 배타에 사로잡혀 자기의 신념체계만이 절대적으로 옳다고 믿는 나머지, 그것과 다른 신념체계를 신봉하는 사람을 무조건 타도의 대상으로 삼아 버리는 태도는 우리 사회에 열려 있는 인격체계의 확산을 가로막는 커다란 장애가 아닐 수 없다. 우리가 이데올로기에 대하여 각별한 관심을 갖는 것은 이러한 연유에서이다. 공동체의 생존과 번영은 그 구성원들이 어떠한 신념, 세계관, 사상체계를 가지느냐에 따라 크게 좌우된다. 특히 적대감과 투쟁 의식을 불러일으키는 과격한 대항 이데올로기가 존재하는 곳 일수록 그 역기능 또한 지대하다. 정작 우리 민족이 고통 받고 있는 분단의 상황도 이데올로기의 갈등에 바탕을 둔 냉전시대의 산물이고, 최근 우리 사회가 치르고 있는 일련의 홍역과도 같은 맥락의 이데올로기적 갈등과 혼미에서 연유하는 것임은 주지하는 바와 같다. 특히 불과 30년 남짓되는 기간에 유례없이 급속한 산업화과정을 겪어 온 우리의 사회적 상황이야 말로 계급적 대립에 근거한 이데올로기적 갈등을 부추기는 사회 풍조에 휘말릴 수 있는 개연성이 높은 상황이므로, 우리의 이데올로기의 본질에 대한 올바른 이해의 필요성은 더욱 절실히 요청되는 것이다.

이러한 의미에서 국가 및 사회의 목표에 대한 범국민적인 합의의 도출과 그것의 확실한 내면화를 위하여, 그리고 경직되고 폐쇄적인 이데올로기에 내재되어 있는 여러 가지 오류와 그것에서 연유되는 각종 부작용을 비판적으로 극복 할 수 있는 지적인 능력의 함양을 위하여 이데올로기의 본질과 기능 및 그 한계에 대한 정확한 이해는 긴요한 것이다. 또한 이것은 미래의 우리 사회를 담당하게 될 젊은 지성들이 합리적인 사고방식과 건전한 가치관을 확립할 수 있는 능력을 함양하기 위해서도 필수 불가결한 과제가 아닐 수 없다.

21. 마르크스주의적 환경론

  우리는 과학이 단순히 인간과 자연세계에 대한 객관적 사실들을 제공해주는 것이 아니라 이데올로기적 토대 위에서 사회의 특정 계층의 이익을 위해 마련된 관념체제와 융합될 수 있는 사회적 행동임을 알 수 있었다. 이제는 사회의 관념체제와 이해집단 간의 관계를 좀 더 세밀하게 파헤쳐볼 필요가 생기는데, 환경론의 관념들은 결코 객관적 실체가 아니라 각 이해집단 및 사회경제적 조건을 철저히 규명한 뒤에야 비로소 우리는 환경론의 관념에 대해 왈가왈부할 수 있을 것이다.

  마르크스주의는 인간-자연관계에 많은 시사를 던져준다. 따라서 우리는 마르크스주의의 여러 개념과 이것들이 이미 앞에서 다룬바 있는 객관성, 주관성, 자유의지론, 결정론 등의 관념과는 어떠한 관련성을 갖는가에 대해서 알 필요가 있다.

1) 관념론과 유물론 3

마르크스의 사관은 관념론에 철저하게 반대하는 유물론적 입장이다. 즉 그는 새로운 사상이 사회에 소개됨으로써 사회변동이 일어났다고 하는 견해에 반대했다. 따라서 변화는 이성의 성장을 통해 일어나며 이성적 사회를 만들려는 정치적 투쟁인 정신노동에 의해 변화가 가능하다는 이론에도 반대했다.

변화를 제대로 이해하자면 우선 인간이 사회 속에서 스스로의 생존을 유지해 가는 과정을 이해해야만 한다고 주장했다. 생산활동이란 인간과 자연의 상호작용. 노동. 노동은 자기 창조의 과정이기도 해서 인간은 자연을 변화시키는 그의 작업을 구성하는 것과 같은 방식으로 스스로의 사회를 만들어낸다. 이러한 물질적 과정은 역사를 이루는 주요한 인자가 되며, 이에 비해 인간이 이러한 활동을 해석하는 데 사용하는 관념과 개념은 부수적인 것에 지나지 않는다.

따라서 생태지향주의자들의 일반적 주장처럼, 대중들 스스로가 그들 자신의 관념 및 가치체계를 바꾸라고 애원조로 호소해 봐야 의도된 사회적 변화는 일어나지 않는다. 사회적 변화는 생산양식의 변화후에야 비로소 달성된다. 그리고 이러한 변화는 변증법적과정에 의해 수행된다.

마르크스는 물론 인간의 영적이고 비물질적인 측면에 더 많은 중요성을 부여했다. 특히 마르크스주의는 인본주의적이다. 인간은 주체·객체 아님. 맑스주의는 환원론이 아님. 마르크스주의는 결코 인간의 사고와 의식이 물질로 환원될 수 있으며 근본적으로 물질적인 것이라는 우둔한 주장을 하지 않음.

2) 토대와 상부구조 3

생산행위는 중요한 사회형성과정이다. 생산행위는 인간의 특성(자연 및 사회와의 관계에 따른 특성)을 규명해주며, 사회적 진보에 필수적인 것이다. 따라서 사회의 경제적 토대인 생산양식이 변화하면 사람들의 삶의 방식은 이에 따라 자동적으로 변화한다. 이와 같은 변화는 사람들이 사회조직을 통해 서로와의 새로운 관계를 맺게 되면서 일어난다. 이 새로운 관계는 생산관계라고 불리며 사회의 경제적 구조를 반영하는 것이다. 자본가들에 의해 만들어져 모든 사회구성원에게 강제로 주입되는 제도와 관념체제는 사회의 경제적인 분화를 반영하게 되므로 당연히 생산수단을 소유하고 있는 자들의 경제적 이익을 보호하고 증가시키며 생산수단을 소유하지 못한 노동자계급의 기대와 열망을 억제하는 기능을 담당한다. 제도와 관념체계는 사회의 상부구조를 구성하는데, 상부구조의 어떠한 개혁도 토대의 개혁 없이 이루어질 수 없다.

개혁은 불가피한 혁명적 계급갈등을 수반하는데, 이는 자본가계급이 생산수단에 대한 그들의 통제권을 자발적으로 포기할 리는 절대로 없기 때문이다. 상부구조의 관념체계와 제도는 오히려 경제적 토대에서 비롯되는 계급 간의 갈등을 합리화한다.

3) 소외 2

자본주의의 비안간화 과정: 노동의 조직화로부터 일어나는 자연과 인간의 분리, 기존 사회관계의 붕괴와 함께 나타나는 소외에 의해 진행됨.

노동분업: 잉여가치 증대의 효율적 방법. 단순노동. 노동자는 노동의 지적인 잠재력과는 멀어짐. 이러한 소외의 보상은 금전에 의해. 산업화와 함께 인간은 자연의 리듬이 아니라 기계의 리듬에 맞춰 노동. 1ff8 비인간화 발생. 인간의 자연으로부터의 소외.

인간은 자연이 대상화된 것처럼 대상화되었다. (물신화)-객체화라고 번역. 마르크스는 자연의 대상화는 반대하지 않았다. 노동주체의 인간성을 반영한 물품이 생산된다면 다른 사람의 수요를 충족시키고 기쁨을 주어서 소비자와 생산자 간의 일체감이 성립되기 때문이라는 것이었다. 즉 주체(소비자)와 객체(생산자) 간의 괴리가 사라지면 공동체적 인간으로서의 행복한 삶의 길이 열릴 것이라고 생각.

자본주의 생산양식하에서는 공동체적 인간으로서의 삶이 중앙집권적 정부형태에 의해 소외. 노동자계급의 의식을 조절하여 자본가의 이데올로기를 주입.

4) 해방 1

마르크스가 예견한 공산주의하에서는 생산수단의 사적인 소유가 폐지되고 공적 소유가 실현됨으로써 사유재산제도가 사라진다.

"우리들 대부분은 마르크스주의를 명백한 억압사회와 관련된 정치적 독트린으로 인식하는 것이 사실이다.", "명백한 억압사회와 관련된 정치적 독트린"이라는 말을 "현실(자본주의)사회의 억압성을 명백히 지적하고 그 모순을 폭로하는 (그리하여 해방을 주장하는) 정치적 독트린"쯤으로 해석하였다. 아마 "우리들 대부분이" 그렇게 생각하고 있으니까(혹은 적어도 발제자는 우리들 대부분이 그렇게 생각한다고 믿으니까). 그러나 그 이후 문장을 보고 나서 생각이 달라졌다. 이 문장은 아마도 "소련 및 현실사회주의라는 명백한 억압사회를 이데올로기적으로 포장하는 정치적 독트린"이라는 의미였던 것 같다. 그렇지 않고서야 마르크스주의가 소외로부터의 해방을 주장했다는 것에 그렇게 놀랄 이유가 있을까? 이 글은 맑스에 대해 기초적인 지식은커녕 맑스에 대해 부정적 편견을 가지고 있는 사람들을 대상으로 쓰였음에 틀림이 없다. 그리고 페퍼는 맑스주의가 적어도 그 의도에 있어서만큼은 순수한 인간해방의 주장임을 강조한다. 그리고 맑스주의에서 인본주의적 본질을 꺼낸다. "이 인본주의는 자연을 인간사회를 위해 학대하고 착취하지 않으면서, 인간과 자연의 조화를 추구하는 인본주의라고 한다. 다라서 자본주의 농업은 땅을 황폐화시키지만, 공산주의하의 농업은 그렇지 않다."

5) 결정론 4

마르크스주의가 인간해방의 이론이 되는 또 하나의 중요한 이유가 있다. 이는 공산주의혁명을 통한 공산주의사회의 실현이 인간 스스로 그 자신의 운명을 조절하는 미래를 가져온다는 것이다. 원시적인 인간이 자연력에 의해 강하게 종속되었던 것과는 대조적으로 인간은 이제야 비로소 자연과 자신의 관계를 적절히 조절할 수 있게 된 것이다. 이 역사적인 자기해방을 통해 인간은 더욱 자유로운 위치를 차지함으로써 결정론의 제약에서 벗어나기 시작한다.

역사의 과정은 인간이 자연이나 사회경제적 법칙에 의해 통제되는 상태로부터 자신의 의지력을 발휘해 사회에 대한 통제능력을 소유하기에 이르는 상태로의 일련의 이동과정이라는 것이다. 이런 식으로 마르크스주의는 앞에서 살펴본 철학적 스펙트럼(결정론-자유의지론)

에 의해 해석될 수 있다.

마르크스에 대한 오해 1: 슈미트, 시민사회 성립이전의 인간(주체)은 자연(객체)에 의해 지배되며 시민사회의 인간(주체)은 자연(객체)을 지배한다. 두 가지 모두 인간은 자연의 일부이고 자연은 인간의 일부라는 마르크스의 자연관을 따르지 않는 것이다.

"마르크스의 자연관에 대한 슈미트의 해석에 따르면 시민사회 성립 후의 인간은 자연에 대한 지배력을 내세우는 반면에 그 이전의 인간은 자연에 의해 지배되는 것을 당연하게 여겼다고 한다. 우리가 이미 제5장 2절 2항을 통해 살펴보았듯이 이와 같은 자연관은 모두 결정론적인데, 이는 이들 모두가 인간과 자연을 분리시켜 이원화하고 있기 때문이다.

"기술지향주의 역시 결정론에 가깝다는 것을 알 수 있다. 기술지향주의가 자연에 대한 인간의 행동의 자유를 강조하는 것은 사실이나, 이 이론은 인간과 자연의 근본적 분리를 주장하므로 인간이 독립변수이고 자연이 종속변수가 되는 이원론인 것이다. 이 이론은 철저하게 결정론을 내세운 고전과학의 베이컨주의에서 파생된 것임을 잊어서는 안 될 것이다.

"주체와 객체의 이원론을 고려할 때, 결정론부터 짚고 넘어가야 한다…… 이원론 자체가 근본적으로 결정론적이기 때문이다…… 이에 의하면 독립변수(자연)에서의 변화는 인간과 자연 모두 따라야만 하는 법칙에 의해서 종속변수(인간)에 대한 예측 결과를 미리 산출할 수 있게 해준다…… 자연은 인간의 의지와는 분리되어 독립적이고 객관적인 작용을 행하면서 변화한다. 자연은 그 결정법칙에 따라 예측 가능한 모습으로 변화하는 기계이다."

마르크스의 사적 유물론을 잘못 해석해서 "인간이 이성을 통해 자연적 제약으로부터 자유로이 풀려나 자연을 자신의 의지에 따라 마음대로 변형시키면서 끊임없이 더 높은 단계의 인간성 구현을 위해

진보한다."고 해석하는 오류를 범하기도 한다.

① 마르크스는 불가피한 역사 진보 모델, 즉 인간은 역사적으로 결정
   되어 있는 존재라는 이론을 발전시켰는가?
② 역사적 전개과정에 대한 설명을 통해 역사의 과학적 법칙을 주
   장했는가?

① 마르크스의 모델 자체가 유동적이다.
② 결정론적인 것이 아니라 변증법적이다.

6) 자본주의의 운명

마르크스의 교유한 원리로부터 미래사회에 대한 자세한 예견을 끌
어낸다는 것은 어리석은 짓이다.

7) 다원주의와 정부의 역할

마르크스는 법이 얼마나 권력층의 이익을 대변하는지에 깊은 감명
을 받았다. 이 점은 민주주의체제 내의 다원적 토론에 의해 발달되
는 관념체계가 결국 사회를 변화시키리라 굳게 믿는 환경론자들에게
어두운 그림자를 던져준다.

마르크스에게 있어 정부는 공동체의 환상을 내세운 인간의 본질적
소외의 연장으로 해석되었다.

8) 마르크스주의의 자연관

① 결정론과 자유의지론

버제스의 주장: 고전적 유물론과 고전적 관념론의 중간적 입장에서 이 두 전통을 결합.

사적 유물론은 추상적인 자연관의 문제를 실재의 경험적인 사실들로 분석하는 현실적인 접근방법이다. 마르크스주의 자연관은 자연에 대한 추상적 철학을 자연과 인간의 역사로 전환시켜서, 시간이라는 관점에서 자연에 대한 실질적인 관찰을 할 수 있도록 만든 것이다. 따라서 마르크스주의 자연관은 '자연의 역사'와 '역사의 자연'에 대한 냉철한 시각을 결코 잃지 않고 있다. 사실 마르크스주의에 의하면 인간과 자연은 분리될 수 없으며 주체와 객체로 이분된 지배관계도 인정되지 않으므로 인간은 자연의 일부이고 자연 또한 인간의 일부인 것이다.

순수한 결정론에 대한 마르크스의 반론: 탈사회적이며 탈역사적인 인자들을 위주로 한 역사적 발달에 대한 설명이론은 정치적인 구질서를 옹호하는 것이므로 진보에 반대하는 것이다.

마르크스는 유물론도 아니고 관념론도 아니다.

마르크스의 인간-자연변증법의 정수는 자연에 대한 특정한 인간행위는 사회형태에 의해 영향 받고 사회형태 역시 자연에 대한 인간행위에 의해 영향 받는다는 것에 있다.

② '인간-자연변증법'

노동은 인간이 자연을 그에게 소용이 되는 형태로 바꾸는 수단이다. 이 변형과정은 사회적인 것이다. 자연을 형상화시키는 과정을 통해 인간은 그 자신의 사회 및 그들 동료와의 관계를 형성한다. 인간의 고도는 동물의 단순한 행위와는 달리 고유한 의미와 의도성을 나타내므로 …… 자연의 변형에 관한 지식을 얻는 과정에서 인간은 그 스스로를 더 높은 지적 수준으로 끌어올린다.

사회의 발달을 이미 예정된 단순한 생물학적 진화가 아닌 이러한 과정으로 이끄는 것이 바로 인간의 노동 및 이로 인한 자연의 변형이다. 생산수단의 소유와 통제권 및 생산관계를 변화시키는 사회의 진보는 조직적인 노동을 통해 자연을 변형시키는 사회적 행위에 의해 비롯되는 것이다.

자연과 인간의 변증법적 관계에서, 인간과 자연은 모두 궁극적인 주체 또는 객체가 될 수 없으며 이 둘은 끊임없는 유기적 상호작용 속에서만 존재할 수 있다.

③ 전자본주의 및 자본주의의 인간-자연관계 4

계급관계는 역사를 통해 변화하므로 인간의 자연 및 인간에 대한 관계는 본질적으로 사회적이며 역사적인 것이다. 특정한 역사적 단계에서의 자연과의 상호작용 및 자연에 대한 인식은 노동에 의해 비롯되는 사회구조에 의해 결정되는 것이다. 마르크스는 모든 사회체제에 보편적으로 나타나는 것처럼 보이는 소외, 객체화, 이질화가 실은 자본주의라는 특정한 생산양식에서만 나타난다고 주장했다. 자본주의는 한편으로 기술을 동원해 자연을 지배하고 다른 편으로는 전자본주의 사회에서의 자연의 지배보다 더욱 심하게 인간을 지배함으로써 표면적으로는 자연적으로 보이지만 사실은 인간과 자연 모두에 대립적인 사회를 만들어냈다는 것이다.

전자본주의적 생산약식에서의 …… 인간은 개인이 아닌 공동체의 일원으로서 자연과 관계를 맺었고 자연에 대한 인간의 변형은 공동체를 통해서만 가능했다 …… [자본주의하에서는] '진보'는 더 많은 상품을 생산하고 더 많이 소비하는 것을 의미하게 되었으며 …… 사람들은 자연을 생산되는 것으로 여기는 것이다. 모든 자연의 형태는 변경되었으며, 오늘날의 생산은 일반적인 대중적 수요를 충족시키기 위해서가 아니라 특정한 이윤추구의 목적을 위해서 이루어지는 것이다.

생태지향주의자들에 의해 강하게 비난받는 '인간소외' 및 '자연과 인간의 분리'가 특정한 생산양식(자본주의)하에서 일어나고 있음을 기억해야만 한다. 즉 산업화 그 자체가 아닌 자본주의하의 산업화를 통해 일어나고 있다는 점을 명심해둘 필요가 있다. 생태주의자 및 낭만적 생태주의자들의 주장처럼 산업화 자체를 모든 생태적 해악의 원천으로 규정하고 반대하는 것은 지나치게 성급한 일이다.

따라서 자신의 입장을 현실적이고 건설적인 것으로 내세우고자 하는 현대의 생태학자들은 맑스주의적 관점에서 볼 때 '자본주의하의 자연파괴' 및 '자연의 신격화'를 모두 반대하는 중용의 도를 깨달아야만 한다는 것이다.

9) 환경문제에 대한 마르크스주의적 이해

① 인구문제

앞서서 언급한 이론적 배경을 고려한다면 가용자원과 관련된 현대의 인구수준은 역사적인 관점(특정한 생산양식과의 관련성)에서 보아야만 한다. 인간이 자연환경을 변화시키고 관리할 수 있는 힘을 갖는 사회에서의 인구규모는 자연적인 조건보다는 사회적 관계에 의해 결정된다는 것이다. 따라서 일괄적으로 적용되는 단 하나의 보편적인 인구법칙이 아닌 자본주의와 같은 특정 생산양식과 사회적 생산관계에 대응한 인구법칙을 논해야 하는 것이다.

맬서스는 빈곤이 정치경제적 과정에 의해 나타난다고 하지 않았다. 맬서스는 빈곤의 원인을 인간의 본능적인 생식욕구를 억제하지 못하는 노동자계급에게 냉혹하게 적용되는 자연적인 인구법칙에서 찾았다. 그러나 맑스는 상대적 잉여인구 또는 산업예비군의 출현이 자본주의 생산양식이라는 특수한 시대적 상황에서 유래한다고 주장했다. 그의 주장에 의하면 인가 증가율이 어떻게 되든지 간에 빈곤은 발생한다는 것이다.

하비는 인구문제를 이데올로기의 문제로 보는데, 인구과잉론이 지배계층에 의해 확산되는 것은 피지배계층이 어떤 형태로든 정치적, 경제적, 사회적 억압을 겪고 있음을 의미한다는 것이다.

② 자원고갈과 오염

일부 생태지향주의자들이 성장 그 자체를 거부하는 것과는 대조적으로 맑스주의자들은 이와는 다른 견해를 보인다. 마르크스주의자들은 사회주의 실현의 전제조건으로 생산력의 완전한 개발을 꼽는다. 그리고 사회적인 필요를 충족시켜주는 '공급을 위한 성장'은 바람직하며 이는 단순한 자유시장의 기능을 통해 이룩되지 않는다.

마르크스는 자본주의 농업을 비합리적이라 평가하면서 "이윤추구에 눈이 먼 자본가들에 의해 운영되는 자본주의 농업은 토지의 생산력을 파괴해 사막화시킨다."는 주장을 이유로 내세웠…… 인류의 생존을 위해 장기적으로 필요한 자원이 파괴되는 것은 단기간의 이윤추구에서 비롯된다.

자본주의하에서 '공해세'를 만들어 오염자 부담원칙으로 이를 해결하자는 기술지향주의적 수상은 사실상 통하지 않는데, …… 대다수의 국가에서는 일방적으로 부과되는 공해세를 통해 산업투자를 위축하는 것을 꺼리게 마련이다.

페퍼는 현실사회주의의 자원고갈과 오염현상에 대해서 현실사회주의 국가는 진정한 사회주의가 아니라고 함으로써 피해감.

10) 환경운동에 대한 마르크스주의자들의 비판

맑스주의자들에 의해 일반적으로 지적되는 환경운동의 가장 근본적 오류는 환경운동의 관념론과 이에 따른 비역사성이다. 환경론자들은 자원 및 생태적 문제들이 갖는 사회적, 역사적 성격 파악에 실패하고 있다는 것이다. 즉 자연과 사회에 대한 인식을 결정하는 생산양식의 중요성을 무시하고 있으므로 인간행동에 대한 고정불변의 자연적 한계를 내세워 환경적인 딜레마에 스스로 빠져든다는 것이다. 이 결정론적 입장은 사회개혁과 계몽을 통해 자연과의 조화를 창조하는 인간능력에 대한 비관론과 운명론을 낳는다. 따라서 "환경문제는 정치적 이상의 문제이며, '객관적'인 과학을 통해서만 해결될 수 있다"는 합리화 과정을 거쳐, 억압적인 정치권력을 옹호하는 정치적 보수주의로 이어진다. 심한 보수성을 보이는 환경론적 이데올로기는 사회질서와 안정을 강화하고 혁명의 필요와 계급투쟁을 무시하는 주장도 한다는 것이다. 환경운동은 사실 자본주의의 내적 모순에 의해 점차 위협받고 있는 중간층 및 자본가의 이익을 보호하기 위해 시도되는 방어적인 운동이라는 것이다.

환경운동의 비역사성에 대한 공격은 샌드바가 '성장한계론'이 사회 경제적인 맥락에서 자원의 필요 및 고갈 문제를 다루지 않았음을 이유로 이 연구 자체를 무의미한 것으로 취급한 데 잘 나타난다. 성장한계론은 자원의 한계가 시급한 문제라고 위협하고 있는데 샌드바는 이 문제가 당분간은 그렇게 중요한 것이 아니라고 한다. 그는 오히려 사회, 경제적 불평등에 의해 초래되는 불균형 분배와 독점을 통한 공급부족을 더 중요한 문제로 취급한다.

인간행동에 대한 명백한 자연적 제한이 존재한다는 사고는 결정론적인 것이다…… 이 결정론은 편리하게도 대중으로 하여금 자본주의 생산양식이 아닌 그들 스스로를 비난하도록 유도하고, 대중을 허무주의적인 운명론으로 이끄는 것이다. 또한 기득권을 강화하고 계급적인 자원독점의 이익을 보호하기 원하는 자본가계급에게도 이 결정론은 도움이 된다.

생태학자들은 위에서 1등석에 앉아 여행하는 것과 최하등석에 앉아 여행하는 것의 차이를 감추고 있다는 것이다. 환경문제에 대한 이러한 쟁점의 명백한 비정치화는 순수하게 기술적이라고 스스로 인정하는 사람들에 의해 진전되었다. 사회 경제적인 개혁은 도덕적인 대중적 호소와 편지쓰기 캠페인 및 국회의원 선거권의 올바른 사용을 통해 충분히 자본주의 질서 내에서 성취될 수 있는 것이라고 주장하게 된다. 다원주의적 민주주의에 그들의 정치적 기반을 두고 있다는 얘기이다. 맑스주의자는 이러한 주장에 대해 사회문제에 대한 무지가 정치적 어리석음으로 발현된 조잡한 것이라고 비난한다.

* 생태학자들의 주장을 환경문제에 대한 비정치화라고 하였다. 1990년대 중반 우리 사회에 부문운동이 제 목소리를 띠고 일어났을 때 화두는 정치화였다. 이들은 구좌파의 노동문제 중심의 운동이 환경, 여성, 인권 등 부문운동을 비정치화시켰다고 주장했다. 과연 어

떤 쪽이 정치화이며 어떤 쪽이 비정치화인가? 환경문제를 사회경제
적 모순에 결부 짓고 그 속에서 환원 지으려는 것이 환경문제를 환
경문제로 다루지 않고 사회경제적 문제로 다루게 만들어 계급문제로
만드는 결과를 낳지 않을까? 환경문제란 없다. 계급문제만 있을 뿐
이다. 정치적 영역에서 계급문제는 논의되어도 환경문제는 따로 논
의되지 않는다. 환경문제의 비정치화는 구좌파에 의해서 더욱 강하
게 나타나지 않았는가?

11) 환경운동에 대한 마르크스주의의 입장

  다원주의의 견해는 엘리트라는 이익집단의 대표자들의 경쟁을 통
해 대중이 원하는 바를 찾을 수 있다는 주장이다. 그리고 혹시 모를
엘리트들의 월권행위를 방지하기 위해 다원주의는 전문화와 다양화
를 강조하여 민주질서를 위협할 만한 세력을 견제하고자 주장한다.
  마르크스주의자들은 이에 대해 비판한다. 환경운동단체가 선택된
중립적인 권위자들에게 상충되는 이익을 조정하고 공평하게 처리해
달라고 호소한다는 것 자체가 어리석은 짓이라는 것이다. 선택된 권
위자가 중립적이지도 않으며(국가뿐만 아니라 전문가 혹은 과학자들
도 중립적이지 않다. 왜냐하면 이들은 자본가계급이 자신들을 위해
서 고용한 존재들이기 때문이다.) 상충되는 이익이 계급사회에서 근
본적으로 공평하게 처리될 수는 없기 때문이다. 마르크스주의자들은
국가가 특정한 계급의 이익에 봉사하는 존재라고 믿기 때문이다. 이
에 대해 페퍼가 들고 있는 예, 마르크스주의자들의 주장의 예는 대
부분 실증적 자료들로서 말하자면 밀리반트적인 맑스주의라고 할 것
이다. 예를 들어 공청회에 대한 음모 등 다국적기업이 정부를 압박

하는 방식…… 그러나 이러한 밀리반트적 논증은 플란차스에 의하면 사실 다원주의적인 것과 다르지 않다. 이 점에 발제자도 동의한다. 아마 이들은 부패한 사회일수록 국독자에 가깝다고 할 것이다.

　다원주의에 대한 가장 냉소적이고 비판적인 거부로 페퍼가 예를 들고 있는 사람은 북친이다. 북친은 다원주의적 환경운동은 지배계급의 이데올로기의 또 다른 표현에 불과하다고 주장하고 환경관리주의를 표방하는 급진적 생태주의운동 역시 중년 시민계층의 기회주의적 속성(차악의 선택과 비현실적 이상주의)을 갖고 있다고 주장한다.

22. 외국의 환경정책과 현장

1) 프랑스의 환경정책

오늘날 월드컵 축구경기는 가장 큰 범세계적인 스포츠행사다. 프랑스인 줄 리메(Jules Rimet)에 의해 올림픽 아마추어리즘에서 벗어나 독자적인 국제축구경기 창설이 주창된 후 1930년 우루과이에서 처음으로 월드컵경기가 개최됐다. 그 이후 월드컵경기는 모든 세계인이 기다리고 열광하는 가장 중요한 이벤트로 성장했다.

94년 미국 월드컵경기를 360만 명이 관람했고 TV시청자는 320억 명이나 되었다는 점을 볼 때, 월드컵대회는 이제 단순한 스포츠행사가 아니라 세계인의 화합과 교류의 장이라고 할 수 있다. 그리고 최근 개최된 프랑스 월드컵의 성과는 아직 공식 집계는 되지 않았지만 미국 월드컵경기를 훨씬 능가하는 것으로 알려지고 있다.

이러한 맥락에서 2002년 월드컵이 한·일 공동 개최로 결정된 것은 매우 뜻 깊은 일이라고 할 수 있다. 먼저 21세기 첫 월드컵이 아시아에서 처음으로 개최된다는 점은 아시아 축구가 한 단계 성장했음을 확인하는 것이며 월드컵이 더 이상 서구국가들만의 잔치가 아니라 동서양이 함께 즐기는 마당이 된다는 것을 의미한다.

둘째, 역사적으로 아픈 상처를 주고받았던 한일 양국이 최초로 월드컵을 공동으로 개최함으로써 양국관계를 한 차원 높은 화해와 동반자적 관계로 발전시킬 수 있게 될 것이다.

셋째, 월드컵은 우리나라의 경제·사회·문화적 위상을 향상시킬 좋은 계기가 될 것이다. 특히 월드컵을 통해 IMF경제위기를 극복하고 아름답고 살기 좋은 모범 국가로서 한국의 이미지를 세계인의 마음속에 심어줄 수 있을 것이다.

그러면 우리는 2002년 월드컵을 어떻게 준비해야 할 것인가. 일본의 연구에 따르면 2002년 월드컵은 약 3조2천억 엔(220억 달러)의 경제적 효과가 나타날 것으로 기대된다고 한다.

국내 연구결과도 월드컵은 11조원 이상의 국내 경제적 효과가 있을 것으로 예상하고 있다. 우리는 우선 이러한 경제적 효과를 극대화시키는 전략을 수립해야 할 것이다.

하지만 경제적 효과 극대화와 국가의 대외 이미지 제고는 환경·문화와 접목될 때 가능하다 하겠다. 따라서 월드컵을 환경친화적으로 계획하고 대비하는 것은 월드컵을 성공적으로 이끄는 데 매우 중요하다고 하겠다.

이러한 점에서 월드컵조직위원회가 ① 경제월드컵 ② 문화월드컵 ③ 환경월드컵 ④ 국력결집을 위한 국민월드컵 ⑤ 평화월드컵을 2002년 월드컵의 목표로 하고 다각적인 대책을 준비하는 것은 아주 의미 있는 일이다. 왜냐하면 21세기를 여는 첫 월드컵이 바로 세계 평화, 안전하고 쾌적한 환경 그리고 지속 가능한 발전을 위한 인류의 새로운 출발선이 될 것이기 때문이다.

2) 프랑스 환경정책(환경월드컵)의 필요성

1992년 리우회의 이후 환경보전과 지속 가능한 개발을 위한 각 부문의 역할과 책임이 강조되기 시작하면서 범세계적인 국제경기대회도 문화교류의 차원을 넘어 환경보전 노력을 확산시키는 계기로 활용해야 한다는 국제적 공감대가 형성되고 있다.

① 환경친화적 국제경기 사례

92년 프랑스 알베르빌 동계올림픽이 최악의 환경오염과 자연파괴를 초래했다는 비판에 따라 94년 노르웨이 릴레함메르 동계올림픽대회는 세계 최초로 환경문제를 국제경기에 접목시켜 '무공해 환경올림픽 원년'을 선언한 바 있다.

릴레함메르 동계올림픽조직위원회는 천연동굴을 이용해 빙상경기장을 건설하는 등 경기장 건설 시 자연환경을 최대한 보호하고 전차로 경기장을 연결하는 셔틀버스를 운영하는 등 환경오염 유발요인을 사전에 예방하는 환경정책을 추진했다.

2000년 호주 시드니 하계올림픽대회의 주경기장은 폐기물 매립장으로 활용되던 Homebush만 주변에 위치하고 있다. 따라서 호주정부는 방파제를 쌓고 오염토양을 제거하고 주변 하천과 습지 생태계의 복원을 적극 추진하고 있다.

또한 경기장은 태양에너지의 이용, 자연채광 활용 등 에너지를 절약하고 자원을 재이용할 수 있도록 설계했다. 특히 수자원절약, 폐기물 감량, 생물종보호 등 환경지침을 마련해 올림픽 준비 단계부터 환경대책을 수립·추진하고 있다.

2002년 동계올림픽대회(미국 솔트레이크시티)를 위해 미국은 환경을 문화, 스포츠와 함께 올림픽운동의 3가지 축으로 정하고 로키산맥의 자연경관, 야생동식물보호, 에너지이용, 물 저장 및 공급, 산림자원보호 등을 고려한 Ski-Area 마스터플랜을 수립·추진 중이다. 특히 올림픽조직위원회산하에 환경전문가로 구성된 환경자문위원회를 설치하여 환경문제에 대처하고 있으며 각종 민간단체와 후원기업들과도 환경보전을 위한 파트너십을 구축하고 있다.

② 환경월드컵의 필요성

월드컵경기가 환경친화적이 돼야 한다고 말하면 의아하게 생각하는 사람들도 많을 것이다. 그 이유로는 우선 올림픽은 세계 평화와 공존의 가치 하에 치러지는 아마추어 경기인 데 반해 월드컵은 철저한 상술과 경제성에 기반을 둔 프로경기이기 때문에 환경보전이라는 보편적 가치를 내세우는 것이 적절하지 않다고 생각하기 때문일 것이다.

보다 실제적인 이유는 선수촌 및 많은 경기시설이 필요한 올림픽에 비해 월드컵경기의 경우 경기 관련 시설 소요가 적어 환경적 고려가 필요한 부분이 적다는 점을 들 수 있을 것이다. 즉 월드컵경기는 동계올림픽처럼 야생종이 많이 서식하고 자연풍광이 뛰어난 산을 깎아 스키슬로프를 만들고 경기시설을 짓거나 하계올림픽처럼 대규모 선수촌과 경기시설이 밀집한 올림픽타운을 건설할 필요가 없기 때문이다.

하지만 다음과 같은 점에서 환경친화적인 월드컵이 매우 중요하다.

첫째, 88년 서울올림픽이 경제적 측면에서 우리나라와 서울의 국제적 인지도를 높이는 데 성공했다면 2002년 월드컵은 우리나라 전체적인 환경수준을 한 단계 높이고 세계인에게 쾌적하고 살기 좋은 환경국가상을 보여주는 계기가 될 수 있다는 점이다.

월드컵경기는 올림픽경기대회와 달리 한 나라의 경제, 사회, 문화의 중심 도시에서민 개최되는 것이 아니다. 따라서 세계인들은 여러 도시를 순회하면서 그 나라의 균형된 발전상과 지역의 다양한 환경·문화적 특성을 체험할 수 있게 된다.

따라서 월드컵경기는 서울뿐 아니라 지방도시의 쾌적한 환경, 다양한 자연자산 및 문화적 정취를 최대한 살리고 널리 알림으로써 국가의 이미지를 제고시킬 수 있는 좋은 기회가 될 것이다. 약 3백50만 명의 관람객이 찾아오고 4백10억의 세계인이 TV를 통해 시청할 것이라는 점을 고려한다면 그 효과는 매우 클 것이다.

둘째, 한일 양국에 의해 월드컵이 공동 개최되므로 경제적인 부분뿐 아니라 양국의 환경과 문화수준에 대한 세계인의 관심이 높아지고 한국과 일본을 비교할 기회가 많아질 것이다. 특히 한국과 일본을 번갈아 가면서 월드컵경기를 관람하는 세계인들의 눈에는 양국의 환경수준의 차이가 양국에 대한 이미지와 경쟁력의 차이로 비추어질 것이다.

따라서 경기장 건설, 도시 미관과 쾌적한 환경, 환경자원의 이용, 자연경관의 보전 등 다양한 분야에서 양국 간 선의의 경쟁이 불가피하다. 아울러 양국 간 환경월드컵을 위한 협력사업의 필요성도 매우 높은 현실이다.

셋째, 쾌적한 환경조성은 선수들이 좋은 컨디션에서 최선의 경기를 펼치는 데 필수적이다. 86년 멕시코 월드컵 당시 많은 선수들이 고지대의 산소부족과 함께 멕시코시티의 대기오염으로 어려움을 겪었다고 한다. 우리나라의 경우 월드컵경기가 개최되는 6월경은 오존오염이 증가되는 등 대기오염이 높아지는 시기이다.

따라서 환경오염이 원활한 경기운영에 악영향을 초래하지 않도록 최적의 환경대책이 수립돼야 한다.

3) 프랑스 환경정책 (환경월드컵)

우리는 2002년 월드컵을 통해서 환경모범적인 국가상을 정립하고 국민들의 다양한 환경보전활동을 확산시킴으로써 우리의 경제·문화적 위상뿐 아니라 높은 환경수준을 세계인에게 알려 아름답고 쾌적한 대한민국의 이미지를 높여야 한다.

이를 위해 우선 기업들이 CI(Corporate Identity)를 개발해 타 기업과 구별되는 고유의 특성과 비전을 제시하는 것처럼 2002년 월드컵 때 우리가 보여주어야 할 EI(Eco-Identity)를 만들어야 할 것이다. EI는 우리나라 또는 2002년 월드컵만의 독특한 환경적 특성을 보여줄 수 있는 상징, 모습 등을 총괄하는 환경에 대한 통일된 개념이라고 할 수 있다.

마치 핀란드 하면 호수의 나라를, 스위스 하면 눈 덮인 알프스를, 중국 하면 팬더를, 브라질 하면 축구를 떠올리듯이 한국의 환경 하면 외국인이 떠올릴 수 있는 EI를 발굴·개발해야 할 것이다.

다음으로 이러한 EI의 통일적 체계하에서 월드컵대회 준비에서부터 대회운영에 이르는 환경마스터플랜이 마련돼야 할 것이다.

즉 ① 월드컵 개최도시의 전반적인 환경 Restructuring ② 오염물질 배출을 최소화하는 Zero Emission 월드컵의 실현 ③ 깨끗하고 자원절약적인 월드컵 추진 ④ 경기 관련 시설의 환경친화성 제고 ⑤ 다양한 환경프로그램개발이라는 방향하에서 환경월드컵을 준비하고 마무리해야 할 것이다. 구체적으로 환경월드컵을 위해 할 일들을 살펴보면 옆의 표와 같다.

또한 대회 종료 후에는 개선된 도시환경, 고양된 환경의식을 바탕으로 환경정책을 한 단계 승화시킬 수 있도록 노력해야 할 것이다. 88올림픽을 계기로 국민의 환경과 시민의식이 한 단계 높아진 것을 교훈삼아 2002년 월드컵을 제2의 시민의식 도약 계기로 삼아야 할 것이다.

① 월드컵 개최도시의 환경 Restructuring

우리나라를 찾는 외국인은 가장 먼저 개최도시의 환경을 통해서 우리나라의 환경에 대한 첫 인상을 갖게 될 것이다.

따라서 앞서 말한 전체적인 EI하에서 한국을 연상시키면서 지역 고유의 특성도 잘 살릴 수 있는 방향으로 도시 전체를 Restructuring 해야 할 것이다. 즉 개최도시의 경제적 성장, 문화적 상징성, 지역대 표성뿐 아니라 자연환경 및 도시환경의 독특한 개성을 살릴 수 있는 방향으로 도시구조를 개편할 필요가 있다.

가. 도시 re-coloring

－전체적인 공간계획하에서 건물들이 배치되지 않은 우리나라 도시들의 실정을 고려할 때 도시 전체의 색깔을 살리는 작업이 필요하다. 즉 하천, 산 등 자연과 어울릴 수 있는 우리 고유의 색깔로 도시의 이미지를 형상화하는 것이다.

위성이나 항공사진을 통해 전체 도시 색깔을 파악하고 컴퓨터 시뮬레이션을 통해서 낮은 구릉, 하천, 도심 내 녹지공원 등을 고려해 도시 전체의 색을 재배치하는 작업도 필요하다고 본다. 도시 전체의 통일감 속에서 개별 건물의 특성을 최대한 살리는 색조로 배치하되 새마을운동 시 마을 전체 건물에 하얀색 회칠을 하듯 단일화시키는 것은 적절하지 않다.

아파트의 외벽, 시내버스, 전철역사 및 전철차량, 보도블록, 방음벽 등 도시 곳곳의 색깔은 주변과 잘 어울리게 선택해야 한다. 도시의 야간조명도 중요하다. 경기장 주변시설은 물론 도시 내 주요 건물의 특성을 최대한 살려줄 수 있는 조명으로 아름다운 야경을 설계하는 것도 필요하다.

나. 가로환경 정비

-길거리 모습은 바로 그 나라의 얼굴이라고 해도 지나치지 않다. 따라서 월드컵 개최도시의 환경 Restructuring 작업에서 우선 중시해야 할 것이 가로환경 정비다.

외국인들에게 도시미관을 해치고 무질서하게 보이는 것이 도심 내 간판일 것이다. 각양각색의 현란한 간판보다는 상점의 종류에 따라 간판의 통일성을 부여하는 것도 필요하다. 스위스 제네바에 가면 모든 약국이 녹색으로 된 상징과 pharmarcy라는 간판을 걸고 있는 것을 볼 수 있다. 이처럼 우리말을 잘 모르는 외국인일지라도 쉽게 찾을 수 있도록 간판을 업종별로 통일화시킬 필요가 있다.

도시 내 전신주나 가로등에 대한 정비도 필요하다. 시멘트골조로 만든 전신주에 붙어 있는 광고전단은 도시의 미관을 해치는 요소 중의 하나다. 따라서 개최도시 내 주요 도로변의 전신주는 지하화하고 적절한 형태의 게시판을 설치할 필요가 있다. 가로등도 지역문화와 자연을 형상화할 수 있는 형태로 만들 필요가 있다. 우리 문화의 특성을 나타낼 수 있는 청사초롱 모양의 가로등을 설치하는 것도 고려할 만하다. 도로와 인도를 구별하는 가드레일도 알루미늄 일색인데 도깨비문양, 고구려벽화문양 등 다양한 색깔과 형상으로 특색을 살릴 필요가 있다.

다. 녹지공간의 확충·정비 - 자투리땅, 중앙분리대 등 활용

-눈에 피로를 가장 적게 주는 색이 녹색이라고 한다. 푸른 나무

와 숲은 마음에 안정감을 심어주고 맑은 공기를 만들어 주는 기능도
한다.

따라서 녹지공간을 늘려 회색빛 도시공간에 생기를 불어 넣을 필
요가 있다. 이를 위해 도시 곳곳에 조깅도 하고 산책도 할 수 있는
공원을 많이 조성해야 한다. 서울시가 여의도광장을 공원화시키는
작업을 진행 중이지만 도심내공원은 접근의 편리성, 주변건물과의
조화, 적절한 나무들의 식재 등이 고려돼야 한다. 특히 공원 내 연못
을 만들고 그 위에 정자를 세우는 우리 고유의 정원문화를 현대적으
로 재현하는 것도 필요하지 않을까 한다.

또한 녹지 및 풍치 지역 내 신축건물을 억제하여 도심 내 녹지의
훼손을 줄이고 녹지양의 보전을 위해서 노력해야 한다. 또한 가로수
보호판설치, 녹지대의 잔디피복, 중앙분리대 및 가각 녹지대의 다양
화, 파쇄목 깔기, 토사유출 방지사업 등도 실시할 필요가 있다. 더불
어 대형건물 주변에 녹음수 식재를 권장하고 산울타리 및 담쟁이를
이용한 건물녹화를 추진해야 한다.

라. 노점판매점의 정비·규격화

－깨끗한 도시를 연출하기 위해 가로변의 판매점 정비도 추진해야
한다. 지금 많은 가로 판매점이 노후화돼서 녹물이 흐르고 지저분한
모습이거나 획일적이고 단조로운 색상을 띠고 있다. 도시 미관을 해
치는 노후·불량 가로 판매점은 연차적으로 교체하고 거리의 특성에
맞는 새로운 형태의 참신한 가로 판매점모형을 개발해 보급할 필요
가 있다. 컨테이너 박스 모양의 일률적인 모양보다는 기와지붕을 얹
힌 판매점모형도 고려할 만하다.

또한 길거리에 자리 잡고 있는 노점상의 영업장소를 정돈함으로써
질서 있는 가로환경을 조성할 수 있다고 생각한다. 월드컵이 개최되
면 노점상이 무질서하게 늘어나서 시민들이 걸어 다녀야 할 도로를

차지한 채 호객행위를 하는 모습을 더 많이 자주 보게 될 것이 틀림 없다. 대회 개최 전에 기존 노점상 현황을 파악해서 노점상 입지가 가능한 지역을 정하고 필요한 경우 양성화할 필요가 있다. 대회 기간 중에는 순찰활동을 강화해 신규 노점상의 발생을 억제하고 노상 적치물을 무질서하게 방치하는 것을 방지해야 한다. 가로환경 정비를 위한 단속·감시도 필요하지만 홍보·계도를 강화해 노점상 정비의 필요성에 대한 일반국민의 이해와 참여를 넓혀야 한다.

마. 이정표, 표지판, 거리명 등 정비

-현재 대부분의 이정표나 가로 표지판은 체계가 잡히지 않았거나 불량한 경우가 많다. 퇴색되거나 찌그러진 표지판을 새롭게 재정비해 산뜻한 도시 분위기가 연출될 수 있도록 해야 한다. 표지판의 모양이나 색깔 못지않게 정확한 정보를 제공할 수 있어야 한다. 외국인들이 표지대로 읽으면 찾아갈 수 있는 명칭을 사용하는 것이 필요하다.

예를 들어 비원을 Secret Garden 이라고 표기할 경우 외국인들에게 그 의미를 잘 전달할 수 있겠지만 길을 물어 비원을 찾아가는 데 많은 어려움이 있을 것이다. 도심 곳곳에 설치될 교통, 거리 등 각종 정보시스템은 정확성뿐 아니라 콘솔박스의 모양도 통일성과 미관을 고려해야 한다.

바. 담장 아름답게 꾸미기

-건설현장의 소음관리뿐 아니라 공사현장 주변환경을 환경친화적으로 만드는 방법은 없을까? 건축공사 현장에는 가설울타리, 가림막, 낙하물 방지시설 같은 시설물이 들어서기 마련인데 먼저 이들 시설을 정비해야 한다.

또한 도시미관에 큰 영향을 미치는 도로변 가설 울타리에 회화장식을 하는 방안을 제안한다. 지금도 많은 가설 울타리에 회화장식이 있지만 내용도 단순·획일적이고 구호와 선전 위주로 만들어져 있다. 앞으로의 회화상식삭업에는 시민이나 지역 미술가들을 적극 참여시켜 세계시민 화합의 장인 월드컵 정신을 표현하는 다양한 모습의 회화장식을 그리게 한다면, 월드컵 열기를 높이는 효과가 있을 것이며 이는 큰 비용 없이도 가능할 것이다.

아울러 기존 주택가 건축선 담장의 조경처리가 필요하다. 경제성에만 치우쳐 미적 측면을 외면하고 있는 담장에 우리의 문화전통을 세계에 알릴 수 있는 조경작업을 시작해야 할 것이다. 거리상가의 셔터들이나 도시 내 절개지 표면에 다양한 색깔의 그림도 그려 넣을 필요가 있다.

사. 보행자 중심의 「Green Road」 건설 확대

−이제까지 교통의 원활한 소통과 경제성을 위주로 시행돼 온 도로건설을 지양하고 보행자의 안전과 편의가 고려되며 주변경관이 최대한 보존되는 환경친화적 「Green Road」 건설을 추진해야 한다.

이를 위해 경기장 주변의 보행안전과 편의성을 증진하는 방향으로 도로 설계지침을 바꾸고 보도블록의 문양을 다양화·칼라화해야 할 것이다. 또한 도로변 가로수 식재를 늘리고 수종을 다변화하며 꽃길 조성을 확대할 필요가 있다. 세계적으로 유명한 도시들에는 도시의 특성을 잘 보여주는 가로수들이 심어져 있다. 가로수는 자생종위주로 식재하되 대기, 수질오염을 최소화시키는 환경정화수를 선택하는 것이 바람직하다.

아. 도심의 하천·샛강 등 일제정비

−많은 도심하천은 심한 악취와 버려진 쓰레기로 인해 휴식공간으로 충분히 활용되지 못하고 있다. 이의 개선을 위해 하천변과 하상

정비를 실시해 하천을 깨끗이 하고 생활오수나 하수는 인근 하수처리장에 찻집, 처리토록 함으로써 하천이 오염되지 않도록 해야 한다. 이 경우 자연형태의 하천형을 유지하고 생태계 복원 등 자정기능제고를 위한 방식으로 추진돼야 한다.

콘크리트 제방설치와 복개공사 중심의 하천관리를 지양하고 수변에의 식재, 하천변에 산책로·꽃길 등을 조성함으로써 누구나 쉬어갈 수 있는 쉼터로 가꿔야 한다. 도심 내 샛강은 일정수준의 유대용수가 흐를 수 있도록 해 쫄쫄쫄 흐르는 시냇물의 정취를 살리고 오염도 방지할 필요가 있다. 한강 고수부지에 보리밭을 가꾸듯이 강물을 끌어들여 시범적으로 벼농사를 짓도록 함으로써 수전농업의 환경적 특성을 살펴볼 수 있는 기회를 만드는 것도 좋은 아이디어가 될 수 있다. 주요 하천 주변에는 관리책임자를 지정해 주기적으로 청소 및 관리토록 하는 것도 필요하다.

자. 하수시설 등 도시기반시설 정비

－도시가 외면적으로 아무리 깨끗하고 정비가 잘 됐다 해도 올해와 같이 집중호우로 인해 침수가 발생되거나 제대로 처리되지 않은 오염물질이 지속적으로 배출된다면 의미가 없다. 조속히 배수시설의 확충, 하수관내의 퇴적물제거, 파손된 하수관의 정비 등 주기적인 하수시설의 관리·정비로 호우를 대비해 호우 시에도 경기를 원활히 치룰 수 있도록 철저히 대비해야 할 것이다.

또한 개최도시의 하수처리장, 폐기물소각시설, 도로 등을 지속적으로 확충해야 할 것이다. 특히 혐오시설로 기피하고 있는 하수처리장, 폐기물소각시설은 주민의 참여와 이해를 최대한 배려해 설치돼야 한다. 최근 하수처리장을 지하화해 지상을 주민들의 휴식공간으로 활용하거나 주변녹지를 만들어 환경학습장으로 활용하는 것은 좋은 사례다.

차. 공중화장실의 개·보수 및 확충

-공공장소나 휴양지, 공원 등에는 그 장소를 사용하는 이들이 이용할 수 있도록 공중화장실이 설치돼 있다. 그러나 사용자의 무책임과 관리자의 관리 소홀로 악취가 심하고 지저분해 많은 사람들이 사용하기를 꺼려하는 실정이다.

따라서 공공시설에 대한 개·보수를 시급히 추진하고 관리책임자를 선정해 깨끗이 관리함으로써 불쾌한 인식을 갖지 않도록 하는 것이 중요하다. 그리고 경기 기간 중에는 관람객 등으로 화장실 수요가 급격히 늘어나는 점을 감안, 경기장 주변에 이동식 간이화장실도 준비해야 한다.

공중화장실의 청결과 함께 외관도 중요하다. 산사에서는 화장실을 해우소(解憂所)라고 한다. 근심을 떨어버리는 장소라는 뜻에서일 것이다. 이러한 선인들의 지혜를 최대한 살리는 의미에서 공중화장실이나 간이화장실의 모양과 도색도 특색 있게 할 필요가 있다. 화장실에 지정색깔을 사용하거나 나무소재나 기와를 입혀 보는 것도 고려할 만하다.

② Zero Emission 월드컵의 실현

도시의 미관과 자연경관과 아울러 우리나라를 찾아오는 관람객과 선수들이 피부로 느끼는 환경의 질이 매우 중요하다. 88올림픽대회 시 자동차 배출가스로 인한 대기오염을 줄이기 위해 자가용승용차에 삼원촉매장치를 의무화시킨 적이 있다. 그 당시 많은 비판이 있었지만 서울시의 대기질을 개선하고 올림픽을 성공적으로 이끄는 데 큰 기여를 했을 뿐 아니라 선진국의 환경장벽을 넘어 우리 자동차의 수출 확대에도 크게 기여한 바 있다.

아래표에서 보듯이 우리나라 주요도시의 대기오염도는 일본에 비해 대체로 높은 실정이다. 환경오염을 줄이는 노력은 선수들이 쾌적한 환경에서 경기할 수 있도록 함은 물론 국내 환경수준을 선진국수준으로 한 단계 높이는 계기가 될 것이다. 즉 공동개최국인 일본과 비교해서 뒤떨어지지 않는 환경을 조성하는 것이 시급하다.

가. 오존오염의 획기적 저감

－오존은 주로 이산화질소(NO_2)와 탄화수소류 등이 태양광선과 반응해 생성되며 농도가 높을 경우 시정장애, 인체 및 동식물, 재산상의 피해를 미친다. 오존은 단기간 동안 고농도에 노출될 경우 인체에 해로운 영향을 미친다.

최근 서울 등 대도시의 오존오염은 급격히 증가하는 추세다. 월드컵 기간 중 오존오염이 심화될 경우 선수들의 건강과 경기진행에 직접적인 영향을 미칠 수 있기 때문에 특별한 대책이 필요하다. 외국의 한 연구에 따르면 오존농도가 0.05~0.3ppm에서 1시간 정도 노출될 경우 육상선수들의 기록이 저하되는 것으로 나타난 바 있다. 더구나 월드컵경기가 진행되는 6월에는 강한 태양빛으로 인해 오존오염이 급격히 높아지는 시기이므로 사전 대비에 만전을 기해야 한다.

오존은 주로 자동차 배출가스가 햇빛과 반응해 생성되므로 개최도시의 자동차 배기가스 저감대책을 강력히 추진할 필요가 있다. 아울러 경기개최 도시에 오존경보체제를 확립토록 해 오존으로 인한 피해가 발생되지 않도록 해야 한다.

나. 저공해자동차 보급 확대

－자동차 보유대수가 1천만 대를 넘어섬에 따라 서울의 경우 대기오염의 82%가 자동차 배출가스에 기인하고 있다. 자동차오염물질 발생량 중 경유차가 약 70%를 차지하고 있어 월드컵 기간 중 경유

차 배출가스에 대한 관리대책이 시급한 실정이다.

우선 경유차에 비해 NOx, HC 등을 절반 이하로 배출하는 압축천연가스(CNG) 시내버스를 개최도시에 우선적으로 공급할 필요가 있다. 또한 경유 자동차에 대한 매연저감장치 부착을 의무화하고 고출력 버스를 개발·보급하는 등 저공해자동차 보급을 확대해야 할 것이다.

다. 제작차 배출허용기준 강화 등 제작차의 저공해화

-오존영향물질인 NOx, HC 등의 제작차 배출허용기준을 강화하고 배출가스감소장치의 유효수명을 연장할 필요가 있다. 현재 5년(8만km)인 삼원촉매장치(휘발유차)의 유효수명을 10년(16만km)으로 강화하되 개최도시 내 공공기관 차량에 우선적으로 부착할 필요가 있다.

또한 2륜차의 배출가스규제기준을 강화하고 규제방법도 농도규제에서 정확한 배출가스 정량분석에 의한 중량규제로 전환할 필요가 있다.

라. 대중교통중심의 교통체계 구축

-대회 기간 중 교통체증 방지와 대기오염 저감을 위해 축구경기장, 대형숙박시설 등 대회 관련 시설 주변의 교통유발량을 산정해 차량수요 관리계획을 수립해야 한다. 지하철을 건설 또는 운행 중인 개최도시인 경우 지하철과 버스 간 환승체계를 구축하고 지하철 역세권 주변에 주차장을 설치함으로써 대중교통이용을 촉진시켜야 한다.

대중교통이용 활성화를 위해서는 불편함과 쾌적성을 확보하는 것이 중요하다. 오래된 버스를 교체하고 노선을 재정비하며 버스전용차선을 확대할 필요가 있다. 전철의 경우도 실내 에어컨, 조명 등을 개선하고 배차간격을 적절히 조정함으로써 이용의 편리성을 증대시키는 것이 필요하다.

경기 기간 중에는 직장단위별 또는 지역별로 Car Pool제도를 시행해 차량의 감축운행을 유도하고 10부제 또는 5부제를 실시해 교통혼잡과 대기오염을 줄여 나갈 필요가 있다. 지하철역 등에 자전거보관소를 설치하고 자전거 통행단절구간(지하도 등)을 집중 정비하는 등 자전거이용활성화를 위한 대책도 강구해야 한다.

마. 운행자동차 배출가스 단속

－월드컵 기간 중 깨끗한 대기환경을 조성하기 위해서는 운행차에 대한 철저한 매연단속도 필요하다. 매연은 불쾌감을 유발할 뿐 아니라 건강에도 유해하기 때문에 버스, 트럭 등 경유차 매연단속을 한층 강화해야 한다.

노상단속과 함께 차고지, 회차지 등에 기동단속반을 투입해 단속함으로써 매연을 줄일 경우보다 쾌적한 대기환경을 유지할 수 있을 것이다. 경기 기간 중에는 상설단속반과 수시단속반을 확대 운영할 필요가 있다.

또한 현행 정지상태의 무부하검사방법을 대도시와 월드컵 개최도시부터 운행 조건을 반영한 부하검사방법으로 전환하는 것도 검토할 필요가 있다.

바. 행사지원 차량은 Clean Car로 전환

－경기장 주변의 대기오염을 최소화하기 위해 행사용 혹은 행사지원 차량은 Clean Car로 운행할 필요가 있다.

경기장 내외 일정 지역을 자동차 통행금지 지역으로 지정하고 경기장 구역 내에서는 전기자동차 등 무공해차만 운행할 수 있도록 하는 Clean Car 운영계획을 수립·시행할 필요가 있다. 또한 대형트럭 등 소음유발이 크고 오염물질 배출량이 많은 차량에 대해 경기장 주변 통행을 경기 기간 중 일시적으로 제한할 필요가 있다. 그리고 경

기장을 운행하는 셔틀버스는 CNG(압축천연가스) 차량으로 해 오염
을 줄여야 한다.

사. 악취대책 강구

－악취는 황화수소, 메르캅탄류, 아민류 등 자극성 있는 기체상의
물질이 사람의 후각을 자극해 불쾌감과 혐오감을 주는 냄새로 월드
컵 개회 기간 중 특별히 관리해야 할 분야다. 악취는 산업시설뿐 아
니라 쓰레기더미, 공중변소, 세탁업 등 생활 주변에서도 많이 발생된
다. 따라서 경기장 주변은 물론 선수 숙박시설 부근의 악취관리가
필요하다.

우선 개최도시의 악취배출원을 일제히 조사해 악취방지대책을 수
립해야 한다. 도심 곳곳에 위치하고 있는 쓰레기적환장은 악취뿐 아
니라 미관상으로도 좋지 않아 재배치하거나 새롭게 정비해야 한다.
부패성 생활쓰레기와 일반쓰레기를 분리해 처리하고 음식물의 수분
은 없앤 후에 배출하는 것도 생활악취를 줄이는 좋은 방법이다.

아. 비산먼지 관리대

－도로 및 각종 공사장에서 발생되는 비산먼지로 인해 차량 등에
흙먼지가 쌓여 있는 것을 종종 볼 수 있듯이 비산먼지는 생활에 불
편을 야기할 뿐 아니라 호흡기장애를 유발할 수 있다. 따라서 건축
공사장 등 비산먼지 발생사업장의 세륜, 세차시설을 철저히 점검하
고 토사운반차량의 경기장 주변 운행을 금지시킬 필요가 있다.

또한 월드컵 기간 중에 물청소차량과 진공청소차량을 동원해 주기
적으로 도로를 청소해 먼지 없는 거리를 만들어야 한다. 가로변에
놓여있는 화단을 둘러싼 턱을 높이고 잔디를 식재함으로써 강우 시
토사유출을 막고 도로변에 먼지 발생을 줄일 수도 있을 것이다.

자. 건설소음 · 도로소음 · 생활소음 관리

－93년 환경분쟁조정위원회가 설립된 이래 97년 말까지 신청된 환경분쟁 1백90건 중에서 소음·진동으로 인한 사건이 67%를 차지한다. 이렇게 소음·진동으로 인한 피해는 우리 생활 주변에 자리 잡고 있으면서 사람들에게 정신적·심리적 악영향을 미치는 바가 큰 것이다.

따라서 월드컵을 계기로 우리나라를 찾은 관광객이나 선수들에게 조용한 환경을 조성하기 위해 소음관리를 강화해 나가야 할 것이다. 월드컵으로 인해 건설경기가 활성화되면 건설소음도 증가될 것이다. 따라서 소음·진동을 적게 발생시키는 공법이나 장비를 사용하도록 유도하고 수시로 소음도를 측정·관리해 강력한 행정조치를 병행해 나가야 한다.

시간대별로 건설공사의 규모와 소음을 규제하고 항타작업과 같은 소음유발작업은 최소화해야 할 것이다. 또 필요하다면 경기 기간 중에는 공사를 중지하도록 하는 방안도 강구할 필요가 있다고 생각한다.

도로교통으로 인한 소음피해를 줄이기 위해 과학적이고 객관적인 소음발생 현황조사를 실시하고 경기장 및 숙소 주변의 소음저감대책을 추진해야 한다. 또한 도로포장 혼합비를 조정해 다공성 저소음 도로포장 공법을 활성화할 필요가 있다. 특히 오토바이 폭주족에 대한 대책을 강화해 2륜차에 의해 야기되는 정온한 환경방해를 방지해야 한다.

생활소음관리대책의 하나로 차량이나 리어카 등을 이용해 물건을 판매하는 이동행상의 확성기 소음을 강력히 규제할 필요가 있다.

차. 대기환경규제 지역의 확대 및 관리강화

－월드컵 개최도시에 대한 대기오염도 및 오염영향권 조사를 통해 대기환경규제 지역으로 지정하는 방안을 검토할 필요가 있다. 개최도시에 대한 LNG 등 청정연료 사용을 확대하고 저유소, 주유소 등

에 대한 휘발성유기화학물질(VOC)의 배출 억제 및 방지시설설치를
확대할 필요가 있다.

오존생성물질인 VOC 배출원의 46%를 차지하는 도장과정에서의
배출량 저감을 위해 오존경보발령이 예상되는 기간 중에 건물 도색
및 차량도장작업 중지를 유도할 필요가 있다. 또한 발전소, 대형빌
딩, 소각시설 등에 대한 질소산화물 저감시설설치를 확대해 대기오
염을 줄여나가야 한다.

③ 깨끗하고 자원절약적인 월드컵 추진

IMF 경제위기를 맞으면서 자원다소비형 산업구조와 소비생활의
문제점이 부각되고 있다. 따라서 그동안 월드컵을 계기로 세계인에
게 과소비와 향락으로 무질서하게 비춰진 우리의 모습을 불식시키고
우리나라가 깨끗하고 살기 좋으며 국민 모두의 근검절약한 모습을
널리 홍보할 필요가 있다.

가. 월드컵 개최 전 국토청결운동의 대대적 전개

-월드컵은 올림픽에 버금가는 국제대회다. 따라서 대회개최 이전
에 우리의 국토를 청결히 해「깨끗한 한국」의 이미지를 심어 줄 필
요가 있다. 이를 위해 월드컵 개최 전에 대대적인 국토청결운동을
전개해 더럽혀진 국토를 청결히 할 필요가 있다.

올림픽 개최 전에 유원지, 하천부지, 도심 내 공원, 상수원 주변,
국립공원, 도로 주변 등에 대한 특별청소대책을 마련해 추진할 필요
가 있다. 마을 또는 동단위로 매주 1~2회씩 거리와 골목을 청소하
고 자기 집 앞 쓸기 캠페인을 전개할 필요가 있다.

나. 쓰레기 특별관리구역 설정

-경기장 주변, 관광 지역, 쇼핑센터 등에는 월드컵대회 이전부터 많은 외국인이 붐빌 것으로 생각된다. 그러나 쓰레기의 발생량에 관계없이 정해진 날짜에만 수거할 경우 악취와 혐오스러움으로 나쁜 인상만 줄 것이다.

따라서 사람들이 많이 붐비는 지역과 쓰레기 다량 발생 지역을 특별관리구역으로 지정하고 악취 등 쓰레기로 인해 발생될 수 있는 문제점을 해결하기 위한 별도의 쓰레기 수거·처리체계를 구축해야 한다. 경기 기간 중 이러한 지역에 대한 쓰레기 수거는 1일 2회로 강화시킬 필요가 있다.

다. 경기장, 관광 지역 등에 쓰레기통설치

-도심의 거리는 물론 지하철 등 도시의 곳곳에 담배꽁초, 껌, 종이류 등 온갖 폐기물이 버려져있다. 이는 일부 국민의 의식이 부족한 사유도 있으나 쓰레기종량제 시행 이후 쓰레기통을 철수한 것도 한 이유다.

경기장, 관광 지역 등 사람들의 출입이 빈번한 곳에 재활용품과 잡쓰레기를 분리 배출할 수 있는 쓰레기통을 지역실정에 맞게 제작·설치해 도심의 거리에 쓰레기가 버려지지 않도록 해야 할 것이며 쓰레기통 모양과 색깔도 도심의 주변환경과 어울리게 제작돼야 한다. 또한 구역별 담당미화원을 지정해 수시로 수거될 수 있도록 관리도 철저하게 해야 한다.

라. 쓰레기 수거 장비와 미화원의 복장 개선

-쓰레기가 다량 발생할 경우 현재와 같이 상차식 수거차량 등과 같은 수거장비로는 적시에 원활한 수거가 어렵고 미화원의 복장 또

한 대부분이 낡고 지저분해 미관상에도 좋지 않은 실정이다.

경기장, 관광 지역 등 외국인의 출입이 빈번한 곳은 특수 수거장비를 확보해 신속히 쓰레기가 수거처리될 수 있도록 할 필요가 있다. 청소차량과 미화원 복장도 밝고 경쾌한 색과 디자인으로 개선할 필요가 있다.

마. 음식물쓰레기 감량화

-우리나라 고유의 음식문화를 세계인에게 알리는 것은 월드컵의 목표 중의 하나가 될 수 있다. 하지만 지나치게 푸짐한 식단은 음식물쓰레기를 양산시킬 뿐 아니라 우리나라 음식의 세계화에도 제약이 될 수 있다. 따라서 주문식단제 또는 표준식단제를 생활화해 간결하면서도 쓰레기를 최대한 줄일 수 있도록 해야 한다.

또한 일회용 젓가락 사용 억제, 간이음식물 판매소의 음식물포장재 사용억제 등으로 음식물 관련 쓰레기도 줄여 나가야 할 것이다. 또한 일정규모 이상의 식당에 대해서는 음식물쓰레기 사료화 또는 퇴비화시설을 설치토록 함으로써 음식물을 재이용하는 방안도 적극 추진해야 한다.

4) 독일의 환경정책

① 독일의 '환경수도' 프라이부르크의 환경정책

라인 강과 슈바르츠발트 숲으로도 유명한 독일 남부의 작은 도시 프라이부르크는 '독일의 환경수도'라고 불리 운다. 프라이부르크가 이처럼 독일의 환경도시가 된 배경은 '빌 핵발전소'가 이곳에 건설되는 것을 반대한 주민들이 새로운 에너지 대안을 스스로 제시하기 시작하면서였다. 그 당시 핵산업의 로비에 맞서기 위해 만들어진 많은 조직들이 지금까지 프라이부르크 곳곳에서 환경운동을 펼치고 있다. 환경적으로 건전한 농업, 지속 가능한 에너지, 새로운 삶의 양식 등을 모색하는 새로운 환경단체들도 만들어졌다. 이들은 프라이부르크 시 당국뿐만 아니라 전 독일의 환경문제에 관해 끊임없이 압력을 형성하고, 더 나아가 새로운 대안을 제안하고 있다. 이러한 노력의 일환으로 이제 프라이부르크는 환경에 관한 한 가장 선진적인 도시로 손꼽히고 있다.

따라서 1986년 다른 도시보다 훨씬 먼저 환경청을 만들었던 프라이부르크는 같은 해 일어난 체르노빌 원전사고 후에 빌 핵발전소 건설계획에 반대하고, 핵에너지 반대와 함께 에너지이용과 난방, 대기와 수질 관리를 통합하는 환경계획을 확립했다. 이 계획으로 프라이부르크 시는 지역 내에 건물 수가 대폭 증가했음에도 불구하고, 1980년에서 1991년까지 총 6백3십만 마르크를 투자해 2천4백8십만 마르크의 에너지절약 효과를 거둘 수 있었다. 에너지소비절약과 효과적인 에너지이용은 또한 환경오염물질의 방출을 그만큼 줄일 수 있다는 것을 의미한다. 같은 기간 동안 SO_2방출량이 58% 줄었고, CO_2방출량도 25%가량 줄었다. 그 계획을 구체적으로 살펴보자.

가. 먼저 주거 지역을 살펴보면

－먼저 제2차세계대전 이후 지어진 독일의 주거단지는 대단위로 계획되어 도시 질적인 면에서 상당히 낙후되어 있었으며 더욱이 단조로운 조립식 아파트와 더불어 도시기반시설의 결함, 인공적인 녹지공간, 도시계획과 건축의 결함은 도시민에게 더욱 열악한 거주환경을 제공하였다. 이러한 아파트단지들의 보수개량사업은 주거조합의 사업 신청으로 시작하여 베를린 시 주택의 사업에 대한 평가와

베를린 부동산투자은행의 자금 조달로 시행하게 되었다. 이 외에 시 정부자체 예산을 통한 도시 생태적 프로젝트개발시행 평가하기 위한 보고금이 지원되기도 아녔다. 그중 헬레스도르프 아파트단지는 생태 적 보수개량사업의 예로 매우 긍정적으로 평가되고 있다. 이 지역의 조립식 아파트는 계량화사업 이전 발코니 부분의 노후와 조밀하게 조립되지 않은 지붕, 부정확하게 조립됨으로써 금이 간 벽, 노후되어 기능이 부실한 주거설비, 에너지의 손실이 큰 창문과 벽면 등의 문 제점을 노출하고 있었다. 이러한 아파트들은 그 당시 거의 동일한 방법으로 건축되어 유사한 문제점을 가지고 있기 때문에 연방정부는 베를린의 헬레스도르프 지역에 시범적으로 생태적 계량화사업을 추 진하였다.

 이 주거 지역의 외부공간에 대해서도 생태적으로 재개발하고자 하 는 시도의 하나로서 기존의 자연 지역과 인접한 도로 및 공지에 포 장을 제거하는 계획이 수립되었다. 콘크리트는 기존의 조립식 주택 에 주재료로 사용되었을 뿐만 아니라 주거공간을 저가격으로 포장할 수 있는 재료였다. 따라서 계량화 사업에서는 콘크리트로 포장된 여 러 곳을 친환경적 포장재료로 교체하는 작업이 이루어졌다. 잔디포 장과 보행자도로의 투수성 포장설치로 우수를 침투시키도록 하였으 며 또한 보행자 도로에서 걷어낸 콘크리트 조각들은 주차장이나 운 동장 주위에 식재가 가능한 돌담설치 및 아파트 1층 부분의 테라스 설치를 위한 바닥재료로 이용하였다. 이 지역의 한 초등학교에서는 학생들과 교사들이 자체 프로그램으로 그들 학교의 콘크리트 포장을 제거하고 부서진 콘크리트 조각으로 운동장 주위에 식재가 가능하도 록 축대를 쌓는 등 보다 친자연적인 공간을 만들어냈다.

 나. 난 방
 −1992년 6월 시의회는 정부 건물이나 정부가 임대하거나 판매하

는 토지 등 시정부가 영향력을 행사할 수 있는 모든 경우에 대해 에너지 저소비형 건물만을 지을 수 있도록 하는 정책을 채택하여 단열제 확충, 태양에너지이용, 건축 기준 확립을 골자로 하는 에너지 저소비형 건물을 짓도록 하고 있다.

이렇게 되면 물론 건축비용은 증대하지만 나중에는 결국 에너지소비절약을 통해 비용이 상쇄된다. 시당국으로부터 토지를 사는 사람들은 1년 동안 1㎡에서 사용하는 난방에너지가 65Kw를 넘지 않도록 지어야 한다. 이것은 오늘날 일반가정에서 난방을 위해 사용되는 에너지의 2분의 1에 해당된다. 오염물질방출도 마찬가지로 반감된다.

다. 전 기

-프라이부르크는 또한 독일 최초로 시간제 요금제도를 도입한 도시이다. 기본요금은 없다. 완전한 종량제이다. 이것은 에너지를 덜쓰는 사람은 그만큼 적게 돈을 낸다는 것을 의미한다. 이 도시의 에너지와 수자원 회사인 PLG는 프라이부르크 모든 가정에 3가지 시간대별로 에너지소비가 다르게 계산될 수 있도록 하는 새로운 전력미터기를 설치했다. 시간대별로 다른 요금이 적용되는 것이다. 이러한 정책은 에너지절약에 경제적 인센티브를 주기 위한 것이며, 이는 수요, 관리와 함께 프라이부르크 전력정책의 기본을 이루는 '전력생산의 분산화'이다. 또한 에너지자립도시를 선언한 프라이부르크는 '태양의 도시'라고 불린다. 시내의 태양광발전장치가 60개소에 이르며 시민 1인당 태양광발전시설은 독일에서 프라이부르크는 1980년대 중반에 자체적인 전력회사를 건립했다. 밤이건 낮이건 항상 필요한 전력은 외부의 큰 발전소에서 사오지만 활동시간대의 전력이나 피크1 대의 전력수요를 위해서는 지역난방과 결합된 석유나 석탄, 열병합발전소를 건설한다. 그것이 외부에서 전기를 수입하는 것보다 훨씬 경제적이고 효율적인 에너지이용이기 때문이다.

피크타임 전력수요는 개별적인 전기 생산 주체로부터 구매한다. 태양열이나 소수력, 풍력을 이용해 전기를 생산하는 개인이나, 단체는 사용하고 남은 전기를 프라이부르크 전기회사에 판매가의 90% 가격을 받고 판매할 수 있도록 하여 많은 사람들이 필요한 전기를 스스로 생산하는 것을 장려하고 있다. 당연히 이렇게 소규모 발전시설을 만드는 사람에게는 재정적 지원이 뒤따른다.

라. 쓰레기

-프라이부르크는 쓰레기소각에 반대하고 있으며 환경적으로 친화적인 쓰레기관리시스템을 채택하고 있다. 이 시스템은 쓰레기 발생량을 원천적으로 줄이고 생물 공학적 원리에 입각해서 쓰레기를 처리하기 위한 것이다. 시는 유치원과 학교, 일반시민들과 각종 산업체에 쓰레기관리에 대한 정보를 제공하고 쓰레기를 줄이도록 유도하고 있다. 시 당국은 영향력을 행사할 수 있는 모든 곳에서 음식물 분쇄기나 종이 분쇄기의 사용을 금지하고 있다. 1992년 10월에는 프라이부르크 쓰레기문제위원회의 제안에 따라 환경부는 생물 공학적 쓰레기 처리에 대한 대중 홍보에 나섰으며, 시의회와 시당국은 쓰레기 처리에 새 지평을 열었다. 다른 한편으로는 다시 사용할 수 없거나 재생할 수 없는 쓰레기들을 모아서 조각내고 썩혀 발효시킨 다음에 거름으로 사용하거나 작은 매립지로 가져간다.

이러한 쓰레기를 줄이는 것을 장려하고 소각.

로가 뿜어내는 다이옥신을 만들어내지 않는다. 또한 이것은 소각보다 훨씬 더 싸고, 더욱 중요하게는 대중들에 의해 쉽게 수용될 수 있다.

마. 교 통

-프라이부르크 교통정책의 목표는 대중교통수단과 자전거, 개인

차량이 각각 전 교통 부하의 1／3씩을 차지하도록 만드는 것이다. 이러한 교통정책은 세계 각국 전문가들의 관심을 끌고 있다. 시내 교통량 중 자전거와 대중교통수단이 차지하는 비율이 1976년 각각 18%, 22%에서 1991년 27%, 26%로 증가하는 대신 차량이용은 60%에서 47%로 줄었다는 것은 그 성공을 잘 보여주고 있다. 차량 보유 수는 늘어났음에도 불구하고, 개인 차량을 이용하는 이동량은 지난 15년간 같은 수준을 유지했다.

1991년에 도입된 '환경패스(Pass)'는 프라이부르크 인근에서 대중 교통수단이용의 붐을 조성하는 데 크게 기여했다. 이 패스는 다른 사람에게 양도할 수도 있으며, 프라이부르크의 2천6백㎞의 전 전철 구간과 그 인근 넓은 지역의 철도, 버스 등 대중교통수단을 모두 횟수와 상관없이 이용할 수 있다. 일요일과 그 외의 휴일에는 두 사람의 어른과 4명의 어린이, 혹은 한 가족의 모든 어린이들이 한 개의 패스로 모두 이용할 수 있다.

② 독일 최초의 환경백화점

1997년 독일의 중부도시 만하임(Mannheim)에서는 최초로 '환경백화점'이 탄생했다. 오랜 기간 환경친화적인 고용구조의 정착 및 직업교육을 위해 힘써온 두 비영리단체의 공동출자형식으로 선을 보이게 되었는데, 이는 환경친화적인 경제행위가 고용구조의 개선과 양립할 수 있다는 것을 보여주려는 오랜 노력의 결실이었다.

'환경백화점'의 건립계획이 구체적인 모습을 띠기 시작한 것은 1997년 이 도시에 존재하는 약 40만의 많은 장기 실업자들 가운데 서도 특별히 장애인들의 일자리를 마련해주기 위한 시 당국과 관련 공공단체들의 노력이 별다른 성과를 거두지 못하고 있을 즈음에 두

비영리단체 사이에는 새로운 시도에 대한 몇 가지 공감대가 싹트고 있었다. 이는 중고용품점이나 벼룩시장 등의 형태로 곳곳에 흩어져 있는 환경 관련 판매점을 기존의 백화점처럼 한곳에 집중시켜 판매 효과를 극대화시키며, 특히 장애인 및 장기 실업자들에게 일자리를 만들어주는 기회가 돼야 한다는 점 등이 그 구체적인 내용이었다.

이런 취지에서 환경백화점의 45명이나 되는 정식직원 중에서 장애인은 39명이나 된다. 이 백화점은 한 운송업체 보관창고로 쓰이던 대형건물을 빌려서 만든 것인데 건물의 모든 구조가 인체에 거의 해를 주지 않는 자연재료로 꾸며졌고, 여기에 에너지를 절약하는 설비까지 했다. 일반백화점보다 훨씬 넓은 실내공간은 진열된 물품을 편안하게 볼 수 있고, 가구코너와 전기제품코너, 자전거코너, 중고서적코너 등 일상생활에 필요한 거의 모든 중고품과 재활용품들이 가득 진열되어 있다.

대부분의 판매물품은 일반가정으로부터 직접 사들이거나 수거한 수많은 중고용품으로 이루어졌을 뿐만 아니라, 기존의 판매망을 통해서는 상품화할 수 없었던 새로운 환경친화적인 소비재와 기술을 널리 전파시키는 역할 역시 '환경백화점'이 담당하고 있는 주요 업무 중의 하나이다. 이처럼 독일에서 최초로 열린 '환경백화점'은 환경친화적인 고용구조를 창출할 수 있었다.

③ 독일 환경박람회 'TREND 97'
(Messe fuer Umwelt, Gesundheit und Zukunft)

환경산업이 높은 비중을 차지하고 있는 독일에서는 환경친화적인 기술개발에 몰두하는 중소기업의 수가 엄청나게 많다. 또 이들 업체가 관심을 두고 있는 분야도 대단히 광범위하다. 'TREND'라 불리는 환경박람회는 독일에서 이들 환경산업체들 간에 정보를 교환하고 새로운 기술과 상품을 널리 선보일 수 있는 좋은 무대가 되고 있다. 해마다 열리는 이 박람회에 참여하는 업체 수는 계속 늘어나고 있다. 이들이 선보이는 기술이나 상품 역시 커다란 호응을 불러일으킴으로써 새로운 기술개발을 위한 자극으로 이어지고 있다.

하이델베르크에서 열린 'TREND 97'에서는 의류와 건축 분야 등에서 새로운 기술이 대거 선보여 많은 관심을 끌었다. 독일에서는 특히 건축 분야에서 환경친화적인 기술개발이 가장 활발하게 이루어지고 있으며, 에너지절약적이고 인체에 해롭지 않은 건축재료개발에 대한 관심 또한 무척 높은 편이다. 그중에서도 화제가 되고 있는 것은 신문용지를 재활용해 난방효과가 뛰어난 건축재료를 만들어내는 기술이다.

한 중소기업체가 개발한 이 기술은 재활용과 효율성 모두에서 돋보였다. 이들은 독자들이 한 번 보고 버리게 되는 신문용지를 재활용해 건물의 외벽과 내벽 사이에 설치하는 얇은 판 모양의 건축재료를 만들어냈다. 수많은 미세구멍이 있는 종이의 성질을 그대로 살려 얇은 판을 만들어 낸다. 이렇게 만들어진 17㎜ 두께의 얇은 판은 콘크리트 913m와 맞먹는 난방효과를 거둘 수 있는 것으로 나타났다. 여름과 겨울의 서로 다른 대기온도에도 불구하고 항상 18-21도 사이의 실내온도를 유지시켜주는 것이 이 건축재료의 특성이다.

순수 자연재료만으로 만들어 알레르기 등 다양한 부작용을 없애는 의류제품에서부터 자연생태식품, 재활용품으로 만들어진 어린아이 장난감에서부터 첨단산업기술에 이르기까지 해마다 그 범위를 넓혀가고 있는 'TREND'는 '환경과 건강, 그리고 미래를 위해'라는 슬로건이 말해주듯, 독일 환경산업의 상징으로 자리잡아 가고 있다.

5) 영국의 환경정책

① 경제적 환경

경제지표 (2004년)

- 국민총생산   : 1조 8,750억 불
- 1인당 국민소득 : 29,600불
- 수 출   : 3,472억 불
- 수 입   : 4,394억 불
- GDP성장률   : 3.1%

가. 거대시장

1) 무역 거래 - 영국은 미국, 일본, 독일에 이은 세계 4위 경제대국이
   며 수입규모 측면에서도 2003년도 3,843억 불로 세계 3위의 거대
   시장(미국, 독일, 영국 순)
   - 2003년 영국의 교역은 6,913억 불(수출 3,070억 불, 수입 3,843
     억 불)을 기록, GDP중 교역비중은 38.5%임.

2) GDP - 1992년 이후 성장을 지속하고 있는 영국 경제는 2003년에는
   GDP 성장률이 2.2%를 기록(2004 1 / 4분기 3.1%, 연간 3.0-3.5% 성
   장 전망)
   - 1980년대 이후 구조조정을 거친 영국 경제는 90-92년간 일시적
     인 어려움이 있었으나 93년 이후 여타 선진국들에 비해 높은
     GDP 성장세

나. 안정적인 금융시장

1) 외환 및 금융파생상품 거래규모, 세계 채권발행의 54% 및 채권
   유통액의 65% 점유로 세계 1위

2) 세계 외환거래의 31%를 소화하고 있는 런던 금융시장은 영국 국민총생산의 5%를 차지하고 백만 명 이상의 고용하고, 474개의 외국계 은행이 상주함(프랑크푸242개).

3) 국제 간 은행거래(세계시장의 19% 차지), 외국 주식거래(동 45%), 외환거래(동 31%) 파 상품 거래(동 36%) 등에서 세계 1위의 시장임.

투자환경 부수설명: 영국은 세계에서도 앞서가는 자본수출국(해외직접투자와 포트폴리오투자) 가운데 하나이다. 1980년대 하반기까지 영국의 해외직접투자(ODI)는 미국 및 일본과 대등할 정도로 상당한 수준이었으나 1990년대 초 경기침체로 급격히 감소한 후 1993년부터 다시 회복되기 시작하였다. 2003년에는 무려 약 2,497억 달러의 해외직접투자를 기록하기도 하였으나, 그 후 점차 감소세를 보이고 있다. 한편 영국은 EU 회원국 가운데 가장 많은 외국인직접투자(ODI)를 유치하고 있는 국가 중 하나이다. 그러나 EU가 유로화를 도입한 이후 영국의 FDI유입은 급격히 감소하고 있다. 2000년에 1,304억 달러에 달했던 FDI유입액이 2003년에 정점에 이른 후에 2001년부터 급격히 감소하는 추세를 보이고 있다. 2003년 전 세계 FDI는 2000년과 비교할 때 60%나 축소되었다. 그러나 최근 영국의 FDI유입감소가 세계적인 추세라고만 이해할 수 있는 상황은 아니다. 영국 FDI유입이 EU 전체에서 차지하는 비율을 보게 되면, 1998년에는 EU 전체 중 28.7%를 기록할 만큼 영국은 FDI유치 강국이었으나, 그 후 5년간 그 비중이 지속적으로 감소하여 2003년에는 불과 5.4%에 그치고 있기 때문이다. 최근 EIU(Economist Intelligence Unit)에서 발행한 보고서 World Investment Prospects 2004에 따르면, 영국 FDI유입이 급격하게 감소하고 있는 주요 원인이 영국이 유럽경제통화연맹(EMU)에 참가하고 있지 않기 때문이라고 분석하고 있다.

본래 영국은 전통적으로 외국인투자자에 대한 개방적인 정부정책, 유연한 노동시장, 최첨단 금융산업의 발전, 세계 비즈니스의 주요 언어인 영어 사용 등 FDI를 유치하는 데 상당히 내력직인 요소들을 갖추고 있지만, 영국의 EMU미가입은 기업의 영업환경을 악화시키는 중요한 요인으로 작용하고 있어 FDI 유치국으로서의 영국의 위상을 떨어뜨리고 있다고 분석하고 있는 것이다.

영국의 FDI유입이 EU 전체에서 차지하는 비중을 살펴보면, 유로화가 출범한 1999년부터 지속적으로 감소세를 보이고 있고, 현재 EU회원국이면서 EMU에 가입되어 있지 않은 스웨덴과 덴마크의 경우도 영국과 비슷한 경향을 보이고 있다. 즉 영국, 스웨덴, 덴마크 등 3개국으로의 FDI유입액이 1998년에는 EU 전체 중 약 40%에 달하였으나, 2003년에는 약 8% 이하로 감소한 것이다. 이 3개국은 FDI를 유치하기에 매우 우수한 기업환경과 요건들을 갖추고 있음에도 불구하고 유로화 미도입의 부정적인 효과를 극복하지 못하고 있다. EIU의 동 보고서는 영국의 EMU미가입이 FDI유치의 중요한 저해요인이라는 사실을 실증분석을 통해 분석하였다. 실증분석 결과, FDI에 미치는 요인 중 EU회원, 임금수준, 국내 시장규모, 영업환경 수준, 지리적 거리 등 기타 다른 요인보다 EMU가입(유로화 도입)이 통계적으로 유의성이 더 높은 것으로 나타났다. 또한 기업인들을 대상으로 한 서베이 조사결과에서도 통화 변동이 외국인투자자들이 느끼는 가장 큰 위험요소 가운데 하나로 지적되면서 영국의 EMU미가입이 FDI유치를 저해하고 있다는 주장을 뒷받침하였다. 그러나 영국은 EMU에 가입되어 있지 않지만 여전히 국제적인 금융 중심지로서의 지위를 누리고 있다. 게다가 영국의 넓은 시장규모, 산업클러스터 보유, 우수한 과학기술 등은 여전히 FDI유치에 중요 요건이다.

② 정치적 환경

가. 경제 개방에 적극적

1) 미국에 이은 세계 2위의 해외직접투자 유치국이자, 전통적으로 대외투자액이 투자유치액을 상회하는 순투자국임.(2001년 투자유치액 538억 불, 대외투자액 2,361억 불)

   ※ 미국과 일본의 대EU 투자 중 영국에 대한 투자가 40% 차지.

2) 노동당정부는 향후 경제여건 및 국민여론을 보아가며 EURO 가입을 추진하겠다는 입장.

나. 규제완화

1) 각종 규제완화를 통해 경제활동에 대한 정부의 간여를 축소하고 시장 친화적 경쟁질서 구하고 있다. 79년에 전면적인 외환 및 자본거래 자유화 실시, 86년 증권시장에 대한 시 참가자의 제한을 철폐하는 금융빅뱅 단행, 법인세율 및 소득세율 인하하였다. (1974년에 노동당정부가 들어서서 <사회계약(Social Contract)>에 따라 노동조합의 협조를 바탕으로 주요 산업의 국유화와 함께 새 경제발전을 꾀했으나, 심한 인플레이션에 시달렸다. 1979년 보수당 대처 정부가 들어서서 경제정책을 획기적으로 바꿈으로써 인플레이션대책을 기초로 장기 정체에서 벗어나는 데 성공하였다. 대처는 공공지출을 삭감하고, 통화공급량을 억제하며, 민간경제활동에 정부의 개입을 배제하는 등, 경제에 활력을 주는 적극적인 정책을 폈다. 1990년 말 들어선 메이저내각은 대처의 정책을 이어받았으며, 1997년 반보수당 정서와 토니 블레어의 대중적 인기 속에 집권한 노동당정부가 개혁을 추진하였다.)

2) 투자촉진 및 기업활동 지원 – 법인세율 단계적 인하, 유럽 내 최

저수준 유지(영국 30%, 독일 45%, 프랑스 36%).

다. 전치저 위험(미구과이 동맹관계료 테러 가능선 大)

대외정책의 기조는 영연방의 여러 나라, 미국 및 유럽 각국과의 유대강화와 동구권과의 관계개선이 중심이 되어 있다. 미국과의 긴밀한 동맹관계는 변함이 없어, 1990년 8월 걸프 사태 때 미국의 이라크폭격에 적극 동참한 것을 비롯 1998년 <사막의 여우>작전 참가한 것은 물론 2001년 9.11테러로 촉발된 미국의 아프간 공격에도 동조하였고 2003년 들어 걸프 지역에 3만 8000명의 병력을 파견하여 미군과 함께 대 이라크전쟁을 승리로 이끌었다.

6) 사회, 문화적 환경

① 농산물(과일) 수입에 의존

- 농업혁명 때까지 영국에서는 농업이 주요 산업이었으나, 19세기 후반 이후 해외농산물의 수입에 의존하게 되었다. 그러나 지금도 농산물의 국내자급률은 높은 편이다.
- 밀·보리·귀리·호밀·감자·사탕무 등의 농산물을 생산하고 있다. 호밀·감자의 자급률은 100%이며 그 밖의 작물도 자급률이 높아지고 있다. 총수입액에서 차지하는 식료품수입의 비율도 두드러지게 감소하고 있다. 이러한 현상은 1960년대 이후 영국농업정책이 경영규모확대·이농촉진·농장합병·공동작업추진 등에 의한 구조정책으로 농업을 보호해 온 결과이다.
- 수출품은 공업제품과 기계류, 석유, 화학제품, 어업제품, 수송장

비 등이 주종을 이루고 수입품은 자동차와 농산물 등이다.(총수입액은 3354억 3400만 달러)

② 친환경적인 음식 선호도 제고

슈퍼마켓 코옵사 MSG·색소 안 쓰기로

식품에 들어 있는 첨가물들이 자녀들의 행동 발달에 나쁜 영향을 미치지 않을까 염려하는 소비자(부모) 수가 늘어나고 있다는 조사 결과가 발표하였다. 영국의 코-옵(Co-op) 슈퍼마켓 그룹은 최근 모든 자가상품 식품에 인공 조미료인 글타민산소다(MSG)를 비롯, 일반적으로 많이 사용되고 있는 색소들을 첨가하지 않겠다고 선언했다. 이는 식품에 들어 있는 첨가물들이 자녀들의 행동 발달에 나쁜 영향을 미치지 않을까 염려하는 소비자(부모) 수가 늘어나고 있다는 조사 결과가 발표된 후에 나온 방침이다. 한 소비자단체의 조사에 따르면 영국의 부모들은 10명 중 6명이 10년 전보다 자녀들이 먹는 식품의 질이 나빠졌다고 생각하고 있고 자녀들이 나대거나 화를 잘 내거나 집중력이 떨어지는 것이 먹는 식품과 관계가 있다고 생각하는 부모가 3분의 1이었다.

③ 심각한 비만문제
(출처: THE UK LIFE KOREAN NEWSPAPER)

보고서에 따르면, 지난 3년간 조사에서 도시에 거주하는 사람 중 비만환자 또는 과체중자가 27.7퍼센트가 증가했다고 한다. 학회에서 보고하기를 영국이 유럽국가 중 과체중자와 비만환자가 가장 많다고 지적하면서 그 원인을 도시비율이 높은 것과 날씨와도 연관이 있다고 지적하였다. <-성인병과 관련된 질병 예방, 미용 효과

④ 계급과 사회계층(중산층 多)

-계급을 설정하는 요인인 생활양식·생활수준·사회적 관습·가치
관·태도 등의 차이가 직업에 기초를 둔 집단에서 나타나기 때
문이다. 이 규정에 의하면 세습재산으로 살아갈 수 있는 귀족적
상류계급은 얼마 되지 않고, 지식을 요하는 전문직이나 정부·기
업 등의 관리자로 구성되는 상층중류계급이 사회적으로 중요한
위치를 차지한다. 그 아래에 중층중류계급이 보다 많이 있으며,
보통의 화이트칼라직(職)에 종사하고 있는 사람들이 중류계급의
절반에 해당하는 하층중류계급이다.
-영국에서는 다른 나라에 비하여 계급 사이의 사회이동이 적고,
대개 부모와 똑같은 직업에 종사한다.

⑤ 젊은 세대 중심적

성·인종차별보다 연령차별(출처: THE UK LIFE KOREAN NEWSPAPER)
영국인들은 피부색이나 성별보다는 연령 때문에 다른 사람을 차별
하는 경향이 있는 것이다. 켄트대학과 노인옹호단체인 '에이지 컨선'
이 전국 1843명을 대상으로 연령에 한 편견을 조사한 결과 29%가
연령 때문에 차별을 당했다고 보고했다.
　-켄트대학 사회심리학과 도미닉 에이브럼스 교수: "연령차별은
영국인이 겪는 가장 흔한 형태의 편견이며, 성별, 민족, 종교를 가리
지 않고 모든 종류의 사람들이 경험한다."고 밝혔다. 연령차별은 35
~44세 연령대를 제외하고 모든 연령대에서 가장 심하게 겪는 편견
이었다.
　소비문화: 영국 시장에서 퇴출위기에 몰린 FUCK의 사례에 대해

브랜드컨설팅 그룹인 인터브랜드의 리타 클립톤(영국인)은 다음과 같이 발언했다. "사람들은 새로운 것에 열광하지만, 결국 새로운 것에 쉽게 싫증을 낸다."며 "가장 오래 살아남는 브랜드는 자극적인 것이 아니라 가장 단순하고 고전적인 것"이다.(출처-BBC)

⑥ 불신감이 크다(위험회피도가 크다)

처음부터 완결되어 있는 이론이나 사상체계에 영국인들은 의혹을 갖는다. 자신의 경험을 통하여 여러 번 확인하고, 완전히 이해한 다음에야 비로소 확신을 갖는다. 영국의 철학이 관념론을 배제하고 경험론을 중시하는 것도 이러한 국민성에서 비롯되었다.

⑦ 이원성이 크다.

국인들은 파이프에 몇 종류의 담배를 알맞게 섞은 미디엄을 넣어서 피우고, 흑맥주와 에일을 섞은 <하프 앤드 하프>를 즐기며, 고기도 반쯤 익힌 것을 좋아한다. <종교개혁>에서도, 영국은 프로테스탄트를 선택하면서도 내용이나 의식(儀式)에서는 가톨릭을 완전히 버리지 않고 절충의 길을 취했다. 이러한 영국인 특유의 이원성은 모든 면에 뿌리 깊게 작용한다.

⑧ 영국인의 특성

시 역	특 징
독일, 프랑스, 영국 등 서유럽	장기적 관점, 보수주의, 약속 준수, 게르만 권은 합리주의 중시, 라틴 권은 일부 동양적 사고
러시아, 체코 등 동유럽	인간관계와 감성 중시, 음주문화 발달, 자본주의 미정착
미국, 캐나다 등 북미	형식보다 실질 중시, 인간관계보다 일과 효율 따짐
멕시코, 브라질 등 중남미	시간관념 느슨, 여유, 가정사 중요
이집트, 사우디 등 중동	흥정문화, 남녀유별과 남성우월, 가족중심, 인맥배경 중시
캐냐, 나이지리아 등 아프리카	외부인 불신, 상처받은 역사에 대한 의식 투철
중국, 일본 등 아시아	계약보다 협상, 다문화, 다종교, 예절 중시

자료: KOTRA 외국인투자 옴브즈만 사무소

7) 법률적 환경

① 독점금지법(Antitrust Act)

1) 영국은 EU가입국인 관계로 독점금지법의 역외적용을 한다. EU의 독점금지법은 EU의 기본법이자 조직규범이라 할 수 있는 로마조약(Treaty of Reme) 제86조를 근간으로 하면서 이 밖에 이들을 실시하기 위한 규칙, 가이드라인 등이 있다. 그 내용을 보면 독점규제 명시, 가격 및 거래조건의 담합, 생산 및 투자제한, 시장 및 공급원 분할, 상이한 조건의 제시를 통한 경쟁제한 등의 독점규제를 명시, 또 독점적 지위의 남용을 규제하기 위하여 회원국 간의 부당한 매매가

격 또는 기술발전을 제한하는 행위를 한다.

이 로마조약은 역외에서 행해진 행위가 EU가맹국 간의 통상에 영향을 미치는 한도에서 그에 적용된다. 로마조약이 역외의 행위에 대하여 적용된 사례는 상당한 수에 이르고 있지만, 이 역외적용은 '영향이론' 및 '귀속이론'에 기초했다.

2) 영국은 미국의 독점금지당국의 기능에는 못 미치나 이미 질적, 양적으로 무시 못 할 만큼의 독점금지법을 집행 중에 있다. 특히 다국적기업의 M&A의 경우에는 미국의 독점금지당국뿐만 아니라 EU의 DG Ⅳ(Director General Ⅳ) 혹은 각 유럽국가의 독점금지당국으로부터 사전승인을 받도록 되어 있다.

② V.SWOT분석 및 결론

강 점
* 풍부한 영양소
* 친환경적인 생산공정(유기농 키위)
* 엄격한 품질기준
* 높은 브랜드 자산가치
* 농민 지분 출자회사
* 효과적인 마케팅, R&D
* 365일 판매 가능

약 점
* EU가맹국 아님
* 수출형태의 한계
* 불경기일 때 단일품목의 한계

기 회
* 비만율의 증가로 인한 심각성 대두
* 지속적인 경제성장률, 소비율
* 친환경적인 식품 선호도 증가
* 정부의 규제 완화 강화
* 사회의 중심인 젊은 세대
* 농산물의 높은 수입 의존도
* 해외 진출 노하우

위 협
* 테러가능성
* 대체재 증가
* 비저렴한 가격

한국SWOT과 비교해서 ‑강 점: 상품의 표준화로 동일
　　　　　　　　　　‑약 점: 비EU가맹 외에 동일
　　　　　　　　　　‑위 협: 테러가능성 외에 동일
　　　　　　　　　　‑기 회: 많이 다름

끝으로 역시 영국은 예전 세계를 이끌어 나갔던 나라답게 환경정
책도 많이 신경 쓰고 있다는 것을 느낄 수가 있었다. 옛말에 '온고
지신'이리는 밀이 있다. 파서의 나쁜 섬은 버리고 현재의 좋은 점은
배우자라는 뜻인데 우리나라도 다른 여러 나라의 좋은 점은 과감하
게 배우고 현재의 나쁜 점은 과감하게 버릴 수 있게 된다면 영국 못
지않은 좋은 환경정책을 가지게 될 것이다.

환경문제는 현대 인류가 안고 있는 난제 중의 하나이다. 지구온난
화현상이나 오존층파괴 그리고 산성비의 사례에서 볼 수 있듯이 환
경문제는 국내수준을 벗어나 지구 문제화되고 있다. 인류가 생존하
기 위해서는 지혜를 모아야 할 때이다.

환경보전에 관한 지혜를 모으는 방법의 하나로 비교연구를 들 수
있다. 비교행정은 제2차 세계대전 이후 본격화되고 행정학이 보편적
학문으로 존립할 수 있는 기반을 공고히 하고 사회문제의 해결에 필
요한 지식을 획득하기 위해서이다

국내외적으로 직면한 환경문제의 해결방안을 모색하고 환경행정을
하나의 일반화된 학문 영역으로 발전시키기 위해서는 한국의 환경행
정구조와 외국의 그것들을 비교 연구하는 작업이 요구된다. 이러한
맥락에서 한국의 환경행정구조를 외국의 환경행정구조와 비교하여
21세기에 대비한 유용한 지식을 얻는 데 그 목적이 있다.

③ 사회환경의 변화와 환경행정의 미래

환경행정은 순수한 과학적 영역이나 사회적 진공상태에서 전개되
는 정형화된 사무가 아니다. 환경행정은 한 국가의 사회·정치·경제·
기술·환경문제의 심각성 정도 등에 따라 그 구조와 기능이 변하게
된다. 이러한 맥락에서 후술하게 될 우리나라 환경행정구조의 발전
방향에 대한 논의가 유의미하기 위하여 환경행정이 현재 직면하고

있는 국내외적 변화에 대해 언급하기로 한다.

가. 경제구조의 세계화

－냉전구도의 해체와 함께 전 세계가 하나의 자본주의 경제체제로 재편되었다. 이러한 경제구조가 국가들의 경제발전에 대한 욕구를 더욱 증대시키고 있다. 특히 후발국의 경제발전에 대한 욕구는 자연자원의 고갈과 환경 훼손을 초래하게 될 것이다. 이러한 상황에서 선진국은 자유무역의 기치 아래 무역과 환경을 연계하고 있다.

우리나라도 IMF체제의 경험과 함께 경제발전에 대한 욕구가 어느 때 보다 더 강하다. 또한 지방자치제도의 실시와 함께 지역개발에 대한 욕구가 증대되고 있고 지역개발의 환경에 대한 피해가 가시화되고 있다.

나. 환경위기의 지구화

－환경문제가 한 국가의 문제에서 지구적 문제로 확대, 심화되었다. 오존층파괴·기후변화·생물종감소·토양유실로 인한 경작지감소 등이 발생하고 있다. 중국은 1998년 기후변화의 영향으로 양쯔 강이 범람하였으며 인구 2,500명이 사망하는 재난을 겪었다. 지구환경문제의 대두와 함께 세계적으로 환경산업의 중요성이 증대되고 있다는 것도 우리에게 시사하는 바가 크다.

다. 환경의식의 변화

－19999년 10월 환경부가 네티즌을 대상으로 실시한 설문조사에 의하면 환경정책이 21세기에 가장 주요한 정책으로 조사되었다. 그만큼 환경보전에 대한 의식이 성장한 것이다. 환경의식의 양적 성장과 함께 내용 또한 변하고 있다. 단순한 환경오염의 제거로부터 쾌적한 정주공간의 추구 쪽으로 변하고 있다. 과거와 달리 자연생태계

의 보전·야생동식물의 보호·자연경관의 보호 등에 대한 관심이 높아지고 있다.

모든 행정 분야가 그러하시만 완성행성노 국가마다 그 구조와 내용에 있어 공통점과 차이점이 있다. 공통점은 환경행정이 추구하는 목표와 대상이 유사한 데서 기인하는 것이라면, 차이점은 각국이 처해 있는 지리·사회·경제·역사·문화·정치적 요인들이 다르기 때문이다. 예를 들면 독일을 비롯한 유럽국가들은 재활용과 소각장 중심의 폐기물정책에 중점을 두고 있는 반면, 미국은 지금도 매립 중심의 폐기물정책을 시행하고 있다

가) 환경행정의 발달

환경행정의 주무부처인 환경부는 1967년 보건사회부의 공해계로 출발하였다. 이후 1980년의 환경청 신설과 1990년의 환경처로의 승격 그리고 1994년 환경부로 승격되면서 오늘날의 모습을 갖추게 되었다. 1960년대 이후 환경행정은 위생관리에서 공해방지 그리고 환경관리로 최근에는 사전예방에 까지 중점을 두는 방향으로 발전해 왔다.

「정부조직법」제38조 2항에 의하면 환경부는 "자연환경 및 생활환경의 보전과 환경오염방지에 관한 사무"를 담당하도록 되어 있다. 환경부의 임무가 환경보전이라는 '전통적' 기능에만 국한되어 있음을 알 수 있다. 환경보전 중에서도 주로 생활환경에 초점이 맞추어져있으며 최근에 들어 자연환경보전기능이 추가되고 있다.

나) 환경행정의 구조

환경부는 단일 오염매체에 근거한 국 단위 편제를 통해 자연·대기·수질·상하수도·폐기물 등을 보전, 관리하는 구조를 갖고 있다. 이러한 구조는 제한된 분야에서의 전문성을 제고시킬 수 있으나, 부

서 간 업무조정이 원만하지 못하면 갈등을 야기할 가능성이 높다. 현재 환경부의 조직은 2실 5국 3관 29과 7담당관으로 구성되어 있다. 환경부는 국립환경연구원 등의 소속기관과 한국자원재생공사 등의 산하기관을 두고 있다. 또한 환경부는 지역의 환경관리를 위하여 특별지방행정기관인 환경관리청과 환경관리청 소속하의 지방환경관리청을 두고 있다.

환경문제의 특성상 환경 관련 업무들이 행정자치부를 비롯한 여러 중앙부처와 지방자치단체에 분산·위임되어 있다. 천연기념물의 관리·해양환경관리·국토개발계획의 수립·자연자원의 관리 등과 같이 환경행정과 직접적 관련성이 높은 업무가 여러 부처에 산재해있다. 이렇게 권한과 기능이 여러 부처에 분산되어 있어 종합적이고 체계적인 환경행정을 수립하고 집행하는 데 장애요인이 되고 있다.

환경행정은 지방정부에도 분산되어 집행되고 있다. 지방자치단체들은 관할구역 내 환경보전대책의 수립, 일반폐기물의 수집·처리, 오수·분뇨·축산·폐수의 처리 등 고유업무와 공단 외 지역의 오염물질배출업소관리 및 환경개선부담금의 부과징수 등 환경부 장관으로부터 위임받은 사무를 처리하고 있다. 전체 환경행정업무 중 14.4%만이 지방사무이고 20.3%는 지방위임사무 그리고 65.3%가 국가사무이므로 우리나라 환경행정은 아직까지 중앙집권화되어 있다고 하겠다(김번웅·오영석, 1997: 161). 지금까지의 논의를 바탕으로 우리나라 환경행정구조를 도식화해보면 <그림 1>과 같다.

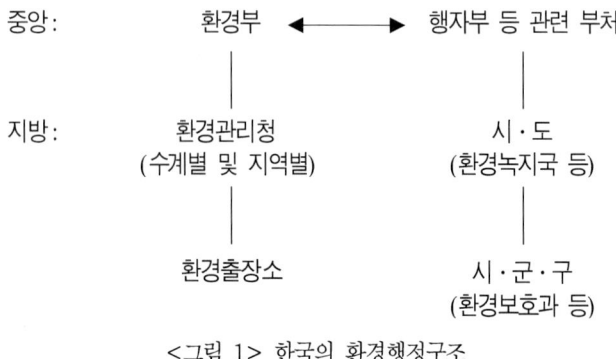

<그림 1> 한국의 환경행정구조

다) 환경행정의 특징

우리나라 환경행정은 지난 40여 년간 조직과 기능 그리고 법체계라는 측면에서 많은 발전을 이룩하였다. 그러나 아직까지도 정책의 체계성과 집행에 많은 문제점을 보이고 있다. 특히 집행이 매우 취약하다. 이런 의미에서는 우리나라 환경행정은 수사학적으로만 발달되어 왔다고 비판을 하는 학자들도 있다.

이러한 현상의 주된 원인으로는 예산과 전문성의 부족과 함께 경제성장위주의 분위기가 아직도 우리 사회에 팽배해 있기 때문이다. 환경부의 위상이 다른 부처에 비해 상대적으로 약하다는 것도 주요한 원인이 되고 있다. 환경정책의 수립과 집행과정에 기업들이 영향을 미치고 산업자원부를 위시한 경제부처들이 기업들의 이익을 대변하여 환경행정의 약화를 초래하는 경우가 많다. 1992년의 낙동강 페놀오염사건의 발발과 현재의 시화호 오염사건들이 이를 잘 대변해주고 있다.

④ 한국과 미국의 환경행정구조 비교

가. 환경행정의 발달

－미국의 환경행정은 1960년대의 환경의식의 고조, 1970년대의 환경법과 제도의 정비, 1980년대의 환경보전과 경제성장의 대립 속에서 환경행정의 침체, 그리고 1990년대의 환경과 경제적 가치의 조화를 추구하는 방향으로 전개되어 왔다. 지속가능개발이라는 새로운 패러다임에 입각하여 환경보전과 경제성장을 동시에 추구하는 방향으로 행정력을 모으고 있다

환경행정의 주무부처인 환경보호청(Environmental Protection Agency: EPA)은 1970년 조직개편계획 제3호(Reorganization Plan #3)에 의해 독립기관으로 설치되었다. 환경보호청의 사명은 "국민의 건강을 보호하고, 생명체가 의존하고 있는 대기·수자원·토지와 같은 자연환경을 보전하는 것"이다

나. 환경행정의 구조

－미국의 정치구조는 매우 다원화되어 있다. 의회와 행정부 그리고 법원에 권한이 분산되어 있어 상호견제가 심할 뿐만 아니라 기업체를 비롯한 각종 이익단체들의 정치적 활동이 활발하여 권한이 어느 한 부처나 이익에 편재되어 있지 않다. 지방정부들도 자율적으로 정책을 결정하고 집행하는 풍토가 강하다.

미국의 이러한 정치구조가 환경행정의 구조에 그대로 반영되어 있다. 의회와 법원 그리고 환경단체와 경제단체들이 환경정책의 형성과 집행에 적극적으로 참여하고 있어 행정과정이 매우 가시적이고 갈등이 표면화된다.

환경기능들이 농업부·통상부·내무부 등 여러 중앙부처와 독립기

관 등에 분산되어 있으며, EPA는 단일오염매체에 근거한 국 단위 편제를 통해 자연·대기·수질·상하수도·폐기물 등을 보전, 관리하고 있다. 이러한 미국의 단일매체적인 환경규제방식은 많은 비판을 받아 왔다.

다. 환경행정의 특징

-미국의 환경행정은 우리나라와 달리 행정기관에 재량권과 자율성이 적다. 의회가 환경규제법에 구체적 목표와 기준 심지어 일정까지 명시하고 EPA는 이를 집행하는 방식이다. 이는 행정기관의 재량권 남용을 막기 위해서인데, 1970년의 Clear Air Act와 1972년의 Federal Water Pollution Control Act에 잘 나타나있다.

환경행정의 집행방식을 '협의를 통한 강제(enforcement through consultation)'와 '강압을 통한 강제(enforcement through coercion)'로 구분해 볼 때 미국은 후자에 속하는 대표적인 국가다. 1990년대 들어 미국 환경행정의 새로운 특징은 경제원리에 입각한 규제수단들이 강구되고 있다는 것과 국가발전의 새로운 패러다임으로 제시되고 있는 지속가능개발을 뒷받침하는 정책들이 도입되고 있다는 것이다. 배출권판매제도의 도입이나 지속가능개발위원회(The President's Council on Sustainable Development)의 구성 등에서 이를 엿볼 수 있다.

지금까지의 논의를 바탕으로 한국과 미국의 환경행정구조를 비교해 보면 <표 1>과 같다.

<표 1> 한국과 미국의 환경행정구조 비교

비교기준		한 국	미 국
주무부처		환경부	Environmental Protection Agency
관련 부처		행자부, 산자부 등	에너지부 등
부처간	권 한	대등한 수준이나 환경부 위상이 낮음	독립기관
	기 능	전통적 환경보전기능(생활환경 치중). 환경 관련 기능들이 타 부처에 분산	국민건강과 환경보전(자연환경도 중시). 환경 관련 기능들이 타 부처에 분산
	전문화	환경보전이란 전통적 가치에 입각한 전문화	우리나라와 유사하나 지속가능개발에 입각한 전문화 추진
	조정력	환경보전위원회(미약), 물 관리정책 조정위원회(강력 그러나 물 관리에 한정)	환경위원회(CEQ) – 최근에 권한 강화
환경행정주무부처	성 격	환경보전위원회(미약), 물 관리정책 조정위원회(강력 그러나 물 관리에 한정)	환경위원회(CEQ) – 최근에 권한 강화
	사 명	환경보전기능으로 유추	국민건강보호와 환경보전
	권 한	계층적(지자체에 비해 환경부와 특별지방행정기관에 많은 권한과 기능)	우리나라와 유사, 그러나 상대적으로 분권화된 구조
	기 능	오염매체별로 분화	우리나라와 유사
	전문화	전통적 가치에 입각하여 발달(단일 오염매체 중심)	우리나라와 유사
	조정력	기능의 분산으로 상대적으로 약화	우리나라와 유사
정책적 특징		행정부 우위의 폐쇄적 행정	다원주의 정치구조에서의 가시적 행정
		경제이익의 반영이 팽배	환경 · 경제이익의 균형을 추구
		환경행정의 구체적 내용은 행정권에 위임된 형태	법률에 환경기준과 오염물질 배출기준 등이 자세하게 명시되어 행정의 재량권 제한

⑤ 한국과 일본의 환경행정구조 비교

본 절에서는 일본의 환경행정구조를 고찰하고 이를 한국의 환경행정구조와 비교하기로 한다.

가. 환경행정의 발달

-제2차 세계대전 이후 일본은 수출지향적 경제성장모델·거점 중심의 집중적인 지역개발·에너지 다소비형의 중화학공업화 전략을 추진하면서 산업과 경제를 부흥시켰다. 그러나 가장 오염된 산업국가라는 오명도 획득하게 되었다. 수은중독으로 인한 미나마타병과 카드뮴중독으로 인한 이타이이타이병이 좋은 예라 하겠다.

이러한 사회적 분위기를 반영하여 1967년 공해대책기본법이 제정되었고 1970년 일본의 소위 공해국회에서 14개 환경법을 통과시키게 된다. 환경오염통제기본법이 개정된 것을 비롯하여 대기오염통제법 등의 환경 관련 법들이 제정되었다.

1993년 지금까지의 환경오염통제기본법과 자연보전법에 기반하고 있었던 환경행정의 기본구도를 개혁하기 위하여 환경기본법을 제정하였다. 이 법은 현재세대와 미래세대를 위하여 환경을 보전해야 한다는 점을 강조하고, 환경에 미치는 부하를 최소화하면서 지속가능 개발을 이룩할 수 있는 사회체제를 구축하고, 국제협조를 통하여 지구환경보전에 이바지한다는 목표를 표방하고 있다.

나. 환경행정의 구조

-일본의 환경행정 주무부처는 1971년에 설립된 환경청(環境廳)이다. 환경청은 처음에 기획조정국·자연환경보전국·대기보전국·수질환경보전국 4개 국으로 출발하였다. 이후 1974년에 환경보건과 1990년에 지구환경과가 신설되었다. 따라서 일본 환경청은 우리나라의 환경부 그리고 미국의 EPA처럼 환경매체별로 조직된 전통적 환경행정구조에 기반을 두고 있으며 기능 또한 그러하다. 환경청의 주요 기능은 기본환경정책의 계획의 수립과 추진, 국가환경정책의 전반적인 조정 등이다. 부처 간 환경분쟁에 관한 종합적인 조정기구로는 1989년에 설치된 지구환경보전위원회에 있다. 환경청의 조직과 기능

그리고 환경청 외의 타 부처들의 환경 관련 기능은 <부록 3>에 수록되어 있다.

일본의 경우 환경행정에 대한 최종적인 책임은 환경청 장관에게 있지만, 개개의 환경오염원에 대한 구체적인 규제권한의 행사는 법률에 의하여 지방자치단체장의 권한으로 규정되어 있다. 환경 관련법의 집행과 강제의 책임은 기본적으로 현(縣)정부에 위임되어 있고 경우에 따라 시정부에 위임된 것도 있다

다. 환경행정의 특징

-일본의 환경행정은 행정부가 의회와 법원에 비하여 상대적으로 높은 자율성과 재량권을 지니고 있다. 환경청은 이 자율성과 재량권을 이용하여 기업체를 지도하고 설득하고 협상하여 기업체들로 하여금 환경기준과 오염물질 배출기준을 준수하도록 유도한다. 미국이나 우리나라보다 더 비공식적 체널을 통해 환경목표를 달성하고 있다. 환경협약을 체결하여 단계적인 환경개선을 도모하기도 한다.

일본의 환경행정조직 특히 지방자치단체들의 환경행정조직들은 오염방지 관련 조직이 상대적으로 잘 발달되어 있는데, 이는 일본의 환경정책이 지방정부와 주민들이 공해병과 싸우는 과정에서 발전했기 때문이다.

일본의 환경기준은 기본적으로 전국적 수준에서 정하는 일률적인 기준이다. 단 지역이나 수역의 특성에 따라 환경기준을 달리 정할 필요가 있는 경우는 정부가 해당 지역이나 수역의 환경기준설정을 도도부현(都道府縣) 지사에게 위임할 수 있도록 되어 있다. 배출기준 또한 기본적으로 중앙에서 결정하지만 지방자치단체에 의하여 보완되고 강화된다. 예를 들면 대기오염방지법 제4조는 대기오염에 관한 배출기준은 지방자치단체의 조례에 의해 보다 엄격한 기준으로

변경할 수 있도록 하고 있다. 일본의 배출기준은 오염물질의 성격이나 오염원의 입지, 오염시설의 형태 등에 따라 탄력적으로 운영된다. 일단 배출기준을 엄격하게 설정해 놓고 이를 기업이나 지역주민들과의 협의를 통하여 절충적으로 적용하는 형태를 취하고 있는 것이다. 결국 일본의 배출기준은 환경기준과 마찬가지로 오염자가 지켜야 할 기준이라기보다는 행정부가 오염원인자를 지도하기 위한 가이드라인적인 성격이 강하다.

　지금까지의 논의를 바탕으로 한국과 일본의 환경행정구조를 비교해 보면 <표 2>와 같다.

<표 2> 한국과 일본의 환경행정구조 비교

비교기준		한 국	일 본
주무부처		환경부	환경청(環境廳)
관련 부처		행자부, 산자부 등	국토청 등
부처 간	권 한	대등한 수준이나 환경부 위상이 낮음	우리나라와 유사
	기 능	전통적 환경보전기능(생활환경 치중). 환경 관련 기능들이 타 부처에 분산	우리나라와 유사하나 공해병으로 인해 주민건강 관련 기능 발달, 환경 관련 기능들이 타 부처에 분산
	전문화	환경보전이란 전통적 가치에 입각한 전문화	우리나라와 유사
	조정력	환경보전위원회(미약), 물 관리정책 조정위원회(강력 그러나 물 관리에 한정)	정부합동지구환경보전위원회
환경 행정 주무 부처	성 격	행정부처	행정부처
	사 명	환경보전기능으로 유추	국민건강보호와 환경보전기능. 최근 지속가능개발 추진을 법에 명시
	권 한	계층적(지자체에 비해 환경부와 특별지방행정기관에 많은 권한과 기능)	계층적. 한국에 비해 지자체에 많은 재량권 부여
	기 능	오염매체별로 분화	오염매체별로 분화

비교기준		한 국	일 본
환경행정주무부처	전문화	전통적 가치에 입각하여 발달(단일 오염매체 중심)	우리나라와 유사
	조정력	기능의 분산으로 상대적으로 약화	우리나라와 유사
정책적 특징		선오염 후해결의 성격이 강함	우리나라와 유사, 환경행정이 화학물질에 의한 공해의 방지와 주민의 건강보호에서 출발하여 이에 대한 배려가 강함
		집행이 일률적이고 강제적 명령방식에 크게 의존	강제적 명령에 근거하되 기업체와 비공식적 협상에 의존하고 기업체도 협조적
		환경보전에 지자체 역할 미미	중앙정부보다 적극적인 지자체 많음

⑥ 한국과 영국의 환경행정구조 비교

가. 환경행정의 발달

-세계 최초의 산업국가답게 영국의 환경문제는 다른 나라에 비해 일찍 사회문제화되었다. 영국의 환경문제는 귀족지주계급들이 산업활동에 따른 오염을 통제하고 자신들에게 미치는 폐해를 줄이고자 하는 노력에서 출발하였다(문태훈, 1997: 282-283). 이는 일본이나 우리나라처럼 일반대중의 건강과 재산상의 피해를 줄이기 위한 노력에서 출발한 환경행정과는 그 출발 기반이 다르다 하겠다. 영국의회는 1863년 세계 최초로 오염통제기준을 마련하게 되는데 이것이 소위 알칼리법이다.

1970년 이후 영국 환경행정의 주무부처는 환경부(Department of Environment)였다. 이때 환경부는 기존의 주택부·지방부·교통부·공공사업부 등 여러 부처에 산재되어 있던 환경행정기능을 이관 받았다. 1997년 환경부는 다시 교통부와 통합하여 환경교통지역부(Department of the Environment, Transport and the Regions: DETR)로 대형화되었다. 이러한 통합의 주된 목적은 관련 정책들에 대한 보다 통합적인 접근이 이루어지도록 하기 위함이었다. DETR의 사명은 국내외의 지속 가능개발을 증진시키고 경제적 번영을 촉진하며 지방의 민주주의를 지원함으로써 삶의 길을 향상시키는 것이다

나. 환경행정의 구조

-영국 중앙정부의 고위층 구성은 내각책임제 국가 중에서도 매우 독특하다. 정부 각 부처를 책임지는 각료 간에도 복잡한 계층제가 존재하기 때문이다. DETR은 각료진(Ministerial Team) 9명으로 구성되어 있다. 각료진의 정점에는 부처를 책임지며 내각에 참여하는 담당장관이 있다. 환경부 담당장관은 부수상직을 겸임하고 있다. 담당장관 밑에는 4명의 각외장관(Minister of State)과 4명의 정무차관(Parliamentary Under Secretary)이 있다. 각외장관은 담당장관과 함께 정부부처를 통솔하며 통상적으로 특정한 책임이 부여되고 각자가 수행하는 업무영역에 따라 담당 분야가 직명의 뒤에 명시되어 있다. DETR의 각외장관들은 각각 '지방정부·주택', '지역개발 및 도시계획', '환경', '교통'을 담당한다. 정무차관은 소속부처의 업무와 관련된 의회업무를 담당하며 담당장관의 지시에 따라 특정업무에 대한 책임을 부여받기도 이렇게 많은 수의 각료진을 두는 이유는 내각책임제하에서 행정부처에 대한 정치적·행정적인 책임성을 확보하고 고위층 간의 조정과 협력을 통해 보다 원활한 업무수행을 꾀하기 위해서이다

영국 환경행정구조의 특징은 한국·미국·일본과 비교하여 환경 관련 업무들을 한 부처에 통합하였다는 것이다. 토지이용계획과 개발계획 그리고 교통기능까지 한 부처에서 다루고 있어 환경행정과 관련된 권한과 기능이 다른 나라에 비교하여 상대적으로 한 부처에 집중되어 있다.

1996년 왕립산업대기오염감사단(Her Majesty`s Industrial Air Pollution

(Alkali) Inspectorate)·왕립오염감사단(Her Majesty`s Inspectorate of Pollution)·국립하천관리청(National Rivers Authority)·폐기물규제관리청 등의 환경행정 집행기관들을 통합하여 환경청(Environmental Agency)을 발족하였다.

환경청은 잉글랜드와 웨일스 지역의 8개의 광역사무소와 26개의 기초 지역사무소를 두고 있으며, 폐수배출규제·폐기물의 처리운반·대형 배출업소에 대한 지도단속·오염지역관리·수자원관리·홍수방지·레크리에이션·선박·어업관리 등을 담당하고 있다.

영국은 배출업소의 규모에 따라 중앙정부 책임이냐 지방정부 책임이냐가 결정된다. 대형배출업소인 경우에는 중앙정부가 직접 배출업소의 인허가 등 규제행위를 하고, 소형의 경우에는 지방자치단체의 환경건강과들이 담당하고 있다. 실질적인 환경정책의 집행은 상당 부분 지방정부의 권한으로 분권화되어 있다.

다. 환경행정의 특징

-영국의 환경행정은 한국이나 미국의 환경행정과 비교해 볼 때 독특하다. 조문화된 환경기준이 없으며, 처벌이 최소화되고 있는 점, 강제는 융통성이 있으며 행정부는 상당한 행정재량권을 보유하고 그 집행은 분권화되어 있다는 점, 그리고 규제자와 피규제자 간에는 밀접한 협력관계가 형성되고 있으며, 주민들의 규제과정에 대한 참여가 제한되고 있다는 점 등다. 예를 들면 음용수관리에 있어 정부가 정하고 있는 것은 '마실 물은 단지 건강에 좋아야 한다.'는 정도이며 건강에 좋은 것이 무엇인지는 각 지역의 수질 관리청에서 결정하도록 하고 있다. 이러한 맥락에서 오염방지책도 '최선의 실용적인 수단(best practicable means)'을 강구토록 하고 있다. 환경행정의 집행 방식을 '협의를 통한 강제(enforcement through consultation)'이냐 혹은 '강압을 통한 강제(enforcement through coercion)'로 구분해 볼 때

영국은 전자에 속하는 대표적인 국가다.

그러나 이러한 비공개적이고 비정형적인 행정유형에 변화가 일고
있다. 1990년 환경보전법(Environmental Protection Act of 1990)에
잘 나타나 있듯이, 엄격한 오염규제와 강한 처벌을 도입하고 있으며
중앙의 왕실오염검사관(HMIP)과 지방정부의 권한이 강화되었다. 또
한 대중들의 환경정보에 대한 접근권을 강화하기 위하여 오염검사관
의 환경정보와 기업체들의 규제준수 여부에 대한 정보의 공개를 인
정하고 있다.

<표 3> 한국과 영국의 환경행정구조 비교

비교기준		한 국	영 국
주무부처		환경부	환경·교통·지역부(DETR)
관련 부처		행자부, 산자부 등	통상산업부(DTI) 등
부처간	권 한	대등한 수준이나 환경부 위상이 낮음	초대형부처로 위상이 높음 (부총리 급)
	기 능	전통적 환경보전기능 (생활환경 치중), 타 부처에 환경 관련 기능들이 분산	전통적 환경기능에 교통·지역개발기능까지 통합
	전문화	환경보전이란 전통적 가치에 입각한 전문화	지속가능개발 추구하는 방향으로
	조정력	환경보전위원회(미약), 물 관리정책조정위원회 (강력 그러나 물 관리에 한정)	각료진의 정치력에 의하여

비교기준		한 국	영 국
환경행정주무부처	성 격	행정부처	행정부처
	사 명	불명시, 환경보전기능으로 유추	지속가능개발
	권 한	계층적(환경부와 특별지방행정기관에 많은 권한)	계층적
	기 능	오염매체별로 분화	오염매체 및 환경 관련 교통·지역개발 업무별로 분화
	전문화	전통적 가치에 입각하여 발달(단일 오염매체 중심)	지속가능개발 방향으로 전문화 추진
	조정력	기능의 분산으로 상대적으로 약화	기능의 통합화로 상대적으로 강화
정책적 특징		'강압을 통한 강제' 방식으로 집행	'협의를 통한 강제'방식으로 집행
		획일적 환경기준과 배출기준	매우 포괄적이고 유연하게 적용
		생활환경 중심의 행정	우리나라에 비해 자연환경보전의 중요성 인식과 지속가능개발 추진

지금까지의 논의를 통해 볼 때 4개 국가의 환경행정구조는 공통점과 차이점을 모두 지니고 있었다. 환경행정의 특성상 관련 기능들이 여러 부처에 분산되어 있었으며 집행기능도 상당 부분 지방자치단체에 위임하고 있었다. 또한 정책 집행의 전문성과 효율성을 높이기 위하여 중앙환경행정기관 아래 특별지방행정기관들을 두고 배출규모가 큰 오염원들은 직접 관리하는 구조를 지니고 있었다.

그러나 각 국가의 중앙환경부처가 추구하는 목표(혹은 사명)와 행정구조 그리고 기능에 차이점 또한 많았다. 상대적으로 우리나라는 환경행정의 전통적 기능이라 할 수 있는 환경보전에 주력하고 있었으며, 환경보전 중에서도 자연환경보다는 생활환경에 치중하고 있었다. 미국과 일본의 환경행정은 우리나라와 유사한 구조를 지니고 있었다. 그러나 기능이라는 측면에서 생활환경과 자연환경을 모두 중시하고 있었으며, 두 나라 모두 국민의 건강보호를 환경행정의 주요 기능으로 간주하고 있었다. 또한 지속가능개발의 추구라는 목표 아래 환경과 경제가치를 조화시키려는 정책적 노력이 가시화되고 있으며 영국은 환경기능과 교통 그리고 지역개발기능까지 통합화한 소내형조직을 지니고 있었다.

8) 중국 일본의 환경정책

전 세계적으로 산업화가 가속화되어짐에 따라 물질적 풍요와 삶의 질이 향상되어진 것은 틀림없는 사실이다. 하지만 이런 이면에는 환경오염이란 또 하나의 산업화의 결과물이 뒤따른다. 이런 환경오염을 방치하게 된다면 삶의 질은 떨어지게 될 것이다. 그래서 세계 각 나라들은 환경오염을 줄이기 위해 국제적으로 합의나 협정 등의 노력을 하고 있으며 국내적으로는 환경정책을 수립하고 있다. 이 글에서는 각 나라의 환경정책을 다루어 보았다.

① 중국의 환경정책

가. 중국 환경정책의 형성과 발전
−50년대 초부터 시작된 중국의 환경은 몇 가지 발전단계를 거쳤다. 인구규제와 마찬가지로 환경위기는 중국환경정책을 수립하도록 하였고, 개별적인 기술적 조치가 점차로 전체적인 사회자각행동으로 변화되었다. 70년대 초를 경계로 세계와 중국에 모두 중대한 전환의 계기가 있었다. 70년대 이전 중국은 단지 수토(水土)보호, 삼림보호, 노동보호와 환경위생과 관련된 정책적 조치를 취하였을 뿐 아직 명확한 환경보호목표와 정책이 형성되지 못했었다. 70년대 초 이후 중

국은 환경정책을 제정하고 실시하는 새로운 시대를 열게 되었다.

50년대 초 '一五'계획 시기에 중국은 환경보호에 관한 명확한 개념이 없었다. 다만 공업건설 중 계획과 배치에 주의를 기울였고, 도시기초시설 건설과 하천개선 및 도시환경위생과 공장노동보호 개선 등 방면에서 약간의 진전을 보았으며, 관련 분야의 행정관리업무가 첫발을 내디뎠다. ≪공업기업 설계 임시위생기준≫과 ≪중화인민공화국 수토보호 임시강요≫ 등의 공포 등이 그 한 예이다.

1958년, 중국은 너무 조급한 정책을 실시하였는바, 종목별 생산지표(예를 들어 강철)는 돌진적인 경제의 무모한 전략이었다. 공업건설은 재래식 방법으로 착수되고 공업배치는 거의 모든 규칙제도와 금기를 깨트리고 임의대로 이루어졌다. '제강'과 '대대적인 대중운동'의 충격하에 광산자원을 남획하고 삼림을 남벌하여 생태환경에 심각한 영향을 주었다. 자원과 환경관리상에서 볼 때 한차례의 심각한 퇴보라 할 수 있다.

이러한 무모한 전략은 지속될 수가 없다. 60년대 초부터 중국정부는 "조정하고 공고히 하며 충실히 하고 향상시킨다."라는 새로운 방침을 실행하여 대규모 맹목적으로 착수된 공업 분야를 줄이고 혼란스런 공업배치를 대대적으로 조정하였다. 동시에 자원관리를 강화하였는바, 1963년 공포된 ≪삼림보호조례≫와 ≪광산자원보호조례≫가 그것이다.

1966년 '문화대혁명'이 시작되었다. 이 운동과정에서 공업과 농업, 도시건설 등 영역에서 건립되기 시작한 지극히 제한된 환경에 유리한 규칙과 제도 등이 자본주의와 수정주의의 '간섭, 억압, 압력'으로 간주되어 비판받고 부정됨에 따라 환경오염과 자연생태파괴는 제지할 수 없을 만큼 만연되었다. 이로부터 1972년까지 중국은 자원과 환경관리방면에 또 한 차례의 심각한 후퇴를 겪게 되었다.

　그러나 70년대 초 장기간에 걸쳐 축적되고 잠복되어 있던 환경문
제가 결국 터져 나왔다. 중국의 객관적인 형세는 중국정부가 환경을
보호하는 행동을 취할 깃을 요구하였다. 이 중요한 시기에 세계는
중국의 환경보호를 위하여 아주 좋은 기회를 제공하였다. 1972년 6
월 5~16일, UN은 스톡홀름에서 인류환경회의를 개최하였다. UN인
류환경회의는 세계환경보호의 이정표일 뿐만 아니라 중국환경보호사
업의 전환점이자 환경정책 발전의 시발점이기도 하다.

　1973년, 국무원은 제1차 전국환경보호회의를 소집하여 '환경문제
를 지금부터 관심을 갖고 임하면 결코 늦지 않다'고 설파하고 '32자'
환경보호업무방침과 《환경의 보호와 개선에 관한 약간의 규정》을
심의 통과시켰다. 1973년 11월, 국무원은 회의 보고와 규정을 시달
하면서 현재의 도시, 하천, 항구, 광공업기업 및 사업체의 오염에 대
하여 신속하게 개선계획을 작성하고, 시기별·항목별로 해결에 힘쓰
되 자금과 재료와 설비의 수요를 책임지도록 지시하였다. 이로써 환
경보호사업은 명확히 정부의 공식사업이 되었다.

　1974년 5월, 국무원 환경보호영도소조 및 그 판공실이 성립됨에
따라 각 부문, 각 성과 시도 연속적으로 환경관리기구와 환경보호과
학연구 및 측정기구를 설립하였다. 일부 부서와 지역에서는 오염원
조사와 개선사업을 전개하였다. 환경보호업무가 시작된 지 몇 년 내
에 일부 지역과 일부 방면에 오염정도가 다소 감소되고 완만해졌다.
다만 전체적으로는 오염이 계속 심각한 추세를 보였고 자연생태파괴
도 가속화되었다.

　1977년 이후 중국정부는 더한층 환경문제의 심각성을 인식하고 환
경보호는 사회주의 현대화 건설의 중요한 구성부분임을 명확히 하고
일련의 지시와 결정을 내렸다. 1978년 2월, 《중화인민공화국 헌법》에
"국가는 환경과 자연자원을 보호하고 오염과 기타 공해를 방지한다."
고 최초로 규정하였다. 1979년 《중화인민공화국환경보호법(試行)》이

공포되고 이후 계속하여 몇 개항의 전문적인 법률과 정책규정이 반포되어 환경법제와 정책규정상에서 환경보호가 강화되었다.

1983년, 환경보호는 중국의 기본국책의 하나로 확정되었고, 동시에 '삼동보, 삼통일'의 환경보호전략방침이 확정되었다. 기본국책인 환경보호를 관철하기 위하여 1984년을 전후하여 국무원 환경보호위원회와 국가환경보호국이 성립되어 각각 환경보호 국정방침의 정책결정과 감독관리를 책임지게 되었다. 각급 인민정부도 점차 상응하는 기구를 설치하였다. 이후 환경관리 강화를 핵심부문으로 여겨 3대 정책을 기초로 하고 8개항 제도를 지주로 하는 환경보호정책과 제도체계를 건립·발전시켰다.

나. 중국 환경보호의 기본정책

−장기적인 탐색과 실천을 통하여 중국은 '예방위주', '오염원인자의 오염관리', '환경관리 강화'의 3대 환경보호정책을 제정하여 중국 환경보호업무의 대강과 원칙으로 확립하였다. 이 3대 정책의 근본 출발점과 목적은 곧 오늘날 환경문제의 기본적인 특성과 환경문제를 해결하는 일반규율을 기초로 하여 중국의 정세, 특히 다년간 중국 환경보호업무의 경험과 교훈을 조건으로 하고 환경관리강화를 핵심으로 하여 경제·사회와 환경의 협조발전전략을 목적으로 하는 중국 특색의 환경보호의 길을 마련하는 것이다.

가) "예방위주" 정책

예방위주의 원칙은 예방을 위주로 하고 예방과 개선을 결합하여 종합적으로 개선하는 원칙을 말한다. 동 정책의 사상은 오염제거와 환경보호조치를 경제개발과 건설과정 전이나 과정 중에 실시하여 근본적으로 환경문제가 발생될 근원을 제거하고 사후 개선에 소요되는 대가를 크게 저감시키는 것이다. '예방위주' 정책의 주요 내용은 다음과 같다. 첫째, 환경보호를 국민경제와 사회발전계획에 포함시켜 전체적으로 평형되도록 한다. 둘째는 도시환경 종합정비 실시로서 주로 환경보호계획을 도시 선제 발전계획에 포함시키고, 도시의 산업구조와 공업배치를 조정하며, 자원의 종합이용을 실현하고 도시의 에너지구조를 개선하고 오염의 배출과 발생총량을 감소시키는 것이다. 셋째는 건설항목 환경영향평가제도의 실행이다. 넷째는 오염방지 조치는 반드시 주체공정과 동시에 설계하고 동시에 시공하며 동시에 생산에 투입한다는 '삼동시'제도의 실행이다.

나) "오염원인자의 오염관리" 정책

오염원인자의 오염관리정책의 사상은 오염을 처리하고 환경을 보호하는 것은 생산자의 회피할 수 없는 책임이자 의무로서 오염이 발생시킨 손해 및 오염개선에 소요되는 비용은 반드시 오염자가 부담하고 보상하여야 한다는 것으로서 '외부 불경제성'을 기업의 생산과정에 반영한 것이다. 이 정책은 환경책임을 명확히 하여 환경개선의 자금원을 개척했다. 그 주요 내용은 다음과 같다. 첫째, 기업이 오염방지와 기술개조를 결합할 때 기술개조자금은 환경보호조치에 사용한 것과 비례하여 요구하여야 한다. 둘째, 공업오염에 대하여 기한 내 처리를 실행한다. 1987년부터 전국에는 모두 기한 내 처리항목이 12만여 개로서 대량의 오래된 오염원문제를 해결하였다. 셋째, 오염물 배출비용의 징수이다. 국가기준을 초과하여 오염물을 배출하는 경우에는 법에 의거 오염물배출비를 납부하여야 하며, 이 비용은 오염개선기금 건립에 사용하고 기업이 오염문제를 해결할 수 있도록 도우며 이로써 환경보호자금의 안정적인 모집 경로가 열린 것이다.

다) "환경관리 강화" 정책

3가지 정책 중에서 핵심은 환경관리 강화이다. 이는 한편으로 환경관리의 개선과 강화를 통하여 많은 자금을 사용하지 않고서도 환경오염문제를 해결할 수 있다. 또 한편으로는 환경관리 강화로 인하여 유한한 환경보호자금으로 양호한 투자환경을 창조하고 투자효율을 높일 수 있다. 이 정책의 주요 내용은 다음과 같다. 첫째, 환경보호입법과 법 집행의 강화이다. 1979년 반포한 ≪환경보호법(試行)≫ 이래 ≪대기오염방지법≫, ≪수질오염방지법≫, ≪해양환경보호법≫ 등 단독의 환경보호법률이 제정되었으며, ≪삼림법≫, ≪水法≫등 일련의 관련 법률 중에 환경보호를 두드러지게 강조하였다. 1989년 국가는 정식의 ≪환경보호법≫을 공포하여 비교적 완비된 환경보호법규체계를 형성하였다. 이러한 법규는 이미 환경보호업무의 근거와 도구가 되었으며 환경보호의 권위성을 확립하였고 실천과정에서 중요한 작용을 발휘하였다. 둘째, 전국적인 환경보호관리체계의 건립이다. 각급 정부는 대부분 환경보호기구를 갖추고 동시에 전국성의 환경보호를 위하여 지지수단을 제공하는 선전, 교육, 과학연구, 측정, 관리 등 일련의 기구를 수립하였는바, 전국에는 직접 환경보호업무에 종사하는 인원이 20여만 명에 달하고 환경보호업무는 기본상 전국 각 지방을 커버하고 있고 도시와 대중형 기업의 환경보호도 비교적 유력하였다. 셋째는 신문이나 영화 등 전달매체를 운용하여 광범위하게 민중과 환경보호를 동원하였다. 아울러 교육체계 중 점차로 환경지식운동을 강화하였다. 넷째, 8항 제도를 핵심으로 하는 환경관리제도체계의 강화를 수립하여 환경관리업무가 새로운 단계에 진입토록 했다.

라) 환경정책의 미비

전체적으로 볼 때 중국의 환경정책의 제정은 비교적 완비되었으나 기본적으로 환경보호업무의 수요를 만족시키고 있다. 오늘날 중국 환경정책의 미비점은 주로 실시능력이 낮고 실시가 비교적 뒤쳐진다고 할 수 있다. 이에 따라 사회상에 나타난 "중국의 현재의 환경정 책은 있어야 할 것은 다 있으나 실행의 효과가 비교적 뒤떨어진다." 고 하는 말에 대하여 의아하게 생각하는 사람은 없다. 오늘날 각종 환경보호의 지도사상과 방침은 아직 국가의 전체적인 경제전략과 정 책에 적절히 융합되지 못하고 있다. 경제, 자원과 환경정책체계는 아 직 협조되지 못하고 일부 경제정책은 아직 간접적으로 자원 낭비와 환경파괴를 고무시키고 있다. 각종 환경정책은 실시계획과 기준, 관 리제도에 의지하면서 진일보 개선을 필요로 하고 있다. 각종 정책은 조직수단에 의지되나 각급 환경관리기구는 아직도 비교적 박약하고 법에 의한 관리는 종종 제약을 받고 있으며, 각종 정책이 실시될 수 있는 기술과 자금이 아직도 매우 부족하다. 이러한 것들이 모두 환 경정책의 실시효력을 심각하게 제한하고 있는 것이다.

② 일본의 환경정책

가. 환경정책의 발전

－일본의 전후(戰後) 환경정책은 환경문제를 둘러싼 일본 정치체 계(political system)의 구조 및 과정적 측면에 있어서 '적절한 정책산 출을 요구하는 투입(input)이 얼마나 넓은 범위(정치체계상의 환경)로 부터 오며 또한 그 요구가 얼마나 강한가'라는 점 및 '적절한 환경 정책을 마련하기 위한 주요 정책결정집단들의 노력과 산출이 얼마나 실제적이며 효과적인가'라는 점에서 볼 때 4단계로 발전해 왔다. 첫 단계는 일본이 정부차원에서 공해대책기본법을 제정한 1967년 이전 의 시기이다. 세계 제2차대전이 끝난 이후 일본은 중화학공업 중심 의 괄목할만한 경제성장을 거듭하면서 각종 공해와 미나마타병, 이 타이이타이병, PCB오염 등 심각한 환경문제들에 직면하게 되고, 그

결과 공해대책기본법이 제정되었다. 그러나 이 시기는 심각한 환경문제의 등장에도 불구하고, 일본사회의 주된 관심이 거의 전적으로 경제개발과 산업발전에 쏠려있었기 때문에 환경문제는 거점 중심의 지역개발전략이 낳은 특정 지역의 문제로만 보려는 경향이 우세하던 시기였다.

1963-64년에 들어와 일본의 이러한 시각은 시주오카 현 삼도·소진 지역의 석유화학단지 조성을 둘러싸고 벌어진 기업 대 지역 간의 대립을 발단으로 중대한 변화를 겪게 된다. 이 대립은 일본 내 각 지역에서 확대되어온 각종 환경우려들을 국가적 쟁점으로 등장시키는 계기가 되었다. 그 결과 공해대책기본법이 1967년에 제정되고, 3년 뒤인 1970년 11월에 소집된 임시국회에서는 환경오염통제기본법과 대기오염통제법 및 폐기물처리 및 정화법이 개정되고 수질오염통제법, 공해억제설비비용분담법, 건강상의 위해를 초래한 오염사범에 대한 처벌법이 제정되는 등 총14개의 환경 관련법들이 개정 또는 제정되게 되었다. 그리고 1972년에는 환경오염의 규제에서 한걸음 발전한 자연보존법이 제정되는데, 이 시기가 일본 환경정책 발전의 두 번째 단계라고 할 수 있다.

위의 두 시기는 일본 환경정책발전을 3단계로 나눈 쉬로이어스의 구분과 비교할 때 그의 첫 단계에 해당한다. 쉬로이어스는 1960년대와 1970년대 초에 이르는 첫 단계를 환경정책과 이를 다루는 행정·관료적 능력의 형성기로 규정하는 한편 이익집단과 지방정부 그리고 법원들이 환경정책상의 변화추진에 핵심적인 역할을 한 시기로 분석했다(Schreurs 1997b, 6).

요컨대 일본 환경정책 발전의 첫째 및 둘째 단계는 적절한 환경정책을 요구하는 투입이 국내적으로 형성, 확산되고, 환경정책은 이에 대한 '대응'으로서 산출되는 특성을 지닌 단계라고 할 수 있다. 이 두 단계의 특성 간에 질적 차이는 보이지 않는다는 점에서 쉬로

이어스처럼 하나의 단계로 묶을 수도 있고, 의미 있는 양적 성장과 발전적 변화의 차이를 보이고 있다는 점에서 두 단계로 나눌 수도 있다고 본다.

세 번째 단계의 특징은 일본의 환경문제에 대한 관심이 소위 '공장형'에서 '생활형' 환경문제로 옮겨진 데 있다. 일본은 공해규제의 강화 이후 1970년대 두 번의 국제석유위기를 겪으면서 에너지다소비형의 산업화를 기술개발을 통해 에너지절약형의 산업화로 전환시켰다. 또한 일본은 기업감량경영 등 고속성장정책의 지양을 통해 산업발전으로 인한 공해와 공장에서 배출되는 오염을 크게 줄였다. 그러나 경제성장과 생활수준의 향상은 1980년대에 들어와 교통량 증가로 인한 대기오염, 폐수 및 하수문제, 수질오염과 폐기물 문제 등 새로운 환경문제를 야기했다. 일본은 이 새로운 환경문제를 해결하기 위해 1982년 질소산화물에 의한 오염에 지역총량규제방식을 적용했다. 또한 이듬해인 1983년에는 수질오염방지법을 개정하고 1984년에는 지하수 오염을 방지하기 위해 폐수관리지침을 마련했으며 1989년에는 수질 관리법을 개정했다. 환경정책에 대한 한 교과서에서 문태훈 교수는 이러한 변화의 주목할 점으로서 "일본인들의 생활수준이 향상되고 심각하고 급박한 환경오염문제가 어느 정도 해결됨에 따라 단순한 오염억제에 대한 국민의 요구가 이제는 보다 나은 삶의 환경에 대한 요구로 변화하고 있다는 점"이라고 지적하면서 이 요구가 녹지공간과 친수공간의 확대, 아름다운 경관에 대한 욕구로 이어지고 이는 다시 환경계획, 도시계획, 그리고 각종 공공시설물의 설치에 반영되어 나가기 시작했다고 적고 있다(1997,332).

이는 일본의 환경정책이 '어메니티'(amenity)를 주요 개념으로 받아들였음을 의미한다. 즉 어메니티 개념의 채택이 세 번째 단계의 한 주요 특징이라고 할 수 있다. 어메니티란 영국과 프랑스가 도시계획에 사용하던 '환경의 쾌적성'을 뜻하는 개념인데, 이 개념이 일본에서 주목받기 시작한 것은 OECD의 환경위원회가 1976년 일본의 환경정책을 검토한 보고서에서 이 개념을 사용하면서부터이다. 이를 계기로 1976년 말 환경청 내에 '어메니티연구회'라는 자주적인 연구 집단이 생기고 공적 조직으로서 '쾌적한 환경간담회'가 설치되었다. 1979년의 '환경백서'는 '쾌적한 환경을 추구하여'라는 제목의 장을 별도로 싣기 시작했다. 이 백서는 시가지녹화·주변환경·가로경관·자연경관 등 자연환경의 보호와 창조, 역사적 환경, 거리의 풍경, 야외 레크리에이션의 중시 등을 쾌적환경 만들기의 활동부문으로 지적하고 있다. 1984년도부터 환경청은 '어메니티타운계획사업'을 착수하고, 각 지방단체들도 종합계획 속에 '바람직한 도시환경의 창조' 혹은 '쾌적환경을 목표로' 등의 표어를 사용하기 시작했다(宇都宮深志 1995, 124-137).

이 시기는 쉬로이어스가 구분한 두 번째 단계에 해당한다. 그는 1970년대 중반부터 1980년대 말에 이르는 이 시기의 특징으로 환경정책상 단지 점증적 변화만이 있던 시기, 통상산업성(이하 통상성으로 약칭), 건설성, 외무성 그리고 환경청 등 몇몇 관료기구를 중심으로 국내차원의 환경활동이 이루어지던 시기라고 지적했다.

이 세 번째 단계는 환경에 대한 일본의 국내정책이 '대응'이 아닌 '주도'라는 점에서 앞의 단계들과 확연히 구분된다. 투입의 측면에서 환경적 요구가 일상화되었을 뿐만 아니라 정책결정집단의 의지 및 산출도 실제적인 환경개선을 지향하고 있다는 점에서 실질화된 것이다. 마지막 네 번째 단계는 1990년대 이후 현재에 이르는 시기이다. 1993년, 현재의 일본 환경정책을 뒷받침하고 있는 법적 근간인 환경기본법(the Basic Law on the Environment)이 제정되었다. 환경오염통제기본법과 자연보전법을 발전적으로 뒤이은 이 법은 기존법의 기초위에 세 가지의 중요한 요소를 추가하고 있다. 현재와 미래세대의 쾌적함을 위한 지방 및 범세계적 환경보전의 요청, '지속 가능한 발

전'(sustainable development)의 개념 위에 기초한 사회의 추구 그리
고 국제협력의 요청이 그것이다. 그중에서도 새로운 법이 기존의 법
과 근본적으로 다른 큰 특징은 '지속 가능한 발전' 개념을 완성정책
의 핵심으로 채택했다는 점이다(Wallace 1995, 103).

'지속 가능한 발전'의 개념은 환경기본법 제4조 속에 다음과 같은
네 가지의 내용으로 반영되어 있다: ①환경에 대한 부담의 감축과
함께 건전한 경제발전을 강화함으로써 건강하고 생산적인 환경이 보
존되고 지속 가능한 발전이 확보될 수 있는 사회가 형성될 수 있도
록 하는 환경보전이 도모되어야 하며; ②이를 위해 사회경제적 및
여타의 활동으로 인해 발생하는 환경부담을 가능한 최대한으로 줄이
는 환경보전을 위한 실천이 있어야 하며; ③이러한 실천은 모든 사
람들이 환경부담의 짐을 공평하게 나누어진 자발적이고 적극적인 것
이 되어야 하고; ④또한 환경보전은 이에 대한 침해가 과학지식의
진보를 통해 예측적으로 미리 방지될 수 있는 방향으로 도모되어야
한다.

그러나 이러한 발전에도 불구하고 환경기본법이 환경청이 제안했
던 원안대로 통과된 것은 아니었다. 탄소세와 환경영향평가에 대한
조항이 결국 통과되지 못했다. 통상성과 경단연(經團連)의 반대 때
문이었다. 통상성은 탄소세의 제정 대신 산업체들의 에너지소비감축
을 골자로 하는 법안을 의회에 별도로 제출했고, 환경기본법은 탄소
세 조항 대신 '환경을 보존하기 위한 하나의 방법으로서 경제제재를
도입하는 데 정부가 여론의 이해와 협력을 구한다.'고 서술하는 선
에서 마무리되었다. 환경영향평가조항 역시 환경영향평가가 도모되
어야 한다고 서술하는 선에서 마무리되고 이 조항의 법제화는 이루
어지지 않았다. 이는 환경정책에 있어서 일본 내의 힘의 균형이 관
료조직, 즉 주요 행정부서에 기울어져 있음을 말해준다.

'환경기본계획'(the Environment Basic Plan)은 바로 이러한 힘의

편향 속에서 환경에 대한 대안적 접근법으로 탄생하였다. 총리의 요청에 따라 1994년 1월부터 계획마련에 들어간 환경청의 환경중앙위원회는 같은 해 12월에 최종안을 확정하고, 내각은 이를 '환경기본계획'이라는 이름으로 발표했다. 이 계획은 21세기를 향한 일본 환경정책의 장기목표와 이를 달성하기 위한 구체적인 조처들을 담았다. 한편 탄소세의 도입에 반대하며 에너지소비의 감축을 통한 환경보전을 주장한 통상성은 1974년의 제1차 석유위기에 대한 대응으로 제정된 에너지보전법을 1993년에 개정했다.

국내환경과 관련하여 많은 일이 이루어진 이 네 번째 시기가 앞의 세 단계와 근본적으로 다른 점을 찾는다면, 그것은 국제적 환경문제에 대한 일본의 책임과 역할이 부각되고 있다는 점이다. 즉 투입의 체제적 환경이 국내의 범위에서 국제의 범위로 분명히 확대되고 그 강도 또한 이전과 다르게 강해졌고, 강해지고 있다는 점이다. 국내적으로 볼 때 일본은 이제 명실상부한 환경선진국이다. 대기오염은 확연히 그리고 매우 효과적으로 줄어들었고 환경오염통제는 일본의 산업가들이 지대한 관심을 가지고 있는 주요 인기사업이 되고 있다(Maull 1992, 354). 그런 반면 지역적 혹은 범세계적 환경문제에 대한 일본의 태도는 EU를 비롯한 주요 환경선진국은 물론 개발도상국들로부터도 내용은 다르지만 적지 않은 비난의 대상이 되고 있다. 환경의 국제정책은 과거 국내정책에서 그랬던 것처럼 '대응'의 속성을 보이고 있는 것이다. 일본의 환경정책이 차후 어떻게 발전할 것인가는 사실상 국내적 쟁점보다는 국제적 쟁점과 보다 많이 상관되어 있다고 보아야 할 것이다.

쉬로이어스는 자신의 구분의 마지막 단계인 1990년대를 범세계적 환경보호와 '지속성'(sustainability)의 개념이 공적 정책논쟁에서 점점 그 중요성을 더해 가는 시기로 규정하고, 일본의 환경정책 결정과정에 간여하는 참여자의 범위가 유엔환경개발회의(UNCED)에서의 진보와 대중에 뿌리를 둔 환경운동의 성장에 반응하여 확대되기 시작한 시기라고 지적했다(Schreurs 1997b, 6).

③ 일본 환경정책의 현상(現狀)

가. 국내환경정책

－일본 국내의 환경수준은 여느 환경선진국에 뒤지지 않는다. 일본의 환경법과 국내환경 관련의 정책수행은 세계에서 가장 발전된 수준에 속하며, 일본이 개발한 각종 환경기술들도: 환경정책의 주요 부문별 제도적 장치.

부 문	제도적 장치	비 고
대기오염	오염이 심각한 지역에 대한 '지역별 오염물질총량규제체제' (Area-Wide Total Pollutant Load Control System)를 도입 시행하고 있으며, 황산화물, 질소산화물, 자동차대기오염방지를 위한 대책을 특별히 마련하고 있다.	대기오염억제를 위한 규제강도는 세계에서 가장 엄격한 수준임
수질오염	1978년 수질오염방지법과 환경보전임시조치법의 개정을 통해 수질오염총량규제제도를 도입하고 있으며, 오염방지설비에 대한 세금감면과 단기감각상각제도 등을 경제적 유인책으로 사용하고 있다.	
폐기물관리	유해화학물질은 1973년 '화학물질의 심사 및 제조 등의 규제에 관한 법률,' 쓰레기감량은 후생성의 1979년 '폐기물관리에 관한 기본지침'에 의해 규제되고, 재활용 위주의 폐기물관리정책은 1991년 개정된 '폐기물처리 및 정화법'에 의해 운영되고 있다.	
환 경 영향평가	1984년 '환경영향평가의 실시에 관하여'라는 각의결정형태로 환경영향평가를 실시하고 있다.	환경영향평가법의 입법화는 추진 중임
공해방지	환경기준의 달성이 어렵다고 판단되는 지역에 있어서 환경개선을 위해 지방자치단체장이 작성하고 총리가 승인하는 공해방지계획에 의해 추진되는바, 이를 수립하면 1971년 제정된 공해방지재특법에 따라 중앙정부로부터 특별재정지원을 받는다.	집행책임은 지방자치단체에 있는 반면, 추진주체는 중앙정부이다.
환경관리	공해방지에서 한걸음 나아가 쾌적한 주변환경의 창조라는 적극적 개념을 반영한 환경관리계획에 의해 추진되는데, 이 계획은 도도부현(都道府縣)과 지정도시에서 자체적으로 수립, 실시하고, 중앙정부는 자금과 정보 면에서의 지원만 담당한다.	집행책임자와 추진주체가 모두 지방자치단체이다.

* 출처: 문태훈 1997, 338-358.

세계 최고의 수준이다. 18개 OECD국가들의 환경정책 수행도를 대기오염, 수질오염, 토양오염 그리고 폐기물 등 4개 하위부문지표의 표준화를 통해 비교 평가한 한 분석자료는 일본이 팽창적 에너지정책을 추구하면서도 환경수행을 긍정적으로 이룬 국가로 분류하고, 환경수행도도 18개국 중 7위로 평가했다.

일본은 환경의 각 부문별로 전국적인 환경기준을 가지고 있다.

환경청이 담당하는 기본업무는 ① 기본적인 환경정책의 계획과 집행, 환경 관련 행정의 종합적인 조정, ② 1967년 환경오염통제기본법에 의거한 종합적인 지역오염방지정책의 수립, ③ 환경기준의 설정, ④ 대기오염통제법, 수질오염통제법, 소음통제법, 국립공원법, 오염으로 인한 건강상의 위해에 대한 보상법 등 각종 환경 관련법의 집행, ⑤ 환경청의 각종 활동에 대한 통계자료의 확보와 분석 및 각종 연구사업 등이다(문태훈 1997, 336). 그러나 환경 관련의 주무부서가 성(省)이 아닌 청(廳)으로 설립되고 그 성격이 기획관청으로 출발한 것은 환경청이 강력한 부서는 아님을 말해준다. 실제로 다음 표에서 보는 것처럼, 환경 관련 업무가 여러 정부 부서에 방대하게 분산되어 있으며 이들 환경 관련 업무조정을 위한 기구도 지구환경보전위원회(the Council for Global Environment Conservation)라는 이름으로 별도 설치되어 있다.

정부 각 부서의 환경 관련 업무

정 부 부 서	환 경 관 련 업 무 분 장
후 생 성	폐기물관리, 도시쓰레기처리
농림수산성	국가산림의 관리와 보존, 수자원보호, 농업용 화학약품의 사용에 대한 허가
통상산업성	에너지보존, 환경보전기술과 산업체 오염방지기술의 개발, 상업용 원자력발전소 관련 업무
운 수 성	차량오염 억제수단 마련

정 부 부 서	환 경 관 련 업 무 분 장
건 설 성	도시계획, 하수처리, 도시공원과 도로와 하천의 보호와 관련한 업무
과학기술청	방사능오염 문제

*출처: 문태훈 1997, 337.

　현재의 일본 환경정책을 뒷받침하고 있는 법적 근간은 앞서 지적한 것처럼 환경오염통제기본법과 자연보전법을 발전적으로 뒤이은 '환경기본법'이다. 이 법은 일본 환경정책이 '지속 가능한 발전'의 개념 위에서 추진되도록 뒷받침하고 있다. 일본 환경정책의 또 하나의 골간은 '환경기본계획'(the Environment Basic Plan)이다. 총리의 요청에 따라 1994년 1월부터 계획마련에 들어간 환경청의 환경중앙위원회는 같은 해 12월에 최종안을 확정하고, 내각은 이를 '환경기본계획'이라는 이름으로 발표했다. 이 계획은 21세기를 향한 일본 환경정책의 장기목표와 이를 달성하기 위한 구체적인 조처들을 담고 있다. 첫째, 장기목표로서 ① 환경에 단지 제한적인 부담만을 주는 환상적(環狀的)이고 효과적인 물질 사이클에 기초한 사회경제체제의 실현, ② 인간과 자연의 공존, ③ 환경보존활동에의 참여, ④ 국제적 노력의 도모를 정하고 있다. 그리고 이러한 목적의 실현을 위한 방법으로서 먼저, 지속 가능한 사회경제체제의 도모라는 목적을 위해 지구온난화와 지역적 산성비문제, 교통과 산업활동에 따른 도심 지역에서의 질소산화물과 미립자의 배출, 수질오염, 토양오염, 소음공해, 재활용, 그리고 유해화학물질 등에 대한 조처들을 지적하고 있다. 둘째, 인간과 자연의 공존이라는 목적달성을 위해 산악 지역과 마을, 초원, 그리고 해안 지역에서의 자연지대보호를 지적하고 있다. 셋째, 환경다양성의 도모를 위해 적절한 농업, 산림, 수생(水生)산업 기술의 채택을 말하고 있다. 넷째, 자연환경의 도모는 공원, 녹지공간, 해안통의 조성과 야생동물의 엄격한 보호 등의 조처들을 포함하고 있다.

한편 탄소세의 도입에 반대한 통상성은 앞서 지적한 것처럼 에너지소비의 감축을 통한 환경보전을 주장했다. 이를 위해 통상성은 1974년의 제1차 석유위기에 대한 대응으로 제정된 에너지보전법을 1993년에 개정했다. 이 법에 따르면, 연간 에너지소비가 석유 3,000톤이나 그 이상 혹은 전기 12GWh나 그 이상에 해당하는 사업장은 에너지를 관리, 감독할 유자격자 1인을 반드시 고용해야 한다. 통상성은 각 산업의 최적운영에 기초하여 특정단위의 산출에 요구되는 에너지의 기준량을 제시하고, 예를 들면 특정 유형의 보일러에 가장 이상적인 공기 / 연료비 등과 같은 보다 상세한 정보를 제공한다. 통상성은 평균에 뒤지는 공장에 생산설비와 과정을 개선하도록 요구할 수 있다. 공무원들은 현재의 수익성이나 최종 관련 투자 시기 등의 요인들을 고려하여 에너지보전법이 규정한 우대대부(優待貸付)나 세금감면 등을 조정한다. 만약 특정 사업체가 이를 따르지 않으면 통상성은 그 사업체의 작업이행이 적절하지 못함을 공개하고 교정조치를 취하도록 강제적인 법적 명령을 내릴 수 있다. 만약 이 명령까지도 어기면 벌금을 부과하게 된다. 이와 반대로 에너지소비가 기준치보다 적은 업체는 에너지사용을 감축할 수 있는 정보와 조언 그리고 재정지원을 받게 되며, 에너지소비를 감축시키는 장치의 공급자들에게는 매년 상이 주어진다. 에너지보전법은 소비자 및 생산자와 관련한 규정도 가지고 있다. 1979년 이후로 에어컨, 자동차 그리고 냉장고에는 에너지라벨의 부착이 의무화되어 있다. 최근에는 텔레비전, 형광등, 램프, 사진복사기 등이 목록에 추가되었다. 통상성은 또한 이러한 물품들의 효율성 기준을 설정하고 이를 생산지들이 부착하도록 의무화하고 있다.

나. 국제환경정책

－일본은 환경에 대한 국내정책의 선진성에도 불구하고 국제정책 면에서는 여전히 '자연보호와 지구환경에 대한 최악의 침해국 중의 하나'(one of the worst offenders against the protection of nature and the global environment)라는 오명을 벗지 못하고 있다(Maull 1992, 354). 일본은 특히 포경, 유망어업(流網漁業), 멸종위기에 있는 종의 밀수, 열대우림의 대규모적인 파괴, 공해공장의 제3세계 이전 등의 부문에서 국제적으로 많은 비난을 받고 있다.

예컨대 일본인들이 광범위하게 사용하는 유망어업은 어망(漁網)의 길이가 30마일에 달하고 잘 보이지 않는 플라스틱으로 만들어져 있어서 상업적 이득이 없거나 굳이 잡으려고 하지 않았던 많은 해양생명체들을 불필요하게 죽이는 것으로 알려져 있다. 이런 유의 어업행위를 중단하라는 요청이 제기되었을 때, 유엔에서 일본 관리들은 이 어망이 해양을 파괴한다는 것을 보여주는 완전한 증거서류들이 나오기 전에는 유망어망을 줄이지 않을 것이라고 말했다. 유엔이 유망어업을 금지시킨 후에도 일본은 이 금지조처가 결함을 지닌 자료에 바탕을 둔 과잉정치반응이라는 주장을 폈다.

일본의 반환경적 행태는 포경부문에서도 이미 잘 알려져 있다. 일본은 노르웨이와 함께 고래의 상업적 이용을 종식시키려는 노력에 지속적으로 반대해 온 국가다(Young 1994, 148). 1990년 국제포경위원회(IWC) 회의에서 대서양에서의 제한적인 상업성 포경의 재개를 허용하는 제안에 반대하는 다수 힘의 결집을 미국이 주도하고 나섰을 때 일본은 IWC를 탈퇴하겠다고 위협했다. 일본은 결국 국제사회의 정치적, 경제적 압력에 굴복하여 포경레짐을 받아들였지만, 이 사건은 일본의 반국제환경적 행태를 말할 때 가장 먼저 떠오르는 사례의 하나로 여전히 기억되고 있다. 멸종위기종의 국제무역협약(CITES)에 대한 일본의 태도도 마찬가지였다. 아프리카코끼리의 상아거래 쟁점과 관련하여 포터와 브라운은 일본이 당시 아프리카상아에 대한 유보를 요구한 속뜻이 무역금지에 대한 국제적 노력을 무산시키려는 데 있었다고 지적하고, 일본의 CITES 결정수용은 국제적 위신과 외교적 압력에 밀려 어쩔 수 없이 받아들인 것이었다고 밝히고 있다(Porter and Brown 1991, 84-85).

유해물질의 수출과 열대우림의 파괴 부문에서도 일본은 친환경적 레짐형성에 가장 주된 반대국의 역할을 해 왔다. 이상에서 지적한 일본의 반환경적 행태는 모두가 거대한 경제규모를 지닌 일본의 국제경제활동으로 파생되는 환경침해, 즉 앞서 말한 '생태적 그림자' 혹은 '그림자 생태'(shadow ecology)이다. 자원빈국이면서도 세계에서 두 번째의 경제규모를 가진 일본의 경제활동은 에너지와 천연자원의 대부분을 수입하는 한편 이를 완성된 상품으로 만들어 수출하는 사이클로 움직인다. 이런 과정에서 일본의 경제활동은 에너지와 천연자원을 수출하는 국가(지역)의 환경을 해치고 가장 중요한 수출품인 자동차에서 보듯이 이를 수입하는 국가(지역)의 환경오염에 기여하게 되는 것이다.

그러나 일본의 국제환경적 태도에 변화가 없는 것은 아니다. 위에서 언급한 CITES의 경우 일본은 가입국 중 최다수의 유보조항을 달기는 했지만 1987년에 조인했고, 이산화탄소(CO_2)감축 등 지구온난화방지를 위한 세계적인 노력에도 비교적 긍정적으로 동참하고 있다. 특히 일본은 제3회 기후변화조약 체결국 회의를 1997년 12월 교토에 유치하는 등 반국제환경국의 오명에서 벗어나기 위해 상징적 측면으로 또 어느 정도는 실질적 측면으로 노력하는 모습을 보이고 있다.

일본의 변화를 지적할 때 빠뜨릴 수 없는 것이 정부개발원조(ODA) 부문이다. 일본은 환경지원총액에 있어서 OECD국가들 중 선두를 차지하고 있는데, 무상원조와 대여 그리고 기술지원을 합쳐 1992년의 환경지원총액이 2,697백만 달러에 달했다. 같은 해인 1992년 미국의 환경지원총액이 682백만 달러, 독일이 512백만 달러, 노르웨이가 221백만 달리었던 것에 비하면 그 액수의 크기를 짐작할 수 있다. OECD의 1994년 자료에 따르면, 1980년대 후반 이래로 환경프로젝트에 대한 일본의 원조가 급격히 증가되었는데, 일본이 제공한 ODA 중 환경원조가 차지하는 비율이 1986년의 4.8%에서 1990년에는 12.4%로 증가했고, 1994년에는 다시 16%로 늘어났다. 통상성은 '그린원조계획'(the Green Aid Plan)이라는 새로운 형태의 ODA도 만들어 아시아에 대한 환경기술이전을 지원하고 있다. 이 계획 속에는 예컨대 유황분제거기술의 개발 같은 연구지원, 환경기술이전, 기술지원 그리고 기술이전을 위한 환경자문인력의 파견 같은 사업들이 포함되어 있다(Schreur 1997a, 12). 일본환경청은 또한 아시아 지역에서의 산성비 모니터네트워크의 설치, 아시아태평양 지역에서의 지속 가능한 발전의 촉진을 위한 세계환경전략연구소(Institute for Global Environmental Strategies; IGES)의 설치, 아시아태평양환경회의(the Environ-mental Congress for Asia and the Pacific; Eco Asia)의 연례개최 등을 통해 국제적 환경기여를 추구하고 있다(Schreur 1997a, 12).

이상에서 살펴본 변화는 일본의 국제환경적 태도에 대해 긍정적인 평가와 기대를 가지도록 해준다. 실제로 앞서 언급한바, "국제적 압력에 대한 일본의 반응은 상징적 조처와 실질적 조처가 후자를 향한 희망적 추세를 예측 가능하도록 혼합된 단계"라고 말한 매울의 결론은 이런 평가와 기대를 잘 대변하고 있다(Maull 1992, 368).

그러나 일본의 이 같은 행태변화가 과연 관점과 태도의 '친환경적' 변화에서 비롯된 것인가에 대해 많은 분석가들이 여전히 유보적인 견해를 가진 것으로 보인다. '월드워치연구소'의 1997년 보고서는 "리오에서 많은 기대의 대상이 되었던 일본은 아황산가스와 질소산화물배출의 실질적인 감축을 포함하여 국내적 환경개선에 있어서는 괄목할 만한 진전을 보이고 있다. 그러나 아직까지는 세계적인 환경 주도국으로서의 역할을 다하는 데는 실패하고 있으며 특히 포경과 오랜 열대우림 지역으로부터 목재를 수입하는 데 국제적인 제한을 가하자는 쟁점에는 강한 거부감을 가지고 있다."라고 분석하고 있다 (Worldwatch Institute 1997, 9). 일본의 환경기여는 자국의 이익이 달려있는 지역적·쟁점적 영역에 국한되어 있고, 그나마 이런 기여 속에서 동남아에서의 벌목 등 자국의 경제적 이익을 위한 환경침해는 여전히 계속하고 있기 때문이다.

④ 일본의 환경정책 강화 동향

최근 일본은 폐기물감축·재활용 확대를 위한 관련 법제 정비와 함께 환경세 도입·재생가능 에너지원개발 등 온실가스배출 억제대책도 추진하는 등 환경정책을 강화하고 있다.

가. 대기오염방지와 관련

-동경도는 2000년중 도 공해방지 조례를 개정, 디젤 미립자제거장치를 부착하지 않은 자동차에 대해 2003.4부터 단계적으로, 2006년부터 전면적으로 운행을 규제한다는 방침을 발표했고 「시미즈」환경청 장관도 자동차공업협회 및 석유협회에 대해 정부의 대기오염물질 배출감축정책에 협조해줄 것을 요청했다.

나. 폐기물대책과 관련

-기업에 제품용기·포장재 재활용을 의무화하는 「포장용기 리사이클법」의 시행에 이어 에어컨·TV·냉장고 등의 회수·재활용 의무를 부과하는 「가전 재활용법」도 시행(2001.4)하고 있는 가운데 농수성은

「식품재활용법」을, 통산성은 자동차·가전사에 대해 제품회수·재활용 강화 및 장수제품개발 등을 규정한 「개정 리사이클법」을, 후생성은 「폐기물처리법 개정안」 등을 국회에 제출했다.

 * 폐기물처리법 개정안은 후생성 승인 없이 수출시 현재 50만 엔 이하의 벌금을 부과하고 있으나 이를 3년 이하의 징역, 300만 엔 이하의 벌금 병행 부과 등으로 규제를 강화.

다. 지구온난화 방지와 관련

 −2000년도 관련 예산으로 5,531억 엔(전년대비 7% 증)을 배정했고 에너지사용 등에 과세하는 환경세를 도입할 방침인 가운데 온난화 방지대책 근간으로 추진하고 있는 원전 추가건설이 방사능 누출사고(99.9)를 계기로 어려워짐에 따라 자연에너지 보급 촉진법안 마련 등 대체 및 재생가능 에너지원개발노력도 강화하고 있다.

 한편 중국·미국 등과의 환경협력도 강화하면서 국가 등 공공기관이 환경친화적 제품의 도입을 촉진하기 위해 녹색구매법 제정도 추진 중이다.

 이처럼 일본이 환경정책을 강화하고 있는 것은 대량생산·소비·폐기에 따른 폐기물 매립지난과 소각에 따른 다이옥신문제, 디젤자동차 배기가스로 인한 인체·환경피해 발생 등이 사회문제화되고 있고 교토의정서 이행 등 지구온난화 방지를 위한 원전 추가건설 계획이 안전문제 등으로 어려움에 직면하고 있어 대체방안 마련이 시급한데 따른 것으로 보인다.

9) 북한의 환경정책

(통일부: 2000북한개요 중에서 발췌)

북한에서 환경문제가 제기된 것은 1960년대 제1차 7개년계획에 따라 중공업우선정책을 강력하게 추진하는 과정에서 중화학공업단지 건설 등 공업규모의 양적 팽창과 광산자원 등의 무질서한 개발로 인해 대기 및 수질오염 등 산업공해가 심각해지면서부터이다.

이에 따라 1972년 12월에 개최된 '전국자연과학일군대회'에서 김일성은 광공업 분야의 공해방지를 언급하면서, 공장·기업소를 분산 배치할 것과 주택지구와 공장을 격리 건설하고 각 공장 기업소에 수질오염 및 매연방지 설비를 구비토록 촉구하는 등 환경문제에 관심을 보였다.

그러나 정책적 차원에서 환경문제에 관심을 기울이기 시작한 것은 1986년 4월 9일 최고인민회의 제7기 5차회의에서 '환경보호법'1)을 제정, 공해방지 및 환경보호를 위한 그동안의 각종 시책을 체계적으로 입법화하면서부터이다.

이에 따른 대표적 시책으로는 북한 전역에 자연환경보호구 및 특별보호구 지정, 10여 개의 환경오염관측소 및 기상수문관측소 신규 설치, 평양의 평천오수정화장을 비롯한 10여 개의 정화장·침전지 건설, 순천비날론연합기업소·남흥청년연합기업소·상원시멘트연합기업소 등 산업시설에 대한 공해방지시설설치 등을 들 수 있다.

또한 2차례에 걸친 수해로 자연보호의 중요성을 실감한 북한은 1995년 12월 전 5장 55조로 구성된 '환경보호법 시행규정'을 채택, 환경보호의 중요성과 일반원칙, 환경보호지도·관리, 환경피해에 대한 손해배상 및 제재 등을 구체화하였다.

이러한 환경문제에 대한 관심고조는 대외적으로도 나타나 1963년 5월 IUCN(국제 자연 및 자연자원 보존연맹)에 가입하고 UNEP(유엔

환경계획)회의에 1982년부터 참가하고 있다. 그리고 1990년 12월에는 평양에서 UNDP(유엔개발계획), UNEP 대표 및 환경보호부문 과획지, 기술자들이 참가한 가운데 산업오염의 감시와 예방에 관한 토론회를 개최하였다.

부문별로 산재된 환경 관련 업무를 총괄 조정할 필요성이 대두됨에 따라 1993년 2월에는 '국가환경보호위원회'를 정무원 산하에 비상설기구로 신설하였으며, 1996년 10월에는 동 기구를 정식 정무원 기구로 개편 '국토환경보호부'를 신설하였다.

1998년 9월에는 사회주의헌법 개정과 더불어 국가권력 개편을 단행한 결과 '도시경영부'와 '국토환경보호부'를 합쳐 '도시경영 및 국토환경보호성'으로 통합 개편하였다가 1999년에 이를 다시 '도시경영성'과 '국토환경보호성'으로 분리하였다.

그리고 환경문제에 대한 일반주민의 관심을 끌기 위해 1993년 6월 평양에서 북한 최초로 '세계환경의 날' 기념행사를 유치한 것을 시작으로 하여 1996년 9월에는 '국토환경보호부문 및 연관부문 일군대회'를 처음으로 개최한 이래 매년 계속적으로 실시해 오고 있다. 또 1996년 10월에는 기존의 '모범산림군(시·구역)'칭호를 폐지하는 대신 '국토환경보호 모범군(시·구역)'칭호를 제정하였으며 매년 10월 23일을 '국토환경보호절'로 제정한 바 있다.

이러한 환경문제에 대한 관심은 한편으로는 수년에 걸친 수해를 비롯한 자연재해 등으로 인해 황폐화된 국토의 복구·재건에 주민들의 노력동원을 강요하기도 하였다.

이에 따라 정권수립 50주년을 맞았던 1998년에는 각 기관은 물론 공장·기업소·가정에 이르기까지 대대적인 환경정비사업을 벌인 바 있고, 종전의 '식수월간'(4~5월, 10~11월)을 '국토환경보호월간'으로 바꾸어 조림사업 이외에 도로관리, 준설공사, 주거 및 환경개선을 대대적으로 진행하였으며, 1999년에는 식수절을 종전의 4월 6일에서 3월 2일로 변경하였다.

한편 북한은 국토환경보호차원에서 1950년대 후반부터 자연보호구2)를 설정해 관리해 오고 있으며 현재 자연보호구는 백두산, 묘향산, 오가산, 금강산, 구월산, 칠보산 등 6곳으로 되어 있다. 이 가운데 백두산은 특별보호구로서 1979년에 국제생물권보호구역으로 확정되어 국제적 보호사업과 연구사업이 진행되고 있다.

이와 함께 동물보호구 15곳, 식물보호구 14곳, 바닷새 번식보호구 8곳, 수산자원보호구 4곳도 지정되어 있다.

- 환경 관련 주요 내용 시기
  1986. 4
- 최고인민회의 제7기 5차 회의에서 '환경보호법' 제정(전 5장 52조)
  1990.12
- 산업오염의 감시와 예방에 관한 토론회 개최
  1991. 4
- '모범산림군(시·구역)' 칭호 제정
  1993. 2
- 정무원산하비상설기구 '국가환경보호위원회' 신설(보건부·과학원 등 부문별로 산재한 환경업무를 총괄·조정)
  1993. 6
- 북한최초로 '세계 환경의 날' 기념행사 개최(국가환경보호위원회 주최, 북한주재 UNDP 대표부 직원 참가)
  1995.12
- '환경보호법 시행규정' 채택(전 52장 55조)
  1996. 9
- 국토환경보호부문 및 연관부문 일꾼회의 개최(1996년 이후 매년

개최해오고 있음.)

1996.10

• 기존의 '보범산림군' 징호를 폐지하는 대신 '국토환경보호 모범군(시·구역)' 칭호 제정

• 정무원부서로 '국토환경보호부' 신설

1996.11

• 매년 10월 23일을 '국토환경보호절'로 제정(96.11.27 중앙인민위원회 정령)

1998.

• 종전의 '식수월간'(4~5월, 10~11월)을 '국토환경보호월간'으로 변경

1998. 9

• 사회주의헌법 개정에 의해 '도시경영 및 국토환경보호성' 신설

1999. 3

• 식수절 변경(4.6 → 3.2)

• '도시경영 및 국토환경보호성'을 '도시경영성'과 '국토환경보호성'으로 분리

1) 환경보호법은 모두 5장 52조로 구성되어 있다. 환경보호의 기본원칙(제1장), 자연환경의 보존과 조성(제2장), 환경오염방지대책(제3장), 환경보호에 대한 지도관리지침(제4장), 환경피해에 대한 손해보상 및 제재조치(제5장) 등을 담고 있다.

2) 북한은 자연보호구를 "자연의 모든 요소들을 자연상태 그대로 보호하고 증식시키기 위하여 국가적으로 설정한 구역"『백과전서』(평양: 백과사전출판사)으로 정의하고 있다. 현재 북한은 6개의 자연보호구를 설치하고 있는바, 이 중 백두산·묘향산·오가산자연보호구는 지난 1959년 3월 내각결정 제29호에 의해서,

금강산·구월산·칠보산자연보호구는 지난 1976년 10월 정무원 결정에 의해서 지정되었다.

10) 외국의 환경청정기술 현황(정책, 수단 및 과제)

① 환경청정기술개발정책과 지원수단

선진국에서는 청정기술을 청정생산과 청정상품의 달성을 위한 한 수단으로 간주하고 있다. 동시에 청정기술을 폐기물 최소화(waste minimization)의 구체적인 실행방법으로 파악하고 있다. 청정기술개발을 가장 효과적인 미래의 자원관리방법으로 파악하여 적극적으로 활용하고 있다. 구체적으로 환경적으로 지탱 가능한 상품과 서비스의 생산을 촉진하기 위하여 청정생산/기술의 개발과 적용을 서두르고 있다. 이러한 목표달성을 위하여 다양한 정책과 정책지원수단을 동원하고 있다

〈청정기술개발정책과 정책지원수단〉

　-기업에 대한 청정생산유인 정책접근
　　① 상품의 전 과정 관리에 입각한 기술개발전략
　　② 지속적인 청정생산/기술개발 추진
　　③ 기업정책과의 연계의 중요성 인식
　　④ 제조업 분야의 경쟁력 중시
　　⑤ 기업에서의 고용창출 및 노동생산성 중시
　　⑥ 강력한 환경규제와 규제강화의 정책

⑦ 기업의 자발적 참여 강조를 위한 규제기준의 상향조정

⑧ 제조업 이외의 산업에 대한 고려

⑨ 중소기업의 지원 등을 우선

- 정책적 지원을 위한 수단

① 규제적용(환경적인 목표를 구체화함)

② 경제적인 수단의 사용(세금: 방출세, 요구사항과 의무에 대한 보고: 환경 라벨링, 세금환불, 보조금 등을 경제적인 지원제도도 활용함

③ 지원기구의 제공(정보제공)

• 기업활동과 상품의 청정생산평가에 필요한 관련 기술 및 환경적 수단

• 청정생산에 대한 훈련의 계획

• 공학과 기업경영과정에서 환경 제요소를 통합하기 위한 교육과정의 변경

• 주요 관련 기관의 지원

④ 국제적인 지원의 획득

(국제적인 재정, 기술협력)

해외의 청정기술개발은 주로 환경에 큰 영향을 주는 물질을 대상으로 이러한 물질의 대체나 발생저감에 주력하고 있다. 이와 같은 대상 물질로는 미국의 경우, 기업독성물질 프로젝트(ITP, The Industrial Toxics Project)인 The 33 / 50 Project에서 17개의 고독성 물질 / 물질군을 배출하는 기업에 대해 이러한 물질의 저감을 위한 방안을 강구하고 있다. 영국의 경우 HMIP(Her Majesty's Inspectorate of Pollution)의 통합오염관리(IPC, Integrated pollution control)에서 23종의 화합물군에 대해 관리를 강화하고 있으며 이러한 물질의 저감과 사용억제를 위한 기술개발이 청정기술의 대상이 되고 있다.

〈선진국에서 사용하고 있는 청정기술개발 정책 수단 실태〉

② 외국의 청정기술 개발과제

선진제국은 산업과 공정에서 지구환경문제(지구온난화, 산성비, 오존층파괴, 대기 및 수질오염) 등과 관련하여 자원과 에너지를 절약하고 자연생태와 인류건강에 위해성이 높은 오염물질의 사용억제와 배출을 최소화하기 위한 연구를 주로 진행하고 있다(표 참조). 또한 모든 산업공정에 공통적으로 필요한 기술로 ① VOC Control(recovery technology) ② CFC 대체물질 ③ Oil-Water Separation ④ Improved Seals for Valves or Pumps ⑤ Equipment Modifications ⑥ Bath Testing(Manual Process Control, Small-Scale Operation) ⑦ Small Scale Recover ⑧ Inventory Control ⑨ Metal Degreasing ⑩ Acid Recovery ⑪ Boiler Waste Reduction ⑫ Adsorption Systems ⑬ Scrap Metals 처리 등이 개발되고 있다. 이들 기술은 특정산업 또는 특수공정에서 유일하게 필요한 것이 아니라 그 활용의 폭이 넓고 또한 개선의 여지가 많으며 기술개발이 쉽지 않기 때문에 정부차원의 연구프로그램에서 우선순위를 부여하고 있다.

〈외국의 청정기술개발과제 〉 산업 / 공정
－청정기술개발내용
 •섬유, 염료, 염색마무리
  독성염료 대체, 독성 마무리제 대체, 광택제 회수,
  염료회수 및 재활용, 용제 마무리 대체공정
 •목재보존
  염소 표백제 대체

펄프 및 종이

CCA대체, 폐지 탈잉크 공정개선, 재활용종이 품질강화,
Coated stock 회수능력 향상, 녹새무산불 사용

- 인 쇄

휘발성 유기화합물 및 금속안료 대체, 용제회수, 무용제 인쇄기술,
은 회수기술 향상, 쓰레기 최소화

- 유기화학

분리기술 향상(용매, 판매 / 사용 부산물),
용매치환, 기술, 반응 속도 증가

- 무기화학

원료감소 또는 재활용을 위한 분리기술 향상

- 플라스틱

CFC, CH2Cl2, 표백제 등의 회수, CFC 발포제 대체기술,
원료플라스틱 사용의 감소, Scrap Plastic의 재순환기술,
Scrap Plastic 혼합에서 서로 다른 물질과의 혼합성 향상,
생산물 대체로서 생분해성 플라스틱 생산기술

- 의 약

분리기술 향상(예, 용매대체)

- 금속가공

Water-based paints 및 니스의 범위 확대, 세정제 재사용 및 제품
에 혼합, 광반응 대신 특정 용매의 사용, Stripping 향상, 원료물
질소비 및 방출을 감소시키는 기술 향상, VOC 회수 향상

- 잉 크

과잉잉크의 회수, 잉크튜브의 청소,
VOC 시스템에 대체하는 Water based 잉크

- 석유정세

Drifting muds 향상, 모래(진흙 등)로부터 기름회수 향상,

Oily water 분리, 누출 기름 회수 및 방지 철강산업 코크스 제조에서 오염제어, Tar Decanter 슬러지 재사용, EAF dust 재사용, EAF 쓰레기 산 처리, Pickling 산 처리 및 회수

- 비철금속

SOx제거 또는 최소화, 코크스 사용 대체, 용융방출에서 비소먼지 저감, 저등급의 보오크사이트 및 쓰레기에서 Al 회수향상, Al pot-liner 처리, 주조몰드(모래 재사용)

- 금속마무리(전기도금)

시안조 및 헹굼조제거, CN−도금조 및 헹굼조의 회수능력 향상, 부공정에서 생성된 슬러지 및 폐수 재사용, Cr6＋를 Cr3＋로 대체, 선택적 코팅, 새로운 제조에 부산물 사용, 헹굼수 회수·재사용 전자 금속편제거, 대체 용제세척, 용제세척 불요기술

- 자동차조립

페인트, 휘발성 유기화합물 및 금속조각 저감기술

세탁소 & 드라이클리닝 여과기 처리기술

- 자동차수리, 정제

용매 재사용, 분무 페인팅에서 VOC 제어, 무용제 세척, 저 VOC 페인트 OECD 각국의 경우 청정기술 및 청정생산의 중요성이 증대하면서 이에 대한 투자를 늘리고 있다. 1992년에 청정기술의 연구, 개발 및 데몬스트레이션에 투자한 각국의 예산은 호주 A$ 1million(약 5억 원), 덴마크 DKr115million(약 151억 원), 핀란드 Mk550million(약 963억 원), 독일 DM85million(약 743억 원), 네덜란드 Gld75million(약 942억 원), 노르웨이 NK795million(약 942억 원), 스웨덴 SKr248million(약 260억 원), 영국 £4million(약 40억 원) 등으로 환경청정기술개발의 지원을 강화하고 있다.

11) 뉴질랜드의 환경정책

뉴실랜드의 자연환경은 노스 섬과 사우스 섬으로 양분된다. 노스 섬의 약 18% 사우스 섬의 70%로가 산악지대라고 본다. 연강우량은 635~1,525㎜로 풍부하며 해발 610m 이상 되는 곳에서는 눈이 많이 내린다. 해수면은 평균기온은 북쪽 끝이 15C, 남쪽 끝은 9C로 변화 폭이 크다. 연평균기온은 10C 정도이며 연중 고르다. 국토는 약 2 / 3을 덮었던 삼림은 재식림 노력에도 아랑곳없이 현재 국토의 1 / 3 정도로 줄어들었다. 뉴질랜드는 원산의 육지동물은 도마뱀, 개구리, 박쥐뿐인데 유럽인들의 붉은 사슴과 오스트레일리아산 주머니쥐, 토끼 등의 많은 가축과 동물을 들여와서 키웠다고 한다. 국민은 약 82%가 유럽계 이루어졌으며 그중 대부분은 영국계임이라고 볼 수 있다. 뉴질랜드의 환경뿐만 아니라 경제는 뉴질랜드의 경제는 농업, 중소기업, 서비스업에 기반을 둔 선진적인 시장경제로 이루진다. 경제규모는 작지만 발전 도상이다. 연료, 자본재, 소비재를 전적으로 수입에 의존하고 있기 때문에 경제성장은 더 수준이 낮은 편이라고 볼 수 있다. 19세기 말 20세기 초만 하더라도 뉴질랜드의 생활수준은 세계 최고 수준이었다고 한다. 그러나 제2차 세계대전 이후에는 과거 뉴질랜드의 주요 수출국이었던 영군의 낮은 경제성장률과 버터나 육류 등 뉴질랜드산 농산물에 대한 주요 산업 국가들의 높은 관세 장벽 때문에 경제성장률이 선진국들의 가운데 최하위 수준에 머물렀다고 한다. 20세기 후반으로 갈수록 뉴질랜드는 국가의 보호주의 장벽을 피하기 위해 정부의 대대적인 개입과 시장경제의 자율기능을 통해 농업의 다각화와 제조업 기반의 확충에 진력을 다한다고 한다. 뉴질랜드의 문화를 보면 뉴질랜드의 문화환경은 복합적이다. 매우 유럽적일 뿐만 아니라 많은 다른 민족, 특히 마오리족의 문화적 요소를 갖고 있다. 유럽에서 이주해 온 사람들이 일반적으로 유럽적 생활에 동화된 반면 통가족, 사모아족을 비롯한 대다수의 태평양 도서군 종족은 여전히 전통적 관습들을 지키고 있다. 우리나라와 환경관계를 보면 경제 통상 관계를 보면 1998년 현재 대한 수입액은 2억 900만 달러이고 대한 수출액은 5억 500만 달러에 이른다. 한국은 섬유류, 철강제품, 의류, 자동차 전자제품 등을 주로 수출하고 있다. 또한 쇠고기는 양모 펄프 원목 등 제1차 산품을 주로 수입한다. 뉴질랜드에는 1997년 현재 교민 9,841 있다 한다.

뉴질랜드의 환경도 조성도 중요하다는 것을 알게 되었다. 뉴질랜드의 환경을 조사하면서 우리나라의 환경에 대해서 다시 한번 생각을 하게 되었다. 환경에 있어 뉴질랜드와 우리나라의 환경이 얼마나 중요하게 이루어지는지에 대해서 알게 되었다. 뉴질랜드의 환경도 복합적이듯이 우리나라도 환경이 복합적이었으면 하는 바람이다.

국민생산의 증대를 뜻하는 좁은 의미의 경제성장과는 다른 개념으로, 지표(指標)로서는 인구 1인당 소득이 널리 사용되고 있다. 'Economic development'는 경제개발이라고도 번역되며, 경제발전과 동의어로 쓰이는 경우가 많으나, 일반적으로 경제개발이라는 용어는 경제발전을 실현하기 위한 정책적 작용의 의미로 쓰인다.

경제발전의 주된 요인으로서는 기술진보·자본축적·인구 증가 등 3가지가 열거되는데, 이들은 여러 경로를 통하여 경제발전에 영향을 끼친다. 1인당 소득의 증가에서 뺄 수 없는 노동생산성의 상승에 대한 영향에 대하여 본다면, 기술진보는 생산기술의 혁신을 통하여, 또 자본축적은 근로자 1인당의 자본량을 증가시키거나 신기술 도입을 촉진시키거나 하여 각각의 노동생산성을 높인다.

인구 증가는 근본적으로 생산요소로서의 노동력을 증가시키지만, 이 요인의 경제발전에 대한 영향은 인구 증가의 형(型)이나 자본의 증가율에 의존한다. 예컨대 인구 증가율이 자본 축적률을 웃돌면 근로자 1인당 자본량이 감소하고, 따라서 노동생산성의 저하를 초래한다. 이와 같은 인구 증가라는 요인은 경제발전에서 항상 플러스가 되는 것은 아니다. 인구 1인당 소득이 극히 낮은 수준의 저개발경제의 경제발전에서 중요한 것은 도약(跳躍: take-off)으로서 이는 농업 중심의 전통적 사회에 존재하는 발전의 장애요소와 저항이 최종적으로 극복되어 지속적 성장의 단계로 옮겨가는 것을 뜻한다.

일상용어로는 가정환경이 좋다 나쁘다든가 사회적 환경이 원인이라는 것처럼, 인간생활과 깊은 관계가 있는, 인간을 둘러싸는 외계(外界)를 말한다. 이렇게 인간인 경우에는 사회적·심리적·교육적인 의미를 가지는 일이 많지만, 생물 일반에 대해서는 이들 문화적 환경에 대해 자연적(自然的) 환경이 문제가 된다. 즉 생물을 둘러싸는 외위가 환경이다.

생물을 둘러싸는 환경을 구성하는 요인으로 환경요소·환경인자라고도 한다. 환경과 생물관계를 음미하는 데 있어서 환경은 보통 기후적 조건과 토양적 조건, 생물적 조건으로 나누어진다. 앞의 두 가지를 무기적(無機的) 환경, 나중 것을 생물적 환경이라고도 한다. 기후적 조건에는 빛·온도·수분·공기의 여러 인자를, 토양적 조건에는 물리적 인자와 화학적 인자를 생각할 수 있다.

한국의 경제발전은 80년대 박정희 대통령(군사정권 독재체제) 아래 경제개발 5개년에 의해 생산을 활발히 하고 2차 산업 중심으로 발전해 수출을 늘려 국가 총 생산량 GDP와 국민 1인당 소득 GNP를 약 20여년 만에 후진국에서 탈출. 중상위 국가 경제력을 갖추게 되었다. 농업 중심이었던 사회가 공업 중심으로 바뀌면서 농촌 인구가 도시로 몰려들어 공장에서 일하고 자본가들은 공장을 지어 생산에 주력했고 국가 또한 기업들을 장려하여 보조금과 수출을 장려했다. 또한 자본, 공산주의 국가의 차이를 말하자면 공산주의는 평등분배, 자본주의는 부익부 빈익빈현상을 낳았다. 공산주의의 문제점으로는 많이 일하는 사람이나 적게 일하는 사람이나 받는 급료가 같기 때문에 열심히 일하려는 사람이 없어 일의 능률이 떨어졌고 자본주의의 문제점으로는 돈을 가진 사람은 투자를 하여 더욱 많은 부를 창출하나 돈을 가지지 못한 빈민층은 더욱 빈곤해지는 현상을 낳았다.

① 8.15 당시 경제상황

일제 침략기에는 일본이 우리 땅에서 나는 물자를 빼앗아 가서 우리 민족은 가난 속에서 살아야 했다. 8·15 광복 이전에는 남북한은 '하나의 통합된 경제'였지만, 8·15 광복이 되고 남북이 분단되면서 이것이 '두 개의 불완전한 경제'가 되었고, 이로 말미암아 남한은 인구밀도가 높고 철저하게 가난한 후진 농업 국가로 전락하게 되었다.

가. 남한: 농업이 경제의 중심을 이루었고, 경공업시설밖에 없었으며 북한과 비교하여 지하자원과 수력자원이 매우 부족하였다.
나. 북한: 남한에 비하여 풍부한 지하자원과 수력자원 및 공업시설이 있었다.
다. 남·북한의 산업 기반이 다른 까닭: 일제 침략기에 남한에서는 식량을 얻고 북한에서는 공업제품을 얻으려는 정책을 썼기 때문이다.

② 1950년대 경제상황

가. 6·25전쟁의 파괴: 1950년 6월 25일 북한 공산군의 불법적 남

침전쟁으로 많은 건물을 비롯하여 도로, 다리, 공장, 발전시설 등이 파괴되었다. 남한의 전쟁 사망자는 15만 명, 행방불명자는 20만 명, 부상자는 25만 명이었고, 이재민은 수백만 명이나 되었으며, 물적 피해는 약 18억 달러로 공업과 발전시설의 40% 이상, 그리고 주택의 $\frac{1}{3}$ 정도가 파괴되었다.

나. 인구 증가: 6·25전쟁 기간 중 많은 피난민들이 남한으로 몰려 생활이 더욱 어려웠다.

다. 외국의 원조: 6·25전쟁 후여서 여러 가지 생활필수품, 식량 등이 부족하여 미국을 비롯한 자유 우방국들이 보내 주는 옷, 식량 등을 받아 이용하였다.

③ 1960년대 경제개발 5개년계획

가. 〈제1차 경제개발 5개년계획〉

－제1차 경제개발 5개년계획(62~66)의 주요 골자는 전력·석탄의 에너지원과 기간산업을 확충하고, 사회간접자본을 충실히 하여 경제개발의 토대를 형성하는 것이었으며 그 밖에 농업생산력을 확대하여 농업소득을 증대시키며, 수출을 증대하여 국제수지를 균형화하고 기술을 진흥하는 일 등이었다. 이 시기의 경제성장률은 7.8%로 목표를 상회하였으며, 1인당 GNP는 83달러에서 125달러로 증가되었다.

한일: 외국에서 돈을 빌려와 시멘트, 비료, 정유, 전기, 철강 공장 등 다른 산업 발전에 바탕이 되는 산업시설을 만들었으며 수출에 힘을 기울였다.

결과: 우리나라 경제발전의 기반이 형성되었고 수출이 조금씩 증가하였으며, 국민소득도 점차적으로 늘어나기 시작하였다.

나. 〈제2차 경제개발 5개년계획〉

−제2차 경제개발 5개년계획(67~71)은, 식량 자급화와 산림녹화, 화학·철강·기계공업의 건설에 의한 산업의 고도화, 7억 달러의 수출 달성, 고용확대, 국민소득의 비약적 증대, 과학기술의 진흥, 기술수준과 생산성의 향상에 그 목표를 두었다. 이 목표를 달성하기 위한 소요자금 9800억 원 중 국내자금이 6029억 원, 외자가 14억 2100만 달러였다. 이 중 6억 달러가 65년의 한일 국교 정상화로 들어오게 되었다. 같은 해 1월 베트남 파병 결정에서 73년 3월까지 8년간에 걸친 전쟁특수에 의해 한국경제는 비약적으로 발전하였다. 이 기간 중 경제성장률은 9.6%였으며 수출주도형 체제가 확립되어 71년에는 10억 6760만 달러가 수출되었다. 수출 의존도는 13.7%에서 17.8%로 높아졌다. 또한 공업건설이 본격화됨에 따라 외자의존도가 높아졌고, 직접투자가 이루어졌다.

결과: 우리나라의 공업이 크게 발전하였고 국민소득도 빠르게 늘어났다. 특히 경부 고속도로의 건설은 전국을 1일 생활권으로 묶어 경제발전에 활력소가 되었다.

다. 〈제3차 경제개발 5개년계획〉

−제3차 경제개발 5개년계획(72~76)의 목표는 중화학 공업화를 추진하여 안정적 균형을 이룩하는 데 두었다. 이 기간에는 착수 직전인 71년 8월의 '닉슨 쇼크'에 의한 국제경제 질서의 혼란, 73년 10월의 석유파동 등으로 어려운 고비에 처하게 되었으나, 외자도입의 급증, 수출 드라이브정책, 중동 건설경기 등으로 난국을 극복하여 연평균 9.7%의 성장률을 유지하였다.

결과: 산업단지의 건설과 제철, 조선, 기계, 석유 화학, 전자 공업 등이 크게 발전함에 따라 수출이 크게 증가하였고 국민소득도 증가하였다.

라. 〈제4차 경제개발 5개년계획〉

－제4차 경제개발 5개년계획(77~81)은 성장·형평(衡平)·능률의 기초아에 사력성상+조를 확립하고 사회개발을 통하여 형평을 증진시키며, 기술을 혁신하고 능률을 향상시킬 것을 목표로 하였다. 77년 100억 달러 수출달성, 1인당 GNP 944달러가 되었지만, 78년에는 물가고와 부동산 투기, 생활필수품 부족, 각종 생산애로 등의 누적된 문제점이 나타났다. 79년 제2차 석유파동이 가세하여 한국경제를 더욱 어려운 고비로 몰아넣었고, 80년에는 사회적 불안과 흉작이 겹쳐 마이너스 성장을 겪었으나 다행히 81년에는 경제가 다시 회복세를 보였다.

결과: 이 기간에는 물가와 임금이 크게 오르고 수출이 잘 되지 않아 어려움을 겪기도 하였으나 이를 슬기롭게 극복하고 계속적인 경제성장을 이루었다.

마. 〈제5차 경제사회발전 5개년계획〉

－제5차 경제사회발전 5개년계획(82~86)은 이때까지 계획의 기조로 삼았던 성장을 빼고 안정, 능률, 균형을 기조로 하여 물가안정·개방화, 시장경쟁의 활성화, 지방 및 소외 부문의 개발을 주요 정책 대상으로 하였다. 이 계획의 가장 큰 성과는 한국경제의 고질적 문제였던 물가를 획기적으로 안정시킨 것이며, 이를 바탕으로 86년부터 3저현상의 유리한 국제환경변화를 맞아 경상수지의 흑자전환, 투자재원의 자립화로 경제의 질적 구조를 튼튼하게 하였다.

결과: 경제가 비약적으로 발전하여 사상 처음으로 무역 흑자를 기록하였다.

바. 〈제6차 경제사회발전 5개년계획〉

－제6차 경제사회발전 5개년계획(87~91)은 '능률과 형평을 토대로

한 경제선진화와 국민복지의 증진'을 기본목표로 설정하고, 21세기에 선진사회에 진입하기 위한 제1단계 실천계획으로 수립되었다. 특히 흑자기조로의 전환에 따라 선진국의 보호주의 압력과 대내적인 소외부문의 소득보상욕구가 더욱 커지게 되어, 이에 대응하기 위한 전략으로 자율·경쟁·개방에 입각한 시장경제질서의 확립, 소득분배 개선과 사회개발의 확대, 그리고 고기술부문을 중심으로 한 산업구조의 개편을 중점과제로 삼게 되었다. 그 결과 경제성장률은 목표 7.5%를 상회하여 10%를 달성하였으며, 실업률은 2.4%로 고용안정을 가져 왔고, 저축증대에 노력한 결과 국내저축률은 당초 예상보다 높은 36.1%에 이르렀다. 한편 수출의존도는 계획보다 낮은 26.4%로 떨어져 경제기반이 보다 탄탄해졌다. 그러나 물가는 예상보다 높은 3.3%로 억제하는 데 그쳤다. 국제 수지 면에서 수출은 계획보다 늘어났으나 수입이 더 크게 증가하여 87억 달러 적자를 기록, 흑자기조 정착에는 실패하였다. 산업구조는 제조업의 비중이 91년 28.5%로 낮아지고, 농림어업도 7.7%로 떨어진 반면, 기타 서비스부문은 크게 늘어났다. 지역 간 균형에도 힘쓴 결과 도로 포장률은 목표 70%를 웃도는 76.4%를 이룩하였다.

결과: 개발도상국 중에서도 지도자적 위치로 발전하였으며, 서울 올림픽 등의 국제적 행사를 성공적으로 이루어냈다.

④ 경제개발 계획의 성과

제1차 계획('62~'66): 울산 정유 공장 준공, 수출 1억 달러 목표 달성
제2차 계획('67~'71): 경부·공인·호남 고속 국도 개통, 서울－부산 간 자동 전화 개통

제3차 계획('72~'76): 포항 종합 제철 준공, 서울 지하철 개통, 영
　　　　　　　　동·동해 고속국도 개통

제4차 계획('77~'81): 수출 100억 달러 달성

제5차 계획('82~'86): 국제 수지 흑자 전환

제6차 계획('87~'91): 제24회 서울 올림픽 대회 개최, 신도시 건설

가. 오늘날 우리나라의 경제

　1) 개발도상국의 선두: 빠른 경제성장으로 1990년대 중반까지도
　　 개발도상국들 중에서도 선두의 위치에 있었다.

　2) 세계 주요 무역국: 무역규모 면에서 세계 여러 나라들과
　　 어깨를 나란히 하였으며, 1996년에는 경제협력개발
　　 기구(OECD)에 29번째 회원국으로 가입하였다.

　3) 한강의 기적: 우리의 빠른 경제성장은 한강의 기적이라고 불
　　 렸으며, 한때는 타이완, 싱가포르, 홍콩과 더불어 아시아의
　　 네 마리 용으로 불리기도 하였다.

　4) 현재의 우리의 경제: 1990년대 중반 들어 지나친 외화 사용
　　 등의 경제 운영의 오류로 인하여 1997년 12월에는 국제 통
　　 화 기금의 구제 금융을 받게 되었다. 이로 인해 우리 경제는
　　 매우 어려운 처지에 놓이게 되었다.

　1960년대 한국경제의 비약적 발전은 무엇보다 박정희 및 그 당시
사회지도자들의 빈곤탈출에 대한 의지와 한국민 속에 내재해있던 잠
재력을 분출시킬 수 있게 했던 대외지향적인 발전전략, 그리고 한반
도를 둘러싼 국제환경에 크게 기인하였다고 볼 수 있다. 원래 한국
민은 교육열이 높고 고대로부터 중국을 통해 도입한 각종 행정제도
와 문화관습으로 나름대로의 행정능력과 인적자원 그리고 사회기강
을 가지고 있었던 나라라고 볼 수 있다. 다만 그것이 이조 오백년의

계급사회와 관료착취 및 부패로 일반국민들의 잠재력과 생산에 대한 열성을 전혀 자극하지 못하여 경제 및 사회발전은 정체되어 있었다. 35년간에 걸친 일본의 식민통치는 많은 新문물을 도입케 하는 계기가 되었으며 해방 이후 미국과 서구경제학의 영향력으로 개방과 동시에 서구적제도의 도입을 확대하게 되었다. 한국은 1960年代에 일인당 국민소득이 아프리카의 많은 나라들보다 낮은 100불 미만인 수준이었으나 지난 30여년 동안 빠른 성장을 하게 되어 1996년 말에는 OECD의 회원으로 가입하게 되었다.

지난 30年間의 한국경제의 성공의 뒤에는 정치지도력, 한국민의 분발과 잠재능력의 분출도 있었지만 상대적으로 유리한 국제환경도 중요한 요인이 되었다. 戰後 냉전체제에서 한국은 6·25동란과 같은 깊은 아픔도 겪었으나 일본, 대만과 더불어 전략적 요충지대에 있었으며 경제적 측면에서 볼 때 이는 한국에게 상당히 긍정적인 기여도 했다고 볼 수 있다. 우선 1950年代-60年代의 미국의 막대한 원조는 재정상황이 극히 부실했던 한국경제에 다른 개발도상국들에 비해 교육과 사회간접자본 투자를 비교적 풍부하게 해주었으며 국제자본시장의 발달이 미약했던 60-70年代에 해외자본유치를 수월히 해준 측면도 부정하기 어렵다. 한국은 1960年代에 낮은 저축률에도 불구하고 경제개발을 위한 대규모투자를 시작할 수 있었는데 이는 일본과 미국자본을 끌어들일 수 있었기 때문이며 이 역시 냉전구도하에서 한국이 가질 수 있었던 미국, 일본과의 특수한 관계도 상당한 작용을 하였다고 볼 수 있다.

그러나 빠른 경제성장의 이면에는 그만큼 많은 문제들도 축적되어 있었으며 그것을 제대로 해결하지 못한 결과가 바로 한국이 2年 前에 맞이한 외환 및 경제위기였다고 볼 수 있다. 또한 60年代 이후 모든 것을 '빨리 빨리' 해내려는 습성이 생겨 모든 일에 있어 철저함과 정교함이 부족하며 그러한 성향은 20세기를 맞게 된 지금도 한

국경제의 중요한 취약점으로 남아있다. 또한 한국경제는 지난 10여 년간의 빠른 민주화과정에서 분출되어 나오는 각 이해집단의 요구를 정치직으로도 충분이 여과알반한 정치적, 행정적 성숙도를 갖추지 못하여 경제가 빠른 속도로 개방화되어 가는 방면 국내 금융, 노동, 공정경쟁제도의 보완은 크게 미흡하였으며 그 결과 90년대 들어 한국의 기업들은 수익성과 경쟁력을 잃게 되었다.

⑤ 경제성장

〈우리나라의 경제의 발전과정〉

① 1960년대 초: 1인당 GNP 약 80달러 정도이었으며,
  농업 인구가 60% 차지하였고, 부족한 자원은
  외국으로부터 원조에 의존
② 1962년: 정부 주도하에 경제개발 계획이 시작
③ 1970년대 초반: 섬유, 신발, 합판 등 노동 집약 수출산업의 육성
④ 1970년대 후반: 수입시설재의 국산화로의 대체 및 수출상품의 고도화. 중화학공업 중시
⑤ 1980년대: 지속적인 성장 기반 확충을 위한 안정화 및 자율화 추진
⑥ 1990년대:
  • 기술개발과 제품의 고도화를 통한 산업경쟁력 향상
  • 사회복지 실현, 경제 정의 실현
  • 1995년 세계무역기구(WTO)의 출범으로 국가 간의 통상 마찰 심화
  • Venture 기업의 육성책 강구

- 정보화 사회에 대비한 정보 마인드의 확산 필요
- 반도체, 컴퓨터, 통신 메커트로닉스 (기계의 전자화와 기술), 광섬유, 신소재, 유전 공학 등 첨단 부문 발전 유도

⑥ 지속 가능한 환경발전

브라질의 쿠리치바 시는 '지구에서 환경적으로 가장 올바르게 사는 도시', '세계에서 가장 현명한 도시'라는 찬사를 받고 있는 생태도시이다. 이 도시는 대중교통체계와 함께 환경, 생태 관련 분야에서의 탁월한 업적을 세우고 있다. 시민들이 모두 지속적으로 참여할 수 있도록 하기 위해 일상생활 가운데에서 환경정책을 수립하고 있다. 재활용품 쓰레기를 학용품과 교환할 수 있도록 하는 '녹색 교환' 프로그램도 그중 하나이다.

브라질의 쿠리찌바 시처럼 환경을 이용하여 발전시킨 영국의 템스 강, 독일의 라인 강도 좋은 표본이 될 수 있을 것이다. 그러나 현재의 우리나라 안에서는 외국의 여러 성공사례 들과 같은 '지속 가능한 발전'이 이루어지지 않고 있다. 환경을 개발하느냐, 혹은 보존하느냐 두 가지에 얽매여서 의견을 충돌하다보니 어느 것 하나 제대로 되지 않고 제자리걸음이다. 우리나라의 환경문제는 언제까지 이대로 머물러있을 것인가. 확실한 대책이 필요하다.

현재 진행되고 있는 새만금 간척사업에 대한 많은 논의가 일어나고 있다. 새만금 간척사업이 완료된다면, 국민 모두에게 땅 2평과 담수 1평을 나눠줄 수 있는 간척지가 생기게 된다. 새로운 산업용지를 설립할 수 있을 뿐더러, 국제 휴양 관광단지, 관광자원 및 자연학습 공간을 제공할 수 있다. 또한 한 해 10억 톤의 물 자원을 확보할 수 있다. UN의 예상한 아시아 유일의 물 부족 국가임을 감안할 때 반

가운 소식이 아닐 수 없다. 또 방조제를 건설함으로써 교통을 편리하게 만들 수 있다.

그러니 갯벌의 자연정화능력과 심미석 기능, 그리고 갯벌이 영구적인 재화와 서비스를 제공한다는 점도 생각을 해야 한다. 갯벌의 자연정화능력은 정화시설의 설치로 대체 할 수 있다. 새만금 간척지가 산업단지와 관광단지로서의 가치는 갯벌의 가치를 넘어섰다. 또한 자연과 어울리는 산업단지를 조성한다면 충분히 자연도 보존할 수 있다.

제2의 부안사태를 초래한다는 신고리 원전도 그 예이다. 미래 사회에서의원자력에너지의 중요성은 더욱더 부각되고 있다. 게다가 신고리 원전은 국내원전으로는 처음으로 심층배수방식을 도입하여 온배수에 의한 영향을 최소화하는 등 환경친화적인 발전소를 건설할 계획이다. 하지만 핵폐기물에 잘 처리되지 않는다면 반경 400㎞ 내에 밀집돼있는 부산, 울산 등의 500만 명의 안정성은 책임질 수 없다. 게다가 신고리 원전이 건설될 지역이 지질학적으로도 활성단층대임을 눈여겨봐야 한다. 이러한 핵폐기물을 독일은 암염 폐광을 이용해서, 스웨덴은 해안에서 1㎞ 떨어진 지점의 해저 50m에 동굴을 뚫어서 처리하고 있다. 신고리 원전의 방대한 에너지양을 생각할 때, 안정성만 유념한다면 그 효과를 크게 나타낼 수 있을 것이다.

영월댐은 수도권과 남한강 지역의 홍수피해를 조절할r 수 있다. 영월댐이 있었다면 이번 태풍의 강원 지역 홍수의 피해는 줄어들었을 것이다. 또한 석회암 지대라고 해도, 진도 6.6 지진을 견딜 수 있는 튼튼한 댐 건설이 가능하다. 물 부족 사태를 해결할 수 있다. 오히려 댐을 짓고 나면 새로운 생태계의 형성으로 생물종이 증가한다. 자연을 해치는 것이 아니라, 자연과 함께 많은 것을 얻을 수 있다.

영월댐은 동강의 생태계를 위협하고, 석회암 지대라 사면이 붕괴할 수 있고, 동굴로 인한 지하누수 가능성이 있다는 이유로 2000년에 사업이 중단된 댐이다. 그러나 이번 태풍 에위니아를 겪으며 영월댐의 부재로 인해 홍수피해가 극심해진 것이 드러났다. 그럼에도 정부는 영월댐에 대한 건설을 검토하지 않고 있다고 한다.

환경개발에 대립은 언제나 일어날 것이다. 그러나 찬성과 반대, 이분으로 나뉘어져서 다른 입장에서 생각을 하는 것은 옳지 않다. '지구'라는 터전을 보존하기 위해서는 어떤 방법을 강구해야 하는지를 생각해 봐야 한다. 그런 점에서 '지속 가능한 발전'이 필요한 것이다.

12) 경제발전과 환경발전의 상관관계

환경과 경제의 상호적 관계는 비유를 하자면 균형을 잘 이루어야 할 저울이다

만약에 사람들이 경제개발을 위해서 경제개발 우선정책을 펴서 경제개발에 중점을 둔다면 일단 환경보호에는 뒤쳐지기 마련이다. 이 경우에 사람들은 경제개발의 기회비용이 더 크다고 생각하게 되므로 그 사람들 나름의 합리적인 선택을 하게 되는 것이다. 또 친경제개발론자들은 경제개발을 이룩하게 되면 그 발전된 경제와 과학으로 그동안 오염된 환경들을 다시 복귀할 수 있다는 논리를 가지고 있다.

반면에 친환경론자들은, 지금의 환경상태도 심각하게 오염되었으며 더 이상 환경이 오염된다면 더 이상 인류의 생존조차 보장 받을 수 없음을 주장하고 있는 것이다. 때문에 환경보존에 중점을 두면서 경제개발을 해 나가자는 그런 입장을 취하는 것이다.

마치 양팔 저울 위에 무게가 똑같은 물건이 올려져있는 상태에서 어디에다가 콩 한 덩어리를 더 올려놓을까에 대한 의문과 비슷하다고 할 수 있다.

경제를 개발하자면 어느 정도의 환경오염은 감수해야 한다는 개발론자들과 환경은 인간의 삶의 터전이고 지금 현 세대의 것만이 아닌 우리 자손들의 것도 되기 때문에 보존에 중점을 두어야 한다는 환경보호론자들의 대립은 어쩌면 피할 수 없는 것 같다.

지금까지 우리나라의 경제과정과 그 발전단계에 다해서 알아보았으며 또한 환경의 개념과 지속적인 환경보존에 대해 알아보았다. '지속 가능한 발전'은 미래 세대의 욕구를 충족시킬 힘과 여건을 저해하지 않으면서 현재의 욕구를 충족시키는 개발이다. 우리나라에서도 성공적인 '지속 가능한 발전'을 거둔 서울의 청계천 복원사업은 인간과 자연이 더불어 살아가는 방법을 터득한 훌륭한 예이다. 인간과 자연이 하나가 되는 진정한 '지속 가능한 환경 발전'이 가능할 때, 세계의 환경 또한 빠르게 되살아 날 수 있을 것이다.

한국의 환경과 경제가 균형적으로 발전하려면 사회에서 전반적으로 환경을 바라보는 시각부터 바꿔야 된다고 생각된다. 나는 이제까지 환경은 거의 공짜라는 인식이 바뀌어야 한다고 생각한다. 다시 말하면 환경에도 적절한 가격을 책정해야 한다는 의미이다.

극단적인 환경보호론자들은 어떠한 경우에도 '개발'은 반대한다. 그러면 환경은 보호할 수 있을지언정 경제를 발전시킬 수는 없을 것이다. 개발에 의한 부정적인 효과보다 긍정적인 효과가 더 크다면 보호만을 주장해서는 안 된다고 생각된다.

현재의 환경이 존재함으로써 누릴 수 있는 효용을 정확하게 추정할 수 있다면 적절한 가격을 매길 수 있다. 개발을 원한다면 적절한 가격을 지불해야 하는 시스템이다. 개발하려는 사람은 지불해야 되는 가격과 자신이 개발해서 얻을 수 있는 이득을 비교 / 고려해서 의사결정을 해야 할 것이다.

23. 환경행정의 직접규제와
간접규제의 연관성

    환경문제는 21세기에 인류가 해결해야 할 가장 중요한 문제로 자리 잡고 있다. 개발위주의 경제성장과 급속히 진행된 산업화과정에서 지구환경은 심각히 악화되어 지구상의 생명체 자체가 살아갈 수 있느냐 없느냐 하는 인류 전체의 생존에 관한 문제가 제기되고 있다. 환경문제가 지구차원에서 심각하게 제기되고 있는 이유는 한 나라의 국내정책이 국경선을 넘어 다른 나라의 환경에 직접·간접적으로 영향을 미치기 때문이다. 최근 중국에서 발생한 황사 속에 각종 대기오염물질이 포함되어 우리나라를 비롯한 동북아시아는 물론 북미대륙에까지 날아가 미국 서부 지역의 대기문제에까지 영향을 미칠 만큼 그 영향권이 광범위하다는 사실이 밝혀진 바 있다. 이처럼 지구차원에서 심화되고 있는 환경문제는 어느 한 국가의 정책에 의해 해결될 수 없는 만큼 국제적인 공동노력 속에서 국가 간의 정보교류와 긴밀한 상호협력체계가 요구된다. 환경정책은 오늘날 인류가 새로운 문제로서 당면하고 있는 환경문제는 문제 자체가 시간적·공간저 치인에서 번히는 동직 파징에 있는 섯이므로 절대적이고 모범적이며 결정적이라고 할 만한 해결책을 찾기는 어렵다.

이러한 환경에 대한 정책은 복잡한 문제의 복합이라는 하나의 시스템으로서 파악하여야 할 문제인데 이를 몇 가지 부분적인 시스템으로 나누어 유형별로 문제에 접근하고 있다. 여기서 정책을 수립함에는 정치·경제·사회·문화·물리·화학·법률·행정 등 학제적 접근이 요청되는데, 부분적인 시스템에서 인구문제·자원문제는 환경오염문제에 밀접한 관련 변수로 작용한다. 그래서 환경정책의 직접규제와 간접규제에 대하여 조사해 보았다.

상관변수에서 적정성의 총화가 문제복합체로서의 환경문제 해결에 대한 대안이 된다. 이러한 뜻에서 1972년 스웨덴의 스톡홀름에서 개최된 '국제연합인간환경회의'가 채택한 'UN 인간환경선언'이 도시·인구 등 인간거주의 문제, 천연자원의 합리적 관리, 환경오염, 개발과 환경 등의 문제를 채택한 것은 국제연합이 인권을 선언한 이상으로 중요한 의의를 가지는 것이라 할 수 있다. 현재 세계 각국은 이러한 인류의 선언 앞에서 공동의 의무부담으로 환경문제에 대처하고있다. 종래의 각국 환경정책은 공중위생·경제정책·관광사업·국가안보 또는 국가유산으로서의 문화재의 보존 등, 하나의 국가를 단위로하는 것만을 고려하여 수립되었다. 그러나 미국·소련이 지구 밖으로우주선을 떠올림으로써 이 지구의 표면이 하나의 생명유지계라는 인식과 아울러 생물권의 일체성과 취약성을 깨닫게 하는 시점을 인류에게 안겨 주었다. 이 지구상의 정치적 이데올로기가 어떠한 대립상태에 있건, 인간생존의 환경이라는 점에서 보는 한, 지구는 이미 하나의 지구촌일 수밖에 없다. 따라서 오늘의 환경정책은 한 나라 국민의 안녕을 위하는 것 이상으로 그 나라가 인류적인 부담에서 어떻게 공헌하고 있는가를 나타내는 국가위신의 척도가 되고 있다. 전세계의 모든 국가는 지금 환경문제처리를 위한 입법과 행정조치를 취하고 있으며, 더 나아가 인간의 기본적 권리에는 환경권이 존재한다는 사상이 세계에 퍼지고 있으며, 또 이것이 제도화되어가고 있다. 따라서 국가경제정책의 수립에 있어서도 과거와 같은 개발목표의 추구만이 아닌, 경제학과 생태학의 조화를 전제로 하는 목표가 추구되어야 할 것이다. 또 환경정책의 수립에는 널리 비정치단체의 의견이 채택되어야 할 것이다. 21세기 환경규제정책은 산업시대의 성장과정에서 누적되어 온 환경문제를 효과적으로 해결함과 동시에 세계화된 지식기반경제시대의 새로운 환경문제에 효과적으로 대처해야 하는 이중적 과제를 안고 있다. 따라서 종래의 대중적·임시방편적 차원의 소극적인 환경규제정책을 과감히 탈피하여 보다 문제해결적·처방적인 환경규제시스템을 마련하여, 사회경제시스템과 통합적으로 작용할 수 있는 보다 순응친화적(compliance-friendly)인 환경규제시스템을 구축하여야 한다.

환경규제의 경우는 그 특성상 적용대상의 주체 및 객체에 관한 명확한 한정이 어렵고, 시간적·공간적·가치적 적용기준을 찾기가 어려워서 이 규제에 대한 순응을 확보하기가 어렵다. 종래 환경규제순응에 관한 연구는 규제기관이 피규제자가 따라야 할 구체적 기준, 강제적 명령, 지시적 규제를 정하는 것이 대부분이었다. 그러나 이러한 규제는 피규제자의 의사가 거의 반영되지 않는 규칙지향적·타율적(명령강제 방식) 규제이며, 이 규제결과 나타난 순응을 진정한 순응으로 보기 어렵다. 일부 학자는 이를 억제(deterrence)라고 정의하기도 한다. 따라서 환경규제의 성공을 위해서는 이 규제의 궁극적 목적인 국가가 처한 환경자정력 범위 내에서 지속 가능한 발전(ESSD: Environmentally Sound and Sustainable Development)을 이룰 수 있도록 하기 위해서는 환경규제에 대한 국민(시민)의 순응확보가 우선되어야 한다. 환경정책의 규제 중 직접적 규제란 사회적으로 바람직하다고 생각되는 행위를 법에 규정하고 이를 어길 경우 벌과금을 부과하거나 처벌함으로써 경제주체들의 행위를 직접 통제하는 성격이다. 즉 정책당국이 오염물질 배출자들이 사용하는 선택의 범위를 조정함으로써 오염을 감소시키는 방법이다.

다시 말해 직접규제는 당국이 면허, 기준설정 등에 의해 오염물질의 배출을 제한하거나 생산으로써 오염을 감소시키는 방법이다. 따라서 직접규제 하에서 오염물질 배출자는 행정당국으로부터 제시된 규정이나 지침에 따라 오염감소기술을 채택하거나 배출량을 줄이는 것 외에는 별다른 선택의 여지가 없다. 직접규제는 단순하고 직접적일 뿐만 아니라 대상이 되는 오염물질을 분명하게 정책수단의 대상으로 삼는다는 점에서 가장 선호되는 환경정책수단의 하나이지만, 보기보다 매우 복잡할 뿐만 아니라 오염원들이 스스로 오염배출수준이나 형태를 선택할 수 없다는 단점을 가지고 있다. 취지는 사회 전체의 환경오염이 적정수준으로 유지되도록 규제당국이 각 오염원인자의 오염물질배출량을 직접 적정수준으로 통제하려는 것이다. 그 효과가 신속하고 가측적이라는 장점을 가진다. 그러나 매우 비효율적이고 예산낭비가 심하다. 주어진 환경목표를 최소의 비용으로 달성하기 위해서는 각 개별 공해업체별로 업종의 수익성·생산공정·입지 여건 등을 고려하여 환경용익이 적은 공해업체를 판별하여 선별적으로 배출량을 규제해야 하지만 실제에 있어서는 오염원인자의 환경용익을 알 수가 없기 때문에 규제당국은 선별적 규제를 할 수 있는 입지에 있지 못하다. 즉 선별적으로 규제한다는 것은 행정적으로 불가능하고 차별취급으로 인한 형평성이 문제가 된다. 필요한 오염원인자의 환경용익에 대한 정보는 오히려 규제대상인 오염원인자가 가장 잘 알고 있으며 정부가 각 개별 오염원인자에게 최적 배출량을 정한 뒤 이를 감시·통제한다는 것은 무리이다. 그러므로 오히려 오염물질을 배출 또는 처리하는 시설과 시설의 성격이나 운영방법 또는 운영실태 등에 대한 법적 규정을 만들고 이의 준수를 감시하고 단속하는 간접통제의 형태를 띠게 된다. 또 다른 약점은 오염물질의 처리나 환경오염방지를 위한 기술진보를 효과적으로 촉진하지 못한다는 것이다. 각 오염원인자들은 법에 정해진 규정만 잘 지키거나 또는 편법으로 법망을 피해 나가면 그뿐이다.

이러한 직접규제에는 인·허가, 기준, 제품의 생산방식(PPMs)의 차이에 따른 규제, 특정행위의 금지 및 특정물질의 사용금지, 지역규제 등의 형태가 있다. 간접규제로는 생산자나 소비자의 행태에 영향을 주어 환경오염을 통제하는 간접개입이 등장하였다. 이에는 환경세제도, 배출부과금제도, 보조금제도, 거래가능배출권제도 등이 있다. 인간의 가치관을 변화시키는 방법에는 환경교육, 환경개선 캠페인, 환경 관련 각종 홍보활동 등으로 환경우호적인 인간 가치관으로 변화시키는 장기적인 방법과 경제적 유인의 방법이라든지 시장기구를 통한 인간행위의 여건을 변화시키는 단기적인 방법이 있다. 이러한 직접규제의 장·단점이 있는데 장점으로는 첫째, 주어진 환경목표를 최소의 비용으로 달성하게 해줄 뿐만 아니라 직접규제에 소요될 행정비를 절약하는 효과도 발생시킨다. 즉 배출 및 처리과정상의 세부적 사항들에 대해서는 신경을 쓰지 않고 오직 그 결과에 대해서만 주의를 집중하면 된다. 둘째, 장기적으로는 환경개선을 위한 기술개발을 촉진시키며 환경 관련 산업을 진작시킨다. 배출부과금제도는 공해업체로 하여금 부과금의 부담을 덜기 위해서 보다 값싼 방법으로 오염물질을 처리하기 위한 기술개발에 보다 더 큰 노력을 기울이려는 경제적 동기를 부여한다. 따라서 환경 관련 산업에 대한 수요를 창출하며 장기적으로는 환경 관련 산업이 육성된다. 셋째, 규제당국은 부과금 징수로부터의 재정수입을 얻는다. 이들 장점을 실현시키기 위해서는 부과금 요율이 충분히 높아야 한다.

단점으로는 첫째, 직접규제보다는 그 실시효과가 신속하지 못하고 그 효과가 유동적이어서 예측이 어렵다. 일종의 가격을 통해서 간접적으로 효과를 발행시키기 때문에 실시효과가 그만큼 불확실할 수밖에 없다. 신속하고 확실한 효과를 요하는 오염물질에 대해서는 배출부과금제도를 적용하지 않는 것이 좋다. 둘째, 상대적 문제인 부과금 산정 및 징수에 많은 행정력과 행정비용이 소요된다. 그러나 기존의 각종 공과금 징수체계를 잘 활용한다면 징수비용은 크게 절약할 수 있다. 셋째, 기업체들에게 큰 경제적 부담을 줄 우려가 있으며 또한 생산비를 높여 물가를 인상시킬 우려가 있다. 배출부과금을 얻어맞은 기업은 일단 이를 제품의 가격에 포함시켜 소비자에게 전가해 가격을 상승시킨다.

환경규제순응(environment regulatory compliance)은 피규제자들이 환경 관련 규제·규범과 정부의 환경정책목표를 준수하는 것을 의미한다. 이는 환경정책이 규제자인 국가 및 공공기관과 피규제자인 국민의 요구와 바람이 일치하는 정도를 의미하며, 환경규제순응의 여부가 곧 해당정책의 성패를 결정하는 가장 중요한 요인이 된다. 따라서 환경규제정책의 성공요인을 분석하기 위해서는 환경규제 대상 국민들이 규제를 지키는 이유는 무엇이고, 규제당국(regulatory agency)이 규제순응을 최대화시키기 위해 어떠한 전략을 사용하는가를 파악하여야 한다.

따라서 여기에서는 ESSD라는 대전제와 이 가치의 이행을 위한 인간으로서 누려야 할 기본권인 환경권의 실질적 보장 차원에서 우리나라의 환경규제순응 실태와 문제점을 분석하고, 이 분야에서 앞서가는 OECD나 EU 국가의 제도들을 보다 구체적이고 실효성 있게 벤치마킹할 수 있는 제도적 방안을 탐색한다.

환경규제의 순응 실태의 장단점과 기대효과 순응확보수단의 장단점으로 말할 수 있다.

환경규제란 환경오염으로 인한 외부불경제에 대해 정부가 문제해결을 위해 사전적·사후적으로 개입하는 것을 의미하며, 일반적으로 환경오염문제에 대하여 정부가 대처할 수 있는 유형은 다양하지만 크게 네 가지로 나누어 생각해볼 수 있다. 첫째, 정부가 직접 나서서 환경오염방지사업이나 환경개선사업을 수행하는 방식으로, 정부가 환경재를 직접 공급하는 방식을 말한다. 우리나라의 환경정책이 체계화될 수 있는 제도적 여건을 마련한 것은 환경문제가 심각해져 이에 대한 국민적 관심이 높아지기 시작한 1980년대라고 할 수 있다. 이 시기에 비로소 환경법률들이 제정되었고 이러한 법들에 근거해서 다양한 종류의 환경정책수단들이 시행되었다. 그러나 환경정책수단(환경규제)은 시장원리를 이용하는 간접규제라기보다는 대부분 직접규제에 의존하는 적이 대부분이었다. 간접규제의 방법들이 도입, 시행되었지만 규제위주에 익숙한 환경행정의 풍토에서 실효성이 없었다. 권위주의적 정치, 행정구조 속에서 형성·집행되는 환경정책은 직접규제방식의 규제 일변도였고 1992년『리우 선언』에서 정립된 (지속 가능한 개발개념)에 부합되게 간접규제(경제규제)의 방법들을 도입하여 직접규제의 실패상황을 개선시키려고 했지만 별 성과가 없었던 것이다. 따라서 환경정책의 일반적 문제들이라고 할 수 있는 형식주의 강제적 집행성 및 피규제자 친화성 등은 지속되어서 정책의 효과성을 떨어뜨리고 있는 것이다. 환경정책의 이러한 문제는 정책의 민주화를 통해서 해결될 수 있을 것으로 본다. 환경정책의 민주성은 그것이 민주적인 정치·행정구조에서 형성·집행될 경우에만 확보되는 것이고 이는 정책의 효과성을 증대시켜줄 것이다. 민주적인 환경정책은 대표성, 반응성, 및 책임성을 갖게 되고 이러한 특징은 정책의 효과성을 높여주는 것이다. 환경정책의 민주화를 위한 도식을 구체적으로 설명하면 다음과 같다. 첫째로, 이러한 도식은 환경적으로 건전하고 지속 가능한 개발(ESSD. Environmentally Sound and Sustainable Development) 개념이 궁극적으로 추구하는 인간의 삶의 질을 증진시키는 것을 목표로 하고 있으며 이를 위해서 환경민주

주의를 토대로 하는 환경지향적 의식전환, 환경지향적 기술혁신, 환경
보전적 생활양식 등의 내용을 포함하고 있다. 둘째로, 환경정책의 민
주화는 정책이 형성, 집행되는 정치, 행정체계의 민주화가 선행되어서
환경친화적 구조로 전환되는 경우에 확보될 수 있다. 셋째로, 환경부
는 민주적이고 환경친화적인 구조로 개편되어서 환경문제를 둘러싸고
벌어지는 행정부처 간 갈등상황 그리고 사회구성원, 사회집단, 의회,
정당 및 행정부처 간에 조성되는 대립상황을 개선시킬 수 있는 고도
의 정치력을 겸비해야 한다. 이러한 정치력의 증대는 환경부의 역할강
화로 나타나고 환경부가 환경갈등의 해결을 위한 메커니즘을 부처 내
에 산하기구로서 설치하는 것도 이러한 역할강화의 일환으로서 고려
될 수 있어야 한다. 넷째로, 환경정책의 민주화는 환경문제를 해결하
려는 국민의 노력과 자세가 생활 속에서 실천되는 것을 주요한 목표
로 하고 있다. 이는 국민 개개인이 환경의 질을 삶의 질로 인식하고
환경 민주주의를 생활화하는 것을 의미한다. 환경정책의 민주화는 환
경민주주의 실현을 지향하고 있고 이것은 결국 환경정책 결정과정에
시민통제의 제도화가 완성되는 것을 의미하는 것이다. 마지막으로 환
경정책의 민주화는 국제화, 정보화 및 지방화시대에 필요한 요건을 갖
추어 줄 것으로 본다. 국제화, 정보화 및 지방화시대는 산업사회가 지
향하고 있는 규격화, 대형화, 중앙집권화에 대조되는 전문화, 소형화,
분권화를 지향하는 조직이라는 것을 고려할 때 산업사회에서 볼 수
있는 대도시 중심의 개발에서 전문화와 지역특성을 우선시하는 발전
을 추구할 것이며, 개발보다는 쾌적한 환경을 더욱 중시할 것이다. 환
경정책의 민주화는 이러한 시대의 도래를 염두에 둔 미래지향적인 환
경계획전략도 포함하고 있다. 과학기술은 양날의 칼로 비유되기도 한
다. 그것을 사용하는 인간의 태도나 사고 여하에 따라서 인간생활에
큰 은혜를 주기도 하고 반대로 중대한 위해를 끼칠 수도 있다. 근대
과학의 학문관을 제기한 Francia Bacon(1561~1626)은 과학의 목적을

인류애의 실현이며 인류에게 복지를 가져다주는 데 있다고 하였다. 철학자 Immanuel Kant(1724~1626)는 인간에게 유용한 과학기술을 사용해야 할 인간에겐 꼭 선의지만 있는 것은 아니라고 했다. 그만큼 과학기술의 발전은 인간을 엉뚱한 죄악 속으로 몰아갈 수 있다는 경고를 한 바 있다. 실제로 과학기술 혁신이 추진한 공업화나 도시화는 현대생활에 미증유의 풍요와 편익을 제공해준 반면에 공해 발생과 자원낭비를 부추겼다. 이 때문에 자원고갈과 환경파괴의 누적을 가져와 이대로 방치할 경우 환경문제는 이제 지구의 자정능력을 넘어서서 인류에게 돌이킬 수 없는 상처를 남길 것이라는 우려를 낳고 있다. 지금까지 풍요를 약속했던 경제성장마저도 더 이상 불가능하리란 예고가 나오고 있다. 그 증거로 지구온난화현상, 지구 오존층 파괴 등은 이제 우리 모두에게 낯익은 생활 용어가 되어가고 있는데 그 핵심적 내용을 간추려보면 다음과 같다.

CFC 할론 기타 인조 화학물질이 원인이 되어 지구의 오존층 파괴는 동식물의 생활을 위협하고 있다. 지구의 이산화탄소는 산업화 이전보다 25%나 올라가 있고 매년 0.5% 비율로 상승하고 있다. 이러한 온실효과를 방지하지 못하게 되면 21세기 중반부터 바다 표면이 올라가 인간은 집을 잃고 농업 지대엔 旱魃의 계절이 길어져 농사를 망칠 것을 예고하고 있다. 수질오염과 자연수의 감소가 심각해지고 있으며, 특히 중국·인도·중동·러시아 남부가 심하며 하상이 낮아지고 있다. 지표가 강우로 쓸려가고 있어 1년에 2천만 톤의 양곡을 생산할 수 있는 양과 후진국 농민 9천만 명이 농사지을 흙이 사라지고 있다. 밀림의 급감은 홍수와 토양파괴뿐 아니라 지구온난화의 원인이며 특히 산림연소는 대량의 이산화탄소를 발생시킨다. 환경이 악화, 특히 삼림의 훼손은 매일같이 약 1백 종의 생물들을 이 지구상에서 멸종시켜 생태계 균형을 깨고 있다. 비료, 농약 및 대량의 관개시설을 요하는 농업은 인간의 건강과 생태계 균형을 파괴하고, 기술 집약적 농업은 더욱 파괴적 환경을 조성하고 있다. 환경적으로 안전하고 생산이 지속적일 수 있는 농업 방식이 빨리 그리고 급진격으로 고인되어야 한다. 2010년까시는 서울을 포함하여 세계 30개 도시가 인구 2천만 내지 3천만 명의 거대도시가 될 것이다. 이는 공동체 성격을 상실하고 관리 불가능한 적자 도시로 변모될 것이다. 인구는 매년 9천 5백만 명씩 늘어 2020~2025년 85억, 2050년 1백억에 이를 것이다. 2천년 전 줄리어스 시저 시절에 2억 8천만이었던 지구상의 인구가 1789년엔 10억, 1945년 20억, 1980년 50억에 이르러 금세기 들어서의 인구 급증은 이제 전쟁의 개념을 바꾸어 새 생각, 새 감각으로 환경 전쟁을 치르게 만들고 있다. 따라서 인구 기술환경에 새 궤도를 세워야 한다. 환경파괴와 지구 생존 전략에서도 남과 북의 상황이 다르기 때문에 생각은 전 지구적, 전 인류적으로 하고 행동과 우선순위는 각 유럽에는 「그린 웨이브」라고 불리는 환경보호 시민운동이 한창이었는데, 1980년대 들어서부터는 그 운동이 정치에도 반영되고 있다. 80년에 「녹색당」이 독일에서 탄생하고, 83년에 연방의회에서 28의석, 84년에는 유럽의회에서도 의석을 획득하였다. 영국에서는 87년에 인민당이 녹색당으로 개칭하여 시민으로부터 지원을 얻었다. 다른 나라에서도 녹색당은 적극적인 운동을 전개해 왔다. 이러한 환경보호 노력의 대두와 더불어 환경악화의 현재화와 오염사고의 다발 등의 문제를 안은 유럽제국은 환경법규제의 정비를 착착 진행하고 있다.

미국에서는 환경법에 있어서의 미·일 양국의 제도적 차이는 사업활동의 규제에 대한 발상에서 엿볼 수 있다. 미국의 환경법은 「환경관리법」형이고, 일본의 환경법은 「사업활동규제법」형이라고 흔히 말한다. 즉 미국에서는 환경의 유지·보전에 초점이 맞춰져 있어 환경에 영향을 미치는 모든 행위가 규제대상이 되고 있는 반면, 일본에서는 오염행위를 규제한다는 발상에서 출발하고 있어 규제대상범위가 상당히 한정되어 있다고 할 수 있다.

그러나 이러한 미국의 선진적인 환경법의 존재는 바꿔 말하면 그 만큼 환경파괴가 진행되어 있다는 증거이기도 하다. 미국의 발전역 사는 자연파괴의 역사이기도 하며, 이에 대한 반성에서 환경을 보호 하는 여러 정책이 일찍부터 도입되게 되었다.

특히 1960년대 말부터 1970년대 초에 걸쳐 급속한 진전이 있었고 이 시기에 환경보호에 관한 법규제가 정비되었다. 69년에 국가환경정 책법(National Environmental Policy Act: NEPA)이 제정되어 미국 환경 정책의 기본이 되었다. 지구의 날(Earth Day)이 세계 최초로 미국에서 개최된 70년에는 수도 워싱턴에 환경보호청(Environmental Protection Agency: EPA)이 설립되어 종래 각 성별로 이뤄져 왔던 환경보호행정 이 통합되었다. 이후 연방차원의 환경법이 이어서 제·개정되어 규제 가 엄격해졌다.

구체적으로는 오염의 철저한 정화와 그 비용부담, 위반에 대한 벌 금이나 금고형의 강화, 과실의 유무를 묻지 않는 엄격한 책임주의와 연대책임주의의 도입, 환경기준의 대폭적인 인상 등의 경향을 보인 다. 더욱이 대기정화법의 배출권거래제도에서 볼 수 있듯이 「규제적 수단」 대신에 시장메커니즘(경제적 인센티브)을 이용한 「경제적 수단 」이 도입되어 있다는 것도 최근 환경법의 특징이다.

수퍼펀드법(포괄적 환경처리·보상·책임법: Comprehensive Environmental Response, Compensation and Liability Act: CERCLA)은 미국의 환경법 을 대표하는 연방법이다. 수퍼펀드법은 미국사상 드물게 보는 오염사 고로서 알려진 「러브 캐널사건」이 직접적인 계기가 되어 80년에 제정 된 법률이다.

러브 캐널사건이 발생한 78년 당시 미국에는 대기정화법, 수질오 염방지법, 자원보호회복법, 유해물질규제법 등이 있고 러브 캐널사건 과 같은 과거에 폐기된 유해물질에서 생기는 오염에 유효하게 대처할 수 있는 법률이 존재하지 않았다. 그래서 과거의 오염에 대해서도 책임을 추궁할 수 있는 법률의 필요성이 생겨 사건발생 2년 후에 제정된 것이 수퍼펀드법이다. 86년에는 이것을 대폭 수정한 수퍼펀드법 수정 및 재수권법(Superfund Amendments and Reauthorization Act: SARA)이 제정되고 기금도 16억 달러에서 85억 달러로 증액되었다.

이 법률을 수퍼펀드법이라고 부르는 것은 연방정부 스스로가 거액의 자금(수퍼펀드)을 보유하고. 오염책임자를 특정할 수 없을 경우나 오염책임자가 정화비용을 지불할 수 없을 경우에 이 기금을 사용하여 오염시설을 정화하는 것에서 유래하였다. 이 기금은 석유세, 화학품세, 환경법인 소득세, 일반재원 등에 의해서 조달되고 있다.

독일은 1978년에 세계 최초로 에코라벨 「블루엔젤」의 인정제도를 시작하였다. 초등학교 때부터 시작된 환경교육이 반영되어 소비자의 환경의식이 유달리 높고 또한 세계에서 가장 엄격하다는 환경규제를 도입하고 있다. 환경규제 중에서도 특히 폐기물에 관한 것은 엄격한 내용이 담겨져 있어 독일의 심각한 쓰레기문제를 부각시키고 있다. 쓰레기처분장의 한계라는 문제를 안고 있는 독일정부는 "강권(強權)"으로 각종 환경규제를 실시해 왔다. 독일에 있어서의 규제는 「가능한 것이 아니라, 하지 않으면 안 되는 것」을 목표로 하고 있는 것이 특징이다. 규제강화에 대처하기 위한 환경 관련 투자·비용이 기업수익을 압박하게 되었지만 여론의 강한 지지를 배경으로 환경규제는 더욱 강화될 조짐을 보이고 있다.

포장폐기물규제령과 듀얼시스템은 독일 전체의 연간 4000만 톤이라는 도시쓰레기(가정쓰레기와 일부 사업계 쓰레기) 중에서 포장폐기물이 차지하는 비율은 유달리 높아 용적 50%, 중량 30%를 차지한다. 이러한 배경 아래 「포장폐기물규제령」이 91년 6월에 공포되었다. 이 법은 포장폐기물의 총량 삭감과 리사이클의 촉진을 목적으로 하고 영리 혹은 공공목적으로 영위하는 자를 대상으로 취급한 포장의 회수·재이용의 의무를 부과하고 있다.

순환경제·폐기물법으로는 포장폐기물규제령 등 개별적으로 추진해 온 폐기물에 관한 법령을 통합·체계화시킨 「순환경제·폐기물법」이 96년 10월에 실행되었다. 이후 독일에 있어서의 폐기물처리의 기본이 되는 법률로 폐기물의 처리와 경제코스트를 사회·경제시스템에 내재화시키는 것을 시도하는 것으로 차세대 폐기물법이라는 평가가 높아 각국의 정계·재계에서 주목을 받고 있다. 영국에서는 환경정책의 기본이 되는 「1990년 환경보호법」이 제정되어 기존의 개별적인 대처방법 대신에 총괄적인 환경규제가 실시되게 되었다. 이러한 총괄적인 대응을 더욱 효과적으로 하기 위해 「1995환경법」이 제정되어 그때까지 개별적으로 환경문제에 대처해 온 각 기관을 일원화하여 환경청이 창설되었다. 환경청은 유럽에 있어서의 환경기관으로서는 최대규모를 자랑한다.

네덜란드는 유럽제국에서 최초로 환경정책과 법을 정비해 왔다. 89년에 발표한 「국가환경정책계획(National Environment Policy Plan: NEPP)」은 세계에서 가장 혁신적이라 불리고 있는 정책으로서, 2010년까지 오염물질의 배출량을 70~90%로 삭감할 것을 목표로 하고 있다. 그 재원을 확보하기 위해 오염자 부담의 원칙을 기초로, 오염물질의 배출허가에 따르는 과세와 세계 최초의 「탄소세(炭素稅)」를 도입하는 등의 조치를 강구하였다. NEPP의 내용은 경제성장에 마이너스 영향을 미칠 것이라는 예측이 나오고 있는데 NEPP가 쟁점이 된 89년 9월 총선거에서는 NEPP를 주장한 정당이 지지를 받아, 국민이 성장보다 환경을 우선시 하는 것으로 평가되었다.

네덜란드와 마찬가지로 「유엔인간환경회의」(72년) 개최국인 스웨덴은 선진적인 환경규제를 실천하고 있다. 유럽규제에 앞서, 탄소세의 도입과 석면의 산업상 사용금지한 것은 그 한 사례이다. 환경교육을 충실히 해온 학교, 의식 높은 소비자, 활발한 운동을 전개하는 환경 NGO, 혁신적인 환경전략을 내세운 기업들과 함께 정부와 지방자치체는 예방원칙을 근거로 한 환경대책에 적극적으로 대응하고 있다.

환경행정의 선진국인 독일에서는 앞서 언급한 대로, 순환형 사회 구축을 목표로 한 「순환경제·폐기물법」을 94년에 제정하여 기존의 환경법을 더욱 전진시키게 되었다.

이러한 유럽 각국의 환경정책과 병행하여, 유럽연합에서도 연합체 차원의 환경정책을 적극적으로 제시하고 있다. 유럽에서는 각국의 국경이 인접해 있기 때문에 라인 강 오염, 북해 오염, 산성비문제 등과 같이 한 나라가 초래한 환경오염이 쉽게 국경을 넘게 되고 또한 각국이 서로 다른 환경정책을 취했을 경우 유럽 내의 자유무역이나 시장에도 영향을 줄 염려가 있는 등 이러한 상황이 작용하였다.

먼저 92년 10월 파리에서, 현재의 유럽연합에 있어서의 환경정책의 출발점이 되는 의회가 개최되었다. 이 의회에서는 환경보호가 유럽연합의 목표 중 하나임이 확인, 향후 환경정책의 원칙이 결정되었다. 이 원칙을 근거로 73년에 제1차 환경행동계획이 책정·실시되고, 현재 제5차 환경행동계획(1993년~2000년)이 실시되기에 이르렀다. 제5차 환경행동계획은 ① 지속 가능한 개발 ② 이를 위한 정책수단의 다양화와 기업의 자주성 존중, 2가지를 기본방침으로 하여 제조업, 에너지, 수송, 농업, 관광 5개 산업에 중점을 두고 행동지침을 정하고 있다. 그리고 환경조화형 행동을 촉진하는 인센티브, 환경파괴 행동을 억제하는 반인센티브를 채용하는 등 환경보호가 기업 간 경쟁에 있어서 유리하게 작용할 정책수단을 도입하고 있다는 점이 특징이다.

유럽연합차원의 환경법으로서는 지령과 규칙을 포함하여 약 200개가 지금까지 제정되었다. 86년에는 환경보호를 정식으로 유럽연합의 목적에 추가한 「단일 유럽의정서」가 채택되어 유럽연합의 환경법

제정에 불이 붙었다. 이들 환경법의 형태는 국내법에 우선하여 가맹국에 직접 적용되는 「규칙」이라는 형태가 증가하고 있고 적용분야는 대기, 수질, 폐기물에 관한 것에서부터 최근에는 「알 권리지령(90년)」, 「유럽환경청 설립규칙(90년)」, 「에코라벨규제(92년)」, 「환경관리·감사규제(93년)」 등 광범위하게 미치고 있다.

중국에서는 개혁개방경제정책을 채용하여 해외의 거액투자를 도입하여 공업화를 진행, 일본의 고도경제성장기를 상회하는 속도의 경제성장을 실현하고 있다. 1994년도 중국의 경제는 GDP 4조 8000억 원으로 전년대비 11.8% 높은 신장을 보였다. 특히 광공업부문의 신장은 17.4%로 두드러져 중국경제의 견인차 역할을 다하고 있다. 한편 공업화에 따르는 환경악화도 현저하다. 게다가 공업화에 따르는 도시인구의 증대가 환경악화에 박차를 가하고 있고, 대기, 수질 등 공해문제가 여러 도시에서 발생하고 있다.

이 결과, 중국에 있어서 공중귀(空中鬼)라고 불리는 산성비의 피해는 도시주민의 건강악화(5명당 1명 비율로 기관지계의 병에 위협받고 있다)를 비롯하여, 삼림고갈, 호소(湖沼)의 산성화 등 다방면에 걸쳐 있다. 그러나 피해는 중국 국내뿐만 아니라 일본, 한국, 러시아 극동부에까지 확대되어 지구규모의 환경문제를 일으키고 있다. 그 밖에 자동차의 보급으로 인한 대기오염의 진행, 발전도상국에서 사용하는 프레온가스의 약 50%를 중국이 사용하고 있는 등 대기오염에 관한 중국의 영향력은 상당히 크다.

더욱이 중국에서는 삼림감소, 사막화의 확대로 인한 초원과 경작지의 표토유출, 농약과 환경오염으로 인한 토양의 황폐화와 농산물의 오염 등 농촌 지역에서도 다양한 환경문제가 발생하고 있다. 이 결과 농업포기와 도시로의 인구유출 등 거대한 인구를 기르는 농업기반을 위태롭게 하는 불길한 현상이 진행되고 있다.

중국의 대기오염을 유발하는 커다란 문제 중 하나가 에너지 수급

문제이다. 현재 중국의 에너지소비량은 미국, 러시아 다음으로 세계 제3위이다. 전 세계의 9%를 차지하는 수준에 달해 있는데, 주로 석탄이 에너지원으로 이용되고 있다. 석탄은 같은 석탄연료인 석유나 천연가스에 비해 SOx과 분진 등 대기오염물질의 배출비율이 높다. 최근 중국국립 能源(에너지)연구소와 나고야대학 공학부의 공동조사에서 중국 연안 지역의 공업지대에서 발생하는 SO_2가 일본의 대기오염이 최악이었던 고도성장기의 45배나 많은 것으로 밝혀졌다.

또한 하천의 오염상황도 심해서 테스트데이터를 가진 874개 하천 대부분이 오염되어 있고 그 가운데 141개의 하천은 특히 심각한 상태다. 일설에 의하면, 주요 하천의 약 2만km에 달하는 유역의 수질이 관개로도 이용할 수 없을 정도라고 한다. 더욱이 중국 전 국토의 삼림지는 어림잡아도 1.22헥타르, 삼림피복률은 20.7%로, 세계평균(22%)을 크게 밑돌고 있다. 또한 과거 20년 동안 있은 삼림부족으로 인한 수토유출은 약 0.7억 헥타르, 초원의 퇴화는 1.02억 헥타르, 경지의 사막화는 133.4만 헥타르로 늘어 매년 유출되는 토양은 10억 톤에 달한다.

중국정부의 환경시책은 법률 면에서는 89년에 제정된 「환경보전법」을 근거로, 전국적으로 법규제 정비, 단속강화를 단행하여 환경개선에 힘쓰고 있으나 향진기업(과거 인민공사)에서 배출되는 유해배출량은 날로 증가하고 있다. 국가환경보호국(NEPA)은 환경품질기준, 오염물배출기준, 환경기초기준과 분석검사방법기준을 포함한 364개의 환경기준을 공표하였다. 이 가운데 국가기준이 346개, 청취(聽取)기준이 18개를 규정했다.

대응 면에서는 「3동시원칙」과 「3폐(廢) 종합이용」이 활발하게 추진되고 있다. 「3동시원칙」이란 73년 이래 중국의 공정건설 등에 채용되고 있는 방법으로 주요 설비와 오염방지설비를 동시에 설계하여 동시에 시공, 동시에 사용 개시한다. 한편 「3폐 종합이용」이란 폐기,

폐수, 고형폐기물의 3폐를 적정 처리·리사이클함으로써 환경을 보전함과 동시에 자원의 유효이용으로 인한 이윤도 올리는 시도이다.

더욱이 중국정부는 외자에 의한 프로젝트의 추진을 계획, 국가환경보호국을 중심으로 하는 환경보호전을 개최한다. 중국 최초의 환경보호전 「중국국제환경보호전람회(CIEPEC97)」는 97년 12월 5일~9일간의 일정으로 북경 시내의 북경전람관에서 산업배수처리, 석탄크린기술을 비롯하여 쓰레기리사이클, 환경모니터링 등 20항목을 테마로 열린다. 출전료는 9평방미터당 3600달러, 급성장하에 있는 환경보호시장을 해외기업에게 개방하고 공해와 환경대책을 추진하는 것이 목표다.

중국은 96년부터 제9차 5개년계획에 돌입했다. 이 계획의 주된 목적은 환경투자의 확충이다. 91~95년에 실시된 제8차 5개년계획에서는 GNP의 0.8%였던 환경투자를 GNP의 1.3~1.5%까지 끌어올려 환경보호산업의 육성을 지속적으로 꾀하면서 공해대책을 추진한다. 구체적으로는 그린엔지니어링 프로그램의 제1기 계획(1996~2000년)에서 1600개 프로젝트에 230억 달러를 투자할 예정이다. 이 가운데 700개 프로젝트, 65억 달러의 투자를 외자유치하기 위해, CIEPEC의 개최를 계획하였다. 투자비율은 수질오염 47%, 대기오염 31%, 고형폐기물 11%, 에콜로지 9%, 기타 2%로 구성되어 있다.

더욱이 중국의 제9차 5개년계획에 있어서 에너지절약은 중점정책으로서 담겨져 있다. 에너지수급문제에 대한 대응책으로서 「에너지절약기술대강」을 책정하였다. 그 속에는 산업·수송·건축 각 분야, 법률·기준·관리 등 정책수단, 도시와 농촌의 대응과 실로 상세한 에너지절약 시책이 제안되어 있다.

일본에서는 92년에 브라질에서 개최된 「지구서미트」의 취지를 바탕으로 「환경기본법」이 93년 11월에 제정되었다.

이 법률은 오늘날의 환경문제의 키워드로 돼있는 「지속 가능한 개발」을 일본이 어떻게 수용하여 정책에 반영해 나갈 것인가를 밝힌 것으로 일본의 환경정책의 기틀로서 기본시책의 항목이 규정되어 있다.

주요 내용은 「제1상·총식」, 「제2장·환경의 보전에 관한 기본적 시책」, 「제3장·환경심의회 등」, 「부칙」 등이다. 구체적 메뉴에 대해서는 제2장에서 정하고 있다.

제2장에서는 「국가가 강구한 환경보전을 위한 시책」, 「지구환경보전 등에 관한 국제협력」, 「비용부담 및 재정조치」를 핵심으로, 상세한 추진 내용은 각 조항(15~40조)에 규정되어 있다.

환경기본법은 이론적 색채가 짙고 전체적으로 구체적 내용이 부족하다는 지적도 있지만 종래의 「공해대책기본법(67년 제정)」을 일보 진전시켜 미래의 세대에 걸쳐서도 지구환경을 유지해야 한다는 기본 이념을 처음으로 명확히 한 점에서 획기적이라고 할 수 있을 것이다. 이 같은 이유로 선진 각국을 중심으로 각종 환경규제가 강화되고 또 확산되고 있을 뿐만 아니라 환경을 목적으로 한 무역규제조치도 점점 더 빈발해지고 있다. 그런데 여기서 주요 쟁점으로 떠오르고 있는 것은 <환경규제의 강화와 무역의 연계성>이다. 서로 다른이 두 가지 쟁점이 연계성을 가지고 부각되는 이유는 첫째로, 각국별로 상이한 수준의 환경규제조치가 기업의 환경비용 차이를 야기하여 생산 원가와 국제경쟁력에 영향을 미칠 것이라는 우려 때문이다. 둘째로, 국제 교역을 통해서 서로 깊이 의존되어 있는 현재의 국제 경제체제하에서 환경 관련 무역규제조치가 환경규제를 세계적으로 확산시키는 가장 강력한 수단으로 인식되고 있다. 우리나라에서는 환경법의 생성 및 발전은 환경문제에 대한 인식의 정도와 밀접한 관계가 있다. 우리나라에서 본격적인 환경문제는 제3공화국 정부가 경제개발 5개년계획을 수립하여 공업화를 추진하기 시작한 1960년대에 들어와서 시작되었다.

경제개발에 수반하여 발생하는 환경오염 등에 대처하기 위한 대응방안으로 1963년 우리나라 최초의 환경법인 「공해방지법」이 제정되었다. 동 법은 "공장이나 사업장 또는 기계·기구의 조업으로 인해 야기되는 대기오염·하천오염·소음·진동으로 인한 보건위생상의 피해를 방지하여 국민보건의 향상을 기하는 데" 그 구체적 목적이 있었다.

그러나 「공해방지법」은 전문이 21개조에 불과하여 규제내용이 크게 미흡하였을 뿐 아니라, 동법 시행규칙이 1969년 7월에야 제정되는 등 후속입법이 미비하였고, 경제개발을 최우선적으로 추진하는 당시의 사회분위기 등으로 인하여 실효성을 거둘 수도 없었다.

1960년대 후반부터 환경문제에 대한 관심이 언론매체를 중심으로 국민적인 관심을 불러일으키기 시작하면서 1971년 1월, 그동안 사문화(死文化)되다 시피 한 공해방지법을 대폭 수정·강화하여 배출허용기준, 배출시설설치허가제도, 이전명령제도 등을 도입하였다.

급속한 산업화·도시화가 이루어지던 1970년대에는 환경문제가 더욱 심각하게 인식되었다. 때문에 소극적인 공해의 규제를 목적으로 하는 종래의 공해방지법체계로는 다양하고 광역적인 환경문제에 효과적으로 대처하는 데 한계가 있어, 이를 대체하는 환경보전법을 1977년 12월 31일 제정·공포하게 되었다. 환경보전법에서는 환경파괴 또는 환경오염의 사전 예방뿐 아니라 오염된 환경을 개선함으로써 보다 적극적·종합적으로 환경문제에 대응하기 위한 환경영향평가제도, 환경기준, 오염물질의 총량규제제도 등을 새로이 도입하였다

종래의 공해방지법이 대기오염, 수질오염 등의 공해적 측면만을 대상으로 한데 비하여 환경보전법에서는 그 대상을 자연환경을 포함하는 전반적인 환경문제와 사전 예방적 기능으로까지 확대하였다. 또한 공해방지법이 현재의 국민보건의 향상만을 목적으로 하였다면 환경보전법은 현재의 국민은 물론 장래의 세대까지 건강하고 쾌적한 환경에서 생활할 환경권을 보장하고 있다.

1980년에 개정된 헌법에 환경권에 관한 규정이 처음으로 신설된 이후 산업화의 진전으로 인한 경제구조의 고도화로 환경문제가 심각화·나상화되사, 오염분야별 대책법의 제정이 불가피하다는 인식하에 우리나라의 환경법은 복수법체계로 이행하게 되었다. 즉 1990년 8월 1일에 환경보전법이 환경정책기본법·대기환경보전법·수질환경보전법·소음·진동규제법·유해화학물질 관리법·환경분쟁조정법 등 6개 법으로 분법화되었던 것이다.

1990년대에는 독도를 비롯한 도서 지역의 생물다양성과 수려한 경관을 보전하기 위한 독도 등 도서 지역의 생태계보전에 관한 특별법, 한강수계의 수질개선을 위한 한강수계 상수원 수질개선 및 주민 지원 등에 관한 법률, 습지를 효율적으로 보전·관리하기 위한 습지보전법이 제정되었으며, 정부조직 개편에 의하여 자연공원법, 조수보호 및 수렵에 관한 법률이 환경부로 이관되었다.

2002년 1월 낙동강, 영산강, 금강수계의 수질을 개선하여 주민에게 맑은 물을 공급하기 위하여 상하류 간의 공존의 정신을 바탕으로 오염물질총량관리제도 등 기존의 오염물질의 사후처리위주의 정책을 사전 예방 중심으로 획기적인 전환을 가져오는 낙동강특별법, 영산강특별법, 금강특별법이 제정되어 환경부가 직접 관장하는 환경법은 총 33개에 이르게 되었다. 수출의존도가 높은 나라이기 때문에 이러한 국제적인 조류와 변화에 대응할 수 있는 전략개발과 정책 대안 제시가 그 어느 때보다도 시급히 요청되고 있다. 더욱이 국제적 환경규제의 확산과 그 수단으로서의 무역규제의 필요성에 대한 인식은 기존의 자유무역체제에 적지 않은 영향을 미칠 가능성이 점차 가시권으로 들어서고 있다. 이러한 변화는 자유무역체제의 붕괴를 가져와 수출의존도가 높은 우리의 산업에 심대한 타격을 줄 것이라고 부정적인 사고를 가질 수 있게 하는가 하면 이와는 반대로 세계 각국은 무역을 통해서 경제가 의존되어 있기 때문에 환경문제는 기존의 자유무역체제에 별로 영향을 미치지 못할 것이라는 긍정적인 사고를 갖게도 한다. 그러나 이럴 때일수록 유비무환의 자세를 견지하는 것이 국제환경규제가 강화되었을 때 경제적 손실을 줄일 수 있을 것으로 보인다. 따라서 우리는 국제환경규제의 동향을 정확히 파악하여 이에 대응해 나갈 대안을 발굴하고 국내 환경정책을 체계적으로 연구함으로써 자연과 공존하며 조화로운 삶의 터전을 보전할 수 있는 방안을 연구를 진행하면서 찾고자 한다. 이를 구체화시키기 위하여 현재 진행되고 있는 무역과 환경에 관한 국제적 조류를 종합적으로 검토하여 대응전략을 마련하는 데 일차적 연구목적을 두었다. 둘째의 연구목적은 현재 거론되고 있는 각종 환경규제조치가 산업과 무역에 어떠한 영향을 미치는지를 분석·검토함으로써 국가 발전에 기여코자 한다. 셋째의 연구목적은 이들 조치가 무역에 영향을 미칠 경우 그 규제조치가 현행 WTO규정하에서 어느 정도 허용되는지의 여부와 대응전략이 어떤 것이지를 모색하고자 했다. 특히 현재 이루어지고 있는 각국의 당위적 조치와 선언적 조치가 어떤 방향으로 나아갈지를 미리 예측함으로써 현행 WTO규정하에서 환경 관련 무역규제조치를 WTO에서 수용할 경우 예상되는 방법과 그 파급효과를 사전에 분석할 수 있어 향후 한국이 국제사회의 환경규제정책에 대응할 수 있는 정책적 대안을 모색해 볼 수 있다.

인간이 인간다운 삶을 영위해 나가기 위해서는 어느 정도의 오염은 필요함이 많은 학자들의 연구를 통해서도 입증되었고 직접 생활현장에서 살아가는 우리 자신들도 그 사실을 잘 알고 있다. 그러나 자연의 정화능력과 인간의 인공적인 정화노력에도 불구하고 너무나도 많은 오염물질배출로 이제는 어느 한 개체만의 노력으로는 회복이 불가능하게 되었다. 위에서는 환경을 보호하고 인간다운 삶을 영위하기 위한 오염물질배출 억제노력 중 가장 큰 역할을 감당하고 있는 정부의 여러 가지 정책들을 살펴보았다. 위에서 살펴 본 여러 가지 정책들 중에서 어느 것이 옳고 그르다는 판단은 실질적으로 불가능하다. 모두다 각각의 장단점들이 존재하며 그 장단점에 따라 시기적절하게 활용되어서야 한다. 즉 직접규제가 과다한 비용과 정보의 부족으로 비효율적인 측면이 많지만 강력한 제제를 가할 필요성이 있는 경우엔 이보다 효과적인 결과를 기대할 수 있는 방법은 없다. 또한 위의 여러 가지 정책들을 어느 한 정책만이 유용하게 쓰이는 것이 아니라 다양한 정책들이 복합적으로 활용되어져야만 시너지 효과에 의한 $1+1=\alpha$ 의 결과를 기대할 수 있음이 실제의 환경현장에서 증명되어지고 있다. 따라서 위의 정책들은 시기적절한 상호보완적으로 사용되어져야만 한다. 이에 나아가 우리가 깊이 있게 명심해야 할 부분은 이러한 정책들이 모든 환경문제들을 해결해줄 것이라는 안일한 생각을 해서는 안 된다는 것이다. 국가가 하는 행정이 모든 개인의 문제를 해결할 수 는 없는 것과 같이 환경 분야에서도 마찬가지이다. 특히 환경이라는 공공재를 다룸에 있어서는 책임소재가 불분명하므로 더욱더 국가정책은 한계점을 띨 수밖에 없다. 그러므로 원론적이기 때문에 때로는 진부하게 느껴질 수 있겠지만 나와는 상관없고 당장에 문제점이 보이지 않는다고 하여서 환경문제를 정부의 정책에만 맡기는 것이 아니라 개인 스스로가 국가가 제공하는 교육이나 캠페인 등에 적극 호응하고 환경의 중요성을 깨달아 철저하게 생활에 적용해 나아가야 한다.

24. 환경문제의 해결방안

나라를 막론하고 산업화가 급격히 진행되면서 환경이 많이 오염되게 되었다.

환경문제의 원인과 환경오염의 종류와 해결방안에 대해서 알아보도록 하겠다.

① 환경의 정의

환경이란 environment가 의미하는 거와 같이 우리 주변에 펼쳐져 있는 자연을 의미한다. 그중 우리가 주로 쓰는 의미는 물, 공기, 토양 등 생물들과 밀접한 관계에 있는 부분을 의미한다. 그렇기 때문에 환경이란 분야는 여러 분야와 접목되어 있어서 상당히 접근하기 어려운 분야 중 하나이다.

② 환경오염의 원인

과학기술의 말날과 산업화로 인해 인간은 주어진 자원을 활용해 보다 나은 생활을 누릴 수 있게 되었지만 그와 동시에 폭발적인 인구 증가와 자연파괴 그리고 오염이라는 심각한 문제를 안게 되었다. 특히 인구의 폭발적인 증가로 식량부족문제와 화석연료의 고갈, 그로 인한 환경오염의 문제는 위험수위에 이르렀다.

③ 환경오염의 종류

가. 대기오염

1) 산성비: 산성비란 이산화황과 이산화질소 등이 비에 녹아내리는 비를 말한다. 자동차 배기가스가 주원인이며 산성비를 맞는 경우 삼림과 농경지가 황폐화되며 특히 식물의 잎 조직에 손상을 주어 광합성을 방해하고 식물의 성장에 악영향을 미치게 된다. 그리고 바다, 강의로 흡수되어 해조류, 플랑크톤, 그 밖의 물고기의 먹이가 되는 수생물에 큰 영향을 끼친다.

2) 스모그현상: 스모그는 대류권에 존재하던 질소산화물과 탄화수소가 태양의 자외선과 반응하여 생성된 유해물질이 안개처럼 나타나는 현상이다. 스모그는 빛을 차단하여 열의 손실을 가져올 뿐 아니라 식물을 말라 죽게 하며 사람에게는 두통이나 호흡곤란, 기관지염 등의 질병을 유발하기도 한다.

3) 온실효과: 온실효과란 화석연료인 석탄이나 석유의 과다사용으로 인해 대기 중의 이산화탄소양이 증가하여 마치 온실처럼 태양의 복사에너지를 흡수하여 지구온난화를 일으키는 현상을 말한다. 온난화현상은 지구의 기온상승으로 이어지고

평균기온 상승은 극지방의 빙하가 녹게 되어 해수면이 상승하게 된다.

나. 토양오염

－토양오염이란 토양 속에 다양한 오염물질이 함유되어 오염되는 현상으로 폐수, 하수, 폐기물 투기, 농약, 비료의 살포 등을 통해 오염된다. 토양의 오염은 결국 지하수의 오염 ,하천수의 오염이 될 우려가 있다.

토양오염의 원인으로는 농약, 생활하수, 비료, 공장폐수 등이 있다. 그리고 산성비 같은 경우는 지표에 흡수되면 토양 속의 칼슘과 마그네슘 등의 영양분은 황산염으로 변하게 되어 점점 줄어들게 되면 토양속의 지렁이나 미생물 등이 죽음에 이르게 되며 그로 인해 토양은 점점 빈약해지게 된다.

토양오염은 다른 오염과 밀접한 관계를 가지고 있는데, 대기가 오염되면 산성비가 내려 토양에 피해를 주고 물이 오염되면 물속의 오염물질이 토양에 영향을 주게 된다. 그러므로 토양오염을 예방하려면 대기오염, 수질오염도 함께 예방해야 할 것이다.

다. 수질오염

－수질오염이란 자연상태에 있던 물을 폐수나 오염물질 등 유해한 물질이 흘러들어가 용수로서의 가치가 저하되는 현상을 총칭한다. 오염원의 원인으로는 과다한 오염물질의 배출과 순환요량의 부족 그리고 강수량의 계절적 편중은 자연적인 조건으로서 개선하는 데는 제약이 많으므로 수질오염을 개선하는 방법은 오염물질의 배출을 최소화하는 수밖에 없다. 하지만 1980년대 이후 빠르게 진행된 공업과 산업화는 산업폐수 발생을 증가시켜 지난 20년간 4.5배가 증가할 정도로 오염물질의 발생량이 크게 늘고 있다. 오염물질을 야기하는 독

성무기물은 금속, 산, 염 등 그 범위가 넓고 광범위하다. 수질오염으로 발생되는 질병에는 청색증, 미나마타병이 있다.

④ 환경문제의 해결방안(일상생활 속)

BOD단위로 계산할 때 가정하수 중 오염도가 가장 높은 것은 폐식용유이다.

폐식용유를 모아 가성소다를 섞어 저공해 재생비누를 만들어 사용하거나 일정량을 모아 우리 시 환경자원관리사업소 재활용계(735-3567)로 연락하시면 무상수거 한다.

하수구가 막혔을 경우 사용하는 화학약품은 머리카락, 음식물찌꺼기를 녹여야 하기 때문에 강산성물질을 첨가하게 된다. 이것이 그대로 들어가면 생태균형을 깨뜨리게 된다.

하수구를 뚫을 경우 꽉 막힌 경우가 아니라면 뜨거운 물과 베이킹소다 반 컵으로 해결하면 된다. 사용하고 난 지하수 구멍을 그대로 방치하면 오염물질이 지하수로 유입되는 통로를 만들어 주는 결과를 초래한다. 반드시 콘크리트 등으로 구멍을 막아 오염물질의 지하 유입을 차단해야 한다.

리필 팩 제품은 제품 하나의 가격이 용기를 포함한 가격보다는 세제류는 15% 정도, 화장품류는 20% 정도 인하되어 판매되고 있다. 리필 팩 제품을 사용하면 된다. 2006년 음식물쓰레기 1인당 배출량은 0.61kg / 일이며, 평균배출량은 18,055톤 / 일로 전체 생활쓰레기 배출량의 31%를 차지하고 있으며, 이를 돈으로 환산하면 7~8조원에 달하는 엄청난 액수라고 한다. 음식물쓰레기를 처리할 때는 음식을 준비할 때 버리는 양을 계산해서 남지 않게 해야 한다. 자동차 1대가 내뿜는 배기가스(이산화탄소, 질소산화물, 이황산가스)는 평균 1톤 정도이며 교통체증이 심한 곳에서는 배기가스 배출량이 최고 4배까지 증가한다. 이를 줄일 수 있는 방법은 대중교통수단을 이용하고, 자가용 승용차 10부제 운행에 적극 참여한다.

우리가 일상생활 속에서 환경의 보전을 위해 실천해야 할 일 중의 하나는 '아나바다'정신이다. 나 한 사람이라도 물건을 아껴 쓰고, 쓰다 남은 것을 나누어 쓰며, 서로에게 필요한 것을 바꾸어 쓰고, 못 쓰게 된 것을 고쳐서 다시 쓴다면, 그만큼 자원은 적게 소비되고 환경오염과 파괴는 줄어들 것이다. 이러한 작은 실천들이 모이면, 우리의 환경을 더 풍요롭게 하고 생활을 보다 즐겁게 만드는 큰 힘이 될 것이다

첫 번째. 환경문제의 종합대책을 수립하여야 한다. 환경문제는 생태체계의 전체에 관련된 문제로 종합대책을 세우지 않으면 실효를 거두기 어렵고, 또한 환경오염은 일정한 장소에 머무르지 않고 확산성을 가지므로 행정적 즉각 조치가 어려운 실정이므로 …… 대책 수립부터 하여야 할 것이다.

두 번째. 포괄적인 환경 입법제도를 세워야 할 것이다. 현행 법제는 대부분 규제 중심에 그치고 있는 경향이 있어 규제중심의 법제에서 기술개발, 투자지원, 시민참여의 활성화 등 참여와 지원을 강화하는 방향으로 나아가야 할 것이다.

세 번째. 예방적 간접적 규제를 해야 할 것이다. 환경관리계획을 통한 환경의 전체적인 관리가 요청됨에 따라 오염방지뿐만 아니라 자원보전이나 생활의 질 개선 등의 대책도 포함되는 예방적 미연방지대책에 주의가 집중되어야 할 것이다.

네 번째. 지방자치단체의 환경행정수행능력의 문제가 있다. 현재의 환경행정은 중앙행정기관인 환경부가 환경정책 등을 결정하여 일방적으로 실시하는 상명하달 식으로 이루어져있다. 이러한 중앙집권적

인 행정체제는 일정 지역 내에서의 환경문제를 당해 자치단체와 관련된 문제로 볼 때에는 적절한 조직체제로 볼 수 없는 거 같다. 따다시 ㅗ 시역에 맞는 완성의 질을 유지하고 지방수준의 정책을 결정하기 위해서는 자치단체에 대응하는 자치결정권과 조직 확충이 이루어져야 할 것이다.

다섯 번째. 환경 관련 정보의 공개와 시민참여도 중요하다. 주민의 환경권과 재산권에 영향을 미치는 대규모개발을 시행할 때는 관련 정보를 신속히 공개하고 이해관계자의 의견을 적극 반영하는 제도가 마련되어야 한다. 그리고 대부분의 시민들은 환경오염의 위험적인 측면만 인식할 뿐 실제로 그것이 시민 각자에게 얼마나 구체적으로 해로운가에 대해 잘 알고 있지 못한다. 우리나라의 경우 환경행정에서의 폭이 미미한 점이 많다. 따라서 미비한 기존 제도를 개선해 나갈 뿐 아니라 주민참여를 제도화하여 시민의 적극적인 참여방안의 제고가 필요하다고 본다.

여섯 번째. 환경오염방지산업의 대폭적인 지원이 필요하다. 환경산업은 쓰레기처리나 대기, 수질 등 공해물질처리업에 그치지 않고 이산화탄소가스배출을 감소시킬 수 있는 에너지 효율화, 대체에너지, 고정밀화학, 프레온가스 대체물질개발, 저공해자동차, 사막녹화식물공장, 미생물공학 등 첨단기술분야가 포함되어 있어 환경산업의 규모는 경제규모가 확대되어 감에 따라 성장될 전망이다. 따라서 도시행정에 있어서 환경문제를 공익적으로 처리할 수 있는 전문인력을 확보하고 유지하는 것이 필요하다.

일곱 번째. 지역이기주의의 극복도 필요하다고 본다. 지역이기주의가 지역발전을 위한 동기를 부여한다는 측면도 있지만 원자력발전소, 핵폐기물처리장, 쓰레기처리장, 장애자복지시설 등 국가 어느 곳에서든 꼭 필요한 기본시설의 입지조차 배척하는 이기주의는 국가 총체적인 발전을 저해할 수 있다는 사실을 알아야 한다.

여덟 번째. 기업의 녹색경영화 지원도 큰 도움이 된다. 기업은 환경에 대한 적극적인 대응전략을 수립하여 국내외 환경규제에 대처해야만 미래의 경쟁에서 살아남을 수 있다는 사실을 인식하고, 지금까지와 같은 규제에 대한 수동적인 대처와 정부의 금융세제 지원확대를 기대하는 의존적인 속성에서 벗어나야 할 것이다. 이를 위해서는 환경보전에 적합한 제품의 제조 및 판매·지원 및 에너지절약과 재활용의 실행, 환경보전을 위한 연구개발, 각국의 규제수준을 상회하는 환경기준설정과 준수, 환경문제에 관한 정보의 공개, 정부와 업계 간의 공조체제 구축 등과 같은 혁신적인 기업경영전략이 수립되어야 한다고 본다.

아홉 번째, 환경운동단체의 역할 수행도 중요하다고 본다. 최근 환경오염의 극대화에 따른 심각성에 의해 정부의 관료적인 특성과 이윤추구의 기업에게만 환경문제를 기대할 수 없는 상황에서 환경운동단체의 역할은 그 어느 때보다도 중요하다고 생각한다. 따라서 정부는 지금까지의 환경운동단체에 대한 시각을 변화시켜 긍정적으로 받아들여야 하며, 단순한 규제의 대상이 아닌 상호협력의 대상으로 인식하고, 민간환경단체가 제 기능을 할 수 있도록 하는 제도상의 유도가 절대적으로 필요하고 많은 도움을 주어야 할 것이다.

정부는 우리나라에 닥칠 가장 심각한 문제로 환경보전문제를 첫 번째로 꼽고 있다. 따라서 정부에서도 이러한 환경문제의 근원적 해결을 위하여 환경문제에 적극적으로 대응하는 선진국형 국가발전 전략을 추진하고 산업사회에 능동적으로 대처하기 위하여 구체적으로 실질적인 환경개선대책을 추진해 나가고 있으나 이러한 환경개선대책은 정부의 노력이 필요함은 두말 할 나위가 없을 것이다.

25. 환경행정과 세계화

　환경문제는 현대 사회가 당면하고 있는 가장 중요한 문제 중의 하나이다. 환경문제는 그동안 지속적으로 심화되어 왔으며, 이는 각종 법규와 제도의 불비(不備)보다는 실천 부족에 그 원인이 있다는 자성이 이루어지고 있다. 아무리 법과 제도가 훌륭해도 제대로 실행에 옮겨지지 않는다면 소용이 없다. 중국을 비롯해 환경오염이 심한 많은 국가들의 경우에도 환경법규는 잘 갖추어져있으며, 우리나라의 경우에도 지속적인 규제 강화와 정부의 다각적인 노력에도 불구하고 환경오염 및 파괴행위는 여전히 계속되고 있다. 이처럼 환경 관련 법과 제도가 제대로 이행되지 않는 원인은 다양한 측면에서 분석할 수 있으나, 그중 하나는 환경정책을 담당하는 환경행정조직에서 찾아볼 수 있다. 환경을 보호하기 위한 각종 법령에서는 기본이념과 방향을 제시하고 환경에 관한 기본정책을 규정하는 한편 환경 관련 각종 규제와 정책집행 등도 규정하고 있다. 이러한 법적 토대 아래에서 정부는 환경 관련 활동들을 수행하며, 이러한 정부활동을 보다 체계적·효율

적으로 수행하기 위하여 환경행정업무를 전담하는 환경행정조직을
두게 된다. 우리나라의 경우 환경행정에 관한 기능과 권한은 환경부
를 중심으로 관련 중앙행정조직에 분산되어 있고, 지방자치단체들도
고유사무와 위임사무를 통해 환경행정에 참여하고 있다.

　환경행정조직은 각 나라마다 다양한 양태로 상이한 기능과 업무를
수행하고 있다. 그것은 각 나라마다 당면한 환경문제의 중요도가 다
르며, 환경문제에 대한 인식 및 이해의 정도가 다르며, 환경문제에
접근하는 방식도 동일하지 않기 때문이다. 따라서 한 나라의 중앙환
경행정조직을 분석하여 보면, 그 나라가 어떤 환경문제를 중요시하
며, 어떤 측면을 강조하고 있는가를 이해할 수 있게 된다.

1) 태평양에서의 프랑스 핵실험

- ○ 프랑스정부-단단한 암석의 매우 깊은 곳에서 핵실험이 이루어졌기
  때문에 환경에 영향을 주지 않는다고 말한다.
- ○ 전문가들은 이에 대해 동의하지 않고 있다.
  - Le Monde에 의하면 Mururoa 늪에서 금이 간 (화산구조에서 3
    미터의 폭과 수많은 킬로미터의 길이)사진을 제시하였다.
  - Pierre Vincent(프랑스 화산학자)는 물아래에 있는 현무암의 측면이
    잘려나가 바다에 떨어지고 있음을 주장하였다. 이는 화산폭발의 징
    조인 것이다.
  - 뉴질랜드에서 수행된 컴퓨터 시뮬레이션은 방사능이 이미 (언제
    간 백 년 안에) 깨어진 현무암의 측면으로부터 바다로 누출될
    수 있음을 제기하고 있다.
- ○ Ulrich Beck(1995)은 주로 환경에 대한 강의는 위험에 관한 강의
  일 수밖에 없음을 말한다. 미리 대처하기에는 힘이 별로 없다. 다

만 알리는 수준에 있다.

－비록 위험이 적더라도 재난의 파급효과는 매우 크다.(체르노빌에 관련된 사건들을 통해서 볼 수 있다.)

2) Papua New Guinea에서의 광산

○ 파푸아 뉴기니정부와 긴밀한 협력을 지닌 호주광산회사인 BHP는 세계에서 가장 큰 탄광(구리와 금)을 개발했다.

○ 기니아 정부는 탄광에서 30%의 자산을 취득하였다.

○ 탄광은 기니아 국가에서 가장 큰 Fly 강의 일부인 Tedi 강(Ok Tedi)근처에 있는 Febilan 산에 위치하고 있다.

○ 탄광(산에 거대한 구멍을 팜)은 지역 열대 다우림을 파괴하고 Ok Tedi 상류에 매일 80,000톤(석회암 진흙)을 방출하였다.

○ 진흙－구리성분(최고 18%)을 포함한 많은 화학적인 광물이 포함되어 있다.

○ 우기 동안 강 수위가 갑자기 상승하며 불 침투성의 광물퇴적물이 수풀이 무성한 강 하류에 침전됨으로써 숲이 죽어가고 있다.

○ 환경적인 손해를 더 이상 복구할 수 없다는 것을 기니아 정부가 인정한 것이다.

○ 1984년 광산회사(Ok Tedi Mining Ltd)는 진흙을 담을 수 있는 맞춤형 댐을 건설하려다 건설 도중에 댐이 붕괴되었다. (연간 최대 10미터의 폭우가 내리는 불안전한 지역에서 댐을 건설하는 것은 불가능하다)

○ 물고기나 멧돼지가 사라지고 있었다.

○ 프로젝트는(탄광) 파푸아 뉴기니 경제에서 중요한 역할을 하고 있다.

－1991년 세계에서 16번째로 부채가 많은 국가

－부채가 GDP의 1.30%를 차지한다.

－연간 이자를 갚기 위해서는 높은 수출구조가 필수적이다.

－Ok Tedi 광산은 적어도 국가수출 수입의 16%를 차지한다.

－1994－5년 수익률 $A250.9백만

－인근주민에게 $A13백만의 가치에 해당되는 회의장, 신선한 물, 샤워장의 형태로 제고한다.

－그러나 마을주민은 그들의 삶을 유지케 했던 환경을 잃고 있다.

－원 탄광협정에 포함되지 않았던 탄광하류에 있는 주민들은 $A40억을 요구한다.

－그러나 마을주민에게 $A1억이 제공된다.

○ 보상에 대한 소송의 문제

－법안에는 마을주민들이 소송을 제가할 수 없도록 만들었다.

－이에 Melboum 법률회사가 빅토리아 대법원에 소송을 제기하였다.

－빅토리아 대법원은 경멸 소송(contempt action)을 막는 것은 헌법 위반이라고 판결을 내렸으나 빅토리아 정부는 독립검사로부터 정부 그 자체로 경멸 절차를 시작할 수 있는 권한을 이전하도록 사법적인 협약을 변경하였다.

－빅토리아 법무부 장관을 통해 정부는 BHP의 주신($A 12,000)을 가지고 있었다.

○ Baker(1996)

－서양제국(호주기업)이 아시아(인도네시아, 필리핀, 베트남)에 적극적으로 진출하려는 것은 본국에서 기업을 행하는 데 장애물이 존재하기 때문이다.

－환경규제, 고관세, 개발할 곳이 적다는 점이다.

○ 그래서 아시아의 국가들과 호주에서는 환경과 생태학적 정의에 대해 이중적인 기준을 적용(천부적인 소유권 법률(native title legislation)에는 토착민에 의한 대륙의 첫 번째 점유를 인정하고

있으며 조약이나 계약 없이도 유럽정착민에 의한 대지의 몰수를 인정하고 있다)

◦ 차기 Lihir 프로젝트노 분세가 있음-남광에서 청화법을 사용할 경우 부스러기(tailing)가 극단적으로 유독하며 해저환경이 황폐해질 것이다.

① 미국·일본·필리핀·영국의 환경행정

환경문제는 현대 인류가 안고 있는 난제 중의 하나이다. 지구온난화현상이나 오존파괴 그리고 산성비의 사례에서 볼 수 있듯이 환경문제는 국내수준을 벗어나 지구 문제화되고 있다. 인류가 생존하기 위해서는 지혜를 모아야 할 때이다. 환경보전에 관한 지혜를 모으는 방법의 하나로 비교연구를 들 수 있다. 비교행정은 제2차 세계대전 이후 본격화되었다. 행정학이 보편적 학문으로 존립할 수 있는 기반을 공고히 하고 사회문제의 해결에 필요한 지식을 획득하기 위해서이다. 국내외적으로 직면한 환경문제의 해결방안을 모색하고 환경행정을 하나의 일반화된 학문 영역으로 발전시키기 위해서는 한국의 환경행적구조와 외국의 그것들을 비교 연구하는 작업이 요구된다. 한국과 외국의 환경행정을 비교하는 데는 다양한 방법 혹은 분야에서 이루어질 수 있지만, 본 연구에서는 국가 간 환경행정구조를 비교하는 데 초점을 맞추었다. 조직구조란 조직의 성공적인 활동을 위해 필요한 일과 부서 그리고 직위나 권한관계 등을 안정적으로 짜놓은 틀 또는 뼈대를 의미한다. 조직구조가 중요한 이유는 조직구조 자체가 조직의 정책결정과 집행에 영향을 미치고 있기 때문이며, 또한 조직이 추구하는 방향과 전략, 정책집행, 문제해결방식 등을 표현하기 때문이다. 한국과 외국의 환경행정구조를 분석하는 데 '권한'과 '기능'

이라는 두 기준을 사용하였다. 즉 기능의 집중·분산의 정도를 분석의 도구로 사용하였다. 이 논의를 바탕으로 한국의 환경행정구조를 조직의 '전문화'와 '조정'의 관점에서 논의하였다. 또한 이 논의를 바탕으로 우리나라 환경행정구조의 발전방향에 대해서 언급하였다. 미국과 일본은 우리나라와 유사한 환경행정구조를 갖고 '전통적' 환경기능에 치중하고 있는 반면 필리핀과 영국은 환경행정 관련 기능들까지 통합한 구조를 갖고 있다. 환경행정구조에 관한 논의에 앞서 비교연구의 유용성을 높이기 위하여 우리나라 환경행정을 둘러싸고 있는 사회·정치·경제 환경의 변화에 대해서도 이해하여야 한다.

② 환경의 변화와 미래

환경행정은 순수한 과학적 영역이나 사회적 진공상태에서 전개되는 정형화된 사무가 아니다. 환경행정은 한 국가의 사회·정치·경제·기술·환경문제의 심각성 정도 등에 따라 그 구조와 기능이 변하게 된다. 이러한 맥락에서 후술하게 될 우리나라 환경행정구조의 발전방향에 대한 논의가 유의미하기 위하여 환경행정이 현재 직면하고 있는 국내외적 변화에 대해 언급하기로 한다.

가. 경제구조의 세계화

-냉전구도의 해체와 함께 전 세계가 하나의 자본주의 경제체재로 재편되었다. 이러한 경제구조가 국가들의 경제발전에 대한 욕구를 더욱 증대시키고 있다. 특히 후발국의 경제발전에 대한 욕구는 자연자원의 고갈과 환경 훼손을 초래하게 될 것이다. 이러한 상황에서 선진국은 자유무역의 기치 아래 무역과 환경을 연계하고 있다.

우리나라도 IMF체제의 경험과 함께 경제발전에 대한 욕구가 어느

때보다 더 강하다. 또한 지방자치제도의 실시와 함께 지역개발에 대
한 욕구가 증대되고 있고 지역개발의 환경에 대한 피해가 가시화되
고 있나.

나. 환경위기의 지구화

-환경문제가 한 국가의 문제에서 지구의 문제로 확대 심화되었
다. 파괴·기후변화·생물 종 감소·토양유실로 인한 경작지감소 등이
발생하고 있다. 중국은 1998년 기후변화의 영향으로 양쯔 강이 범람
하였으며 인구 2,500명이 사망하는 재난을 겪었다. 지구환경문제의
대두와 함께 세계적으로 환경산업의 중요성이 증대되고 있다는 것도
우리에게 시사하는 바가 크다.

다. 환경의식의 변화

-환경의식의 양적 성장과 함께 내용 또한 변하고 있다. 단순한
환경오염의 제거로부터 쾌적한 정주공간의 추구 쪽으로 변하고 있
다. 과거와 달리 자연생태계의 보전·야생동식물의 보호·자연경관의
보호 등에 대한 관심이 높아지고 있다.

라. 한국 환경행정의 구조와 특징

가) 환경행정의 발달

환경행정의 주무부처인 환경부는 1967년 보건사회부의 공해계로
출발하였다. 이후 1980년의 환경청 신설과 1990년의 환경처로의 승
격 그리고 1994년 환경부로 승격되면서 오늘날의 모습을 갖추게 되
었다. 1960년대 이후 환경행정은 위생관리에서 공해방지 그리고 환
경관리로 최근에는 사전 예방에까지 중점을 두는 방향으로 발전해
왔다.

『정부조직법』 제38조 2항에 의하면 환경부는 "자연환경 및 생활환

경의 보전과 환경오염방지에 관한 사무"를 담당하도록 되어 있다. 환경부의 임무가 환경보전이라는 '전통적'기능에만 국한되어 있음을 알 수 있다. 환경보전 중에서도 주로 생활환경에 초점이 맞추어져있으며 최근에 들어 자연환경보전적 기능이 추가되고 있다.

나) 환경행정의 구조

환경문제의 특정상 환경 관련 업무들이 행정자치부를 비롯한 여러 중앙부처와 지방자치단체에 분사·위임되어 있다. 천연기념물의 관리·해양환경관리·국토개발계획의 수립·자연자원의 관리 등과 같이 환경행정과 직접적 관련성이 높은 업무가 여러 부처에 산재해 있다. 이렇게 권한과 기능이 여러 부처에 분산되어 있어 종합적이고 체계적인 환경행정을 수립하고 집행하는 데 장애요인이 되고 있다.

환경행정은 지방정부에도 분산되어 집행되고 있다. 지방자치단체들은 관할 구역 내 환경보전대책의 수립. 일반폐기물의 수집·처리 오수·분뇨·축산·폐수의 처리 등 고유업무와 공단 외 지역의 오염물질배출업소관리 및 환경개선부담금의 부과징수 등 환경부 장관으로부터 위임받은 사무를 처리하고 있다. 전체 환경행정업무 중 14.4%만이 지방사무이고 20.3%는 지방위임사무 그리고 65.3%가 국가사무이므로 우리나라 환경행정은 아직까지 중앙집권화되어 있다고 하겠다.

다) 환경행정의 특징

우리나라 환경행정은 지난 40여 년간 조직과 기능 그리고 법체계라는 측면에서 askg은 발전을 이룩하였다. 그러나 아직까지도 정책의 체계성과 집행에 많은 문제점을 보이고 있다. 특히 집행이 매우 취약하다. 이런 의미에서는 우리나라 환경행정은 수사학적으로만 발달되어 왔다고 비판을 하는 학자들도 있다. 이러한 현상의 주된 원인으로는 예산과 전문성의 부족과 함께 경제성장 위주의 분위기가 아직도 우리 사회에 팽배해있기 때문이다. 환경부의 위상이 다른 부처에 비해 상대적으로 약하다는 것도 주요한 원인이 되고 있다. 환경정책의 수립과 집행과정에 기업들이 영향을 미치고 산업자원부를 위시한 경제부서들이 기업들의 이익을 대변하여 환경행정의 약화를 초래하는 경우가 많다. 1992년의 낙동강 페놀오염사건의 발발과 현재의 시화호 오염사건들이 이를 잘 대변해주고 있다.

마. 한국과 미국의 환경행정구조 비교

가) 환경행정의 발달

미국의 환경행정은 1960년대의 환경의식의 고조, 1970년대의 환경법과 제도의 정비, 1980년대의 환경보전과 경제성장의 대립 속에서 환경행정의 침체, 그리고 1990년대의 환경과 경제적 가치의 조화를 추구하는 방향으로 전개되어 왔다. 지속가능개발이라는 새로운 패러다임에 입각하여 환경보전과 경제성장을 동시에 추구하는 방향으로 행정력을 모으고 있다. 환경행정의 주무부처인 환경보호청은 1970년 조직개편계획 제민의 건강을 보호하고, 생명체가 의존하고 있는 대기·수자원·토지와 같은 자연환경을 보전하는 것이다.

나) 환경행정의 구조

미국의 정치구조는 매우 다원화되어 있다. 의회와 행정부 그리고 법원에 권한이 분산되어 있어 상호 견제가 심할 뿐만 아니라 기업체를 비롯한 각종 이익단체들의 정치적 활동이 활발하여 권한이 어느 한 부처나 이익에 편재되어 있지 않다. 지방정부들도 자율적으로 정책을 결정하고 집행하는 풍토가 강하다. 미국의 이러한 정치구조가 환경행정의 구조에 그대로 반영되어 있다. 의회와 법원 그리고 환경단체와 경제단체들이 환경정책의 형성과 집행에 적극적으로 참여하고 있어 행정과정이 매우 가시적이고 갈등이 표면화된다. 환경기능들이 농업부·통상부·내무부 등 여러 중앙부처와 독립기관 등에 분산되어 있으며, EPA는 단일오염매체에 근거한 국 단위 편제를 통해 자연·대기·수질·상하수도·폐기물 등을 보전, 관리하고 있다. 이러한 미국의 단일매체적인 환경규제방식은 많은 비판을 받아 왔다.

다) 환경행정의 특징

미국의 환경행정은 우리나라와 달리 행정기관에 재량권과 자율성이 적다. 의회가 환경규제법에 구체적 목표와 기준 심지어 일정까지 명시하고 FPA는 이를 집행하는 방식이다. 이는 행정기관의 재량권 남용을 막기 위해서인데, 1970년의 Clear Air Act와 1972년의 Federal Water Po; ution Control Act에 잘 나타나있다. 환경행정의 집행방식을 '협의를 통한 경제'와 '강압을 통한 강제'로 구분해볼 때 미국은 후자에 속하는 대표적인 국가다. 1980년대 들어 미국 환경행정의 새로운 특징은 경제원리에 입각한 규제수단들이 강구되고 있다는 것과 미국 환경행정의 새로운 특징은 경제원리에 입각한 규제수단들이 강구되고 있다는 것과 국가발전의 새로운 패러다임으로 제시되고 있는 지속가능개발을 뒷받침하는 정책들이 도입되고 있다는 것이다. 배출권판매제도의 도입이나 지속가능개발위원회 구정 등에서 이를 엿볼 수 있다.

③ 환경은 지구적 문제이다.

한·중·일 3국 간 장거리 이동 대기오염물질 공동가시 합의

3국 전문가들은 '96년 제1차 전문가회의를 통해 동북아 지역에서 장거리 이동 대기오염물질의 심각성을 공동 인식하고, 이후 '99년 제1차 조사실무전문가회의에서 1999년 9월부터 2004년 8월까지 3단계로 구분하여 공동연구를 수행하기로 합의하였다.

④ 봄철 황사문제

WSSD참사 중 김명자 환경장관, 퇴퍼 유엔환경계획(UNEP) 사무총장과 만나 100만 불 규모의 동북아 황사대응사업 착수에 합의하였다.

김명자 환경부 장관과 클라우스 퇴퍼(Klaus Toepfer) UNEP사무총장은 지난 8. 31일 지속가능개발 정상회의(WSSD)가 개최되고 있는 남아공화국 요하네스버그에서 양자회담을 개최하여 지구환경금융(GEF)의 지원을 받는 '동북아시아 황사대응사업안' 채택에 대해 협의하고 10월 중 GEF의 승인을 얻어 금년 내 총 100만 불 규모의 황사방지 사업피해를 최소화하고 사업비 부담 등에서 국익을 보전하기 위해, 10월 중 외교부, 재경부, 기상청 등 관계부처대책 회의를 개최하여 정부의 종합대응방안을 마련하는 등 황사사업에 효과적으로 대응해 나가기로 하였다.

환경행정의 문제는 어느 한 부분적인 문제가 아니라 전반적이고 다원화적인 문제이다. 즉 다원주의로 해법을 찾아야 할 것이다. 정치, 경제, 문화, 행정, 경제, 교육 등 전반적인 관련성이 있다.

행정과 교육이 종합예술이듯이 환경행정과, 환경정책 또한 종합예술적인 마인드가 있어야 한다.

26. 환경행정에 대한 문제점과 발전모델

　우리나라는 지난 30여 년 동안 급속한 경제성장을 이루어 온 반면, 상대적으로 환경의 질은 악화되어 왔다. 최근의 우리의 환경 질을 보면 수질의 경우는 마시는 수돗물에 대한 불신으로 일반국민들도 정수기를 사용하거나 생수를 사다 마시고 있는 실정이며 대기의 경우도 난방연료를 많이 사용하는 겨울철에는 환경기준을 수시로 초과하여 호흡기질환의 발생이 우려되고 있는 실정이다. 근래에 발생된 낙동강 페놀오염사고와 전 국민을 식수 공포 속에 몰아놓았던 낙동강 상수원 오염파동 이후 국민의 환경에 대해 최대로 고조되어 물가 다음으로 공해문제를 제기하고 있으며, 2천년대에 우리나라에 닥칠 가장 심각한 문제로 환경보전문제를 첫 번째로 꼽고 있다. 따라서 정부에서도 이러한 환경문제의 근원적 해결을 위하여 환경문제에 적극적으로 대응하는 선진국형 국가발전 전략을 추진하고 산업사회에 능동적으로 대처하기 위하여 구체적으로 실질적인 환경개선대책을 추진해 나가고 있으나 이러한 환경개선대책은 정부의 노력이 필요함은 두말 할 나위가 없다 하겠다. 이에 본 연구는 환경행정에 대한 문제점과 그에 대한 구체적 발전모델에 대하여 알아보고자 한다.

1) 문제점

① 상징정책적 성격

지금까지의 우리나라 환경행정을 정책유형 면에서 본다면 상징적·정책적 성격을 유지해 왔다고 볼 수 있음. 즉 환경행정에서 환경오염을 방지하기 위하여 계속 여러 가지 정책을 수립·시행해 왔으나 그 정책들이 실질적인 영향을 거의 미치지 못한 채 그저 명목적인 존재로 머물러 왔다.

② 환경행정조직상의 문제점

1) 환경행정기구면: 환경문제에 과한 사항을 중앙행정기관에서 고유의 기능에 따라 업무를 분담, 결정 및 집행하고 있음. 이에 따라 관계법령과 예산도 각 기관의 전담업무에 따라 분산·배정되고 있어 업무가 일원화되어 있지 않은 실정이며, 효율적인 업무관리가 힘든 상태임.

2) 인력 면: 대부분 일반직에 종사하는 실정이고 전문적인 연구직에 종사하는 직원은 1992년 기준으로 전체 직원 1,157명 중 약 8.7%인 101명에 지나지 않음. 환경기술인력이 적은 이유로는 첫째, 환경전문학과의 역사가 일천하고 환경문제는 복잡다기하여 전문교수의 확보가 곤란한 까닭에 대학에서의 과정이 정착

되지 못했다는 점. 둘째, 환경기술인력에 대한 사회의 인식이 부족하고, 이들에 대한 취업문호가 개방되어 있지 못한 점 들을 들 수 있음.

3) 예산 면: 우리나라 환경예산은 1980년도 GNP의 0.15%, 1991년도 0.24%임. 이에 비해 미국은 1975년도에 0.48%, 일본은 1975년도에 벌써 1.0%수준에 이르고 있음.

③ 직접적 행정적 규제의 중시

우리나라 환경행정은 오늘에 이르기까지 대기·수질·폐기물 등 공해방지대책을 중심으로 편성도하고, 경제적인 유인이나 가격 메커니즘에 의하여 공해방지를 도모하는 방법은 충분하지 않다고 여겨져, 간접적·경제적 유인보다도 직접적·행정적 규제가 중시되어 왔다.

④ 환경행정의 비공개 및 여론과 주민운동의 취약

환경관계전문가와 단체의 활동 및 일반국민의 환경의식, 그리고 기업 등의 공해대책의지 등이 환경행정의 성공적 추진을 위한 기본적 요청임은 물론이나 환경 관련 자료의 공개도 중요하다. 환경 관련 자료의 공개는 국민들로 하여금 환경문제에 대한 인식을 높이고 환경대책의 추진에 원동력을 제공하는 것임에도 불구하고 이에 관한 자료들의 공개가 미흡한 실정이다.

2) 발전모델

① 환경문제 종합대책 수립

환경문제는 생태체계의 전체에 관련된 문제로 종합대책을 세우지 않으면 실효를 거두기 어렵고, 또한 환경오염은 일정한 장소에 머무르지 않고 확산성을 가지므로 행정적 즉각 조치가 어려운 실정이다.

② 환경조직상의 발전방향

환경행정조직은 환경문제의 성질상 종합성·조정능력·융통성 등을 가져야 하고, 인력 면에서는 과학적 지식과 기술이 있는 전문인력의 확보 및 양성이 중요한 당면 과제이며, 예산 면에서 공해배출업소에 대한 감시체제의 확립과 계획적인 환경오염 측정 및 환경행정의 효율화를 기하기 위해서는 예산의 대폭적인 증액이 요구된다.

③ 포괄적인 환경입법제도

현행 법제는 대부분 규제 중심에 그치고 있는 경향이 있어 규제 중심의 법제에서 기술개발, 투자지원, 시민참여의 활성화 등 참여와 지원을 강화하는 방향으로 나아가야 할 것이다.

④ 예방적·간접적 규제

환경관리계획을 통한 환경의 전체적인 관리가 요청됨에 따라 오염방지뿐만 아니라 자원보전이나 생활의 질 개선 등의 대책도 포함되는 예방적 미연방지대책에 주의가 집중되어야 한다.

⑤ 지방자치단체의 환경행정수행능력의 제고

현재의 환경행정은 중앙행정기관인 환경부가 환경정책 등을 결정하여 일방적으로 실시하는 상명하달식이다. 이러한 중앙집권적인 행정체제는 일정 지역 내에서의 환경문제를 당해 자치단체와 관련된 문제로 볼 때에는 적절한 조직체제로 볼 수 없음. 따라서 그 지역에 맞는 환경의 질을 유지하고 지방수준의 정책을 결정하기 위해서는 자치단체에 대응하는 자치결정권과 조직 확충이 시급히 요청된다.

⑥ 환경 관련 정보의 공개와 시민참여

1) 주민의 환경권과 재산권에 영향을 미치는 대규모 개발을 시행할 때는 관련 정보를 신속히 공개하고 이해관계자의 의견을 적극 반영하는 제도의 마련이 요구된다.

2) 국제적인 환경변화에 따른 대응도 환경정책이 준비하여야 할 사항임. 유엔 환경개발회의, 몬트리올의정서, 기후변화협약, 생물다양성협약, 멸종위기 동·식물보호협약, 바젤협약 등의 국제 환경의 변화에 적응하여야 할 것이다.

3) 대부분의 시민들은 환경오염의 위험적인 측면만 인식할 뿐 실제로 그것이 시민 각자에게 얼마나 구체적으로 해로운가에 대해 잘 알고 있지 못하며, 우리나라의 경우 환경행정에서의 폭이 미미함. 따라서 미비한 기존 제도를 개선해 나갈 뿐 아니라 주민참여를 제도화하여 시민의 적극적인 참여방안의 제고가 필요하다.

⑦ 환경오염방지산업의 지원

환경산업은 쓰레기저리나 내기, 수질 등 공해물질처리업에 그치지 않고 이산화단소가스배출을 감소시킬 수 있는 에너지 효율화, 대체 에너지, 고정밀화학, 프레온가스 대체물질개발, 저공해자동차, 사막녹화식물공장, 미생물공학 등 첨단기술 분야가 포함되어 있어 환경산업의 규모는 경제규모가 확대되어 감에 따라 성장될 전망임. 따라서 도시행정에 있어서 환경문제를 공익적으로 처리할 수 있는 전문인력의 확보가 요구된다.

⑧ 지역이기주의의 극복

지역이기주의가 지역발전을 위한 동기를 부여한다는 측면도 있지만 원자력발전소, 핵폐기물처리장, 쓰레기처리장, 장애자복지시설 등 국가 어느 곳에서든 꼭 필요한 기본시설의 입지조차 배척하는 이기주의는 국가 총체적인 발전을 저해할 수 있다.

⑨ 기업의 녹색경영화 지원

기업은 환경에 대한 적극적인 대응전략을 수립하여 국내외 환경규제에 대처해야만 미래의 경쟁에서 살아남을 수 있다는 사실을 인식하고, 지금까지와 같은 규제에 대한 수동적인 대처와 정부의 금융세제 지원확대를 기대하는 의존적인 속성에서 벗어나야 함. 이를 위해서는 환경보전에 적합한 제품의 제조 및 판매·지원 및 에너지절약과 재활용의 실행, 환경보전을 위한 연구개발, 각국의 규제수준을 상회하는 환경기준설정과 준수, 환경문제에 관한 정보의 공개, 정부와

업계 간의 공조체제 구축 등과 같은 혁신적인 기업경영전략이 수립
되어야 한다.

⑩ 환경운동단체의 역할

최근 환경오염의 극대화에 따른 심각성에 의해 정부의 관료적인
특성과 이윤추구의 기업에게만 환경문제를 기대할 수 없는 상황에서
환경운동단체의 역할은 그 어느 때보다도 중요함. 따라서 정부는 지
금까지의 환경운동단체에 대한 시각을 변화시켜 긍정적으로 받아들
여야 하며, 단순한 규제의 대상이 아닌 상호협력의 대상으로 인식하
고, 민간환경단체가 제 기능을 할 수 있도록 하는 제도상의 유도가
필요하다.

대부분의 인간의 역사는 자연이 인간을 지배해 왔으며, 인간이 자
연을 지배하게 된 것은 겨우 150~200여 년밖에 안 됨. 그런데 인간
과 자연의 관계는 인간관계에서 흔히 볼 수 있는 지배와 피지배의
관계이기보다는 원래 적응과 조화의 관계, 즉 인간과 자연은 함수관
계에 있다고 볼 수 있다.

오늘날 후진국은 개발과 산업화를 국정의 최우선 목표로 하는 경
제성장 우선정책으로 환경문제를 소홀히 하고 있는 반면, 선진국은
생활의 질(quality of life)중시로 저경제성장률과 개발지연으로 환경
오염방지에 노력하고 있다.

환경문제는 또한 도시환경차원뿐만 아니라 주변국가와의 환경협력
체제 구축이 필요한데, 중국으로부터 크게 영향을 받는 산성비, 황해
오염과 러시아의 동해 핵폐기물 투기 등은 우리나라의 생태계 더 나
아가서 국제 경제활동 및 생종권에까지 심각한 영향을 미칠 위험성
이 있음. 동북아 환경오염문제를 해결하기 위해 한국, 중국, 러시아,

일본 등이 참여하는 환경포럼을 설립하여 환경실태의 공동조사, 환경정보의 상호교류, 환경과학기술의 교류 그리고 환경피해에 대한 상호보상체계 등의 확립 등을 추구해야 할 것이다.

환경오염문제는 우리들 스스로가 피해자인 동시에 가해자라는 자각이 필요하며, 현세대는 미래세대에 대한 도덕적 책임도 가져야 하고, 국민공공생활원리의 시각뿐만 아니라 모든 국가의 연대책임과 인류 전체의 구성원으로서의 인식하에 지구 동반자관계(Global partnership)로서의 사고가 필요하다고 봄. 즉 지구환경시대라는 관점에서 보면 '인간과 자연이 공생하는 법'을 전 지구적 차원에서 익히고 실현해야 하며, '환경적으로 건전하고 지속 가능한 발전'이 이 시대의 과제가 되고 있음. 따라서 인간이 생각해야 할 질서로는 크게 개인의 가치질서, 인간관계의 사회질서, 자연생태계의 질서가 있는데 이의 적절한 조화가 필요한 때인 것으로 보인다.

27. 실질적인 지속 가능한 환경 정책으로의 전환

　최근 지속 가능한 발전(Sustainable Development)이 새로운 패러다임으로 등장하면서 자연환경 및 생태계보전을 전제로 사회 각 분야의 다양한 수요를 충족시켜 주기 위한 여러 정책과 계획이 수립되고 있다.

　지금까지 지배해온 사회의 패러다임은 경제활동을 위해 자연자원이나 자연생태계를 이용할 때 인간은 자연의 법칙을 따를 필요가 없으며 자유시장이 기능을 발휘하는 한 자연자원은 무한하게 제공될 수 있을 뿐만 아니라 이들 자원의 개발에서 발생하는 폐기물을 처분하기 위한 흡수원도 무한하게 제공된다고 생각하였다.

　그러나 과학기술의 개발이 환경친화적이지 못하고, 개발이 시간적, 양적 범위에 대한 설정이 없이 무계획적, 무차별적으로 이루어져 자원의 자연적 재생가능한계 즉 생태용량을 벗어나 전 세계적으로 환경문제에 관하여 관심을 갖게 하였다.

우리는 현재 국내·외적으로 많은 환경문제에 직면하고 있다. 지구 온난화문제는 물론 생물 다양성 감소, 환경호르몬물질배출 등은 더 이상 미룰 수 없는 국제사회의 최대 현안과제로 대두되고 있으며, 국내에서는 국토의 난개발로 인한 환경파괴와 생활환경 악화, 교통난으로 인한 대기오염 등이 국민의 삶의 질을 위협하고 있다.

이제는 국민들도 점차 공급과 성장지향의 개발정책보다는 산업사회 건설의 부산물인 자연파괴를 치유하고, 자연과의 조화 속에서 지속 가능한 발전을 추구하는 새로운 가치관의 정립을 요구하고 있다.

지속 가능한 발전에 대하여 이론적으로 고찰하여 보고 우리나라의 지속 가능한 발전의 실태와 과제에 대하여 알아보도록 하겠다.

1987년 이 말을 처음 사용한 세계 환경개발위원회는 '미래 세대의 욕구를 충족시킬 능력을 손상시키지 않으면서 우리 세대의 욕구를 충족시키는 개발'을 지속 가능한 개발이라고 정의했다.

즉 인간의 기본욕구 충족을 위해 경제개발을 할 때 생태계의 수용능력인 환경용량을 초과해서는 안 되며, 생활수준만이 아닌 삶의 질에도 관심을 기울이며, 환경과 경제를 통합적 차원에서 다루어야 한다는 것이다.

이 개념은 1992년 세계 178개국 정부대표들이 모인 리우 유엔환경개발회의에서 세계환경정책의 기본규범으로 정식 채택되었다.

2002년에 열린 '세계 지속 가능 발전 정상회의(WSSD)'에서 각국 대표들은 지구촌의 환경보전과 경제발전의 조화를 위한 '선언문'을 채택하고 이에 대한 실행방안을 담은 '이행계획' 문안 작성에 합의했다.

신고전학파로 대표되는 주류 경제학자들은 전통적인 경제 분석방법에 따라 환경보전과 경제성장이 상충관계(trade-off)에 있다고 가정한 데 반해 '지속 가능한 발전'은 경제발전과 환경보전 사이에 상호

보완관계(complementarity)가 있다는 논리에 근거를 두고 있다.

진정한 성장은 환경보전과 병행해 이루어지는 것이 바람직하며 장기적으로는 환경, 자연자원을 보전하는 것이 뒷받침될 때 경제성장도 가능하다는 것이다.

우리나라에서는 지속 가능한 발전을 위한 주요 정책 방향의 설정 및 계획의 수립, 지속 가능한 국가발전과 관련된 사회적 갈등의 해결 등을 주 업무로 하는 대통령자문 지속 가능 발전위원회가 활동하고 있다.

지속 가능한 발전은 미래세대의 필요를 충족할 능력에 손상을 주지 않으면서 현재세대의 필요를 충족시키는 발전을 의미한다.

지금까지 지배해 온 사회의 방향은 경제활동을 위해 자연자원이나 자연생태계를 이용할 때 인간은 자연의 법칙을 따를 필요가 없으며 자유시장이 기능을 발휘하는 한 자연자원은 무한하게 제공할 수 있을 뿐만 아니라 이들 자원의 개발에서 발생하는 폐기물을 처분하기 위한 흡수원도 무한하게 제공된다고 생각하였다.

그러나 과학기술의 개발이 무차별적으로 이루어져 자원의 재생가능한계 즉 생태용량을 벗어나 전 세계적으로 환경문제에 관하여 관심을 갖게 하였다.

현재 국내외적으로 많은 환경문제에 직면해 있는데, 지구온난화문제는 물론 환경호르몬물질배출 등은 규제사회의 최대과제로 대두되고 있다. 국내에서도 국토의 난개발로 인한 환경파괴와 생활환경 악화, 교통난으로 인한 대기오염 등이 국민의 삶의 질을 위협하고 있다.

지난 몇 년 동안 가장 유행하는 환경에 관한 담론은 지속 가능한 발전 이었다. 그것은 많은 문헌들을 낳았고 많은 연구기관을 통해 많은 지지를 얻었다. 환경단체들은 현재 환경 담론에서 중요한 새로운 공헌을 하는 개념으로써 지속 가능한 발전을 표명하고 있다. 그들은 지속 가능한 발전이 환경에 대한 새로운 시각을 가져 왔고 미래세대의 이익이 정책분석에 반영될 수 있게 되었다고 주장하였다. 그러나 사실 그것은 단지 논점들을 복잡하게 한 발전에 관한 대부분의 저서들이 단지 긁어모은 것에서 출발하였고 일부는 설방석일 성도로 잘못된 것으로 나아가고 있다. 사회과학에서 그러한 지적 퇴보를 보여줄 수 있는 다른 분야에서의 연구 노력을 찾기가 어렵다고 지적하였다. 그러므로 지금은 정책행위에 있어서 환경에 대한 적당한 위치를 주어야 하는 것이 옳다. 지속 가능한 발전이라는 개념 그 자체로는 기본적으로 온전한 것이 아니다. 이는 그것을 추구하기 위해 한 특별한 발전 경로의 기술적 특징들과 윤리적 억제가 혼합된 것이기 때문이다. 어느 특별한 발전 경로가 기술적으로 지속 가능한 것인지 아닌지에 대한 정의는 그 자체로 어떤 특정 도덕적 힘을 수행하지 않는다.

즉 실질적인 지속 가능한 환경행정이 되어야 하며, 우리 실정에 맞는 동양전통의 환경행정을 펼쳐 나가야 만이 제대로 된 환경행정을 이룰 수 있다.

천편일률적인 서양 것의 추종에 의한 환경행정은 우리에게 도움이 되지 않는다는 것을 행정을 하는 사람들이 먼저 인식하여야 하며, 그것이 현장에서 시작되어 교육계, 학계까지 파고드는 실질적인 살아있는 학문이 되어야 할 것이다.

동양 환경행정이야말로 바람직한 KOREA의 행정인 것이다.

【저 자 약 력】

한 만 봉

◉ 약 력 ◉

1994. U.S.A. Midwest College (M.Div, Hon. D)

2002. 고려대학교 (교육정책학 석사 - 수석장학생)

2005. 성균관대학교 대학원 박사Candidate

(교육행정학 전공)

1991. 한국세무신문사 전문취재부 기자

1995. 한국어린이선교원신학교 캠퍼스 분교장

2002. 고려교육정책학회 상임회장(학진 학회검색가능)

2002. 고구려대학교 설립추진위원회 법인이사

2003. 한주신학 학술원 설립이사(교수)

2004. U.S.A. Cohen University 정책학과 cross-appointed professor

2005. U.S.A Holy People University Campus 유학담당 지도교수

2005. PHILIPPINE PRESBYTERIAN THEOLOGICAL COLLEGE 객원교수

2005. 혜전대학 adjunct professor 교수

2005. 지방분권신문사 사장 (대표 이사)

◉ 주요논저 ◉

우리나라의 복지행정제도에 관한 고찰 연구(1988)

Kal Barth 의 신관 연구(1988)

한국 민중문화와 민중 신학 연구(1992)

Rein hold Niebuhr & Marx에 대한 상관관계 연구(1993)

A CHRONOLOGICAL HARMONY OF THE RESURRECTION
APPEARANCES OF JESUS THE MESSIAH(1994)

북한종교의 변화 진망 연구(2002)

교육위원회와 지방의회간의 갈등 현상에 관한 연구(2001)

조선조 과거시험 방식의 정책적 분석(공동, 2005)

조선의 과거제도에 대한 정책적 연구(공동, 2005)

조선왕조 과거제도 인사정책 연구(공동, 2005)

조선왕조 과거시험주기 정책적 주장 분석연구(공동, 2005)

조선왕조 과거제도가 현대 정책에 주는 의미(공동, 2005)

과거제도 시험주기의 정책 분석연구(공동, 2005)

북한 종교지형 변천 정책 분석연구(공동, 2005)

『대학생활영어 ENGLISH LANGUAGE』(공저)

『행정경제교육』(저술)

『행정정책기획론』(저술)

『의원학』(저술)

『교육정책학』(저술)

『산학협동교육학』(저술)

『현대교육학실기론』(저술)

『현대환경행정론』(공저)

『행정사무관리론』(공저)

『국회의원학』(저술)

『영재교육심리』(저술)

『인사행정학』(저술)

『행정복지론』(저술)

『조직신학』(공저)

『아다르마 성공비법』(저술)

『동양환경행정』(저술)

『직업과경제』(저술)

『실기교육방법론』(저술)

외 다수

◉ 연락처 ◉

doctor@skku.edu 010-4432-8561 041-633-8561,
633-5741, 631-2094

동양환경행정

- 초판 인쇄   2007년 8월 30일
- 초판 발행   2007년 8월 30일

- 지 은 이   한만봉
- 펴 낸 이   채종준
- 펴 낸 곳   한국학술정보㈜
            경기도 파주시 교하읍 문발리 526-2
            파주출판문화정보산업단지
            전화 031) 908-3181(대표) · 팩스 031) 908-3189
            홈페이지 http://www.kstudy.com
            e-mail(출판사업팀사업부) publish@kstudy.com
- 등   록   제일산-115호(2000. 6. 19)
- 가   격   38,000원

ISBN 978-89-534-7109-2 93530 (Paper Book)
     978-89-534-7110-8 98530 (e-Book)